河南省"十四五"普通高等教育规划教材

材料成型工艺基础
（慕课版）

主　编　郭永刚
参　编　王　凯　徐　琴　康克家
　　　　蒋　林　徐　芸　王中营

U0178361

机 械 工 业 出 版 社

本书结合中国大学 MOOC 在线教育平台的开放课程"材料成型工艺基础"，从成形工艺出发，论述各种成形方法、成形工艺及成形方法的选择等知识，内容包括绪论、液态金属铸造成形、固态金属塑性成形、金属材料焊接成形、非金属材料成型、材料成形方法的选择和快速成形技术。书中列举了大量工程实例和拓展资料，每章后均附有习题。

　　本书在编写过程中注重课程思政元素的挖掘，力求内容简明扼要，突出知识与能力的综合培养，可作为高等学校机械类、近机械类专业的教材，也可供相关专业工程技术人员参考。

图书在版编目（CIP）数据

材料成型工艺基础：慕课版/郭永刚主编. —北京：机械工业出版社，2023. 11

河南省"十四五"普通高等教育规划教材

ISBN 978-7-111-74264-7

Ⅰ. ①材… Ⅱ. ①郭… Ⅲ. ①工程材料－成型－工艺－高等学校－教材 Ⅳ. ①TB3

中国国家版本馆 CIP 数据核字（2023）第 222141 号

机械工业出版社（北京市百万庄大街 22 号　邮政编码 100037）

策划编辑：赵亚敏　　　　　责任编辑：赵亚敏　杨　璇
责任校对：张晓蓉　陈　越　　封面设计：张　静
责任印制：常天培

北京机工印刷厂有限公司印刷

2023 年 12 月第 1 版第 1 次印刷

184mm×260mm・18. 75 印张・462 千字

标准书号：ISBN 978-7-111-74264-7

定价：59. 00 元

电话服务　　　　　　　　　　网络服务

客服电话：010-88361066　　机　工　官　网：www.cmpbook.com
　　　　　010-88379833　　机　工　官　博：weibo. com/cmp1952
　　　　　010-68326294　　金　书　网：www. golden-book. com
封底无防伪标均为盗版　　机工教育服务网：www. cmpedu. com

前　　言

　　"材料成型工艺基础"是面向工科机械类和近机械类各专业开设的一门技术基础课程。它以各种材料的成形工艺为主线，系统讲授零件制造领域常用工程材料成形的基本原理和基本工艺。根据《工程教育认证标准》和《普通高等学校本科专业类教学质量国家标准》的要求，本书主要阐述液态金属铸造成形、固态金属塑性成形、金属材料焊接成形、非金属材料成型等材料成形工艺方法的基本原理、工艺特点、零件工艺设计，以及材料成形方法的选择和快速成形技术。

　　党的二十大报告指出：推进教育数字化，建设全民终身学习的学习型社会、学习型大国。本书在编写过程中，力求将理论与实践、工艺与生产相结合，突出基本理论、基本概念，强化成形工艺和生产实际，注重信息技术与教育教学的融合创新（本书是中国大学MOOC 在线教育平台开放课程"材料成型工艺基础"的配套教材，融入了视频、动画等数字资源）。书中列举了与材料成形工艺相关的工程实例、拓展材料，内容丰富、结构合理、体系完整。本书在编写过程中注重课程思政元素的挖掘，力求内容简明扼要，突出知识与能力的综合培养，可作为高等学校机械类、近机械类专业的教材，也可供相关专业工程技术人员参考。

　　本书由河南工业大学郭永刚（第 3 章和每章的工程实例）任主编。参加本书编写的有河南工业大学王凯（第 1 章和每章的拓展资料）、徐琴（第 2 章）、康克家（第 4 章）、蒋林（第 5 章）、徐芸（第 6 章）和王中营（第 7 章）。

　　由于编者水平所限，书中难免有不足之处，恳请广大读者批评指正。

编　者

目　录

第1章

绪　论

章前导读

　　任何机器或设备都是由相应的零件装配而成的，而机械零件则是用原材料经一系列的加工过程而制成的。材料成形加工是生产各种零件或零件毛坯的主要方法。材料成形方法的种类繁多，涉及的物理、化学和力学现象十分复杂，是一个多学科交叉、融合的研究和应用领域。按传统的学科分类方法，材料成形技术可分为凝固（或称为液态）成形技术（铸造）、塑性成形技术（锻压）、焊接（连接）成形技术、粉末冶金成型技术、非金属材料成型技术等。大多数机械零件是用上述方法制成毛坯，然后经机械加工（车、铣、刨、磨等），使之具有符合要求的尺寸、形状、相对位置和表面质量。为了便于切削加工或提高使用性能，有的零件还需要在毛坯制造和机械加工过程中穿插不同的热处理工序，对于表面有特殊性能要求的零件还需要进行表面成形加工。

　　由于传统的材料成形过程——铸造、锻造和焊接，都有一个对坯料进行加热的过程，因此材料成形技术曾被称为材料热加工工艺，这是一门研究如何用热加工方法将材料加工成机器零件，并研究如何保证、评估、提高这些零件的安全可靠度和寿命的科学。然而，现代科学技术的飞速发展、大量新材料新技术的应用、材料与成形技术的一体化使材料成形技术的内容已远远超出了传统的热加工范围，如常温下的冲压、超声波焊接、物理气相沉积、化学气相沉积，以及近几年发展起来的激光快速成形等成形技术，这些工艺方法已远远超出了传统的成形技术的概念。因此，现代材料成形技术可定义为：一切用物理、化学、冶金原理制造机器零部件，或改进机器零部件化学成分、微观组织及性能的方法。其任务不仅是要研究如何使机器零部件获得必要的几何尺寸，同时还要研究如何通过过程控制获得一定的化学成分、组织结构和性能，从而保证机器零部件的安全可靠度和寿命。

　　金属的凝固成形利用液体的流动性，可以制作结构复杂的零件坯料或工程构件。凝固成形已有几千年的历史，正是由于青铜器的铸造和铸铁的生产应用，使人类的历史从石器时代迈入了青铜器时代，进而进入了铁器时代，极大地推动了社会生产力的进步。近代铸造技术的应用更为广泛，铸造成形的构件占到整个机械制造部件的50%以上。金属的塑性成形利用热态或冷态下固态金属具有的良好塑性，在外力作用下通过塑性流变可以生产具有较高力学性能的坯料或零件。塑性成形也已有数千年的历史，例如，至今还十分锋利的战国时期宝剑，就具有较高的材料技术和塑性成形技术含量。一些机械零部件的制造对金属的塑性成形非常依赖，汽车、机床等机械的齿轮和轴类部件均需要通过塑性成形的方法制造坯料，全世界有75%的钢材是经塑性加工成形的。焊接技术通过实现坯料间的连接成形，可以实现优化设计和充分利用型材。焊接成形的工程应用也十分广泛，各种桥梁、构架、船舶均需要焊接成形，目前，有45%的金属结构用焊接得以成形。现代焊接方法的出现，节省了大量的材料和工时，是许多构件制作不可缺少的成形方法。

通过对本章内容的学习，要了解工艺问题的综合性和灵活性，学会全面地、辩证地看问题的方法，防止对知识的不求甚解和以偏概全，要避免将理论当作教条去生搬硬套，要用与时俱进的观念来看待技术的发展和新、旧技术之间的关系，从对新技术和新工艺的学习中了解前人的创新精神。

1.1 材料成形技术概述

材料成形技术主要研究机械零部件的常用材料及其成形方法，即研究材料的选择和毛坯或零部件的成形。它是机械制造技术的重要组成部分，是现代工业生产技术的基础。

1.1.1 材料与材料成形

1. 材料介绍

人类的历史就是一部材料的进化史。材料是现代文明的三大支柱之一，也是发展国民经济和机械工业的重要物质基础。材料对生产力的发展有深远的影响。人们会把当时使用的材料当作历史发展的标志，如"石器时代"和"青铜器时代"等。我国是世界上最早使用金属的国家之一，周朝是青铜器的极盛期，春秋战国时期已普遍使用铁器，19世纪中叶起，钢铁成为最主要的工程材料。

科学技术的进步推动了材料的发展，使新材料不断涌现；石油化学工业的发展促进了合成材料的兴起。20世纪80年代，特种陶瓷材料又有了很大进展，工程材料也随之快速发展，金属材料、有机高分子材料和无机非金属材料成为现代工业的主要材料。

2. 材料成形的定义

材料成形是指采用适当的方法或手段，将原材料转变成所需要的具有一定形状、尺寸和使用功能的毛坯或成品。材料是人们生产和生活的物质基础，大多数材料在被制造成产品的过程中，都需要经过成形加工。产品制造过程的核心就是材料的加工过程，材料成形是制造过程的重要部分之一。材料成形技术种类多，应用广泛，生产率高，是现代制造业的基础。

3. 材料成形工艺

材料成形工艺是零件设计的重要内容，也是制造人员十分关心的问题，更是材料加工过程中的关键因素。材料成形工艺的选择直接影响零件的质量、性能和成本，合理选择材料成形工艺也是产品设计人员和制造人员需要考虑的重要内容。保证产品质量、降低制造成本是产品制造过程的基本要求，在材料成形工艺的选择过程中需要考虑成形工艺的适用性、经济性和节能环保要求。

在选择和确定成形工艺之前,设计人员应充分掌握常用材料成形工艺的技术特征和应用,如各种材料成形工艺的适用材料、典型应用产品、成形特点、对原材料性能的要求、成形制品的组织结构特征和力学性能、成形零件的适用尺寸和结构、材料利用率、成形设备、生产成本及生产率等。

1.1.2 材料成形方法

除去有关机械加工的切割加工、切削加工和特种加工外,其余的材料加工方法可以归为材料成形方法。上述分类方法具有较广的覆盖面,大部分的材料成形方法均可以包括在内。按照材料的种类分类,材料成形大致分为金属材料成形、高分子材料成型、无机非金属材料成型,以及复合材料成型。金属材料的成形方法包括铸造、塑性成形、焊接、粘接、粉末冶金等。

1.1.3 材料成形技术的发展

1. 发展概况

改革开放以来,随着我国国民经济的持续快速发展,铸、锻、焊等生产也随之快速发展。统计表明,我国压铸机数量已超过 3000 台,大小铸造厂遍布全国。近几年来,我国铸件产量已达 1000 万吨/年,居世界前三位。我国目前拥有重点锻造企业 350 多家,其中合资与外资锻造企业 20 余家,主要锻造设备 32000 多台,锻件年产量 260 余万吨。目前全世界锻件年产量约 1450 万吨,我国锻件产量居世界第一位。1996 年我国钢产量达 1 亿吨,居世界第一位,其中以焊接管为主的钢管近 1000 万吨,我国现已建有各类焊管厂 600 多家,焊管机组多达 2000 余套。铸件、锻件、焊接件的出口也逐年增长。我国是铸、锻、焊件大国,但不是强国。与工业发达国家相比,我国的铸、锻、焊件生产的规模和产量上去了,但质量和效率上却存在较大差距。

2. 材料成形技术的作用和地位

材料成形技术在汽车、拖拉机与农用机械、工程机械、动力机械、起重机械、石油化工机械、桥梁、冶金、机床、航空航天、兵器、仪器仪表、轻工和家用电器等制造业中起着极为重要的作用。这些行业中的铸件、锻件、钣金件、焊接件、塑料件和橡胶件等的主要生产方式和方法都是利用材料成形技术。

材料成形技术是整个制造技术中的一个重要领域,金属材料约有 70% 以上需经过铸、锻、焊成形加工才能获得所需制件,非金属材料也主要依靠成形方法才能被加工成半成品或最终产品。只有使用先进的材料成形技术,才能获得高质量的产品结构和性能。因此,大力加强和重视材料成形技术与科学的发展,将是振兴中国制造业的关键。

3. 材料成形技术的发展趋势

1) 采用精密成形技术。
2) 采用复合成形技术。
3) 采用快速成形技术。
4) 采用计算机辅助设计与制造技术。
5) 采用计算机数值模拟技术。

1.2 工程材料的基础知识

本节阐明工程材料的基本理论，了解材料的成分、加工工艺、组织、结构与性能之间的关系；介绍常用工程材料及其应用等基本知识。由于能源、材料和信息是现代社会和现代科学技术的三大支柱，使学生学习并掌握工程材料的基本知识。

1.2.1 工程材料

工程材料主要是指用于机械、车辆、船舶、建筑、化工、能源、仪器仪表、航空航天等工程领域中的材料，用来制造工程构件和机械零件，也包括一些用来制造工具的材料和具有特殊性能（如耐腐蚀、耐高温等）的材料。

工程材料种类繁多，可以有不同的分类方法。比较科学的分类方法是根据材料的结合键进行分类。按结合键的性质，一般将工程材料分为金属材料、高分子材料、陶瓷材料和复合材料四大类。

1.2.2 工程材料的应用

1. 金属材料

工业上把金属及其合金分为两大部分。

（1）黑色金属 铁和以铁为基的合金（钢、铸铁和铁合金）。

（2）有色金属 黑色金属以外的所有金属及其合金。

应用最广的是黑色金属。以铁为基的合金材料占整个结构材料和工具材料的90%以上。黑色金属的工程性能比较优越，价格也比较便宜，是最重要的工程金属材料。

按照性能特点，有色金属可分为轻金属、易熔金属、难熔金属、贵金属、铀金属、稀土金属和碱土金属等，它们是重要的特殊用途材料。

2. 高分子材料

高分子材料种类很多，工程上通常根据力学性能和使用状态将其分为工程塑料、合成纤维、合成橡胶、胶黏剂四大类。

3. 陶瓷材料

陶瓷材料属于无机非金属材料。按照成分和用途，工业陶瓷材料可分为以下两类。

（1）普通陶瓷（或传统陶瓷） 主要为硅、铝氧化物的硅酸盐材料。

（2）特种陶瓷（或新型陶瓷） 主要为高熔点的氧化物、碳化物、氮化物、硅化物等的烧结材料。

传统意义上的陶瓷主要是指陶器和瓷器，也包括玻璃、搪瓷、耐火材料、砖瓦等。这些材料都是用黏土、石灰石、长石、石英等天然硅酸盐类矿物制成的。因此，传统的陶瓷材料是指硅酸盐类材料。现今意义上的陶瓷材料已有了巨大变化，许多新型陶瓷已经远远超出了硅酸盐的范畴，不仅在性能上有了重大突破，在应用上也已渗透到各个领域。所以，一般认为，陶瓷材料是各种无机非金属材料的通称。

4. 复合材料

复合材料是指两种或两种以上不同材料组合而成的材料，其性能优于它的组成材料。复

合材料可以由各种不同种类的材料组合而成，如环氧树脂玻璃钢由玻璃纤维与环氧树脂组合而成，碳化硅增强铝基复合材料由碳化硅细粒与铝合金组合而成。复合材料的结合键复杂，强度、刚度和耐蚀性比单纯的金属、陶瓷和高分子材料都优越，具有广阔的发展前景。

1.2.3 工程材料的加工成形

材料的性能是一种参量，用于表征材料在给定外界条件下的行为。在工程中，材料的选择和使用通常需要以材料的性能为依据，材料的基本性能可以分为使用性能和工艺性能两类。

使用性能是指材料在使用条件下表现出的性能，如力学性能、物理性能和化学性能等。工艺性能是指材料在加工过程中所表现出的性能，如铸造性、可锻性、焊接性、切削加工性等。材料的工艺性能表示材料进行某种加工过程的难易程度，与材料成形工艺密切相关。材料的工艺性能直接影响材料成形方法与工艺的选择。

材料要获得实际应用，首先要采用合理的制备与成形加工工艺，使其达到所需要的材料性能、具备所要求的形状和尺寸。材料的性能取决于材料的成分和组织结构。对于给定成分的材料，只有改变材料的组织结构才能控制和改变材料的性能，而材料的加工过程通常能显著影响材料的内部组织结构，从而对材料的性能起决定性作用。另外，有些材料加工过程也会改变材料的表面成分，如离子束加工、渗碳、渗氮等，最终也能达到改变材料性能的效果。可见，材料加工是控制和改善材料性能的重要手段。以钢铁结构零件的生产为例，钢铁的冶炼在氧气顶吹转炉完成，调整炉内钢液成分后，就可以浇注，轧制成具有一定形状和尺寸的钢坯，钢坯经过锻造、切削加工和表面处理后，便制造出所需要的零件。在上述生产过程中，所涉及的材料加工方法，如浇注、轧制、锻造、表面处理都是典型的材料成形方法，是影响和改变材料性能的重要环节。

1.3 本课程的性质和学习方法

材料成型工艺基础就是一门研究常用工程材料坯件及机械零件成型工艺原理的综合性技术基础学科。本课程旨在培养学生分析、解决问题（基础、关键逻辑推理）的能力。

1.3.1 课程性质和特点

材料成型工艺基础是材料成型及控制工程专业的主干课程之一，其任务是阐明液态成形、塑性成形和焊接成形等成形技术的内在基本规律和本质，揭示材料成形过程中影响产品性能的因素及缺陷产生的机理。材料成型工艺基础作为高等工科学校机械类专业学生的一门技术基础课，主要涉及的是与机械制造有关的材料加工工艺的基础知识。本课程有以下特点。

1）内容广泛。本课程的学习内容覆盖了工程材料的基本理论，材料成形的各种工艺方法、基本理论和工艺过程，包含了金属材料冷加工与热加工，知识点多，内容广泛。

2）实践性强。本课程是学生学完理论基础课后较早接触的一门技术基础课，与工程实际联系紧密，教学中常以各种机械设备为实例提出问题和讨论问题。因此，在学习中应用工程技术的观点，去观察周围的机械设备，理论联系实际地深入思考。同时，还要注意将理论的严密性与工程实际的灵活性、可行性结合起来。学习时注重逻辑思维的同时，加强形象思维，在学习过程中逐步树立工程的观点。本课程内容非常丰富，同时由于材料的种类繁多，其性能千变万化，成形方法复杂多变，因此课程涉及的概念多、术语多，而且较抽象，学习起来有一定的难度。但只要弄清楚基本理论和重要概念，掌握事物的规律，同时参加一定的实践训练，认真完成作业，注重主动学习、理论联系实际，就完全可以学好这门课程。

3）灵活性大。各种成形工艺规程的制定没有统一答案，每个学生的方案都不尽相同。我们只能介绍一种工艺方案，这就要求学生在掌握基本知识的前提下开拓思路，独立思考，逐步培养创新的意识，注意发展求异思维，培养分析问题和解决问题的能力。

在学习过程中，既要注重在课堂教学中明确基本概念、基本原理，掌握基本工艺方法，又要注意在工程实践中善于观察、分析与比较，把所学的知识用于实际，达到训练和培养工程能力的目的。

1.3.2　学习目的

本课程的学习目的是使学生获得金属等材料的成形工艺基础知识，了解机械制造生产中各种材料成形技术的特点及应用，掌握材料成形技术的基本方法、基本理论，为学习其他相关课程及解决工程技术中的实际问题奠定必要的工艺基础。

本课程注重培养学生解决生产具体工艺问题的能力，着重培养学生在机械制造领域的选择和判断能力，并培养应用型人才的技术文化修养。

1）掌握各种热加工方法的基本原理、工艺特点与应用场合，了解各种常用成形设备的结构与用途，具有进行材料热加工工艺分析与合理选择毛坯（或零件）成形方法的初步能力。

2）具有综合运用工艺知识分析零件结构工艺性和加工方法的初步能力。

3）了解与材料成形技术有关的新材料、新工艺及其发展趋势。

1.3.3　学习方法

本课程中的成形方法较多，新概念和知识点多且分散。对于每一种成形方法，可以按照"成形基本原理→成形方法及设备→典型成形工艺→成形新技术→工程实例"这一主线进行学习和复习。在学习本课程时，需要及时复习各章节涉及的有关工程材料的知识，这样才能更深入地掌握本课程中的知识和技术。

本课程中的成形基本原理和成形过程比较抽象，单纯通过文字描述难以理解。学生可以结合教材中的具体工程实例进一步学习，也可以自己查找相关的网络教学视频（如中国大学MOOC河南工业大学《材料成型工艺基础》课程）和现场生产视频，到实验室或企业现场参观，加深对知识的理解和掌握。本课程是一门实践性很强的课程，在学习过程中要密切结合实践教学环节，做到理论联系实际。

兴趣是学习的第一动力。材料成形技术的应用性很强，学生也可以举一反三，结合日常生活或企业中所见，考虑一些产品在制造中涉及的材料成形技术。在课程学习过程中，可以多关注一下我们日常生活中的产品，分析各种产品的材料成形工艺过程，结合产品的制造过程，分析对比各种成形方法的工艺特点和应用。建议以教材中的"工程实例"为参考，选择自己感兴趣的某一典型产品的制造过程为题目，通过文献阅读等方式，撰写报告，进行课堂演讲和讨论。通过这种形式的学习，收获会更大。

工程实例——中国古代材料成形技术

从人类社会的发展和历史进程的宏观角度来看，材料是人类赖以生存和发展的物质基础，也是社会现代化的物质基础和先导。而材料和材料技术的进步和发展，首先应归功于金属材料制备和成形技术的发展。人类从漫长的石器时代进化到青铜器时代（有学者称为"第一次材料技术革命"），首先得益于铜的熔炼及铸造技术的进步和发展，而由青铜器时代进入铁器时代得益于铁的规模冶炼技术、锻造技术的进步和发展（所谓"第二次材料技术革命"）。直到16世纪中叶，冶金（金属材料的制备与成形加工）才由"技艺"逐渐发展成为"冶金学"，人类开始注重从"科学"的角度来研究金属材料的组成、制备与加工工艺、性能之间的关系，迎来了所谓的"第三次材料技术革命"——人类从较为单一的青铜器、铁器时代进入合金化时代，催生了人类历史上的第一次工业革命，推动了近代工业的快速发展。

1. 石器时代的材料与成形技术

数百万年前，人类开始有意识地使用石头。除了骨头之外，石头是人类最早使用的材料之一。由于自身能力有限，人们开始注重利用外物对自身进行强化，自然产生的岩石通过远古人类的打磨变成石刀、石斧、刮削器等工具。在这个时代，材料类型单一，无法进行人工合成，全部依靠自然产生。岩石的主要成分是二氧化硅及少量金属及金属化合物。

相应的加工技术也是极其单一和低效率的，主要依靠人为的打磨，粗糙成形。但是我们依然可以认为这是一次材料技术的改革，人们通过对自己周边事物的认识开始了工具的制造，开启了人类文明的大门。

2. 陶瓷时代非金属材料与加工

陶瓷材料是用天然或合成化合物经过成形和高温烧结制成的一类无机非金属材料。它具有高熔点、高硬度、高耐磨性、耐氧化等优点，可用作结构材料、刀具材料。由于陶瓷材料还具有某些特殊的性能，因此又可作为功能材料。在古代，人们主要利用陶瓷材料加工成日常生活中的用具，如花瓶、碗、盘等。

陶瓷又分为普通陶瓷和特种陶瓷。

普通陶瓷采用天然原料如长石、黏土和石英等烧结而成，是典型的硅酸盐材料，主要组成元素是硅、铝、氧，这三种元素占地壳元素总量的90%。普通陶瓷来源丰富、成本低、工艺成熟。这类陶瓷按性能特征和用途又可分为日用陶瓷、建筑陶瓷、电绝缘陶瓷、化工陶瓷等。

特种陶瓷采用高纯度人工合成的原料，利用精密控制工艺成形烧结制成，一般具有某些特殊性能，以适应各种需要。根据其主要成分，有氧化物陶瓷、氮化物陶瓷、碳化物陶瓷、金属陶瓷等。特种陶瓷具有特殊的力学、光、声、电、磁、热等性能。

3. 青铜器时代铜金属的冶炼加工

我们的祖先在二千五百多年前的春秋时期已会冶炼生铁，人们在寻找石料和加工的工程中，逐步识别了自然铜与铜矿石。例如，孔雀石很可能是人们最早用于冶炼的铜矿石。当时冶炼铜矿石的方法是将铜矿石与木炭在冶炼炉中进行冶炼。由于这些铜矿石是氧化矿，因此这种冶炼称为氧化矿还原熔炼。在青铜时代早期，人们就发明了金属浇铸这一重要工艺技术。它主要用于合金成分大于 10% 的合金，因为这时已经不能再用锤打的方式进行加工。青铜熔炼是一个突破，此后便能生产成分不同的新材料，古代冶金技术也由此走在了世界的前列。

在前期新旧石器时代，在烧制陶器过程中积累起来的高温知识、耐火材料、造型材料与造型技术等丰富经验，为青铜的冶铸业提供了必要的技术支持。高温冶炼和锻造成形得到广泛应用，如战场上的兵器绝大多数都是通过对天然铜矿石的冶炼、铸造、锤锻而形成的。经过历史的检验，我们可以发现古代先人的锻造技术及相应材料的除杂技术都是非常成熟的，相较于同时期的西方欧洲国家，我们祖先的技术更加先进。青铜器虽然在现代不再像"青铜器时代"时那么大量运用，但是它作为材料发展史上璀璨的明星，是基础材料。

4. 铁器时代钢铁技术的发展

铁器时代是人类发展史中一个极为重要的时代，人们最早知道的铁是陨石中的铁，古代埃及人称之为神物。在很久以前，人们就曾用这种天然铁制作过切削刃和饰物，这是人类使用铁的最早情况。地球上的天然铁是少见的，所以铁的冶炼和铁器的制造经历了一个很长的时期。铁的出现，在很大程度上与陨铁的发现有关，但铁矿开采可能与铜矿开采有关。铁加工曾有两个技术中心，一个中心是西亚，另一个中心是中国。当人们在冶炼青铜的基础上逐渐掌握了冶炼铁的技术之后，铁器时代就到来了。

中国古代掌握制铁技术大约是在春秋末年以后，战国期间已逐渐成熟。

制铁的基本原理跟现在的基本相同。首先是冶铁，采用碳还原法。然后将这些软铁块锻打成所要的形状，形状比较粗糙。后来发明了鼓风的工具，从而建造了大的鼓风炉，提高了炉温，能够炼出液体的生铁。于是有了铸铁技术，用陶土或铁制作铸型，把铁液浇铸进去，从而造出了精细的产品，于是铁制的农具和精良的武器得以普及。再进一步就是制作含碳量更少、柔韧性更好的钢，但是中国古代无法达到足够的炉温，因此只能用长期加热和锻打的方法进行渗碳，制出"不合格"的钢，但比一般生铁已有了很大进步。

进入现代社会，经过第一、二次工业革命，生产力大大提高，对于钢铁技术的研究更加系统和深入，一直到 19 世纪上半叶，人类始终生活在"铁器时代"。如今，钢铁已经成为人类生活中不可或缺的基础材料。

5. 混凝土

1900 年，万国博览会上展示了钢筋混凝土在很多方面的使用，在建材领域引起了一场革命。法国工程师艾纳比克 1867 年在巴黎博览会上看到莫尼尔用铁丝网和混凝土制作的花盆、浴盆和水箱后，受到启发，于是设法把这种材料应用于房屋建筑上。1879 年，他开始制造钢筋混凝土楼板，以后发展为整套建筑使用由钢筋箍和纵向杆加固的混凝土结构梁。仅几年后，他在巴黎建造公寓大楼时采用了经过改善迄今仍普遍使用的钢筋混凝土主柱、横梁和楼板。1884 年德国建筑公司购买了莫尼尔的专利，进行了第一批钢筋混凝土的科学实验，研究了钢筋混凝土的强度、耐火能力，钢筋与混凝土的黏结力。1887 年德国工程师科伦首先发表了钢筋混凝土的计算方法；英国人威尔森申请了钢筋混凝土板专利；美国人海厄特对混凝土横梁进行了实验。1895—1900 年，法国用钢筋混凝土建成了第一批桥梁和人行道。1918 年艾布拉姆发表了著名的计算混凝土强度的水灰比理论。钢筋混凝土开始成为改变这个世界景观的重要材料。钢筋混凝土是当代最主要的土木工程材料之一，我们生活的城市、我们居住的房屋大多都是以钢筋混凝土为框架建成的，是当之无愧的基础材料。

拓展资料——现代工业生产中的常用成形技术

材料成形技术是金属液态成形、焊接、金属塑性加工、激光加工及快速成形、热处理及表面改性、粉末冶金、塑料成型等各种成形技术的总称。它是利用熔化、结晶、塑性变形、扩散、相变等各种物理化学变化使工件成形，达到预定的机械零件设计要求的技术。材料加工成形制造技术与其他制造加工技术的重要不同点是工件的最终微观组织及性能受控于成形制造方法与过程。换句话说，通过各种先进的成形工艺，不仅可以获得无缺陷的工件，而且能够控制、改善或提高工件的最终使用特性。材料加工工艺与机械切削加工方法不同，在加工过程中机械零件不仅会发生几何尺寸的变化，而且会发生成分、组织结构及性能的变化。因此材料加工工艺的任务不仅要研究如何获得必要几何尺寸的机械零部件，还要研究如何通过加工过程的控制而使零件具有设定的化学成分、组织结构和性能，从而保证机械零部件的安全性、可靠性和寿命。七种常用的材料成形技术如下。

1. 热压成形

热压成形是指在加热并同时加压的条件下，使泥料成形并烧结成制品的方法。热压工艺是把泥料的成形和烧结结合为一个过程，这种方法在冶金工业中用于粉末冶金已有较长的历史，在特殊耐火材料生产中已逐步推广应用。

热压成形制成的键盘按键如图1-1所示。

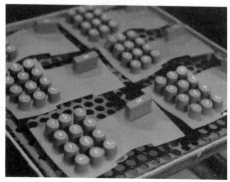

图1-1 热压成形制成的键盘按键

2. 热成型

热成型是一种将热塑性塑料片材加工成各种制品的较特殊的塑料加工方法，如图1-2所示。

热塑性塑料板在加热后加压成型，适用板厚为1~12mm。

3. 旋转成型

旋转成型又称为滚塑成型、旋塑、旋转模塑、旋转铸塑、回转成型等，如图1-3所示。

图1-2 热成型

该成型方法是先将计量的塑料（液态或粉料）加入模具中，在模具闭合后，使之沿两垂直旋转轴旋转，同时使模具加热，模内的塑料原料在重力和热能的作用下，逐渐均匀地涂布、熔融粘附于模腔的整个表面上，成型为与模腔相同的形状，再经冷却定型、脱模制得所需形状的制品。旋转成型工艺在整个成型过程中，塑料除了受到重力的作用之外，几乎不受任何外力的作用。

旋转成型用于制作具有等厚的中空形体，聚合物粉末沿着模具内壁经过加热后，滚动翻搅自成无内应力的加工成品。

4. 注射成型

注射成型是将熔融的成型材料以高压的方式填充到封闭的模具内，如图 1-4 所示。

注射成型是塑胶制品大量生产中最重要的生产技术，它被用以生产种类极为繁多的日常生活用品。它能成型复杂形状且尺寸差异大的产品，从大件的产品到很薄的小产品都可采用注射成型。

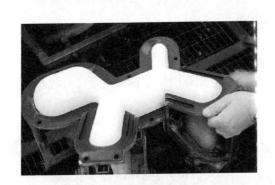

图 1-3　旋转成型

图 1-4　注射成型

5. 金属旋压

金属旋压通常是将金属坯料卡在旋压机床（旋压机床与普通机床相似）上，加工过程中坯料靠在一个三维模芯上成形，如图 1-5 所示。

金属旋压是一种钣金成形过程，用来制造旋转对称的工件，如圆柱形、圆锥形和半球形。金属旋压使用单边模具或以渐进式加工成形。

图 1-5　金属旋压

6. 金属扭轴成形

金属管材的扭轴成形是金属折弯工艺中的一种，用于小角度的折弯成形工艺，如图 1-6 所示。

7. 超塑性成形

超塑性成形属于新兴工艺，属于材料成形的一种，如图 1-7 所示。金属板材加热后以空气压力加压成形，这种过程依赖于特殊级数的镁钛铝材料的超塑性。

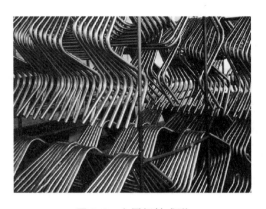

图1-6 金属扭轴成形

图1-7 超塑性成形

本 章 小 结

本章介绍了材料成形技术的发展，通过学习可以初步了解产品的制造过程，理解制造、材料加工和材料成形三者之间的关系，了解材料成形技术的发展趋势，理解材料成形的概念、包含的内容，以及材料成形的加工工艺。

1）与机械加工相比，材料成形加工具有生产率高、材料利用率高、材料一般为热态成形、应用范围广等特点。

2）本课程是机械类专业的技术基础课程，主要涉及与产品制造有关的材料成形技术基础知识。

3）了解材料成形的方法和发展趋势，以及对国民经济发展的重要性。

习 题

1.1 简述材料成形技术的发展史。

1.2 举例说明，与机械加工相比，材料成形技术具有哪些特点。

1.3 材料成形按材料种类的分类有哪些？

1.4 材料成形的主要方法有哪些？

1.5 举出三个汽车主要零件的材料成形方法。

第2章

液态金属铸造成形

章前导读

金工实习用过的台虎钳钳身、车床床身、主轴箱等许多零件形状复杂，特别是内腔复杂，这些零件是用什么方法制造出来的呢？

液态金属铸造成形过程是将液态金属浇注到与零件形状、尺寸相适应的铸型型腔中，待其冷却凝固，以获得毛坯或零件的生产方法。液态金属铸造成形的方法很多，可分为砂型铸造和特种铸造两大类。其中，砂型铸造是最基本的铸造成形方法，所生产的铸件要占铸件总产量的80%以上。为了提高铸件的质量和生产率，人们对传统铸造工艺进行改进，各种新的铸造生产工艺方法获得了越来越多应用。

液态金属铸造成形在机械制造业中占有重要的地位，是生产制造金属毛坯、机器零件的主要方法之一。在一般机械设备中，铸件约占整个机械设备重量的45%～90%，如在机床、内燃机、重型机械中占整机重量的70%～90%；在汽车及农业机械中占40%～70%。铸造之所以能得到如此广泛的应用，是因为它具有如下优点。

1）铸造成形能够制造形状复杂、特别是具有复杂内腔的毛坯，如各种阀体、箱体、床身、机架及机械设备的底座、支座等。

2）铸造成形的适应性广，铸件大小几乎不受限制，重量可从几克到几百吨；既可用于单件、小批量生产，也可用于大批量生产。

3）铸造成形所用的原材料可以是钢、铁和非铁合金，来源广泛，价格低廉，铸件成本低；铸造生产一般不需要昂贵的设备。

4）铸造成形方法生产的铸件，其形状和尺寸与零件相近，部分可直接成为零件，从而减少了金属材料消耗，节省了切削加工工时，提高了生产率。

但是，液态金属铸造成形过程比较复杂，一些工艺过程难以控制，产品质量不稳定，废品率高。铸件易出现铸造缺陷，如铸造组织疏松、晶粒粗大且常伴有缩松、缩孔、气孔、砂眼等，因而铸件的力学性能差。此外，铸造生产时工人的工作环境差，劳动强度大。

随着铸造技术的发展，铸造生产的不足正在不断地得到克服和改进，铸造生产逐步实现机械化、自动化和信息化，各种新工艺、新技术、新材料和新设备获得广泛应用，铸造生产日益形成优质、高效、低能耗的态势，铸件质量和生产率得到很大提高，工人的劳动强度减小，劳动条件得到改善。铸造生产正朝着专业化、智能化和精密化的方向发展。

2.1 铸造工艺理论基础

铸造成形过程主要是液态金属在铸型里从高温到室温的凝固结晶、冷却的过程。它涉及铸造金属的工艺性能，也称为铸造性能，通常是指液态金属的流动性、收缩性、吸气性及偏析性等性能。不同铸造金属的铸造性能是不同的，其直接影响着铸件的质量，在进行铸造材料选择、铸造工艺及铸件结构设计时必须充分考虑铸造金属的铸造性能。

2.1.1 液态金属的充型能力

1. 液态金属充型能力的概念

液态金属填充铸型的过程简称为充型。液态金属充满铸型型腔，获得形状完整、轮廓清晰的铸件的能力，称为液态金属的充型能力。液态金属的充型能力在铸件生产过程中占有很重要的位置。充型能力强，有利于获得形状完整、轮廓清晰的铸件；充型能力弱，容易产生浇不足、冷隔、气孔、夹渣、缩孔等铸造缺陷。

浇不足是指由于液态金属充型能力不足，所得铸件形状不完整的缺陷；而铸件看似完整，实际上有未完全融合的接缝的缺陷就是冷隔。

2. 影响液态金属充型能力的主要因素

充型能力首先取决于液态金属本身的流动性，同时又受外界条件，如铸型性质、浇注条件、铸件结构等因素的影响。因此，液态金属充型能力是上述各种因素的综合反映。这些因素通过两个途径发生作用：一是影响液态金属与铸型之间的热交换条件，从而改变液态金属的流动时间；二是影响液态金属在铸型中的流动动力学条件，从而改变液态金属的流动速度。延长液态金属的流动时间、加快流动速度，都可以改善充型能力。

影响液态金属充型能力的主要因素如下。

（1）金属性质 液态金属本身的流动能力即为流动性。流动性能够显著影响液态金属的充型能力，是液态金属固有的属性。因此，影响液态金属流动性的合金成分、温度、杂质含量及其物理性质等因素也会对其充型能力有明显的影响。流动性好的液态金属，填充铸型的能力就强，易于获得形状准确、轮廓清晰的铸件，可避免产生铸造缺陷。液态金属的流动性用浇注流动性试样的方法来衡量。流动性试样的种类很多，如螺旋形试样、球形试样、真空试样等，应用最多的是螺旋形试样，如图2-1所示。

决定液态金属流动性的主要因素如下。

1）铸造金属的种类。液态金属的流动性与其黏度及铸造金属的熔点、热导率等物理性能有关，如铸钢熔点高，在铸型中散热快、凝固快，故流动性差。

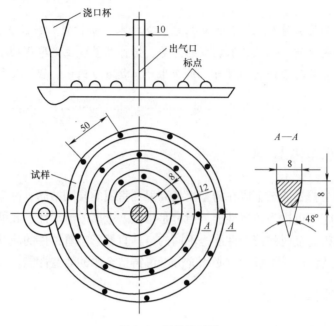

图 2-1　螺旋形试样

2) 铸造金属的成分。同种铸造金属中，成分不同，结晶特点就不同，液态金属的流动性也不同。例如，纯金属和共晶成分合金的结晶是在恒温下进行的，结晶时从表面开始向中心逐层凝固，由于凝固层的内表面比较平滑，对尚未凝固的液态金属的流动阻力小（图 2-2a），有利于液态金属填充型腔。此外，在相同浇注温度下，共晶成分的合金凝固温度最低，相对来说，液态金属的过热度〔即浇注温度与金属凝固点（熔点）温度之差〕大，推迟了液态金属的凝固，因此共晶成分的液态金属流动性最好。其他成分液态金属的结晶是在一定温度范围内进行的，即结晶区域为一个液相和固相并存的两相区。在此区域初生的树枝状枝晶使凝固层内表面参差不齐，阻碍液态金属的流动，而且由于固态晶体的热导率大，使液体冷却速度加快，故流动性差（图 2-2b）。合金结晶温度范围越宽，液相线和固相线距离越大，凝固层内表面越参差不齐，这样流动阻力就越大，流动性也越差。因此，选择铸造金属时，在满足使用要求的前提下，应尽量选择靠近共晶成分的合金。

合金的充型能力（一）

合金的充型能力（二）

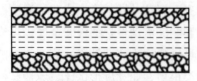

a) 纯金属及共晶成分合金在恒温下结晶

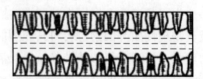

b) 非共晶成分合金在一定温度范围内结晶

图 2-2　结晶特性对流动性的影响

（2）浇注条件　浇注条件对液态金属充型能力的影响主要包括浇注温度、充型压力和浇注系统的结构等。

1）浇注温度。浇注温度对液态金属的充型能力有决定性影响。一般情况下，浇注温度越高，液态金属所含的热量越多，黏度越小，在相同的冷却条件下，合金在铸型中保持流动的时间越长，充型能力越强。但是，浇注温度过高会使液态金属的吸气量和总收缩量增大，氧化也更严重，铸件容易产生缩孔、缩松、气孔、黏砂、粗晶等缺陷。因此，在保证充型能力足够的前提下，浇注温度不易过高，在实际生产中掌握的原则是"高温出炉，低温浇注"。

2）充型压力。液态金属在流动方向上所受的压力（充型压力）越大，充型能力越好。砂型铸造时，充型压力是由直浇道所产生的静压力取得的，适当提高直浇道的高度，可提高充型能力；但过高的充型压力会使铸件产生砂眼、气孔等缺陷。在压力铸造、低压铸造和离心铸造时，液态金属是在外力作用下充满铸型型腔的，所以充型能力较强。

3）浇注系统的结构。浇注系统的结构越复杂，则对液态金属的流动阻力越大，充型能力越差。

（3）铸型性质

1）铸型的蓄热能力。铸型的蓄热能力是指铸型从液态金属中吸收并储存热量的能力。铸型材料的比热容和热导率越大，对液态金属的冷却作用越强，液态金属在型腔中保持流动的时间越短，液态金属的充型能力越弱。

2）铸型温度。铸型温度越高，则液态金属与铸型的温差越小，液态金属的冷却速度越低，充型能力越强。

3）铸型中的气体。浇注时因液态金属在型腔中的热作用而产生大量气体。如果铸型的排气能力差，则型腔中气体的压力增大，阻碍液态金属的充型。铸造时，除应尽量减小气体的来源外，还应增加铸型的透气性，并开设出气口，使型腔及型砂中的气体顺利排出。

（4）铸件结构 衡量铸件结构特点的因素主要是折算厚度和复杂程度，它们对液态金属的充型能力也有较大影响。

1）折算厚度。折算厚度也称为当量厚度或模数，为铸件体积与铸件表面积之比。铸件的折算厚度越大，热量散失越慢，充型能力越好。铸件壁厚相同时，垂直壁比水平壁更容易填充。

2）复杂程度。铸件结构越复杂，液态金属的流动阻力就越大，填充铸型就越困难，液态金属的充型能力就越差。

3. 充型能力对铸件质量的影响

液态金属的充型能力强，有利于获得形状完整、轮廓清晰的铸件；而充型能力弱，容易产生浇不足、冷隔等缺陷。

（1）浇不足、冷隔产生的原因 液态金属填充铸型型腔时，由于充型能力低，液态金属的流动性不足，使得液态金属还没填满铸型之前就停止流动，而形成的铸件形状不完整的缺陷称为浇不足。在浇注时，如果液态金属是从两个不同方向填充铸型，在两股液态金属相遇的瞬间，其温度恰好冷却到了完全凝固温度，液态金属完全凝固，使得两股金属没有完全融合，因此而形成冷隔。

（2）防止浇不足或冷隔的措施

1）选用流动性好的合金。为防止产生浇不足或冷隔缺陷，在满足使用要求的前提下，尽量选用流动性好的合金。它们一般是恒温结晶或结晶温度范围较窄的合金，以逐层凝固方式结晶，如灰铸铁，特别是共晶成分的灰铸铁流动性较好。

2）提高浇注温度。提高浇注温度，有利于降低液态金属的黏度，延长保持液态的时间，提高充型能力。但浇注温度不宜过高，以防止金属氧化、吸气、收缩量较大而造成气孔、缩孔、黏砂、晶粒粗大等缺陷。

对于形状复杂的薄壁铸件，为避免产生冷隔和浇不足等缺陷，浇注温度以略高些为宜。例如，灰铸铁的浇注温度为 1200~1380℃，铸钢为 1520~1620℃，铝合金为 680~780℃。

3）降低铸型中的气体。如果铸型的发气量较大（水分或添加剂较多），浇注时在液态金属的高温作用下蒸发出较多的气体，使型腔中气体的压力增大，阻碍液态金属的充型。应尽量降低铸型的水分和添加剂。

4）提高直浇道高度。提高直浇道高度，可提高液态金属充型时在流动方向的压力（充型压力），提高充型能力。

5）简化铸件结构。当铸件壁厚过小、壁厚急剧变化、结构复杂或有较大水平面等结构时，液态金属的流动阻力就增大，使液态金属的充型能力降低。因此，在进行铸件结构设计时，铸件的形状应尽量简单，铸件的壁厚必须大于规定的"最小壁厚"。

2.1.2 铸件的凝固方式

1. 铸件的三种凝固方式

金属由液态转化为固态的过程称为凝固，金属的凝固过程又称为结晶。金属的结晶过程包括形核和长大两个基本过程。

铸造合金在一定温度范围内结晶凝固时，其断面一般存在三个区域，即固相区、液－固共存区和液相区（图2-3），其中，液－固共存区对铸件质量的影响最大，通常根据液－固共存区的宽窄将铸件的凝固方式分为逐层凝固、糊状凝固和中间凝固三种。

（1）逐层凝固 纯金属或共晶成分合金在凝固过程中因不存在液、固并存的凝固区（图2-3a），故断面上外层的固体和内层的液体由一个界面（凝固前沿）清楚地分开。随着温度的下降，固体层不断加厚、液体层不断减薄，直达铸件的中心，这种凝固方式称为逐层凝固。

（2）糊状凝固 如果合金的结晶温度范围很宽，且铸件的温度分布较为平坦，则在凝固的某段时间内，铸件表面并不存在固体层，而液、固并存的凝固区贯穿整个断面（图2-3c）。由于这种凝固方式与水泥类似，即先呈糊状而后固化，故称为糊状凝固。

（3）中间凝固 大多数合金的凝固介于逐层凝固和糊状凝固之间（图2-3b），称为中间凝固。

逐层凝固

糊状凝固

中间凝固

铸件质量与其凝固方式密切相关。一般来说，逐层凝固时，合金的充型能力强，便于防止缩孔和缩松；糊状凝固时，难以获得结晶紧实的铸件。

2. 影响铸件凝固方式的主要因素

铸件的凝固方式决定了铸件的组织结构形式，是影响铸件质量的内在因素。影响铸件凝固方式的主要因素有合金的结晶温度范围和铸件的温度梯度。

（1）合金的结晶温度范围 如前所述，合金的结晶温度范围越小，凝固区域越窄，越倾向于逐层凝固。例如：砂型铸造时，低碳钢为逐层凝固；高碳钢结晶温度范围甚宽，为糊状凝固。

（2）铸件的温度梯度 在合金结晶温度范围已定的前提下，凝固区域的宽窄取决于铸

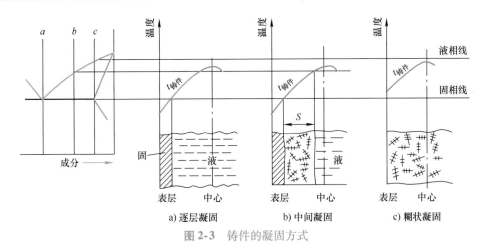

图 2-3 铸件的凝固方式
a) 逐层凝固   b) 中间凝固   c) 糊状凝固

件内外层间的温度梯度（图 2-4）。若铸件的温度梯度由小变大，则其对应的凝固区域由宽变窄。铸件的温度梯度主要取决于以下三个因素。

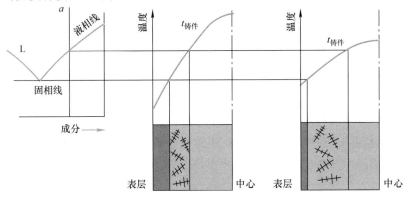

图 2-4 温度梯度对凝固区域的影响

1）合金的性质。合金的凝固温度越低、热导率越高、结晶潜热越大，铸件内部温度均匀化能力越大，而铸型的激冷作用变小，故温度梯度小（如多数铝合金）。

2）铸型的蓄热能力。铸型的蓄热能力越强，激冷能力越强，铸件温度梯度越大。

3）浇注温度。浇注温度越高，因带入铸型中热量增多，铸件的温度梯度减小。

通过以上讨论可以得出：具有逐层凝固倾向的合金（如灰铸铁、铝硅合金等）易于铸造，应尽量选用。当必须采用有糊状凝固倾向的合金（如锡青铜、铝铜合金、球墨铸铁等）时，需考虑采用适当的工艺措施，如选用金属型铸造等，以减小其凝固区域。

2.1.3 铸造合金的收缩

1. 收缩的概念

合金从液态冷却至室温的过程中，其体积或尺寸缩小的现象称为收缩。收缩是绝大多数合金的物理本性。合金的收缩是影响铸件几何形状、尺寸、致密性甚至造成某些缺陷的重要铸造性能之一。

合金的收缩可分为如下三个阶段（图 2-5）。

（1）液态收缩 从浇注温度冷却到凝固开始温度（液相线温度）间的收缩，称为液态收缩。其间，合金处于液态，因而，液态收缩会引起型腔内液面的下降。

（2）凝固收缩　从凝固开始温度冷却到凝固终止温度（固相线温度）间的收缩，称为凝固收缩。合金的凝固收缩与合金的结晶温度范围及状态有关。

（3）固态收缩　从凝固终止温度冷却到室温的收缩，称为固态收缩。固态收缩对铸件的尺寸精度影响较大。

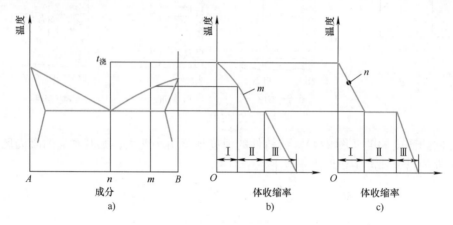

图 2-5　铸造合金收缩过程示意图

2. 合金的收缩率

合金的收缩量常用体收缩率或线收缩率来表示。合金从高温的液态到常温的体积改变量称为体收缩，合金在固态由高温到常温的线尺寸改变量称为线收缩，分别以单位体积和单位长度的变化量来表示，体收缩率为

$$\varepsilon_V = \frac{V_0 - V_1}{V_0} \times 100\% = \alpha_V(t_0 - t_1) \times 100\%$$

线收缩率为

$$\varepsilon_l = \frac{l_0 - l_1}{l_0} \times 100\% = \alpha_l(t_0 - t_1) \times 100\%$$

式中　t_0、t_1——合金在常温和高温时的温度（℃）；

V_0、V_1——合金在 t_0、t_1 温度时的体积（m³），

l_0、l_1——合金在 t_0、t_1 温度时的长度（m）；

α_V、α_l——合金在 $t_0 \sim t_1$ 温度范围内的体收缩系数、线收缩系数（℃$^{-1}$）。

合金的液态收缩和凝固收缩表现为合金的体积缩小，通常以体收缩率来表示。它们是铸件产生缩孔、缩松缺陷的主要原因。合金的固态收缩尽管也是体积变化，但它明显表现为铸件各部分尺寸的变化。因此，通常用线收缩率来表示。固态收缩是铸件产生内应力、裂纹和变形等缺陷的主要原因。

合金的总体收缩率为上述三个阶段收缩率之和。它与合金的成分、温度和相变有关。不同合金收缩率是不同的。表 2-1 给出了几种铸造合金的体收缩率。常用铸造合金的线收缩率见表 2-2。

表2-1　几种铸造合金的体收缩率

合金种类	碳的质量分数（%）	浇注温度/℃	液态收缩率（%）	凝固收缩率（%）	固态收缩率（%）	总体收缩率（%）
碳钢	0.35	1610	1.6	3.0	7.86	12.46
白口铸铁	3.0	1400	2.4	4.2	5.4~6.3	12.0~12.9
灰铸铁	3.5	1400	3.0	0.1	3.3~4.0	6.4~7.1

表2-2　常用铸造合金的线收缩率

合金种类	灰铸铁	可锻铸铁	球墨铸铁	碳素钢	铝合金	铜合金
线收缩率	0.8~1.0	1.2~2.0	0.8~1.3	1.38~2.0	0.8~1.6	1.2~1.4

3. 影响合金收缩的因素

影响合金收缩的因素主要体现在以下三个方面。

（1）化学成分　不同的合金，其收缩率不同。在常用的铸造合金中，铸钢的收缩率最大，灰铸铁的收缩率最小。碳素钢随含碳量增加，凝固收缩增加，而固态收缩略减。铸铁结晶时，内部的碳大部分以石墨的形态析出，石墨的密度较小，析出时所产生的体积膨胀弥补了部分凝固收缩。灰铸铁中，碳是石墨的形成元素，硅是促进石墨化的元素，所以碳、硅含量越高，收缩越小。硫能阻碍石墨的析出，使铸铁收缩率增大。适量的锰可与铸铁中的硫生成 MnS，抵消硫对石墨的阻碍作用，使收缩率减小。但含锰量过高，铸铁的收缩率又有增加。

（2）浇注温度　浇注温度主要影响液态收缩。一般浇注温度越高，过热度越大，合金液态收缩也越大，形成缩孔的倾向就越大。

（3）铸件结构和铸型条件　铸件在铸型中冷却时，因形状和尺寸不同，各部分的冷却速度不同，铸件各部分相互制约对其收缩产生阻碍。又因铸型和型芯对铸件的收缩也会产生机械阻力，铸件的实际线收缩率比自由线收缩率小。所以设计模样时，应根据合金的种类、铸件的形状、尺寸等因素，选取适合的收缩率。

2.1.4　缩孔和缩松

1. 缩孔和缩松的概念

铸型内的液态金属在凝固过程中，由于液态收缩和凝固收缩所缩减的体积得不到补充，在铸件最后凝固的部位将形成一些孔洞。按孔洞的大小和分布可分为缩孔和缩松。大而集中的孔洞称为缩孔，细小而分散的孔洞称为缩松。缩孔和缩松可使铸件的力学性能、气密性和物理化学性能大大降低，严重时会导致铸件报废，必须设法防止。

2. 缩孔和缩松的形成

（1）缩孔　缩孔是在铸件最后凝固的部位形成容积较大而且集中的孔洞。缩孔多呈倒圆锥形，内表面粗糙，通常隐藏在铸件的内层，但在某些情况下，也可暴露在铸件的表面，呈明显的凹坑。缩孔产生的条件是合金在恒温或很小的温度范围内结晶，铸件壁以逐层凝固的方式进行凝固。

缩孔

缩孔的形成过程如图2-6所示。假定所浇注合金的结晶温度范围很窄，铸件是由表及里逐层凝固的。液态合金充满铸型（图2-6a）后，因铸型吸热，液态合金温度下降，发生液态收缩，但它可以从浇注系统中得到补充。因此，此期间型腔总是充满着液态合金。当靠近型腔表面的合金温度下降到凝固温度时，铸件表面凝固成一层硬壳，同时内浇道也被封堵（图 2-6b）。温度下降，合金逐层凝固，凝固层加厚，内部的剩余液体，由于液态收缩和补充凝固层的凝固收缩，体积缩减，液面下降；凝固层也会因为温度下降而使铸件尺寸缩小，但是由于液态收缩和凝固收缩总是超过凝固层的固态收缩，因此，液面下降脱离顶部的硬壳而出现空隙（图 2-6c）。最后，铸件内部完全凝固，在铸件上部形成缩孔（图 2-6d）。已经形成缩孔的铸件继续冷却到室温时，因固态收缩使铸件的外形轮廓尺寸略有缩小（图 2-6e）。

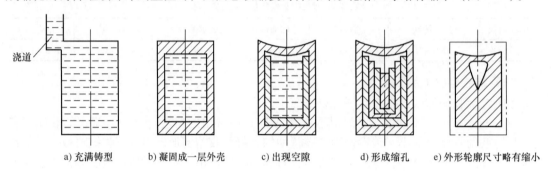

a) 充满铸型　　b) 凝固成一层外壳　　c) 出现空隙　　d) 形成缩孔　　e) 外形轮廓尺寸略有缩小

图 2-6　缩孔的形成过程

（2）缩松　缩松产生的原因和缩孔一样，也是由于液态收缩和凝固收缩大于固态收缩。但形成缩松的基本条件却与缩孔不同。缩松主要出现在结晶温度范围宽、以糊状凝固方式凝固的合金或厚壁铸件中。缩松一般为细小、分散的孔洞，一般多分布于铸件的轴线区域、厚大部位或浇口附近。

缩松

缩松的形成过程如图 2-7 所示。一般合金在凝固过程中都存在液 – 固两相区，树枝状晶在其中不断扩大。枝晶长到一定程度（图 2-7a），枝晶分叉间的熔融金属被分离成彼此孤立的状态，它们继续凝固时也将产生收缩（图 2-7b），这种凝固方式称为糊状凝固。这时铸件中心虽有液体存在，但由于树枝晶的阻碍使之无法补缩，在凝固后的枝晶分叉间就形成许多微小的孔洞（图 2-7c）。这些孔洞有时只能在显微镜下才可辨认出来，通常称这种细小的孔洞为疏松或显微缩松。

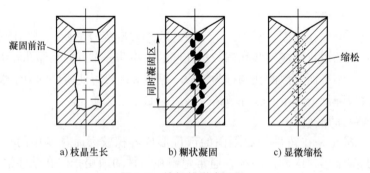

a) 枝晶生长　　b) 糊状凝固　　c) 显微缩松

图 2-7　缩松的形成过程

3. 缩孔和缩松的形成规律

由以上缩孔和缩松的形成过程，可得到以下规律。

1）合金的液态收缩和凝固收缩越大（如铸钢、白口铸铁、铝青铜等），铸件越易形成缩孔。

2）合金的浇注温度越高，液态收缩越大，越易形成缩孔。

3）结晶温度范围宽的合金，倾向于糊状凝固，易形成缩松。

4）纯金属和共晶成分合金倾向于逐层凝固，易形成集中缩孔。

4. 防止缩孔和缩松形成的措施

对于一定成分的合金，缩孔和缩松的数量可以相互转化。防止铸件产生缩孔和缩松的基本原则就是针对合金的收缩和凝固特点制定正确的铸造工艺，使铸件在凝固过程中建立良好的补缩条件，尽可能使缩松转化为缩孔，并通过控制铸件的凝固过程使之符合顺序凝固的原则，并在铸件最后凝固的部位放置合理的冒口，使缩孔移至冒口中，即可获得合格的铸件。主要工艺措施如下。

（1）按照顺序凝固原则进行凝固 顺序凝固原则是在铸件可能出现缩孔的位置，通过增设冒口和冷铁等工艺措施，使铸件从远离冒口的部位到冒口之间建立一个逐渐递增的温度梯度，从而使铸件远离冒口的部位先凝固，然后是靠近冒口的部位凝固，最后是冒口本身凝固，如图2-8所示，实现铸件按照"Ⅰ→Ⅱ→Ⅲ"直至冒口的次序逐渐凝固。这样铸件上每一部分的收缩

顺序凝固

都得到稍后凝固部分液态合金的补充，缩孔转移到冒口部位，切除后便可得到无缩孔的致密铸件。

（2）合理确定内浇道位置及浇注工艺 内浇道的引入位置对铸件的温度分布有明显影响，应按照顺序凝固原则确定。例如，内浇道应从铸件厚壁处引入，尽可能靠近冒口或由冒口引入。

（3）合理地应用冒口、冷铁等工艺措施 冒口、冷铁的综合运用是消除缩孔、缩松的有效措施。图2-9所示为冒口和冷铁的应用，铸件实现了顺序凝固，防止了缩孔。

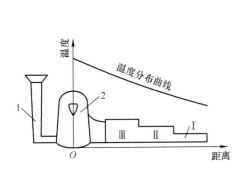

图2-8 顺序凝固原则示意图
1—浇注系统 2—冒口

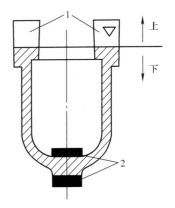

图2-9 冒口和冷铁的应用
1—冒口 2—冷铁

正确地估计铸件上缩孔或缩松可能产生的部位是合理安放冒口和冷铁的重要依据。在实际生产中，常以凝固等温线法或内切圆法近似地找出缩孔的部位，如图2-10所示。图2-10所示凝固等温线未通过的心部和内切圆直径最大处，即为可能出现缩孔的位置。

5. 顺序凝固的应用范围

安放冒口和冷铁，实现顺序凝固，虽可有效地防止缩孔和缩松（宏观缩松），但却耗费许多金属和工时，增加了铸件成本。同时，顺序凝固扩大了铸件各部分的温差，增大了铸件

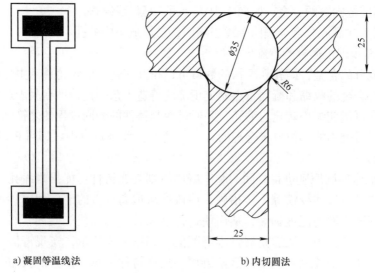

a) 凝固等温线法　　　　　　　　　　　b) 内切圆法

图 2-10　缩孔位置的确定

变形和裂纹的倾向。因此，它主要用于必须补缩的场合，如铝青铜、铝硅合金和铸钢等。

对于结晶温度范围宽的合金，由于倾向于糊状凝固，结晶开始后，发达的树枝状骨架布满了整个截面，使冒口的补缩通道产生严重受阻，因而难以避免显微缩松的产生。因此，顺序凝固对选用共晶成分或结晶温度范围较窄的合金生产铸件是适宜的。

2.1.5　铸造应力

1. 铸造应力的概念及分类

铸件在凝固以后的继续冷却过程中，由于各部分体积变化不一致、彼此制约而使其固态收缩受到阻碍引起的内应力，称为铸造应力。按照阻碍收缩的原因不同，铸造应力分为热应力和机械应力。铸造应力是铸件产生变形和裂纹的基本原因。铸件各部分由于冷却速度不同、收缩量不同而引起的阻碍称为热阻碍，铸型、型芯对铸件收缩的阻碍，称为机械阻碍。由热阻碍引起的应力称为热应力，由机械阻碍引起的应力称为机械应力（收缩应力）。铸造应力可能是暂时的，当引起应力的原因消除以后，应力随之消失，称为临时应力，也可能是长期存在的，称为残余应力。

2. 热应力

热应力是由于铸件壁厚不均，各部分收缩受到热阻碍而引起的。落砂后热应力仍存在于铸件内，是一种残余铸造应力。

为了分析热应力的形成，首先应了解金属自高温冷却至室温时应力状态的改变。固态金属在再结晶温度以上时，处于塑性状态。此时，在　　　　铸造内应力（一）
较小的应力下就可产生塑性变形（永久变形），变形之后应力自行消除。在再结晶温度以下时，金属呈弹性状态，此时，在应力作用下将产生弹性变形，而变形之后应力继续存在。

现以图 2-11 所示的框形铸件为例来说明热应力的形成过程。铸件由一根粗杆 I 和两根细杆 II 组成，两根细杆冷却速度和收缩完全一致。假设凝固后两杆从同一温度开始冷却，最后冷却到同一温度，两杆的冷却曲线如图 2-11 上部的曲线所示，$t_{临}$ 表示金属处于弹塑性状态的临界温度。

当铸件处于高温阶段（图2-11所示$T_0 \sim T_1$间），两杆均处于塑性状态。尽管杆Ⅰ和杆Ⅱ的冷却速度不同，收缩不一致，但两杆都是塑性变形，不产生内应力。继续冷却到$T_1 \sim T_2$间，此时细杆Ⅱ温度较低，已进入弹性状态，但粗杆Ⅰ仍处于塑性状态。细杆Ⅱ由于冷却快，收缩大于粗杆Ⅰ，所以粗杆Ⅰ受压应力，而细杆Ⅱ受拉应力（图2-11b）。处于塑性状态的粗杆Ⅰ受压应力作用产生压缩塑性变形，使杆Ⅰ、Ⅱ的收缩趋于一致，也不产生应力（图2-11c）。当进一步冷却至$T_2 \sim T_3$间，粗杆Ⅰ和细杆Ⅱ均进入弹性状态。此时，尽管两杆长度相同，但所处的温度不同。粗杆Ⅰ温度较高，冷却时还将产生较大收缩，细杆Ⅱ温度较低，收缩已趋停止。在最后阶段冷却时，粗杆Ⅰ的收缩将受到细杆Ⅱ的强烈阻碍，因此，粗杆Ⅰ受拉，细杆Ⅱ受压，到室温时形成残余应力（图2-11d）。

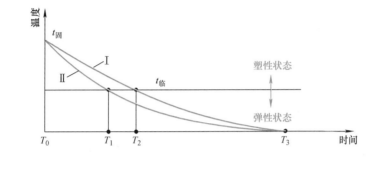

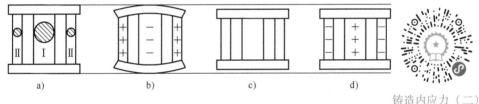

图 2-11　热应力的形成过程

+—拉应力　－—压应力

铸造内应力（二）

热应力使冷却较慢的铸件厚壁处或心部受拉伸，冷却较快的铸件薄壁处或表面受压缩，铸件的壁厚差别越大，合金的线收缩率或弹性模量越大，热应力越大。顺序凝固时，由于铸件各部分冷却速度不一致，产生的热应力较大，铸件易出现变形和裂纹，采用时应予以考虑。

3. 机械应力

铸件在固态收缩时，因受铸型、型芯、浇注系统和冒口等的机械阻碍而产生的应力称为机械应力。如图2-12所示，铸件冷却到弹性状态后，其轴向收缩受砂型阻碍，径向收缩受型芯阻碍，使铸件产生机械应力。机械应力常表现为拉应力，与铸件部位无关。形成机械应力的原因一经消除（如铸件落砂或去除浇冒口后），机械应力也随之消失，因此，机械应力是一种临时应力。但在落砂前，如果铸件的机械应力和热应力共同作用，其瞬间应力大于铸件的抗拉强度时，铸件会产生裂纹。

4. 减小和消除铸造应力的措施

减小和消除铸造应力的基本途径是减小铸件各部位间的温差，使其均匀冷却，具体措施如下。

（1）合理地设计铸件的结构　铸件的形状越复杂，各部分壁厚相差越大，冷却时温度越不均匀，铸造应力越大。因此，在设计铸件时应尽量使铸件形状简单、对称、壁厚均匀。

（2）合理选材　尽量选用线收缩率小、弹性模量小的合金，设法改善铸型、型芯的退让性，合理设置浇注系统和冒口等。

（3）采用同时凝固工艺　同时凝固是指采取一些工艺措施，控制铸件按照同时凝固原则凝固。如图 2-13 所示的阶梯铸件，可将浇口开在铸件薄壁处，在远离浇口的厚壁处安放冷铁，这样薄壁处因

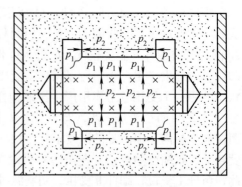

图 2-12　机械应力的形成

p_1—铸件对砂型、型芯的作用力

p_2—砂型、型芯对铸件的反作用力

被高温液态金属加热而冷却速度减慢，厚壁处因被冷铁激冷而冷却速度加快，使铸件各处的温度趋于一致，实现同时凝固。在实际生产中，使铸件同时凝固是减小铸造应力，防止铸件变形和裂纹的有效措施。

（4）对铸件进行时效处理是消除铸造应力的有效措施　对于装配精度、稳定性要求高的零件，必须进行时效处理。时效处理分为自然时效、热时效和共振时效等。自然时效是将铸件置于露天场地半年以上，使其内应力自然消除。热时效（人工时效）又称为去应力退火，是将铸件加热到 $550 \sim 650℃$，保温 $2 \sim 4h$，随炉冷却至 $150 \sim 200℃$，然后出炉。共振时效是将

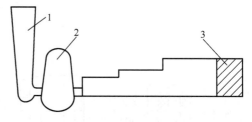

图 2-13　同时凝固原则

1—直浇道　2—暗冒口　3—外冷铁

铸件在其共振频率下振动 $10 \sim 60min$，以在室温下高效消除铸件中的残余应力。

2.1.6　铸件的变形

当残余铸造应力超过铸件材料的屈服强度时，铸件将发生塑性变形，带有残余铸造应力的铸件是不稳定的，会自发地通过铸件变形使应力减小而趋于稳定，即铸件变形总是朝着减小或消除残余铸造应力的方向发生。

铸件的变形与防止

1. 铸件变形的形成

对于厚薄不均匀、截面不对称及具有细长特点的杆类、板类及轮类等铸件，当残余铸造应力超过铸件材料的屈服强度时，往往产生翘曲变形。如前述框形铸件，粗杆Ⅰ受拉伸，细杆Ⅱ受压缩，但两杆都有恢复自由状态的趋势，即粗杆Ⅰ总是力图压缩，细杆Ⅱ总是力图伸长，如果连接两杆的横梁刚度不够，就会出现图 2-14 所示的翘曲变形。变形使铸造应力重新分布，残余铸造应力会减小一些，但不会完全消除。

图 2-15 所示 T 形梁铸钢件，当板Ⅰ厚、板Ⅱ薄时，浇注后板Ⅰ受拉、板Ⅱ受压，两板都有力图恢复原状的趋势，板Ⅰ力图缩短一点，板Ⅱ力图伸长一点。若铸钢件刚度不够，将发生板Ⅰ内凹、板Ⅱ外凸的变形；反之，当板Ⅰ薄，板Ⅱ厚时，将发生反向翘曲。

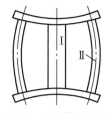

图 2-14 框形铸件的变形

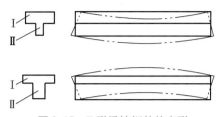

图 2-15 T 形梁铸钢件的变形

对于形状复杂的铸件，也可应用上述分析方法来确定其变形方向。图 2-16 所示为车床床身，其导轨部分较厚，冷却速度慢，形成内部残余拉应力；侧壁部分较薄，形成内部残余压应力，导轨面往往形成下凹的挠曲变形。有的铸件虽无明显变形，但经切削加工后，破坏了铸造应力的平衡，将产生变形。

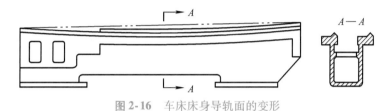

图 2-16 车床床身导轨面的变形

2. 铸件变形的危害

实践证明，尽管变形后铸件的内应力有所减缓，但并未彻底消除，这样的铸件经机械加工后，由于内应力的重新分布，还将逐渐缓慢地发生微量变形，降低零件的精度，严重时会使零件报废。

3. 铸件变形的防止与消除

（1）对称结构设计　为了防止铸件变形，除减小应力外，最好设计成对称结构的铸件，使其内应力互相平衡而不易变形。

（2）反变形法　在铸造工艺上应采用同时凝固原则，以便冷却均匀。对于长而易变形的铸件，还可采用"反变形"工艺。反变形法是在统计某类铸件变形规律的基础上，在模样上预先做出相当于铸件变形量的反变形量，以抵消铸件的变形。对于某些重要的易变形铸件，可采取提早落砂，落砂后立即将铸件放入炉内焖火的办法消除应力与变形。

残余应力的危害
与消除

2.1.7 铸件的裂纹

1. 热裂的形成与防止

热裂是铸件凝固后期在接近固相线的高温下形成的。因为金属的线收缩并不是在完全凝固后开始的，在凝固后期，结晶出来的固态物质已形成了完整的骨架，开始了线收缩，但晶粒间还存有少量液体，故金属的高温强度很低。例如，$w_C = 0.3\%$ 的碳素钢，室温强度 $R_m \geqslant 480MPa$，而在 1300 ~ 1410℃时的高温强度 $R_m \leqslant 0.75MPa$。在高温下铸件的线收缩若受到铸型、型芯及浇注系统的阻碍，机械应力超过了其高温强度，即发生热裂。热裂的特征是：裂纹短，缝隙宽，形状曲折而不规则，断口无金属光泽，缝内呈氧化色。

铸造合金的结晶特点和化学成分对热裂纹的产生均有明显的影响。合金的结晶温度范围

铸件裂纹与防止

越宽，凝固收缩量越大，合金的热裂纹倾向也越大。铸钢、某些铸铝合金、白口铸铁的热裂纹倾向较大。灰铸铁和球墨铸铁的凝固收缩较小，故它们的热裂纹倾向也较小。硫元素能够显著增加合金钢和铸铁的热脆性；铸型阻力、铸型及型芯的退让性对热裂纹的形成有着重要影响。退让性越好，机械应力越小，形成热裂纹的可能性也越小。

防止热裂的措施有：①尽量选择结晶温度范围小、热裂倾向小的合金；②提高铸型和型芯的退让性，以减小机械应力；③浇注系统和冒口的设计要合理；④对于铸钢件和铸铁件，必须严格控制硫的含量，防止热脆性。

2. 冷裂的形成与防止

冷裂是在较低温度下，铸造合金处于弹性状态，由于热应力和机械应力的综合作用，铸件内应力超过金属的抗拉强度而产生的。冷裂多出现在铸件受拉应力的部位，尤其是具有应力集中处（如尖角、缩孔、气孔及非金属夹杂物等的附近）。冷裂的特征是：裂纹细小，呈连续直线状，断口干净，缝内有金属光泽或轻微氧化色。

壁厚差别大，形状复杂，特别是大而壁薄的铸件，容易产生冷裂。不同铸造合金的冷裂倾向不同。脆性大、塑性差的合金，如白口铸铁、高碳钢及某些合金钢较易产生冷裂；塑性好的合金因内应力可通过其塑性变形来自行缓解，冷裂倾向小。铸造合金的化学成分和杂质含量对冷裂的形成影响很大，如钢中的碳、铬、镍等元素均会降低钢的热导率，当其含量过高时，冷裂倾向增大。若磷元素含量较高，合金的冷脆性增加，塑性和冲击韧度降低，形成冷裂的倾向也会增大。因此，防止冷裂的方法主要是尽量减小铸造应力和降低合金的脆性。例如：铸件壁厚要均匀；增加型砂和芯砂的退让性；降低钢和铸铁中的含磷量。

2.2 砂型铸造

以型砂为材料制备铸型的铸造方法称为砂型铸造。铸型主要包括外型和型芯两大部分，外型也称为砂型，用来形成铸件的外部轮廓；型芯也称为砂芯，用来形成铸件的内腔。从广义上讲，砂型包括砂芯。砂型铸造是应用最为广泛的液态金属成形方法。它适用于各种形状、大小及各类合金铸件的生产。目前，世界各国砂型铸件占铸件总产量的 80% 以上。掌握砂型铸造方法是合理选择铸造方法和正确设计铸件的基础。

新中国第一枚
金属国徽

2.2.1 砂型铸造基本过程

1. 砂型铸造的基本工艺过程

砂型铸造的基本工艺过程如图 2-17 所示。

在铸造生产之前，根据要生产的零件图、生产批量等制定生产工艺方案并绘制铸造工艺图；然后根据绘制好的铸造工艺图绘制出生产需要的模样图、芯盒图和铸型装配图，并根据模样图制造模样，根据芯盒图制造芯盒。

接下来把由原砂、黏接剂和附加物组成的造型材料进行预处理，混制型砂和芯砂，根据模样用混制好的型砂造型，用芯盒和混制好的芯砂制芯。下一步是根据铸型装配图组装铸型，如果是湿型浇注，则直接把湿型和湿芯合型；如果是干型浇注，则应先烘干铸型和型芯，然后合型。

将已准备好的原材料进行熔炼，如果熔炼的金属要求质量很高，则熔炼后要先进行化学检验，检验合格后的熔体即可进行浇注；如果熔炼的金属要求质量不是很高，则可直接进行浇注。铸件冷却凝固后，就是铸件的落砂与清理，就是从砂型中取出铸件，清除掉铸件上的浇口、冒口等多余的金属。

最后是对铸件进行检验，有些性能要求不高的铸件，可以不经过热处理直接进行检验，检验后若能满足性能要求，则为合格铸件；有些性能要求高的铸件，则需要通过热处理来提高性能，铸件热处理后进行检验，若能满足要求则为合格铸件。

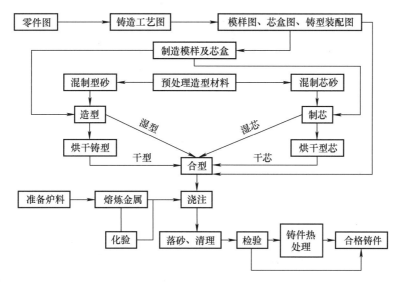

图 2-17　砂型铸造的基本工艺过程

2. 砂型铸造的主要工序

砂型铸造的生产工序主要包括型砂和芯砂的配制、模样和芯盒的制作、造型、造芯、合型、熔炼、浇注、落砂、清理等。其中，熔炼是指使金属由固态转变成熔融状态的过程，其主要任务是提供化学成分和温度都合格的熔融金属。浇注是将熔融金属从浇包注入铸型的操作。落砂是指用手工或机械使铸件与型砂、砂箱分开的操作。清理是指落砂后从铸件上清除表面黏砂、型砂、多余金属（包括浇冒口、氧化皮）等过程的操作。

砂型铸造最基本的工序是造型与制芯，按型（芯）砂紧实和起模方法不同，造型方法分为手工造型和机器造型两大类。全部用手工或手动工具完成的造型工序为手工造型。手工造型具有操作灵活、工艺装备简单、生产准备时间短、适应性强等优点。但是，手工造型对工人的技术水平要求高，生产率低，劳动强度大，常用于各种形状铸件的单件、小批量生产。特大型铸件只能采用手工造型。

常用的手工造型方法有整模造型、分模造型、挖砂造型、活块造型、三箱造型等。

2.2.2　整模造型

1. 整模造型及造型过程

整模造型就是在造型时利用与零件形状相适应的整体模样进行造型的方法。整模造型过程如图 2-18 所示。

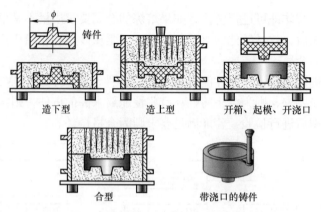

图 2-18　整模造型过程

2. 整模造型的特点及应用

整模造型有如下特点。

1）模样为整体。

2）型腔全部位于一个砂型内，分型面为平面。

3）造型简便，所得型腔形状和尺寸精度较好。

整模造型常用于生产外形轮廓的顶端有一最大截面并且为一平面的铸件，如齿轮坯、轴承座、罩、壳等均可采用整模造型。

2.2.3　分模造型

1. 分模造型及造型过程

分模造型是将模样沿截面最大处分为两半的造型方法。分模造型过程如图 2-19 所示。

分模造型

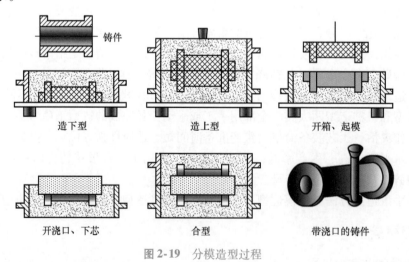

图 2-19　分模造型过程

2. 分模造型的特点及应用

分模造型有如下特点。

1）模样分为两半，分模面即分型面。

2）型腔分别位于上下两个砂型内，分型面为平面。

3）造型简便，但有可能发生错箱缺陷。

分模造型常用于生产最大截面在中部并且为一平面的铸件，特别是有孔的铸件，如水管、轴套、阀体等有孔铸件。

2.2.4 挖砂造型

1. 挖砂造型及造型过程

挖砂造型是用手工沿模样截面最大处挖出妨碍起模的型砂形成分型面的造型方法。挖砂造型过程如图 2-20 所示。

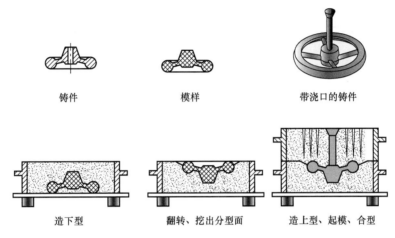

铸件　　　　　　模样　　　　　　带浇口的铸件

造下型　　　　翻转、挖出分型面　　　造上型、起模、合型

图 2-20　挖砂造型过程

2. 挖砂造型的特点及应用

挖砂造型有如下特点。

1）每造一型需挖砂一次，操作麻烦，生产率低，要求操作技术水平高。

2）铸件在分型面处易产生毛刺（披缝）。

挖砂造型常用于生产最大截面在中间但不便分模的铸件。由于挖砂造型时分型面完全由手工挖出，操作技术要求高，生产率低，所以挖砂造型只适用于单件生产。

2.2.5 活块造型

1. 活块造型及造型过程

活块造型是利用带有局部活动部分的模样进行造型的方法，这个局部活动的部分称为活块。活块造型过程如图 2-21 所示。

2. 活块造型的特点及应用

活块造型有如下特点。

1）模样上妨碍起模的局部做成活块，活块与主体模样活动连接。

2）要求工人操作水平较高。

3）生产率较低。

活块造型只适用于单件、小批量生产。

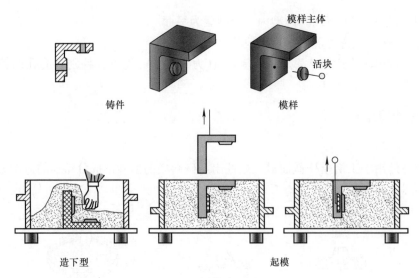

图 2-21　活块造型过程

2.2.6　三箱造型

三箱造型

1. 三箱造型及造型过程

三箱造型是采用两个分型面和三个砂箱的造型方法。三箱造型过程如图 2-22 所示。

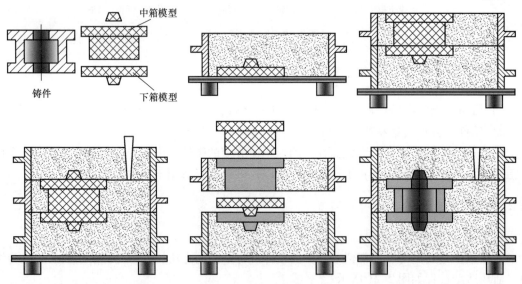

图 2-22　三箱造型过程

2. 三箱造型的特点及应用

三箱造型有如下特点。

1）中箱的上、下两面都是分型面，错箱可能性增大。

2）必须具备高度和模样相适应的中层砂箱。

3）生产率较低。

三箱造型常用于生产外形具有两个大截面中间夹有一个小截面的铸件，如带轮、槽轮、车床四方刀架等。三箱造型操作较复杂，生产率较低，因此，仅用于单件、小批量生产。

2.2.7 机器造型

机器造型是将填砂、紧砂和起模等主要操作工序实现机械化的造型方法。与手工造型相比，机器造型生产率高，劳动条件好，对环境污染小，制出铸件的尺寸精确、表面光洁、加工余量小，铸件质量较高，但设备和工艺装备费用高，生产准备时间较长，适用于中、小型铸件的成批大量生产。

目前，机器造型绝大部分都是以压缩空气为动力来实现紧砂的。按照紧砂原理不同，机器造型的紧砂方法分为压实、震实、震压和抛砂四种。型砂紧实以后，就要从型砂中顺利地把模样起出，使砂箱内留下完整的型腔。造型机大都装有起模机构，其动力多半也是应用压缩空气，目前应用广泛的起模机构有顶箱、漏模和翻转三种。下面将介绍顶杆起模式震压造型和射砂挤压造型的工作过程。

1. 顶杆起模式震压造型

震压造型是应用最广的机器造型方法。图 2-23 所示为顶杆起模式震压造型机的工作原理，其工作过程如下。

1）填砂。打开砂斗门，向砂箱中放满型砂。

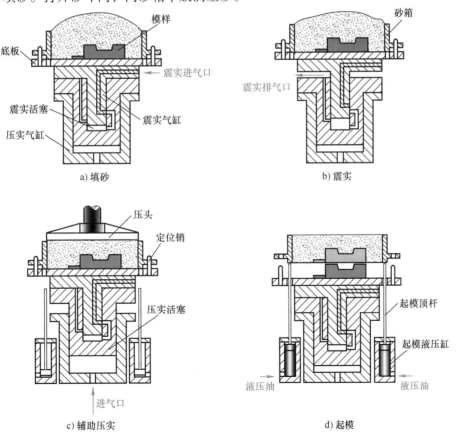

图 2-23 顶杆起模式震压造型机的工作原理

2）震击紧砂。先使压缩空气从震实进气口进入震击气缸底部，活塞在上升过程中关闭了震实进气口，接着又打开震实排气口，使工作台与震击气缸顶部发生撞击，如此反复进行震击，使型砂在惯性力的作用下被初步紧实。

3）辅助压实。由于震击后砂箱上层的型砂紧实度仍然不足，还必须进行辅助压实。此时，压缩空气从进气口进入压实气缸底部，压实活塞带动砂箱上升，在压头的作用下，压实型砂。

4）起模。当压缩空气推动液压油进入起模液压缸后，四根顶杆平稳地将砂箱顶起，从而使砂型与模样分离。

震压造型机主要用于制造中、小铸型，其主要缺点是噪声大、工人劳动条件较差且生产率不够高。在现代化的铸造车间，震压造型机已逐步被机械化程度更高的造型机（如微震压实造型机、高压造型机、射压造型机、气冲造型机和静压造型机等）所取代。

2. 射砂挤压造型

射砂挤压造型时型砂紧实度高而均匀，铸件尺寸精确，造型不用砂箱，工装投资少，占地面积小，噪声低，劳动条件好，易实现自动化，是目前较先进的造型方法之一。射砂挤压造型形成的是一串无砂箱的垂直分型的铸型，通常与浇注、落砂、配砂构成一个完整的生产线，生产小型铸件每小时高达300型以上，其缺点是下芯困难，且对模具精度要求高，主要用于大批量生产小型简单件。图2-24所示为垂直分型无箱射砂挤压造型过程。

射砂机构将型砂高速射入由反压模板、压实模板及侧板组成的造型室内，如图2-24a所示；压实模板向左移动，压实型砂使其成为型块，如图2-24b所示；反压模板向左退出完成起模，并绕转轴向上抬起，如图2-24c所示；压实模板将型块推出，并与前一块砂型合在一起，完成合型，如图2-24d所示；压实模板退回，完成起模，如图2-24e所示；反压模板复位，关闭造型室，为下一次射砂造型做好准备，如图2-24f所示。

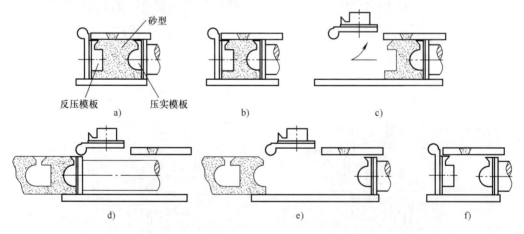

图 2-24　垂直分型无箱射砂挤压造型过程

2.3　特种铸造

特种铸造是指砂型铸造以外的其他铸造方法，包括熔模铸造、离心铸造、金属型铸造、压力铸造、低压铸造、挤压铸造和消失模铸造等。各种特种铸造方法均有其突出的特点和一定的局限性。本节主要学习常用特种铸造方法的原理、工艺过程、优缺点及应用领域。

2.3.1 熔模铸造

1. 熔模铸造的工艺过程

熔模铸造

熔模铸造又称为失蜡铸造,其是先制造蜡模,然后在蜡模上涂覆一定厚度的耐火材料,待耐火材料层固化后,将蜡模熔化去除而制成型壳,型壳经高温焙烧后进行浇注获得铸件的铸造方法。用熔模铸造方法制造的铸件具有较高的尺寸精度和较好的表面质量。

熔模铸造通常包括制模、结壳、脱蜡、焙烧、浇注等工艺过程,如图2-25所示。

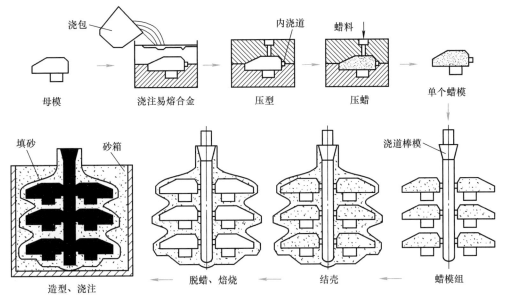

图 2-25 熔模铸造的工艺过程

（1）制模 蜡模材料常用石蜡、硬脂酸和其他一些化工原料配制,以满足工艺要求为准。首先将具有一定温度的蜡料压入压型（压制蜡模用的模具）,冷凝后取出即为蜡模。为提高生产率,常把数个蜡模按一定分布方式熔焊在浇口棒模上,成为蜡模组,以便一次浇出多个铸件。

（2）结壳 将蜡模组浸泡在耐火涂料中,一般铸件用石英粉水玻璃涂料,高合金铸件用刚玉粉硅酸乙酯水溶解液涂料。待熔模表面均匀挂上一层涂料后,撒上一层硅砂,然后硬化（水玻璃涂料型壳在氯化铵溶液中硬化,硅酸乙酯水溶解液涂料型壳在氯气中硬化）。如此反复4~8次,使蜡模组外面形成由多层耐火材料组成的坚硬型壳,型壳的总厚度为5~10mm。

（3）脱模 型壳制好后须脱去蜡模,通常将型壳浇口向上浸在80~90℃的热水中,蜡模熔化后从浇口溢出,浮在水面,便得到中空型壳。

（4）焙烧 把脱蜡后的型壳放入加热炉中,加热到800~950℃,保温0.5~2h,烧去型壳内水分、残余蜡料和硬化剂等,并使型壳强度进一步提高。

（5）浇注 将型壳从加热炉中取出后,周围堆放干砂,加固型壳,然后趁热（600~700℃）立即浇入液态金属,并凝固冷却,获得薄而复杂、表面清晰的精密铸件。

（6）脱壳和清理　用人工或机械方法去掉型壳并切除浇冒口，清理后即得铸件。

2. 熔模铸造的特点和应用

熔模铸造举例

1）由于铸型精密且无分型面，熔模铸造的铸件精度高、表面质量好。铸件尺寸公差等级可达 IT11～IT14 级，表面粗糙度 Ra 值可达 1.6～12.5μm。例如，熔模铸造的涡轮发动机叶片，铸件精度已达到无加工余量的要求。

2）可制造形状复杂的铸件。最小壁厚可达 0.3mm，最小铸出孔径为 0.5mm。对由几个零件组合成的复杂部件，可用熔模铸造一次铸出。

3）可铸造各种合金。用于高熔点和难切削合金，更具显著的优越性。

4）生产批量基本不受限制。既可成批、大批量生产，又可单件、小批量生产。

5）工艺过程较复杂，生产周期长，原辅材料费用高，生产成本较高。由于受蜡模与型壳强度、刚度的限制，熔模铸造铸件一般不宜太大、太长。

综上所述，熔模铸造是一种少、无切削的先进精密成形工艺。它适合于 25kg 以下的高熔点、难切削加工合金铸件的成批大量生产。目前，它主要用于生产汽轮机及燃气轮机的叶片、泵的叶轮、切削刀具，以及飞机、汽车、拖拉机、风动工具和机床上的小型零件。

2.3.2　金属型铸造

1. 金属型的构造与材料

金属型铸造是在重力作用下，将液态金属浇入金属铸型而获得铸件的工艺方法。由于铸型用金属制成，可反复使用多次，故又称为永久型铸造。

金属型材料的熔点一般应高于浇注合金的熔点，生产中常根据铸造合金的种类选择金属型的材料，浇注低熔点合金（如锡、锌、镁等）可选用灰铸铁，浇注铝合金、铜合金可选用合金铸铁，浇注铸铁和钢可选用球墨铸铁、碳素钢和合金钢等。铸件的内腔可用金属型芯或砂芯得到，薄壁复杂铸件或黑色金属铸件，多采用砂芯；而形状简单铸件或有色合金铸件，多采用金属型芯。

根据分型面的位置不同，金属型分为整体式、垂直分型式、水平分型式和复合分型式。图 2-26 所示为金属型结构简图，其中垂直分型式金属型因开设浇注系统和开合型方便、取出铸件容易、易实现机械化而应用最为广泛。图 2-27 所示为铸造铝活塞的金属型，它是垂直和水平相结合的复合结构。该金属型由左、右两半型和底型组成，左半型固定，右半型用铰链连接，称为铰链开合式金属型。它采用鹅颈缝隙式浇注系统，以防止液态金属飞溅，使液态金属平稳注入型腔。为防止金属型过热，将金属型设计成夹层空腔，采用循环水冷却装置。

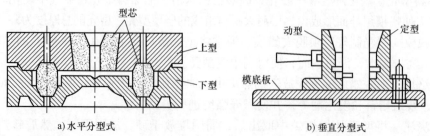

图 2-26　金属型结构简图

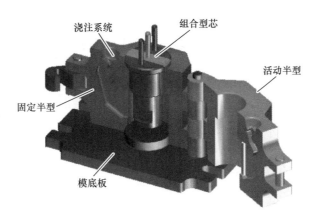

图 2-27 铸造铝活塞的金属型

2. 金属型铸造的工艺特点

金属型导热速度快，没有退让性和透气性，易使铸件产生气孔、浇不足、冷隔、裂纹等缺陷。金属型在高温液态金属的作用下，易损坏。为了确保获得优质铸件和延长金属型的使用寿命，必须采取下列工艺措施。

（1）加强金属型的排气　在金属型的型腔上部设排气孔、在金属型的分型面上开通气槽或在型体上设置通气塞，使之能通过气体，而液态金属则因表面张力的作用不能通过。

（2）在型腔表面喷刷涂料　金属型与高温金属液直接接触的工作表面上应喷刷耐火涂料，可避免高温液态金属与金属型内表面直接接触，延长金属型的使用寿命。同时，利用涂料层的厚薄调节铸件各部分的冷却速度，提高铸件质量。

（3）预热金属型　浇注前预热可避免金属型突然受热膨胀，有利于提高其使用寿命，还可改善液态金属的充型能力，防止铸件产生浇不足、冷隔、应力及白口等。在连续工作中，为防止金属型温度过高，还要对其进行冷却。通常金属型的工作温度控制为120～350℃。

（4）及时开型　金属型无退让性，铸件在型内冷却时，由于铸件的收缩，容易引起较大的内应力而导致开裂，甚至卡住铸件。因此，在铸件凝固后，在保证铸件强度的前提下，应尽早开型，取出铸件。通常铸铁件出型温度为780～950℃，开型时间为10～60s。

3. 金属型铸造的特点和应用范围

与砂型铸造相比，金属型铸造有以下优点。

1）金属型铸件冷却速度快，组织致密，力学性能好。例如，铝合金金属型铸件，其抗拉强度可提高25%，屈服强度可提高20%，同时，耐蚀性和硬度也显著提高。

2）铸件精度和表面质量较高，铸件尺寸公差等级为IT6～IT9级，表面粗糙度 Ra 值可达6.3～12.5μm。

金属型铸造示例

3）金属型可"一型多铸"，省去了砂型铸造中的配砂、造型、落砂等工序，节省了造型材料和生产场地，提高了生产率，易于实现自动化和机械化，改善了劳动条件。

金属型铸造的主要缺点是：金属型不透气、无退让性、铸件冷却速度快，易产生气孔、应力、裂纹、浇不足、冷隔、白口组织等铸造缺陷。金属型铸造不适宜生产大型、形状复杂（尤其是内腔复杂）和薄壁铸件；由于金属型的制造成本高、周期长，不适合单件、小批量生产。

金属型铸造主要用于铜、铝、镁等有色合金铸件的大批量生产，如铝合金的活塞、气缸体、气缸盖、液压泵壳体及铜合金轴瓦、轴套等，对于钢铁铸件只限于形状简单的中、小件生产。

2.3.3 压力铸造

1. 压铸机和压铸工艺过程

压力铸造（简称为压铸）是将熔融金属在高压作用下快速压入金属铸型，并在压力下凝固而获得铸件的方法。常用压力为 5 ~ 150MPa，充填速度为 0.5 ~ 50m/s，有时高达 120m/s，充型时间为 0.01 ~ 0.2s。

压铸通过压铸机完成，根据压室的工作条件不同，压铸机分为热压室压铸机和冷压室压铸机两大类。热压室压铸机的压室与坩埚连成一体，适用于压铸低熔点合金。冷压室压铸机的压室和坩埚分开，广泛用于压铸铝、镁、铜等合金铸件。卧式冷压室压铸机应用最广，其工作原理如图 2-28 所示。

压铸所用的铸型称为压型。压型与垂直分型的金属型相似，由定型和动型两部分组成，定型固定在压铸机的定模板上，动型固定在压铸机的动模板上，并可做水平移动。顶杆和芯棒由压铸机上的相应机构控制，可自由抽出芯棒和顶出铸件。压铸机主要是由压射机构和合型机构组成。压射机构的作用是将液态金属压入型腔；合型机构用于开合压型，并在压射金属时顶住动型，以防止液态金属自分型面喷出。

压铸工艺过程为：合型后，把液态金属浇入压室，压射冲头将液态金属压入型腔，保压冷凝后开型，利用顶杆顶出铸件。

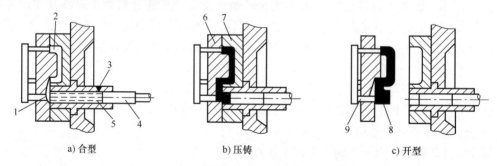

a) 合型　　　　　b) 压铸　　　　　c) 开型

图 2-28　卧式冷压室压铸机工作原理图

1—浇道　2—型腔　3—浇入液态金属处　4—压射冲头　5—金属液
6—动型　7—定型　8—铸件及余料　9—顶杆

2. 压力铸造的生产特点和应用范围

高压、高速充填铸型是压铸的重要特征。与其他铸造方法相比，压力铸造有如下特点。

（1）压铸件的尺寸精度和表面质量高　压铸件的尺寸公差等级为 IT4 ~ IT8 级，表面粗糙度 Ra 值可达 0.8 ~ 3.2μm，压铸件大都不需要机加工即可直接使用。

（2）压铸件的强度和表面硬度高　因压铸件冷却快，而且是在压力下凝固，所以压铸件的晶粒细小、组织致密、力学性能好，其抗拉强度可比砂型铸件提高 25% ~ 40%。

（3）可压铸形状复杂的薄壁精密铸件　由于是在高压下充填铸型，极大地提高了液态金属的充型能力。铝合金铸件最小壁厚可达 0.5mm，最小孔径可达 ϕ0.7 mm，在铸件表面可获得清晰的图案及文字，可直接铸出螺纹和齿形。

（4）生产率高　冷压室压铸机的生产率为 75～85 次/h，热压室压铸机的生产率高达 300～800 次/h，并容易实现机械化和自动化。

压铸也存在一些不足，如下：

1）由于压射速度高，铸型透气性差，型腔内气体来不及排出而最后在压铸件中形成表皮下气孔。

2）压铸件凝固快，补缩困难，易产生缩松，影响压铸件内在质量。

3）压铸设备投资大，铸型制造成本高，工艺准备时间长，故只适用于大批量生产。

4）由于铸型寿命短的原因，目前压铸尚不适宜铸铁、钢等高熔点合金的铸造。

压铸主要用于生产铝、锌、镁等合金铸件，在汽车、拖拉机等工业中得到广泛应用。目前，生产的压铸件重的达 50kg，轻的只有几克，如发动机缸体、缸盖、箱体、支架、仪表及照相机壳体等。近年来，真空压铸、加氧压铸、半固态压铸的开发利用扩大了压铸的应用范围。

2.3.4　低压铸造

1. 低压铸造的工艺过程

低压铸造是介于重力铸造（如金属型铸造、砂型铸造）和压力铸造之间的一种铸造方法。它是在 0.02～0.06MPa 的低压下使液态金属自下而上充填型腔，并在压力下凝固成形以获得铸件的方法。

图 2-29 所示为低压铸造工作原理图。下部是密闭的保温坩埚，储存液态金属。坩埚顶部紧固着铸型（通常为金属型），升液管使液态金属与铸型相通。

具体工艺过程为：把熔炼好的液态金属倒入保温坩埚，装上密封垫、升液管及预热好的铸型，将干燥的压缩空气通入坩埚内，液态金属受低压气体的作用便沿升液管上升，经浇口进入铸型型腔，当液态金属充满型腔后，保持压力直至铸件全部凝固，撤销压力，使坩埚与大气相通，这时升液管和浇口中的液态金属在重力作用下流回坩埚，开启铸型，由顶杆顶出铸件。

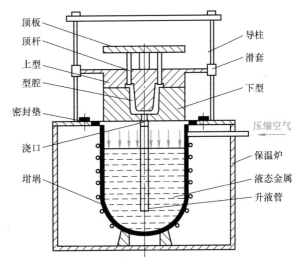

图 2-29　低压铸造工作原理图

2. 低压铸造的特点和应用范围

低压铸造的特点如下。

1）采用底注式充型，金属充型平稳、对铸型的冲刷力小且液流和气流方向一致，不易产生夹渣、砂眼、气孔等缺陷。

2）借助压力充型和凝固，铸件轮廓清晰，组织致密，对于薄壁、耐压、

压力铸造实例

材料成型工艺基础（慕课版）
防渗漏、气密性好的铸件尤为有利。

3）浇注系统简单，浇口兼冒口，金属利用率通常可高达90%以上。

4）充型压力和速度便于调节，可适用于金属型、砂型、石膏型、陶瓷型及熔模型壳等，容易实现机械化、自动化生产。

低压铸造主要用于生产质量要求高的铝、镁合金铸件，如汽车发动机缸体、气缸盖、活塞、曲轴箱等，并成功地铸造了重达200kg的铝活塞；也可用于生产球墨铸铁、铜合金等较大的铸件，如30t重的铜合金螺旋桨及大型球墨铸铁曲轴。

低压铸造存在的主要问题是升液管寿命短，液态金属在保温过程中易产生氧化和夹渣，生产率低于压铸。

2.3.5 离心铸造

1. 离心铸造的类型

离心铸造是指将液态金属浇入高速旋转的铸型中，使液态金属在离心力的作用下充填铸型并凝固成形的一种铸造方法。根据铸型旋转轴空间位置的不同，离心铸造可分为卧式离心铸造和立式离心铸造两种类型，如图2-30所示。卧式离心铸造时，铸型是绕水平轴或与水平线成一定夹角（小于15°）的轴线旋转的。它主要用来生产长度大于直径的套筒类或管类铸件，在铸铁管和气缸套的生产中应用极广。立式离心铸造时，铸型是绕垂直轴旋转的。它主要用于生产高度小于直径的圆环类铸件，如轮圈和合金轧辊等，有时也可浇注异形铸件。

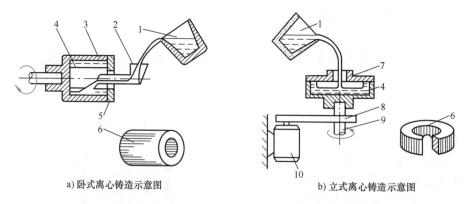

a)卧式离心铸造示意图　　b)立式离心铸造示意图

图2-30　离心铸造示意图

1—浇包　2—扇形浇道　3—铸型　4—液态金属　5—端盖　6—铸件
7—挡板　8—传动带　9—旋转轴　10—电动机

2. 离心铸造的特点和应用范围

1）液态金属在铸型中能形成中空的自由表面，不用型芯即可铸出中空铸件，大大简化了套筒类、管类铸件的生产过程。

2）液态金属受离心力作用，提高了金属充填铸型的能力，因此一些流动性较差的合金和薄壁铸件都可用离心铸造法生产。

3）由于离心力的作用，改善了补缩条件，气体和非金属夹杂物也易于自液态金属中排出，产生缩孔、缩松、气孔和夹渣等缺陷的倾向较小。

4）铸造圆形中空铸件时，可省去型芯和浇注系统，简化了工艺和节约金属。

— 38 —

5）便于铸造双金属铸件，如钢套镶铸铜衬，不仅表面强度高，内部耐磨性好，还可节约贵重金属。

6）由于离心力的作用，金属中的气体、熔渣等因密度较小而集中在铸件内表面，所以内孔尺寸不精确，质量较差，必须增加加工余量来保证铸件质量，且不适宜生产易偏析合金。

离心铸造适合于生产中空状的回转体铸件，目前已广泛应用于制造铸铁管、铜套、气缸套、双金属轧辊、加热炉辊道、造纸机滚筒等铸件。

2.3.6 消失模铸造

1. 消失模铸造的工艺过程

消失模铸造又称为实型铸造，是将与铸件形状尺寸相似的泡沫模样黏结组合成模样，刷涂耐火涂料并烘干后，埋在干砂中振动造型，在负压下浇注，使模样汽化，液态金属占据模样位置，冷却凝固成铸件的铸造方法。

图2-31所示为消失模铸造工艺过程。它是把聚苯乙烯（EPS）颗粒放入金属模具内，加热使其膨胀发泡制成模样；将表面涂耐火涂料的泡沫塑料放入特制的砂箱内，填入干砂震实，在砂箱顶部覆盖一层塑料薄膜，抽真空让铸型保持不变；浇注后高温液态金属使模样汽化，并占据模样的位置而凝固成铸件；然后释放真空，干砂又恢复了流动性，倒出干砂取出铸件。

在工业还可采用聚苯乙烯发泡板材，先分块切削加工，然后黏合成整体模样，采用水玻璃砂或树脂砂造型。

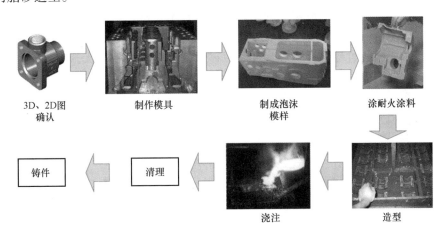

图2-31 消失模铸造工艺过程

2. 消失模铸造的优点

1）消失模铸造是一种近无余量、精确成形的新工艺。消失模铸造时铸型紧实后不用起模、分型，没有铸造斜度和活块，取消了砂芯，因此避免了普通砂型铸件尺寸误差和错箱等缺陷；同时由于泡沫塑料模样的表面粗糙度较低，故消失模铸件的表面粗糙度也较低。铸件的尺寸精度可达CT7~CT9级、表面粗糙度Ra值可达3.2~12.5μm。

2）铸件结构设计的自由度大。消失模铸造由于没有分型面，也不存在下芯、起模等问题，许多在普通砂型铸造中难以铸造的铸件结构在消失模铸造中不存在任何困难。各种形状复杂的模样，均可采用先分块制造，再黏合成整体的方法制成，减少了加工装配时间，降低了生产成本。

3）固定资产投资少。因消失模铸造采用无黏结剂干砂造型，可节省大量型砂黏结剂，旧砂可以全部回用，取消了型砂制备和废砂处理工步。型砂紧实及旧砂处理设备简单，所需的设备也较少。

4）减少了材料消耗。消失模铸造可减少加工余量（最多为 1.5 ~ 2mm），降低了机械加工成本；和传统砂型铸造相比，机械加工时间减少 40% ~ 50%。

5）降低劳动强度。消失模铸造不用砂芯，省去了芯盒制造、芯砂配制、砂芯制造等工序；型砂不需要黏结剂，铸件落砂及砂处理系统简便；同时，降低了劳动强度、改善了作业环境。

6）生产工序简单，工艺技术容易掌握，易于实现机械化和绿色化生产。

消失模铸造适合于除低碳钢以外的各类合金（因为泡沫塑料熔失时会对低碳钢产生增碳作用，所以不适用于低碳钢铸件的生产），如铝合金、铜合金、铸铁（灰铸铁和球墨铸铁）及各种铸钢等的生产。对铸件的结构、大小及生产类型几乎无特殊限制，是一种适应性广、生产率高、经济适用的生产方法。消失模铸造减少了粉尘、有害气体，并且可以方便地实现收集和集中处理，被誉为"绿色铸造"。

2.4 铸造工艺设计

新中国第一台
水轮发电机组

铸造工艺设计就是根据铸造零件的结构特点、技术要求、生产批量和生产条件等因素，确定铸造方案和工艺参数，绘制铸造工艺图，编制工艺卡和工艺规范等技术文件的过程。铸造成形件又以砂型铸件所占比例最大，故本节主要阐述砂型铸造成形件的工艺设计，即砂型铸造工艺设计。具体设计内容包括：选择铸件的浇注位置和分型面；确定工艺参数（如机械加工余量、起模斜度、铸造圆角、收缩量等）；确定型芯的数量、芯头形状及尺寸；设计浇注系统和冒口、冷铁等的形状、尺寸及在铸型中的布置等。然后将工艺设计的内容（工艺方案）用工艺符号或文字在零件图上表示出来，即构成了铸造工艺图。

铸造工艺设计可以有效地控制铸件的形成过程，减少铸型制造的工作量、降低铸件成本，达到优质高产的效果。铸造工艺设计的好坏，对铸件品质、生产率和成本起着重要作用。

2.4.1 浇注位置的选择

1. 浇注位置的概念

浇注位置是指浇注时铸件在铸型中所处的空间位置。浇注位置的确定是铸造工艺设计中重要的一环，关系到铸件的质量能否得到保证，也涉及铸件的尺寸精度，以及造型工艺过程。确定浇注位置在很大程度上着眼于控制铸件的凝固顺序，是以保证铸件的质量为依据，故选择浇注位置时应考虑如下原则。

2. 浇注位置的选择原则

（1）铸件的重要加工面应朝下或位于侧面　这是因为铸件上部凝固速度慢，晶粒较粗大，易在铸件上部形成气孔、夹渣以及砂眼等缺陷。铸件下部的晶粒细小，组织致密，缺陷少，质量优于上部。当铸件有几个重要加工面时，应将主要的和较大的加工面朝下或侧立，受力部位也应置于下部。无法避免在铸件上部出现加工面时，应适当加大加工余量，以保证加工后铸件的质量。图2-32所示为床身导轨和锥齿轮的浇注位置方案，由于床身导轨和齿轮锥面都是主要的工作面，浇注时应朝下。图2-33所示为卷扬机滚筒的浇注位置，滚筒的全部圆周表面位于侧位，因其圆周表面的质量要求较高，采用立位浇注，可保证质量均匀一致。

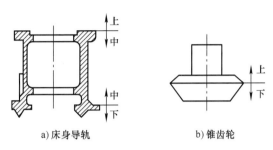

a) 床身导轨   b) 锥齿轮

图2-32 床身导轨和锥齿轮的浇注位置方案

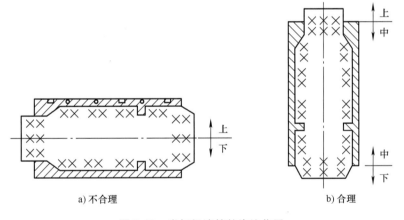

a) 不合理   b) 合理

图2-33 卷扬机滚筒的浇注位置

（2）铸件宽大平面应朝下 型腔的上表面除了容易产生砂眼、气孔、夹渣等缺陷外，大平面还常产生夹砂缺陷。这是因为在浇注过程中，液态金属对型腔上表面有强烈的热辐射，上表面型砂急剧地膨胀和强度下降而拱起或开裂（图2-34a），液态金属进入表层裂纹之中，在铸件表面造成夹砂缺陷（图2-34b）。因此，平板、圆盘类具有大平面的铸件，应将大平面朝下放置（图2-34c）。

夹砂

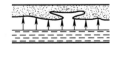 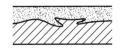 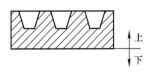

a) 拱起开裂   b) 夹砂结疤   c) 具有大平面铸件的浇注位置

图2-34 大平面的浇注位置选择

（3）铸件大面积薄壁部分，应放在下部或侧部 为防止铸件薄壁部分产生浇不足、冷隔缺陷，应将面积较大的薄壁部分置于铸型下部，或使其处于垂直、倾斜位置。图 2-35a 所示为箱盖铸件，将薄壁部分置于铸型上部，易产生浇不足、冷隔等缺陷；改置于铸型下部后，可避免出现缺陷，如图 2-35b 所示。

（4）应有利于实现顺序凝固 对于容易产生缩孔的铸件，应使厚的部分放在分型面附近的上部或侧面，以便安放冒口，使之实现自下而上的顺序凝固，如图 2-36 所示。

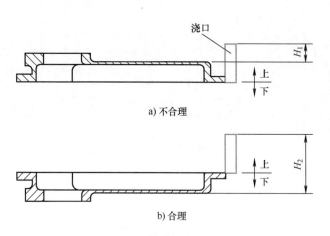

图 2-35　箱盖的浇注位置

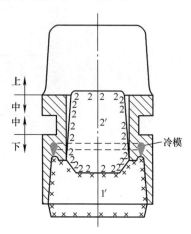

图 2-36　铸钢链轮的浇注位置

（5）应尽量减少型芯的数量，且便于安放、固定和排气 床脚铸件若采用如图 2-37a 所示的方案，中间空腔需要一个很大的型芯，增加了制芯的工作量；若采用如图 2-37b 所示的方案，则中间空腔由自带型芯形成，简化了造型工艺。

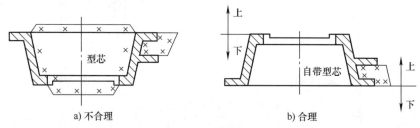

图 2-37　机床床脚的浇注位置

2.4.2　分型面的选择

1. 分型面的概念

为方便取出模样，将铸型分成几部分，其结合面称为分型面。一般来说，分型面应在浇注位置确定后再选择。分型面如果选择不当，不仅影响铸件质量，而且还会使制模、造型、制芯、合箱或清理等工序复杂化，甚至还可增大切削加工的工作量。分型面的选择要在保证铸件质量的前提下，尽量简化铸造工艺过程，以节省人力物力。

2. 分型面的选择原则

分型面选择应考虑以下原则。

分型面选择

（1）便于起模，使造型工艺简化

1）尽量减少分型面，这是因为多一个分型面，铸型就增加一些误差，会使铸件精度降低。绳轮铸件采用如图2-38a所示的方案时，有两个分型面，小批量生产时可采用三箱造型；大批量生产时，为便于机器造型，可采用环状外型芯将两个分型面改为一个分型面，如图2-38b所示。

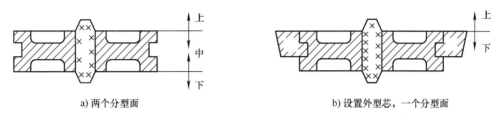

a) 两个分型面　　　　　　　　　　　　b) 设置外型芯，一个分型面

图 2-38　绳轮铸件分型方案

2）分型面应尽量平直。图2-39所示为起重臂分型面的选择，按如图2-39a所示的方案，分型面为曲面，必须采用挖砂或假箱造型，造型工作量加大；采用如图2-39b所示的方案，分型面是一平面，采用简单的分模造型即可，使造型工艺简化。

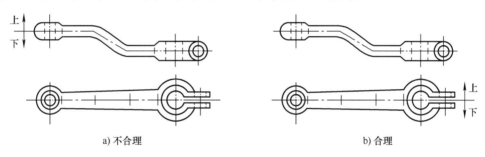

a) 不合理　　　　　　　　　　　　b) 合理

图 2-39　起重臂分型面的选择

3）分型面的选择应尽量减小型芯和活块的数量，以简化制模、造型、合型工序。

（2）尽量将铸件全部或大部分置于同一砂箱　尽量将铸件重要加工面或大部分加工面、加工基准面放在同一个砂箱中，以避免产生错箱、披缝和毛刺，降低铸件精度和增加清理工作量。图2-40所示的箱体如采用Ⅰ分型面，则

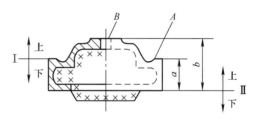

图 2-40　箱体分型面的选择

铸件两尺寸变动较大，以箱体底面为基准面加工A、B面时，凸台高度、铸件的壁厚等难以保证；若用Ⅱ分型面，整个铸件位于同一砂箱中，则不会出现上述问题。

图2-41所示为管子堵头的分型面，铸件加工是以四方头中心线为基准加工外螺纹。若四方头与带螺纹的外圆不同心，就会给加工带来困难，甚至无法加工。

（3）要便于下芯、合箱及检查型腔尺寸　为便于造型、下芯、合箱和检验铸件壁厚，应尽量使型腔及主要型芯位于下箱，如图2-42所示。但下箱型腔也不宜过深，并应尽量避免使用吊芯和大的吊砂，如图2-43所示。

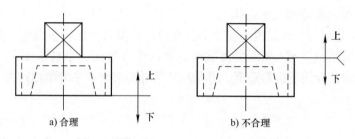

a) 合理　　　　　　　　　　　　b) 不合理

图 2-41　管子堵头的分型面

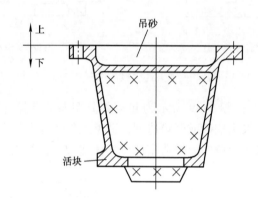

图 2-42　机床床脚的铸造工艺图

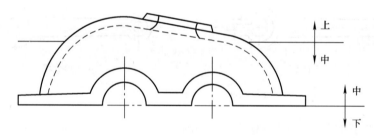

图 2-43　减速器箱盖手工造型方案

2.4.3　铸造工艺参数

1. 铸造工艺参数的概念

铸造工艺参数是指铸造工艺设计时需要确定的某些工艺数据，这些工艺数据一般都与模样及芯盒尺寸有关，即与铸件的精度有密切的关系，同时也与造型、制芯、下芯及合箱的工艺过程有关。这些常用的铸造工艺参数主要包括收缩率、加工余量、起模斜度、铸造圆角及芯头的尺寸等。下面我们将分别学习这些铸造工艺参数。

2. 收缩率

铸件在凝固和冷却过程中会发生线收缩而造成各部分尺寸缩小，为了使铸件的实际尺寸符合图样要求，在制作模样和芯盒时，必须将模样及芯盒的尺寸比铸件放大一个该合金的线收缩率。铸造收缩率主要与合金的收缩大小及铸件收缩时的受阻条件有关，如合金种类、铸型种类、砂芯退让性、铸件结构、浇冒口等。在生产制造模样时，为了方便起见，常用特制的缩尺，缩尺的刻度比普通尺长，其加长的量等于收缩量。常用的有 0.8%、1.0%、1.5%、2.0% 等缩尺。

3. 加工余量

铸件为进行机械加工而加大的尺寸称为机械加工余量。在零件图上标有加工符号的地方，制模时必须留有加工余量。加工余量必须慎重选取，余量过大，切削加工费时，且浪费金属材料；余量过小，制品会因残留黑皮而报废，或者因铸件表面过硬而加速刀具磨损。加工余量的大小，要根据铸件的大小、生产批量、合金种类、铸件复杂程度及加工面在铸型中的位置来确定。灰铸铁件表面光滑平整，精度较高，加工余量较小。铸钢件的表面粗糙，变形较大，其加工余量比铸铁件要大些。有色合金铸件价格昂贵，且表面光洁、平整，其加工余量可以小些。铸件的尺寸越大或加工面与基准面的距离越大，铸件的尺寸误差也越大，故加工余量也随之加大。机器造型比手工造型精度高，故加工余量可小一些。

4. 铸件上的孔与槽

铸件上的孔与槽是否铸出，不仅取决于工艺上的可能性，还必须考虑其铸出的必要性及经济性。一般来说，较大的孔、槽应当铸出，以节约金属和机械加工工时，同时也可减小铸件上的热节。较小的孔，尤其是位置精度要求高的孔、槽则不必铸出，留待机械加工反而更经济。对于有弯曲等特殊形状的孔，无法机械加工时，则应直接铸造出来。需用钻头加工的孔（中心线位置精度要求高的孔）最好不铸出。难以加工的合金材料，如高锰钢等铸件的孔和槽应铸出。砂型铸造最小铸出孔见表 2-3。

表 2-3 砂型铸造最小铸出孔

生产批量	最小铸出孔直径/mm	
	灰铸铁件	铸钢件
大量生产	12 ~ 15	—
成批生产	15 ~ 30	30 ~ 50
单件、小批生产	30 ~ 50	50

5. 起模斜度

为使模样容易从铸型中取出或使型芯容易自芯盒中脱出，以免损坏铸型和型芯，在模样、芯盒的起模方向留有一定的斜度，称为起模斜度。起模斜度的大小应根据模样的高度、模样的尺寸及造型方法来确定。对于金属模样，α 可取 $0.5° ~ 1°$，木模可取 $1° ~ 3°$，一般内壁的斜度要比外壁的斜度大些。

起模斜度

起模斜度的三种形式如图 2-44 所示。一般在铸件加工面上采用增加铸件厚度法，如图 2-44a 所示；在铸件不与其他零件配合的非加工表面上，可采用三种形式中的任何一种；在铸件与其他零件配合的非加工表面上，采用减少铸件厚度法，如图 2-44c 所示，或增加和减少铸件厚度法，如图 2-44b 所示。原则上，在铸件上留出起模斜度后，铸件尺寸不应超出铸件的尺寸公差。

6. 型芯及芯头

型芯是铸型的一个重要组成部分，型芯的作用是形成铸件的内腔、孔和铸件外形不能出砂的部位。型芯设计需满足一定的要求，主要包括型芯的形状、尺寸以及在铸型中的位置应符合铸件要求，具有足够的强度和刚度，在铸件形成过程中型芯所产生的气体能及时排出型

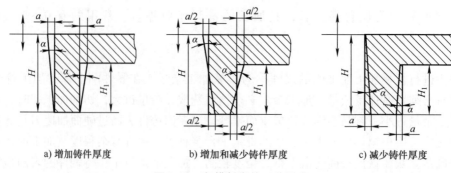

a) 增加铸件厚度　　　　　b) 增加和减少铸件厚度　　　　　c) 减少铸件厚度

图 2-44　起模斜度的三种形式

外，铸件收缩时阻力小和容易清砂。型芯设计的内容主要包括型芯数量及形状、芯头结构、型芯的排气等。一个铸件所需的型芯数量及各个型芯的形状主要取决于铸件结构及分型面的位置，应尽量减少型芯数量。

　　芯头是型芯的外伸部分，不形成铸件轮廓，只落入芯座内，用以定位和支承型芯。芯头分为垂直芯头和水平芯头（图 2-45）。模样上用以在型腔内形成芯座并放置芯头的突出部分也称为芯头，因此，芯头的作用是保证型芯能准确地固定在型腔中，并承受型芯本身所受的重力、熔融金属对型芯的浮力和冲击力等。此外，型芯还利用芯头向外排气。铸型中专为放置芯头的空腔称为芯座。芯头和芯座都应有一定斜度，便于下芯和合型，如图 2-45 所示。

　　在芯头设计时，需考虑：保证定位准确，能承受型芯自身重量和液态金属的冲击力、浮力等外力的作用，浇注时型芯内部气体应能顺畅排出铸型等。

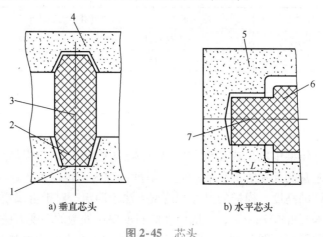

a) 垂直芯头　　　　　　　　b) 水平芯头

图 2-45　芯头

1—芯座　2、7—芯头　3、6—型芯　4、5—铸型

2.4.4　铸造工艺图

1. 铸造工艺图的概念

　　铸造工艺图是在零件图的基础上，利用各种工艺符号表示出铸造工艺方案和工艺参数的图形。铸造工艺图上表示的内容有分型面、浇注位置、浇注系统、型芯、加工余量、起模斜度等。铸造工艺图是制造模样和铸型、进行生产准备和铸件检验的依据，是铸造生产的基本工艺文件。它决定了铸件的形状、尺寸、生产方法和工艺过程。

2. 铸造工艺图的绘制

我们以图 2-46 所示的盘套类零件为例来阐述铸造工艺图的绘制。

铸造工艺图的绘制步骤如下。

第一步，画出加工余量，以简化零件的形状。当把复杂零件上不需要铸出的结构画上加工余量后，零件的形状就会变得简单一点，选择造型方法和分型面变得容易，如图 2-47a 所示。

第二步，确定浇注位置、分型面和造型方法。加完加工余量后的铸件上端面是一个大平面，适合于整模造型，分型面就是铸件的上端面。为了便于造型和保证铸件质量，其浇注位置是把整个铸件放在下箱，如图 2-47b 所示。

第三步，确定起模斜度。该零件的外圆柱面、内圆柱面均为加工表面，所以需要标注出起模斜度并标注斜度值，而非加工表面的起模斜度写在图样的右下方即可，如图 2-47c 所示。

第四步，画出铸造圆角，并在图样的右下方写出铸造圆角的值，以使图样整洁，如图 2-47d 所示。

第五步，标注收缩率。收缩率也用文字在图样的右下方用文字注明，如图 2-47e 所示。

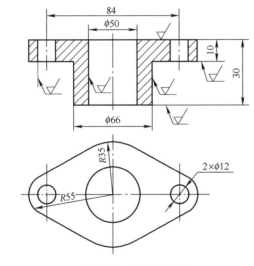

图 2-46　盘套类零件

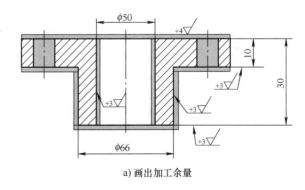

a) 画出加工余量

图 2-47　铸造工艺图的绘制过程

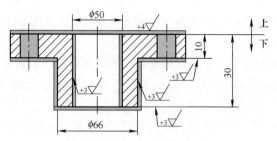

b) 确定浇注位置、分型面和造型方法

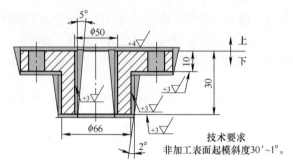

技术要求
非加工表面起模斜度30′~1°。

c) 确定起模斜度

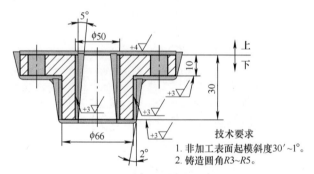

技术要求
1. 非加工表面起模斜度30′~1°。
2. 铸造圆角R3~R5。

d) 画出铸造圆角

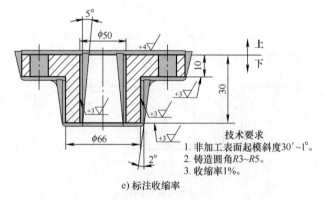

技术要求
1. 非加工表面起模斜度30′~1°。
2. 铸造圆角R3~R5。
3. 收缩率1%。

e) 标注收缩率

图 2-47 铸造工艺图的绘制过程（续）

2.5 铸件结构设计

铸件的结构是否合理，不仅会直接影响到铸件的力学性能、尺寸精度、重量要求和其他使用性能，同时对铸造过程也有很大影响。铸件结构设计应符合铸造生产要求，即满足铸造性能和铸造工艺对铸件结构的要求。铸造工艺性良好的铸件结构，应该是铸件的使用性能容易保证，生产过程及所使用的工艺装备简单，生产成本低，生产率高。下面从铸件的外形设计、内腔设计、结构斜度、壁厚、壁的连接及筋和辐的设计等几个方面阐述铸件结构的设计要求。

2.5.1 铸件外形设计

1. 应避免外部侧凹

图 2-48a 所示的端盖存在侧凹，需三箱造型或增加环状型芯，若改为如图 2-48b 所示的结构，简化了外形结构，可采用简单的两箱造型，使造型过程大为简化。

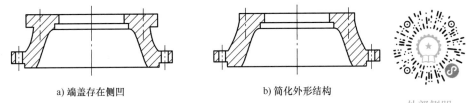

a) 端盖存在侧凹　　　　　　b) 简化外形结构

外部侧凹

图 2-48 端盖铸件

2. 设计凸台时，应便于造型

在图 2-49 中，凸台的设计阻碍起模，需采用活块或型芯，若将凸台加长，延伸至分型面，则避免了活块或型芯，造型简单。

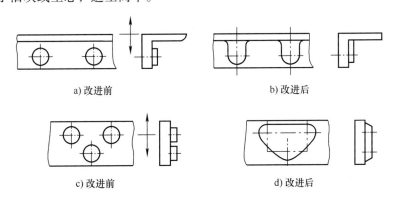

a) 改进前　　　　　　b) 改进后

c) 改进前　　　　　　d) 改进后

图 2-49 凸台的设计

2.5.2 铸件内腔设计

1. 减少型芯数量，避免不必要的型芯

在铸件设计时应尽量避免或少用型芯。如图 2-50a 所示铸件，因出口处尺寸小，其内腔只能用型芯成形，若改为如图 2-50b 所示结构，可用自带型芯形成内腔，从而省掉型芯。

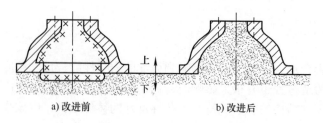

a) 改进前   b) 改进后

图 2-50　内腔的设计

2. 便于型芯的固定、排气和铸件的清理

图 2-51a 所示为一轴承架，为便于型芯固定、排气和清理，铸件有两个型芯，其中水平芯呈悬臂状态，需用芯撑支撑，若按图 2-51b 改为整体芯，支撑稳固，排气畅通，清砂方便。如果不允许改变结构，则可在铸件上设计工艺孔，增加芯头支撑点，也便于排气和清理，如图 2-51c 所示。

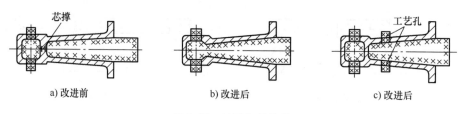

a) 改进前   b) 改进后   c) 改进后

图 2-51　轴承架的结构

2.5.3　结构斜度设计

1. 结构斜度的概念

为了起模方便，凡垂直于分型面的非加工表面应设计结构斜度，结构斜度直接在零件图上示出。

2. 结构斜度的设计

一般铸件高度越小，斜度越大，通常在 1°~3°范围内。金属型或机器造型时，结构斜度可取 0.5°~1°，砂型和手工造型时可取 1°~3°。

如图 2-52 所示，有结构斜度，便于起模。图 2-53 所示的铸件内壁有结构斜度，便于用砂垛取代型芯。

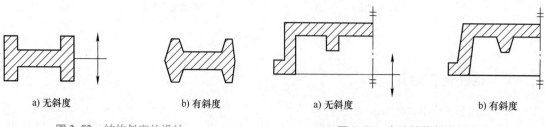

a) 无斜度   b) 有斜度   a) 无斜度   b) 有斜度

图 2-52　结构斜度的设计   图 2-53　内壁结构斜度设计

2.5.4 铸件壁厚设计

1. 铸件的最小壁厚

每种铸造合金的流动性不同，在相同铸造条件下，所能浇注出的铸件最
小允许壁厚也不同。如果所设计铸件的壁厚小于允许的最小壁厚，铸件就易
产生浇不足、冷隔等缺陷。在各种工艺条件下，铸造合金能充满型腔的最小厚度，称为铸件
的最小壁厚。铸件的最小壁厚主要取决于合金的种类、铸件的大小及形状等因素。表2-4给
出了一般砂型铸造条件下的铸件最小壁厚。

铸件壁厚

表2-4 一般砂型铸造条件下的铸件最小壁厚　　　　　　　　（单位：mm）

铸件尺寸	铸钢	灰铸铁	球墨铸铁	可锻铸铁	铝合金	铜合金
<200×200	8	5~6	6	5	3	3~5
(200×200)~(500×500)	10~12	6~10	12	8	4	6~8
>500×500	15~20	15~20	15~20	10~12	6	10~12

2. 铸件的临界壁厚

在铸造厚壁铸件时，容易产生缩孔、缩松、结晶组织粗大等缺陷，从而使铸件的力学性
能下降。因此，在设计铸件时，如果一味地采取增加壁厚的方法来提高铸件的强度，其结果
可能适得其反。因为各种铸造合金都存在一个临界壁厚。在最小壁厚和临界壁厚之间就是适
宜的铸件壁厚。一般在砂型铸造条件下，各种铸造合金的临界壁厚约等于其
最小壁厚的三倍。

3. 选择合理的截面形状

为充分发挥合金效能，使之既能避免厚大截面，又能保证铸件的强度和
刚度，应当根据载荷性质和大小，选择合理的截面形状，如丁字形、工字形、

截面形状

槽形或箱形结构，并在脆弱部位安置加强筋，如图2-54所示。此外，为了减轻铸件的重量，
便于型芯的固定、排气和铸件的清理，常在铸件的壁上开设窗口，如图2-55所示的导架结
构设计。

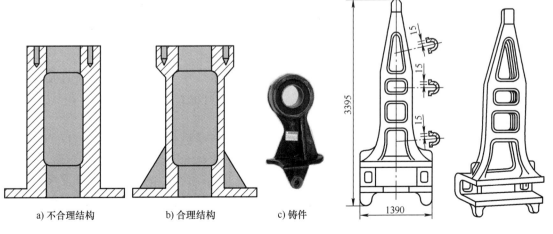

图2-54 筋的作用　　　　　　　　　　　　　　　　　　图2-55 导架结构设计

a) 不合理结构　　b) 合理结构　　c) 铸件

2.5.5 铸件壁厚的均匀性

1. 壁厚不均匀的危害

当壁厚不均匀时，铸件的厚壁处产生缩孔、缩松和晶粒粗大等缺陷。除此之外，由于铸件各部位厚薄不同，冷却速度不一致，而使铸件产生内应力和变形，如果应力过高还会使铸件产生裂纹。因此，在设计铸件结构时，各部分的壁厚应尽量均匀。

2. 铸件壁厚均匀的设计

图 2-56a 所示为圆柱座铸件，其内孔需装配一根轴。现因壁厚过大，而出现缩孔。若采用如图 2-56b 所示的挖空结构或如图 2-56c 所示的设置加强筋结构，则其壁厚呈均匀分布，在保证使用性能的前提下，既可消除缩孔缺陷，又能节约金属材料。

壁厚均匀方法

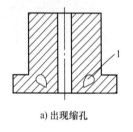 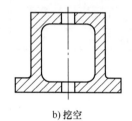 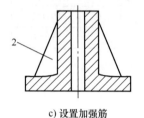

a) 出现缩孔　　　　b) 挖空　　　　c) 设置加强筋

图 2-56　壁厚对铸件的影响

1—缩孔　2—加强筋

2.5.6 铸件壁的连接

1. 铸件的结构圆角

铸件壁间的转角处一般应具有结构圆角，避免直角连接。因为直角连接的转角处形成金属的聚集，内侧散热条件差，故容易产生缩孔和缩松缺陷；在载荷的作用下，直角处的内侧产生应力集中；同时，由于晶体结晶的方向性，使转角处形成了晶间脆弱，易使铸件在该处产生裂纹。而采用圆角连接过渡时，可减小热节，防止缩孔，减小应力，防止裂纹，如图 2-57 所示。

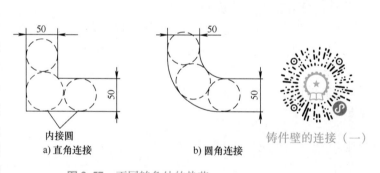

内接圆
a) 直角连接　　　　b) 圆角连接

图 2-57　不同转角处的热节

铸件壁的连接（一）

2. 避免锐角连接

铸件壁间出现锐角连接时，将使该处应力集中增大，导致铸件产生裂纹、缩孔等缺陷。为减小热节和应力，当两壁间的夹角小于 90°时，壁间连接应采用如图 2-58 所示的过渡形式。

3. 铸件厚壁与薄壁间的连接要逐渐过渡

当铸件各部分的壁厚难以做到均匀一致，甚至存在很大差别时，为减小应力集中应采用逐步过渡的连接方法，避免由于壁厚突变而产生的

铸件壁的连接（二）

应力集中，如图 2-59 所示。

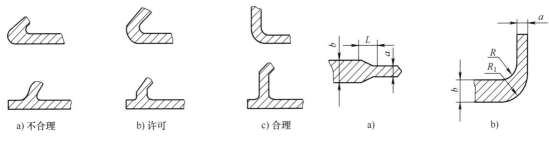

a) 不合理 b) 许可 c) 合理

图 2-58 铸件锐角连接过渡形式

a)   b)

图 2-59 壁厚对铸件的影响

2.5.7 铸件筋和辐的设计

1. 防裂筋的应用

为防止热裂，可在铸件易裂处增设防裂筋，如图 2-60 所示。为使防裂筋能起到应有的防裂效果，筋的方向必须与机械应力方向相一致，而且筋的厚度应为连接壁厚的 $1/4 \sim 1/3$。由于防裂筋很薄，故在冷却过程中优先凝固而具有较高的强度，从而增大了壁间的连接力。防裂筋常用于铸钢、铸铝等易热裂合金。

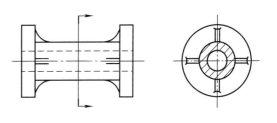

图 2-60 防裂筋的应用

2. 减缓筋、辐等收缩的阻碍

当铸件的收缩受到阻碍，铸造内应力超过合金的强度极限时，铸件将产生裂纹。

图 2-61 所示为常见的轮形铸件，图 2-61a 所示的轮辐为直线形、偶数，当合金的收缩较大，而轮毂、轮缘、轮辐的厚度差较大时，因冷却速度不同，收缩不一致，形成较大的内应力，偶数轮辐不能通过变形自行缓解其应力，故常在轮辐与轮缘（或轮毂）连接处产生裂纹。为防止上述裂纹，将轮辐改为如图 2-61b 所示的奇数轮辐，此时，在内应力的作用下，可通过轮缘的微量变形来减缓内应力。也可改用如图 2-61c 所示的弯曲轮辐，其可借助轮辐自身的微量变形自行缓解内应力。显然，后两种轮辐适用于抗裂性能要求较高的铸件。

减缓筋、辐等收缩的阻碍

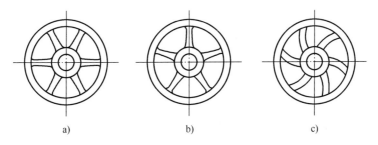

a)   b)   c)

图 2-61 轮辐的设计

工程实例——C6140 车床进给箱铸造工艺实例

下面给出 C6140 车床进给箱（图 2-62a）的铸造工艺实例。

1）材料：HT200。

2）生产批量：单件、小批或大量生产。

3）工艺分析：该进给箱没有特殊质量要求的表面，但应尽量保证基准面 D 的质量要求，便于定位。

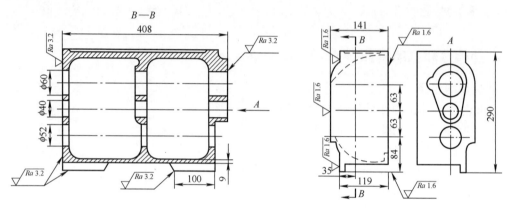

a) 零件图

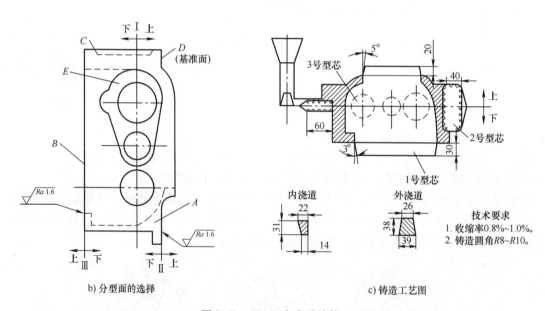

b) 分型面的选择

c) 铸造工艺图

图 2-62　C6140 车床进给箱

因该铸件没有特殊质量要求的表面，故浇注位置和分型面的选择主要以简化造型工艺为主要原则，同时应尽量保证基准面 D 的质量。进给箱的工艺设计有如图 2-62b 所示的三种方案。

1）方案Ⅰ。分型面在轴孔中心线上，此时，凸台 A 距分型面较近，又处于上箱，若采用活块，型砂易脱落，故改用型芯来成形，槽 C 则用型芯或活块制出。本方案的主要优点是适用于铸出轴孔，铸后轴孔的飞边少，便于清理。同时，下芯头尺寸较大，型芯稳定性好。它的主要缺点是基准面 D 朝上，该面较易产生缺陷，且型芯数量较多。

2）方案Ⅱ。从基准面 D 分型，铸件绝大部分位于下箱，此时，凸台 A 不妨碍起模，但凸台 E 和槽 C 妨碍起模，也需采用活块或型芯。它的缺点除基准面朝上外，其轴孔难以直接铸出。轴孔若拟铸出，因无法制出芯头，必须加大型芯与型壁间的间隙，致使飞边较大，清理困难。

3）方案Ⅲ。从 B 面分型，铸件全部位于下箱，其优点是铸件不会产生错箱缺陷，基准面朝下，其质量易于保证，同时铸件最薄处在铸型下部，铸件不易产生浇不到、冷隔的缺陷。它的缺点是凸台 E、A 和槽 C 都需采用活块或型芯，内腔型芯上大下小稳定性差，若拟铸出轴孔，其缺点与方案Ⅱ相同。

上述诸方案虽各有其优缺点，但结合具体生产条件，仍可通过对比找出最佳方案。

1）大量生产。在大量生产条件下，为减少切削加工量，轴孔需要铸出。此时，为了使下芯、合箱及铸件的清理简便，只能按照方案Ⅰ从轴孔中心线处分型。为便于采用机器造型，应避免活块，故凸台和凹槽均采用型芯。为了克服基准面朝上的缺点，必须加大 D 面的加工余量。

2）单件、小批生产。在此条件下，因采用手工造型，故活块较型芯更为经济；同时，因铸件的精度较低，尺寸偏差较大，轴孔不必铸出，留待直接切削加工。显然，在单件生产条件下，宜采用方案Ⅱ或方案Ⅲ；当小批生产时，三个方案均可考虑，视具体条件而定。

铸造工艺图的绘制在工艺分析的基础上，根据生产批量及具体生产条件，首先确定浇注位置和分型面。然后确定工艺参数：机械加工余量、起模斜度、铸造圆角、铸造收缩率等。同时还要确定型芯的数量、芯头尺寸及浇注系统的尺寸等。图 2-62c 所示为在大量生产条件下所绘制的铸造工艺图，图中组装而成的型腔大型芯的细节未能表示。

拓展资料——熔模铸造

熔模铸造（Investment Casting）又称为失蜡铸造（Lost – wax Casting）。熔模铸造是在古代蜡模铸造的基础上发展起来的。熔模铸造是先用蜡制造模，在蜡模表面涂上数层耐火材料，待其硬化干燥后，加热将其中的蜡模熔去而制成型壳，再经过焙烧，然后将熔化的液体合金倒入进行浇注，而获得精密铸件的一种方法。熔模铸造不必取出模具，因此可以铸造形状非常复杂的物品，获得的铸件具有较高的尺寸精度和表面粗糙度。

熔模铸造最早发源于埃及、中国和印度，然后传到非洲和欧洲的其他国家。在中国古代金属加工工艺中，铸造占据着突出的地位，具有广泛的社会影响，像"模范""陶冶""熔铸""就范"等习语，就是沿用了铸造业的术语。泥范、铁范和熔模铸造称为中国古代三大铸造技术。

中国是使用熔模铸造较早的国家之一，古代劳动人民用熔模铸造来铸造带有各种精细花纹和文字的钟鼎及器皿等制品。例如，1978 年湖北随州出土的曾侯乙尊盘和 1979 年河南淅川出土的楚国铜禁，都是熔模铸造所铸，说明中国在春秋时期已经发明这种技术。早在公元前 5 世纪，熔模铸造在中国已有很高的技艺。尊是古代的一种盛酒器，盘则是水器，曾侯乙尊盘融尊盘于一体，出土时尊置于盘上，拆开来是两件器物，极其别致。曾侯乙尊盘是春秋战国时期最复杂、最精美的青铜器件，尊盘通体用陶范混铸而成。曾侯乙尊盘尊足等附件另行铸造，然后用铅锡合金与尊体焊在一起。尊颈附饰是由繁复而有序的镂空纹样构成，属于熔模铸件。尊盘底座为多条相互缠绕的龙，它们首尾相连，上下交错，形成中间镂空的多层云纹状图案，这些图案用普通铸造工艺很难制造出来，而用熔模铸造工艺，可以利用石蜡没有强度、易于雕刻的特点，用普通工具就可以雕刻出与所要得到的曾侯乙尊盘一样的石蜡材质的工艺品，然后再附加浇注系统，涂料、脱蜡、浇注，就可以得到精美的曾侯乙尊盘。

战国、秦汉以后，熔模铸造更为流行，尤其是隋唐至明、清期间，铸造青铜器采用的多是熔模铸造。清代的桂馥说："汉印多拨蜡"。一些带兽钮的汉代印章，钮制细小，形体复杂，又没有明显的熬、凿痕迹，表明是熔模铸造所铸。明代宋应星的《天工开物》详细记述了熔模铸造铸"万钧钟"的过程。它采用地坑造型，蜡料由牛油、黄蜡调制，油蜡是八和二之比，泥料中加入炭末以减少收缩，增加透气性，并且使表面光洁。在元代特别设置了出蜡局，专管熔模铸造。清代内务府造办处等也设有专职工匠。现存故宫博物院、颐和园的铜狮、铜象、铜鹤、狻猊等，都是有代表性的艺术价值很高的失蜡铸件，颐和园铜亭的某些构件也是用熔模铸造铸成的。中国传统的熔模铸造技术对世界冶金发展有很大的影响。现代工业的熔模精密铸造，就是从传统的熔模铸造发展而来的。虽然无论在所用蜡料、制模、造型材料、工艺方法等方面，它们都有很大的不同，但是它们的工艺原理是一致的。

现代熔模铸造方法在工业生产中得到实际应用是在20世纪40年代。1932年，厄尔德尔（W. Erdle）和普兰杰（K. Prange）采用熔模铸造工艺，制作钴铬合金牙科材料。1955年，开发牙科材料和移植材料的奥斯汀实验室（Austenal Laboratories）提出首创熔模铸造的申请，日本学者鹿取一男根据中国和日本历史上使用熔模铸造的事实表示异议，最后取得了胜诉。20世纪初为生产出更精密的牙科件，人们开始研究影响蜡模和型壳尺寸稳定性的因素，以及一些金属和合金的凝固收缩性能，20世纪30年代初调整了熔模使用的材料。

第二次世界大战期间，因军事的需要，美、英等国用熔模铸造方法生产了大量的涡轮喷气发动机叶片。航空喷气发动机的发展，要求制造出叶片、叶轮、喷嘴、涡轮增压器等形状复杂、尺寸精确以及表面光洁的耐热合金航空发动机零件。由于耐热合金材料难以机械加工，零件形状复杂，以致不能或难以用其他方法制造，因此，需要寻找一种新的精密成形工艺。20世纪30年代末，人们发现奥斯汀实验室为外科移植手术研制的钴基合金在高温下有优异的性能，可用于涡轮增压器。于是，熔模铸造就成为该类合金成形的首选工艺方法，经过对材料和工艺的改进，现代熔模铸造方法在古代工艺的基础上获得重要的发展。熔模铸造进入航空、国防工业部门，并迅速地应用到其他工业部门。

可用熔模铸造方法生产的合金种类有碳素钢、合金钢、耐热合金、不锈钢、精密合金、永磁合金、轴承合金、铜合金、铝合金、钛合金和球墨铸铁等。熔模铸造适用于生产形状复杂、精度要求高或很难进行其他加工的小型零件等。

本 章 小 结

1. 铸造工艺理论基础

1）合金充型能力及其对铸件质量的影响；浇不足、冷隔。

2）影响合金充型能力的因素：合金的流动性；浇注温度；充型压力；铸型中的气体；铸型蓄热能力；铸型温度；铸件结构。

3）合金的收缩性能：收缩三阶段。

4）缩孔与缩松；缩孔与缩松的防止办法（顺序凝固）。

5）铸造内应力的概念与分类及产生原因；防止办法（同时凝固）。

6）铸件的变形与防止（同时凝固）。

7）铸件的裂纹与防止。

2. 砂型铸造

1）砂型铸造基本过程。

2）整模造型、分模造型、挖砂造型、活块造型、三箱造型。

3）机器造型。

3. 特种铸造

熔模铸造、金属型铸造、压力铸造、低压铸造、离心铸造、消失模铸造。

4. 铸造工艺设计

（1）浇注位置选择原则

1）重要加工面朝下或位于侧面。

2）大平面朝下。

3）大面积薄壁放在下面。

4）有利于顺序凝固。

5）减小型芯数量，且便于安放、固定和排气。

（2）分型面选择原则

1）从起模考虑，应该减少分型面、减少活块、减少型芯、避免弯曲的分型面。

2）尽量使铸件全部或大部分置于同一砂箱。

3）尽量使型腔及主要型芯置于下箱。

（3）铸造工艺参数 加工余量、起模斜度、铸造圆角、收缩率、芯头等。

（4）铸造工艺图

5. 铸件结构设计

1）铸件的壁厚设计。

2）铸件壁厚的均匀性。

3）铸件壁的连接。

4）铸件筋和辐的设计。

5）铸件外形设计。

6）铸件内腔设计。

7）结构斜度设计。

$$习\quad题$$

2.1 铸件的浇注位置是指铸件_____时在_____中所处的空间位置。它对铸件的_____影响很大。

2.2 铸型的分型面应选择在铸件的_____处，以保证起模；同时分型面应尽量_____以便于造型。

2.3 当设计铸件结构时，为了便于起模，凡垂直于分型面的非加工表面都应设计有_____斜度。

2.4 什么是铸造？它有何特点？

2.5 什么是金属的充型能力？影响金属充型能力的因素有哪些？金属充型能力不会引起哪些铸造缺陷？

2.6 从铁－渗碳体相图分析，什么合金成分具有较好的流动性？为什么？

2.7 什么是铸件的凝固？铸件的凝固方式有哪些？

2.8 什么是铸件的收缩？铸件的收缩分为哪三个基本阶段？

2.9 铸件的缩孔和缩松是怎么形成的？可采用什么措施防止此类缺陷？

2.10 什么是顺序凝固方式和同时凝固方式？各适用于什么金属？

2.11 根据图 2-63 所示相图，试判断在 A、B、C 三种合金中，哪一种合金在铸造时最容易补缩？并简要说明理由。

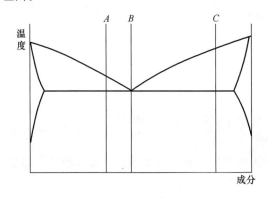

图 2-63 题 2.11 图

2.12 图 2-64 所示为一测试铸造应力用的应力框铸件，冷却凝固后，用钢锯沿 A—A 线锯断，此时，断口间隙会增大还是减小？为什么？

2.13 图 2-65 所示为一直径为 $\phi100mm$、高度为 H 的实体铸件，冷却凝固至室温后，钻一直径为 $\phi50mm$ 的孔，此时高度 H 会发生什么变化？为什么？

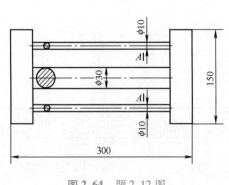

图 2-64 题 2.12 图

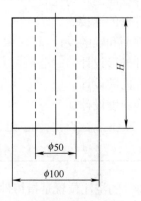

图 2-65 题 2.13 图

第3章

固态金属塑性成形

章前导读

金属材料的塑性成形又称为金属压力加工。它是利用金属材料的塑性变形能力，在外力的作用下使金属材料产生预期的塑性变形来获得所需形状、尺寸和力学性能的零件或毛坯的一种加工方法。金属塑性成形工艺通常包括锻造、冲压、轧制、挤压和拉拔等。

自由锻是只用简单的通用性工具或在锻造设备的上、下砧铁之间利用冲击力或压力直接使坯料产生塑性变形而获得所需的几何形状、尺寸及内部组织结构的锻件的一种成形工艺。

模锻是在模锻设备上利用高强度锻模使金属坯料在模膛内受压产生塑性变形而获得所需几何形状、尺寸及内部组织结构的锻件的一种成形工艺。

板料冲压是利用压力，使放在冲模间的板料产生分离或变形的压力加工方法。一般是在冷态下进行，故又称为冷冲压，简称为冷冲或冲压。

轧制成形通常是对板带材、线棒材和钢管等轧制材料再次以轧制的方式进行深度加工。

超塑性成形是指金属或合金在低的变形速率（$\varepsilon = 10^{-4} \sim 10^{-2}/s$）、一定的变形温度（约为熔点热力学温度的一半）和均匀的细晶粒度（晶粒平均直径为 $0.2 \sim 5 \mu m$）条件下，其相对伸长率 A 超过 100%。例如，钢的相对伸长率可超过 500%、纯钛可超过300%、锌铝合金可超过 1000%。

3.1 金属塑性成形理论基础

金属材料在外力作用下，利用自身的塑性产生变形，改变其形状、尺寸及力学性能，以获得符合要求的工件或毛坯，此种成形加工方法称为金属塑性成形（也称为压力加工）。

在金属塑性成形过程中，作用在金属坯料上的外力主要有两种：冲击力和压力。锤类设备通过冲击力使金属变形，压力机与轧机利用压力使金属变形。

3.1.1 金属塑性成形方法及分类

金属塑性成形方法很多，其产品范围也非常广泛，小到几克的精密零件，大到几百吨的巨型锻件，均可由塑性成形方法生产。

1. 金属塑性成形分类

金属塑性成形分为生产原材料的一次塑性加工和生产零件及其毛坯的二次塑性加工。

（1）一次塑性加工　一次塑性加工是冶金工业中生产板材、型材、管材、线材等的加工方法。它的变形过程稳定，适于大批量连续生产。它包括挤压、轧制、拉拔等工艺，如图3-1所示。

1）挤压。金属坯料在挤压模内受压被挤出模孔而变形的成形工艺称为挤压（图3-1a）。挤压时坯料在很大的三向压应力状态下成形，允许采用很大的变形量，适用于对低碳钢、非铁金属及其合金的加工，如采用适当工艺措施，还可对合金钢和难熔合金进行加工。

2）轧制。金属坯料在两个回转轧辊之间受压变形而获得一定截面形状材料的成形工艺称为轧制（图3-1b）。

3）拉拔。将金属坯料拉过拉拔模的模孔而变形的成形工艺称为拉拔（图3-1c）。拉拔模模孔在工作时受到强烈摩擦，为使拉拔模具有足够的使用寿命，应选用耐磨的特殊合金钢或硬质合金制造模具。

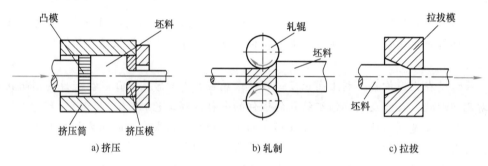

a) 挤压　　　　　　　b) 轧制　　　　　　　c) 拉拔

图3-1　一次塑性加工方法

（2）二次塑性加工　二次塑性加工是机械制造工业中生产零件及其毛坯的加工方法。除大锻件采用钢锭直接锻成锻件外，一般都是以一次塑性加工获得的线、棒、管、板、型材为原材料进行再次塑性成形获得所需制件。它的主要成形方法包括自由锻、模锻、板料冲压等，如图3-2所示。

1）自由锻。金属坯料在上、下砧铁间受冲击力或压力而变形的成形工艺称为自由锻（图3-2a）。

2）模锻。金属坯料在具有一定形状的锻模模腔内受冲击力或压力而变形的成形工艺称为模锻（图3-2b）。

3）板料冲压。金属板料在冲模之间受压产生变形或分离的成形工艺称为冲压（图3-2c）。该方法多在常温下进行，又称为冷冲压。

2. 金属塑性成形工艺特点及应用

与其他加工方法（如金属切削、铸造、焊接等）相比，金属塑性成形具有以下特点。

1）可改善金属组织的致密性，提高金属的力学性能。金属在塑性成形过程中，其组织

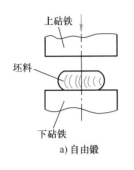

a) 自由锻

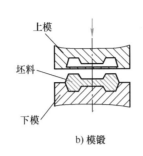

b) 模锻

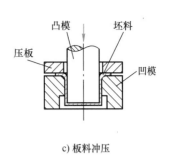

c) 板料冲压

图3-2　二次塑性加工

和性能都得到改善和提高，塑性加工能消除金属铸锭内部的气孔、缩孔和树枝状晶体等缺陷，并由于金属的塑性变形和再结晶，可使粗大晶粒细化，得到致密的金属组织，从而提高金属的力学性能。在零件设计时，若正确选用零件的受力方向与纤维组织方向，可以提高零件的抗冲击性能。对于承受重载、冲击或交变应力的重要零件一般都采用锻件，如机床主轴和齿轮、连杆、吊钩等。

2）材料利用率高。金属塑性成形依靠材料形状的变化和体积的转移来实现，不产生切屑，材料利用率高，可以节约大量的金属材料和切削加工工时。

3）生产效率高。金属塑性成形工艺采用成形设备和工、模具进行生产，适合于大批量生产，且随着机械化、自动化程度的提高，生产效率得到大幅度提高。例如，锻造一根汽车发动机曲轴只需要几十秒，一个汽车覆盖件的成形加工仅需几秒钟；而多工位自动冷镦螺栓比用棒料切削的工效可提高几百倍。

4）毛坯或零件的尺寸精度较高。金属塑性成形的很多工艺方法不但可以获得精度较高的毛坯，有些已经达到少、无屑加工的要求，并向近净成形发展。例如，精密锻造的锥齿轮齿形部分可不经切削加工直接使用，复杂曲面形状的叶片精密锻造后只需要磨削便可达到所需精度。

但金属塑性成形不适宜加工脆性材料（如铸铁）和形状特别复杂（特别是内腔形状复杂）或体积特别大的零件或毛坯。

总之，金属塑性成形不但能获得强度高、性能好的零件，而且具有生产率高、材料消耗少等优点，因而在冶金、机械、汽车、航空、军工、仪表、电器和日用五金等工业领域得到广泛应用，在制造业中占有十分重要的地位。例如，飞机零件中约85%、汽车零件中约65%为金属塑性成形件。

近几年，塑性成形技术发展很快，特别是交通运输行业的迅速发展对我国的塑性成形技术有了相当程度的推动作用。提高劳动生产效率，改善劳动条件，生产机械化、自动化，提高零件质量，大力推广少、无屑工艺，发展高效精密锻件，解决大型锻件和合金钢锻件的质量问题，降低成本等是塑性成形目前和今后的发展方向。

3.1.2　影响金属塑性成形的因素

1. 金属塑性变形后的组织和性能

金属在外力作用下，其内部必将产生应力，此应力迫使原子离开原来的平衡位置，改变原子间的距离，使金属发生变形，并引起原子

塑性变形对金属组织
及性能的影响

位能的升高，但处于高位能的原子具有返回到原来低位能平衡位置的倾向，因而当外力停止作用后，应力消失，变形也随之消失，金属的这种变形称为弹性变形。

当外力增大到使金属的内应力超过该金属的屈服强度之后，即使外力停止作用，金属的变形并不消失，这种变形称为塑性变形。金属塑性变形的实质是晶体内部产生滑移的结果。塑性变形过程中伴随着弹性变形的存在，当外力去除后，弹性变形将恢复，这种现象称为"弹复"。

金属在常温下经过塑性变形后，其内部组织将发生如下变化（图3-3）：①晶粒沿最大变形的方向伸长；②晶格与晶粒均发生扭曲，产生内应力；③晶粒间产生碎晶。

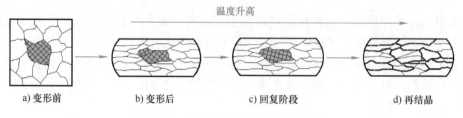

图 3-3　金属的回复和再结晶示意图

金属的力学性能随其内部组织的改变而发生明显变化。变形程度增大时，金属的强度及硬度提高，而塑性和韧性下降，这种现象称为加工硬化。利用加工硬化提高金属的强度，是工业生产中强化金属材料的一种手段，尤其适用于不能用热处理工艺强化的金属材料。

加工硬化是一种不稳定的现象，具有自发地回复到稳定状态的倾向，但在室温下不易实现，由于温度升高，原子获得热能，热运动加剧，原子排列会回复到正常状态，从而消除晶格扭曲，并部分消除加工硬化，这个过程称为回复。此时的温度称为回复温度 $T_回$，一般 $T_回 = (0.25 \sim 0.3) T_熔$，其中 $T_熔$ 为金属熔化温度（K）。

当温度继续升高到 $T_熔$ 的 0.4 倍时，金属原子获得更多热能，开始以碎晶或杂质为核心结晶成细小而均匀的再结晶新晶粒，从而消除全部加工硬化现象，这个过程称为再结晶。此时的温度称为再结晶温度 $T_再$（$T_再 = 0.4 T_熔$）。在压力加工生产中，加工硬化给金属继续进行塑性变形带来了困难，应加以消除。在实际生产中，常采用加热的方法使金属发生再结晶，从而再次获得良好的塑性，这种工艺操作称为再结晶退火。

2. 金属塑性变形的类型

由于金属在不同温度下变形对其组织和性能的影响不同，通常以再结晶温度为界，将金属的塑性变形分为冷变形和热变形。

1）冷变形。在再结晶温度以下的变形称为冷变形。变形过程中无再结晶现象而只有加工硬化。冷变形需要很大的变形力，变形程度不宜过大，以免缩短模具寿命或使工件破裂。但冷变形可使金属获得较高的强度、硬度和较低的表面粗糙度值，一般不需要再切削加工，可用它来提高产品性能。例如，金属在冷镦、冷轧、冷挤及冲压中的变形均属于冷变形。

2）热变形。在再结晶温度以上的变形称为热变形。热变形后的金属具有细小而均匀的再结晶组织而无任何加工硬化痕迹。金属只有在热变形的情况下，才能以较小的功达到较大的变形，加工出尺寸较大和形状较复杂的塑性成形件。但是，由于热变形是在高温下进行的，金属在加热过程中表面容易形成氧化皮，影响产品尺寸精度和表面质量，劳动条件较差，生产率也较低。例如，金属在自由锻、热模锻、热轧、热挤压中的变形均属于热变形。

3. 金属的纤维组织

金属压力加工的初始坯料是钢锭，其内部组织很不均匀，晶粒较粗大，并存在气孔、缩松、非金属夹杂物等缺陷。钢锭加热后经过压力加工，由于塑性变形及再结晶，其组织由粗大的铸态组织变为细小的再结晶组织，同时可以将钢锭中的气孔、缩松等压合在一起，使金属更加致密，力学性能得到很大的提高。

此外，钢锭在压力加工中产生塑性变形时，基体金属的晶粒和沿晶界分布的杂质将沿着变形方向被拉长，呈纤维形状，金属再结晶后也不会改变，仍然保留下来，使金属组织具有一定的方向性，称为纤维组织（即流线）。纤维组织形成后，不能用热处理方法消除，只能通过塑性变形改变纤维的方向和分布。

纤维组织的存在对金属的力学性能有较大影响。变形程度越大，纤维组织越明显，各向异性越严重，横向塑性和冲击韧度下降较大，在设计和制造零件时，应加以注意。

1）对一般的轴类锻件，要使零件工作时的最大拉应力方向与纤维方向一致，最大切应力方向与纤维方向垂直。

2）对容易疲劳受损的零件，工作表面应避免纤维露头，要使纤维的分布与零件的外形轮廓相符合而不被切断。例如，齿轮应镦粗成形，使其纤维呈放射状，有利于齿面的受力；曲轴采用拔长、弯曲工步，避免机械加工割断纤维，从而提高其强度和延长其使用寿命，如图3-4所示。

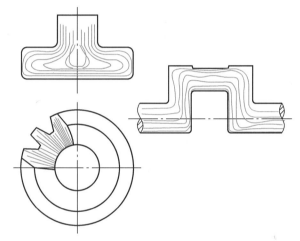

3）对受力比较复杂的锻件，如锻模、锤头等，因各方面性能都有要求，所以不希望具有明显的纤维组织，锻造时应镦、拔结合，减小异向性。

图3-4 纤维组织的分布比较

4. 最小阻力定律

金属塑性成形的实质是金属的塑性流动。影响金属塑性成形时流动的因素十分复杂，要定量描述线性流动规律非常困难，但可应用最小阻力定律定性地描述金属质点的流动方向。最小阻力定律是塑性成形最基本的规律之一。它是指塑性变形时，如果金属质点在几个方向上都可流动，那么，金属质点就优先沿着阻力最小的方向流动。

通过调整流动阻力来改变某些方向上金属的流动量，可以合理成形，消除缺陷。例如，调整锻模飞边槽结构，增大金属流向分模面的阻力，有利于锻件充满型腔；采用闭式滚挤和闭式拔长模膛制坯，增大金属横向流动阻力，可以提高滚挤和拔长效率。此外，运用最小阻力定律可解释为什么用平头锤镦粗时金属坯料的截面形状随着坯料的变化都逐渐接近于圆形。图3-5所示为镦粗时圆形、正方形、矩形坯料截面上各质点的流动方向。图3-6所示为正方形截面坯料镦粗后的截面形状，由图可见，坯料在平砧间自由镦粗时，随着变形程度的增加，方形截面将趋于圆形。这是因为，沿四边垂直方向流动距离短，摩擦阻力小，金属流动量大，而沿对角线方向距离长，阻力大，流动很少。由于相同面积的任何形状总是圆形周边最短，因而最小阻力定律在镦粗中也称为最小周边法则。

a) 圆形

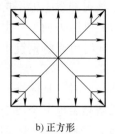
b) 正方形

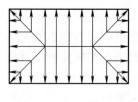
c) 矩形

图 3-5　镦粗时圆形、正方形、矩形坯料截面上各质点的流动方向

5. 体积不变规律

弹性变形时必须考虑体积的变化，但在塑性变形时，由于金属材料连续且致密，体积变化很微小，与形状变化相比可以忽略，因此认为塑性变形时，金属材料在变形前后体积保持不变。也就是说，塑性变形时，只有形状和尺寸的改变，而无体积的增减。

体积不变规律对塑性成形具有很重要的指导意义，根据塑性变形前后体积不变规律，可以确定毛坯的尺寸；同时结合最小阻力定律，便可大体确定塑性成形时的金属流动模型，从而决定所采用的变形工步。

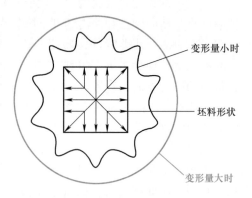

变形量小时

坯料形状

变形量大时

图 3-6　正方形截面坯料镦粗后的截面形状

6. 金属塑性变形程度

压力加工时，塑性变形程度的大小对金属组织和性能有重大的影响。随着变形程度的增加，可以消除铸态粗大树枝晶组织，获得均匀细小的等轴晶组织；可以破碎并分散碳化物和非金属夹杂物在钢中的分布；还可以锻合内部孔隙和疏松，使组织致密，使材料的宏观和微观缺陷得到改善和消除，各项力学指标如强度、抗疲劳性能得以提高，特别是塑性、韧性指标（断后伸长率 A、断面收缩率 Z、冲击韧度 a_K）提高很大。

然而，变形程度过小，起不到细化晶粒、提高金属力学性能的目的；变形程度过大，不但增加了锻造工作量，还会出现纤维组织，导致材料的各向异性，使横向性能明显下降；当变形程度超过金属允许的变形极限时，将会开裂。

在锻造工艺中，常用锻造比（坯料变形前后的截面面积之比）来表示变形程度的大小。拔长时，锻造比（S_0/S）为拔长前、后金属坯料的横截面面积之比；镦粗时，锻造比（H_0/H）为镦粗前、后金属坯料的高度之比。显然，锻造比越大，材料的变形程度也越大。

正确选择锻造比具有重要的意义。它关系到锻件的质量，应根据金属材料的种类和锻件尺寸及所需性能、锻造工序等多方面因素进行选择。

1）用钢锭作为锻造坯料时，因钢锭内部组织不均匀，存在较多的缺陷，为消除铸造缺陷，改善性能，并使纤维分布符合要求，应选择适当的锻造比进行锻造。对于碳素结构钢，拔长锻造比大于等于 2.5，镦粗锻造比大于等于 2 即可；对于合金结构钢，锻造比为 3 ~ 4；对于无相变的不锈钢和耐热钢，不能靠热处理而只能依靠锻造来细化晶粒，故应选择较大的锻造比；对于铸造缺陷严重、碳化物粗大的高碳、高合金工具钢，应选择更大的锻造比，如高速钢的锻造比取 5 ~ 12，并从多方向反复锻造，才能使钢中的碳化物分散细化。

2）用棒料或锻坯作为锻造坯料时，由于坯料已经过大变形轧制或锻造，内部组织和力学性能已经得到改善，并具有纤维流线组织，故应选择较小的锻造比，通常取 1.3 ~ 1.5 即可。

在板料冲压工艺中，表示变形程度的参数有相对弯曲半径、拉深系数、翻边系数等。挤压成形时，则用挤压断面缩减率等参数表示变形程度。

3.1.3　金属的可锻性

新中国第一块
粗铜锭

金属的可锻性是用来衡量金属材料利用锻压加工方法成形的难易程度，是金属的工艺性能指标之一。可锻性的优劣是以金属的塑性和变形抗力来综合评定的。塑性是指金属材料在外力作用下产生永久变形而不破坏其完整性的能力，常用单向拉伸试验中材料断裂时的塑性变形量即断后伸长率 A 和断面收缩率 Z 来表示。变形抗力是指在压力加工过程中金属对变形的抵抗力。变形抗力越小，则变形中所消耗的能量越少。金属塑性高、变形抗力小，则金属可承受较大的变形而且锻压时省力，即具有良好的可锻性。

金属的可锻性取决于材料的性质和加工条件等。

1. 材料性质的影响

（1）化学成分的影响　不同化学成分的金属，其塑性不同，可锻性也不同。一般情况下，纯金属的可锻性比合金好；钢中加入合金元素，特别是加入强碳化物形成元素时，合金碳化物在钢中形成硬化相，使钢的变形抗力增大，塑性下降，通常合金元素含量越高，其塑性越差，变形抗力越大，可锻性越差。碳素钢中的基本元素碳、硅、锰、磷、硫等对钢的可锻性有重要影响，其中，碳的影响最显著，随着碳含量的增加，钢的塑性降低。杂质元素对钢的可锻性也有较大的影响，磷会使钢出现冷脆性，硫会使钢出现热脆性，它们都会降低钢的塑性成形性能。

（2）金属组织的影响　金属内部的组织结构不同，其可锻性也有很大差别。一般情况下，纯金属及固溶体（如奥氏体）的可锻性好，而碳化物（如渗碳体）的可锻性差。例如，碳素钢在高温下为单相奥氏体组织，可锻性好。纯铁和低碳钢主要以铁素体为基体，塑性比高碳钢好，变形抗力也较小，随着碳含量的增加，钢中的碳化物逐渐增多，在高碳钢中甚至出现硬而脆的网状渗碳体，使钢的塑性下降，抗力增加，可锻性变差。通常，铸态柱状晶和粗大树枝晶组织的塑性较差，而均匀细小的等轴晶组织塑性就好，如超细晶粒在特定的变形条件下，还会出现超塑性现象。

2. 加工条件的影响

（1）变形温度的影响　提高金属变形时的温度，是改善金属可锻性的有效措施，并对生产率、产品质量及金属的有效利用等均有极大的影响。

金属的变形温度升高可使原子动能增加，削弱原子间结合力，减少滑移阻力，从而提高金属的可锻性。因而，加热是锻压加工成形中很重要的变形条件。金属通过加热可得到良好的可锻性，但是加热温度过高时也会产生相应的缺陷，如产生氧化、脱碳、过热和过烧现象，造成锻件的质量变差或锻件报废。因此，必须严格控制加热温度范围，确定金属合理的始锻温度和终锻温度。

始锻温度为开始锻造的温度。在不出现过热和过烧的前提下，提高始锻温度可使金属的塑性提高，变形抗力下降，有利于锻压成形。一般选固相线以下 100~200℃，如 45 钢的始锻温度为 1200℃。

终锻温度为停止锻造的温度。终锻温度对高温合金锻件的组织、晶粒度和力学性能均有很大的影响。一般选高于再结晶温度 50~100℃，保证再结晶完全。当终锻温度低于其再结晶开始温度时，除了使合金塑性下降、变形抗力增大之外，还会引起不均匀变形并获得不均匀的晶粒组织，并导致加工硬化现象严重，变形抗力过大，易产生锻造裂纹，损坏设备与工具。但如果终锻温度过高，则在随后的冷却过程中晶粒将继续长大，得到粗大晶粒组织，这是十分不利的。通常，在允许的范围内，适当降低终锻温度并增大变形量，则可得到较为细小的晶粒。碳素钢的锻造温度范围如图 3-7 所示。碳素钢的终锻温度应在 GSE 线以上，这时的碳素钢组织为单相奥氏体，具有良好的可锻性。为了扩大锻造温度范围，减少加热次数，实际的终锻温度，对亚共析钢定在 A_3 线之下，即在 A_1~A_3 温度范围，此时的组织为铁素体和奥氏体，故仍有较好的可锻性，如 45 钢的终锻温度为 800℃；对过共析钢，定在 A_1 线以上（50~70℃），锻造时钢中出现的渗碳体虽使可锻性有些降低，但可以阻止形成连续的网状渗碳体，从而提高锻件的力学性能。锻造温度是指始锻温度与终锻温度之间的温度。

（2）变形速度的影响　变形速度即单位时间内的变形程度。它对金属可锻性的影响可分为两个阶段（图 3-8）：在变形速度小于 a 的阶段，由于变形速度的增大，回复和再结晶不能及时克服加工硬化现象，金属表现出塑性下降、变形抗力增大，可锻性变差；在变形速度大于 a 的阶段，金属在变形过程中，消耗于塑性变形的能量有一部分转化为热能，使金属温度升高，称为热效应现象，变形速度越大，热效应现象越明显，则金属的塑性提高，变形抗力下降，可锻性变好。

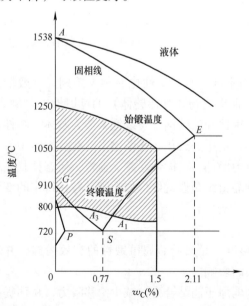

图 3-7　碳素钢的锻造温度范围

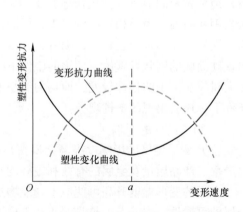

图 3-8　变形速度对塑性及变形抗力的影响

在锻压生产实践中，提高变形速度一般是为了减少热量的散失，还可以利用惯性作用，有利于复杂锻件的成形，如将复杂型槽放在锻锤的上模。目前只有采用高速锤锻造时，才考虑热效应的升温现象对金属塑性成形性能的影响。此外，某些对变形速度敏感的低塑性材料成形时，只能采用变形速度较低的液压机或机械压力机；否则，变形速度过快，来不及通过再结晶消除由变形产生的加工硬化，从而产生裂纹。

（3）应力状态的影响 金属在不同的塑性加工方式下变形时，所产生应力的大小和性质（拉应力或压应力）是不同的。例如，挤压时为三向不等的压应力状态（图3-9），而拉拔时则为两向受压、一向受拉的应力状态（图3-10）。应力状态对金属成形的难易程度有重要影响。

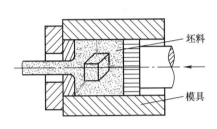

图3-9　挤压时金属应力状态

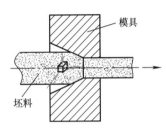

图3-10　拉拔时金属应力状态

金属材料在塑性变形时的应力状态不同，对塑性的影响是不同的。实践证明，在三向应力状态中，压应力的数量越多，金属的塑性越好；拉应力的数量越多，则金属的塑性越差。这是因为：拉应力易使滑移面分离，易在材料内部的缺陷处产生应力集中，促使缺陷扩展，造成破坏；压应力状态则与之相反，可以抑制和消除这些缺陷。例如，铅具有极好的塑性，但在三向等拉应力的状态下，会像脆性材料一样破裂；大理石在三向压应力状态下，反而能产生较大的塑性变形。有时采用V形砧而不用平砧拔长，就是利用工具侧向压应力的作用，避免坯料心部产生拉应力甚至开裂。

应力状态不同，变形抗力也是不同的。拉应力使金属容易产生滑移变形，变形抗力减小；而压应力会使金属内部摩擦力增大，变形抗力增加。因此，对于塑性好的金属，变形时出现拉应力可以减少变形能量的消耗；对于塑性较差的金属，则应尽量在三向压应力状态下变形，以免产生裂纹，但需要相应增加锻压设备的吨位。因此，选择具体的成形方法时，应充分考虑应力状态对金属可锻性的影响。

3. 其他因素

在成形过程中，摩擦力对变形也有重要影响。摩擦力越大，变形不均匀程度越严重，引起的附加应力也越大，从而导致变形抗力增加，塑性降低。提高毛坯的表面质量，选用适当的润滑剂和润滑方法，可以减小金属流动时的摩擦阻力，这对于冷挤压和板料成形尤为重要。

塑性加工时要利用模具使材料成形，它们的结构对塑性成形有很大影响。应合理设计模具，使金属具有良好的流动条件。例如，模锻时，模腔转向深处应有适当圆角，这样可以减小金属成形时的流动阻力，避免割断纤维和出现折叠；板料成形时，拉深凹模应有合理的圆角，才能保证顺利成形。

材料成型工艺基础（慕课版）

综上所述，金属的可锻性既取决于金属材料的性质，又取决于加工条件。在采用塑性加工时，要选择合理的成形工艺，力求创造最有利的加工条件，充分利用金属的塑性，从而获得合格的制品，达到塑性加工目的。

4. 常用合金的塑性成形性能

合金的可锻性可用以下经验公式粗略判断

$$K_Z = Z/R_m \qquad\qquad (3-1)$$

式中　K_Z——可锻性判据（%/MPa）；

　　　Z——材料的断面收缩率（%）；

　　　R_m——材料的抗拉强度（MPa）。

根据K_Z值的大小，可将合金的可锻性分为五个等级，见表3-1。

表3-1　可锻性的等级标准

级别	K_Z/(%/MPa)	可锻性	级别	K_Z/(%/MPa)	可锻性
1	<0.01	不可锻	4	0.81~2.0	良
2	0.01~0.3	差	5	≥2.1	优
3	0.31~0.8	可			

由于锻造是热加工，各种钢材和大部分非铁金属都可以进行锻造加工。其中，低中碳钢（如Q195、Q235；10、15、20、20Cr、40Cr、45）、铜及铜合金、铝及铝合金等可锻性较好。

冲压是在常温下加工，对于分离工序，只要材料有一定的塑性就可以进行；对于变形工序（如弯曲、拉深、挤压、胀形、翻边等），则要求材料具有良好的冲压成形性能，低碳钢（如Q195、Q215、08、10、15、20等）、奥氏体不锈钢、铜、铝等都有良好的冲压成形性能。

3.2　金属锻造成形

将金属坯料放在上、下砧铁或锻模之间，利用冲击力或压力使金属发生变形，从而获得所需形状和尺寸的锻件，这类加工方法称为锻造。锻造是金属零件的重要成形方法之一。

3.2.1　自由锻造

自由锻造简称自由锻，是将加热好的金属坯料放在锻造设备的上、下砧铁之间，利用冲击力或压力，使金属产生塑性变形而获得所需形状、尺寸及内部组织结构锻件的一种金属压力加工方法。坯料在锻造过程中，除与上、下砧铁或其他辅助工具接触的部分表面外，都是自由表面，变形不受限制，无法精确控制变形的发展，故称为自由锻造。

自由锻所用的工具简单，具有很强的通用性，生产准备周期短。自由锻的特点是可以迅速而经济地改变坯料的形状和尺寸，同时显著改善和提高坯料的组织性能。对于中小型的碳素钢和低合金钢锻件，主要解决成形问题；而对于大型高合金钢重要锻件，则主要是保证提高其内部质量和节省金属材料。

自由锻分为手工锻造和机器锻造两种。手工锻造只能生产小型锻件，生产率较低。机器锻造是自由锻的主要方法。

— 68 —

由于自由锻的形状与尺寸主要靠人工操作来控制，所以锻件的精度较低，加工余量大，劳动强度大，生产率低。自由锻主要应用于单件、小批量生产，修配以及大型锻件的生产和新产品的试制等。

1. 自由锻造的工序

根据变形性质和变形程度的不同，自由锻工序可分为基本工序、辅助工序和精整工序。

（1）基本工序　基本工序是指金属坯料产生一定程度的塑性变形，达到或基本达到所需形状、尺寸或改善材料性能的工艺过程。它是锻件成形过程中必需的变形工序，主要有镦粗、拔长、冲孔、弯曲、扭转、错移和切割等。其中前三种工序应用最广。

1）镦粗。镦粗是使毛坯高度减小、横截面面积增大的锻造工序。镦粗主要用于锻制饼块类锻件，以及空心件冲孔前的预备工序。锻造轴类锻件时，镦粗可以提高后续拔长工序的锻造比，提高横向力学性能和减少异向性等。

镦粗可分为全镦粗和局部镦粗两种形式，如图 3-11 所示。镦粗时，坯料不能过长，高度与直径之比应小于 2.5，以免镦弯或出现细腰夹层等现象。坯料镦粗的部位必须均匀加热，以防止出现变形不均匀。局部镦粗是对坯料的局部长度（端部或中间）进行镦粗，其他部位不变形，主要用于锻制轴杆类锻件的头部或凸缘。

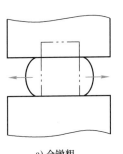

a) 全镦粗　　　　b) 局部镦粗

图 3-11　镦粗

镦粗

2）拔长。拔长是指沿垂直于工件的轴向进行锻打，以使其横截面面积减小而长度增加的工序。拔长可以在平砧上进行，也可在 V 形砧或弧形砧中进行。如图 3-12 和图 3-13 所示，通过反复压缩、翻转和逐步送进，使坯料变细伸长。

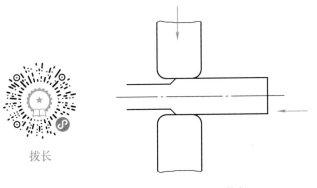

拔长

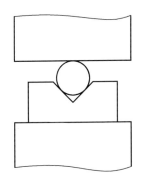

图 3-12　拔长　　　　　　　图 3-13　使用 V 形砧拔长坯料

拔长是锻造轴杆类锻件的主要工序。拔长耗时较长，对轴类零件的质量和生产率有重要影响。为达到规定的锻造比和改变金属内部组织结构，锻制以钢锭为坯料的锻件时，拔长经常与镦粗交替反复使用。

3）冲孔。在坯料上冲出通孔或不通孔的工序称为冲孔，如图 3-14 所示。各种空心锻件都要采用冲孔工艺。常用的冲孔方法有实心冲孔、空心冲孔和垫环冲孔三种。

一般用实心冲头冲孔比较方便，芯料损失也小。孔径大于 400mm 时，用空心冲头冲孔，冲孔芯料消耗较大，但能去掉钢锭芯部较差的金属。对于薄形坯料可在垫环上冲孔。

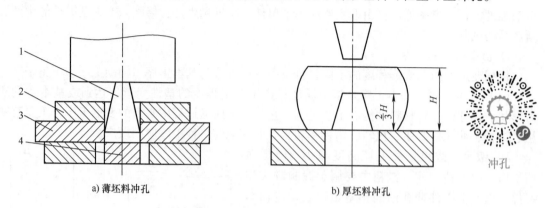

a) 薄坯料冲孔   b) 厚坯料冲孔

图3-14 冲孔

1—冲头 2—坯料 3—垫环 4—芯料

4）弯曲。弯曲是指使坯料轴线产生一定曲率的工序，用于制作弯轴类锻件，如吊钩、曲轴等。

5）扭转。扭转是使坯料的一部分相对于另一部分绕其轴线旋转一定角度的工序，可用来制作曲轴、麻花钻等锻件。

6）错移。错移是使坯料的一部分相对于另一部分平移错开，但仍保持轴心平行的工序。错移是生产曲拐或曲轴类锻件所必需的工序。

7）切割。切割是分割坯料或去除锻件余量的工序。

（2）辅助工序　辅助工序是指进行基本工序之前的预备性工序，如压钳口、倒棱、切肩等。

（3）精整工序　精整工序是在完成基本工序之后，用以提高锻件尺寸及位置精度的工序，如校正、滚圆、平整等。

2. 自由锻工艺规程的制定

制定工艺规程是进行自由锻生产必不可少的技术准备工作，是组织生产、规范操作、控制和检查产品质量的依据。制定工艺规程，必须结合生产条件、设备能力和技术水平等实际情况，力求技术上先进、经济上合理、操作上安全，以达到正确指导生产的目的。

自由锻工艺规程的内容包括锻件图的绘制、确定锻造工序、计算坯料的质量与尺寸、选择锻造设备、确定铸造温度范围和加热冷却规范、填写锻造工艺卡片等。

（1）锻件图的绘制　锻件图是工艺规程中必不可少的工艺技术文件，是制定锻造工艺和检验的依据。锻件图是根据零件图，考虑机械加工余量、锻件公差和余块等因素绘制而成的。

1）机械加工余量。因自由锻件的精度及表面质量较差，表面应留有供机械加工的金属层，即机械加工余量，其大小与零件的形状、尺寸等因素有关。零件越大，形状越复杂，则机械加工余量越大。

2）锻件公差。锻件公差是锻件名义尺寸的允许变动量，其值的大小与锻件形状、尺寸有关，并受到生产中具体情况影响。锻件机械加工余量和锻件公差可查阅有关手册。

3）余块（敷料）。某些零件上的精细结构，如键槽、齿槽、退刀槽，以及小孔、不通孔、台阶等难以用自由锻锻出，必须暂时添加一部分金属以简化锻件形状，这部分添加的金属称为工艺余块，它将在切削加工中去除，如图3-15所示。

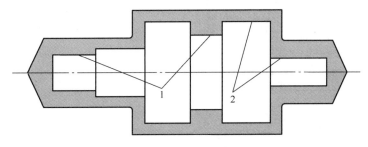

图 3-15　锻件机械加工余量及余块

1—余块　2—锻件机械加工余量

对于某些重要锻件，为了检验锻件内部组织和力学性能，还要在锻件上具有代表性的地方留出检验试样。有些锻件锻后要吊挂起来进行热处理，还需要留有热处理工艺卡头等。考虑上述问题以后，即可绘制锻件图。

在锻件图上，锻件的外形用粗实线表示。为了使操作者了解零件的形状和尺寸，在锻件图上用双点画线画出零件的主要轮廓形状，并在锻件尺寸线的上方标注锻件尺寸与公差，尺寸线下方用圆括弧标注出零件尺寸，如图3-16所示。对于大型锻件，还必须在同一坯料上锻造出供性能检验用的试样来，该试样的形状与尺寸也在锻件图上表示。

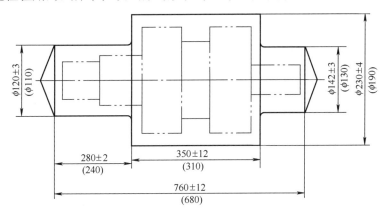

图 3-16　典型自由锻锻件图

（2）确定自由锻工序　自由锻工艺灵活，可以锻出各种各样的锻件。根据工序特点和锻件形状选择锻造工序。锻件分类及所采用的锻造工序见表3-2。

表 3-2　锻件分类及所采用的锻造工序

锻件分类	图　例	锻造工序
盘类锻件		镦粗（或拔长及镦粗）、冲孔等
轴类锻件		拔长（或镦粗及拔长）、切肩、锻台阶等

（续）

锻件分类	图　例	锻造工序
筒类锻件		镦粗（或拔长及镦粗）、冲孔、在芯轴上拔长等
环类锻件		镦粗（或拔长及镦粗）、冲孔、在芯轴上扩孔等
弯曲类锻件		拔长、弯曲等

一般情况下，对于盘类锻件常选用镦粗（或拔长及镦粗）、冲孔等工序；而轴类锻件常选用拔长（或镦粗及拔长）、切肩和锻台阶等工序；筒类锻件选用镦粗（或拔长及镦粗）、冲孔、在芯轴上拔长等工序；环类锻件选用镦粗（或拔长及镦粗）、冲孔、在芯轴上扩孔等工序；弯曲类锻件选用拔长、弯曲等工序。

（3）坯料质量与尺寸的确定

1）确定坯料质量。自由锻所用坯料的质量为锻件的质量与锻造时各种金属消耗的质量之和，可由下式计算，即

$$G_{坯料} = G_{锻件} + G_{烧损} + G_{料头} \tag{3-2}$$

式中　$G_{坯料}$——坯料质量（kg）；

　　　　$G_{锻件}$——锻件质量（kg）；

　　　　$G_{烧损}$——加热时坯料因表面氧化而烧损的质量（kg），与加热次数有关，第一次加热取被加热金属的2%~3%，以后各次加热取1.5%~2.0%；

　　　　$G_{料头}$——锻造时被切掉的金属质量及修切端部时切掉的料头质量（kg），如冲孔时坯料中部的芯料、修切端部产生的料头等。

2）确定坯料尺寸。根据塑性加工过程中体积不变规律和采用基本工序类型（如拔长、镦粗等）的锻造比、高度与直径之比等，计算出坯料横截面面积、直径或边长等尺寸。典型锻件的锻造比见表3-3。

表3-3　典型锻件的锻造比

锻件名称	计算部位	锻造比	锻件名称	计算部位	锻造比
碳素钢轴类锻件	最大截面	2.0~2.5	锤头	最大截面	≥2.5
合金钢轴类锻件	最大截面	2.5~3.0	水轮机主轴	轴身	≥2.5
热轧辊	辊身	2.5~3.0	水轮机立柱	最大截面	≥3.0
冷轧辊	辊身	3.5~5.0	模块	最大截面	≥3.0
齿轮轴	最大截面	2.5~3.0	航空用大型锻件	最大截面	6.0~8.0

（4）选择锻造设备　选择锻造设备的依据是锻件的材料、尺寸和重量，同时也要考虑车间现有的设备条件。设备吨位太小，锻件内部锻不透，质量不好，生产率低；设备吨位太大，不仅造成设备和动力浪费，而且操作不方便，也不安全。例如：用铸锭或大截面毛坯作为大型锻件的坯料，可能需要多次镦、拔操作，在锻锤上操作比较困难，并且芯部不容易锻

透，而在水压机上因其行程较大，下砧可前后移动，镦粗时可换用镦粗平台，所以大多数大型锻件都在水压机上生产。

（5）确定铸造温度范围 铸造温度范围是指始锻温度和终锻温度之间的温度范围。

由于加热的目的是提高金属的塑性，减小变形抗力，使之易于变形，并获得良好的锻后组织和力学性能，因此，确定锻造温度的原则是：保证金属在锻造过程中具有良好的可锻性，即塑性小、变形抗力小，锻后能获得良好的内部组织；同时锻造温度范围要尽可能宽一些，以便有较长的时间进行锻造，从而减小加热次数和烧损，提高生产率。

锻钢的锻造温度范围以铁碳平衡相图为基础，始锻温度一般取固相线以下 100 ~ 200℃，以保证金属不发生过热与过烧；终锻温度一般高于金属的再结晶温度 50 ~ 100℃，以保证锻后再结晶完全，锻件内部得到细晶粒组织。随着合金元素的增加，高碳钢、高合金钢的始锻温度下降，终锻温度提高，锻造温度范围变窄，锻造难度增加。部分金属材料的锻造温度范围见表 3-4。此外，锻件的终锻温度还与变形程度有关，变形程度较小时，终锻温度可稍低于规定温度。

表 3-4 部分金属材料的锻造温度范围

材料类型	锻造温度/℃		保温时间/(min/mm)
	始锻	终锻	
10、15、20、25、30、35、40、45、50	1200	800	0.25 ~ 0.7
15CrA、16Cr2MnTiA、38CrA、20MnA、20CrMnTiA	1200	800	0.3 ~ 0.8
12CrNi3A、12CrNi4A、38CrMoAlA、25CrMnNiTiA、30CrMnSiA、50CrVA、18Cr2Ni4WA、20CrNi3A	1180	850	0.3 ~ 0.8
40CrMnA	1150	800	0.3 ~ 0.8
铜合金	800 ~ 900	650 ~ 700	—
铝合金	450 ~ 500	350 ~ 380	—

（6）填写锻造工艺卡片 典型自由锻件（半轴）的锻造工艺卡片见表 3-5。

表 3-5 典型自由锻件（半轴）的锻造工艺卡片

锻件名称	半轴	图 例
坯料质量	25kg	
坯料尺寸	φ130mm × 240mm	
材料	18CrMnTi	

材料成型工艺基础（慕课版）

（续）

火次	工序	图　例
1	锻出头部	
2	拔长	
	拔长及修整台阶	
	拔长并留出台阶	
	锻出凹档及拔长端部并修整	

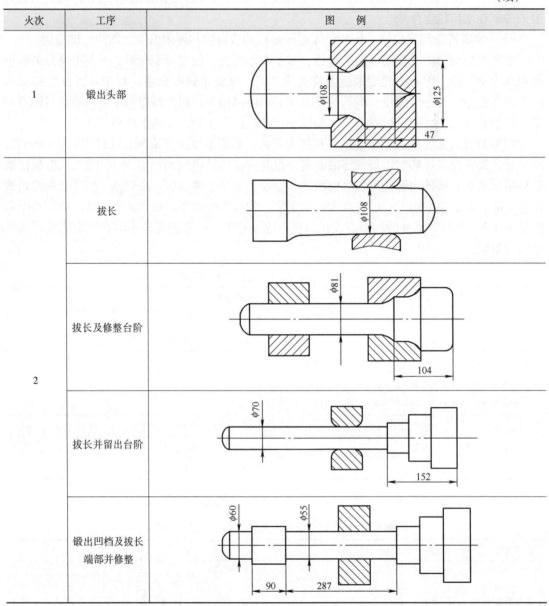

3.2.2　自由锻件的结构工艺性

自由锻是在固态下成形的，锻件所能达到的复杂程度不高，而自由锻所使用的工具一般又都是简单和通用的，锻件的形状和尺寸要求主要由工人操作技术来保证。因此，对于自由锻件结构总的要求是：在满足使用性能要求的前提下，锻件形状应尽量简单和规则，使锻造方便，节约金属和提高效率。具体要求如下。

1. 尽量避免锥体或斜面结构

锻造具有锥体或斜面结构的锻件，需制造专用工具，锻件成形也比较困难，从而使工艺过程复杂，不便于操作，影响设备使用效率，应尽量避免，如图 3-17 所示。

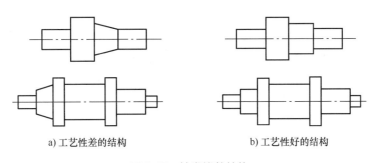

　　　　a) 工艺性差的结构　　　　　　　　　b) 工艺性好的结构

图 3-17　轴类锻件结构

2. 避免几何体的交接处形成空间曲线

图 3-18a 所示的圆柱面与圆柱面相交，锻件成形十分困难；改成图 3-18b 所示的平面相交，消除了空间曲线，锻造成形容易。

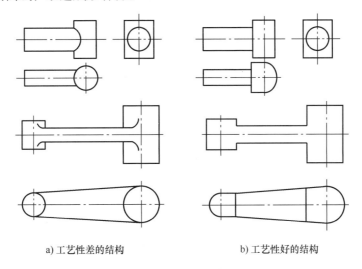

　　　　a) 工艺性差的结构　　　　　　　　　b) 工艺性好的结构

图 3-18　杆类锻件结构

3. 避免特殊和非规则的截面和外形

图 3-19a 所示的锻件结构难以用自由锻方法获得，若采用特殊工具或特殊工艺来生产，则会降低生产率，增加产品成本。改进后的结构如图 3-19b 所示。

4. 合理采用组合结构

锻件的横截面面积有急剧变化或形状较复杂时，可设计成由数个简单件构成的组合体，如图 3-20 所示。每个简单件锻造成形后，再用焊接或机械连接方式构成整体零件。

3.2.3　模锻

模锻时，在变形过程中由于模腔对金属坯料流动的限制，因而锻造终了时可获得与模腔形状相符的模锻件。

随着现代化生产要求的提高，模锻生产越来越广泛地应用于国防工业和机械制造业中，如飞机、坦克等兵器制造、汽车制造、轴承制造等行业。

与自由锻相比，模锻具有如下特点。

模锻件示例

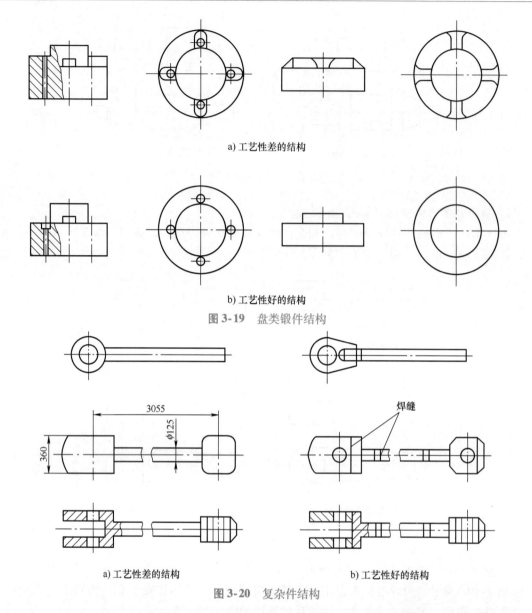

1）生产效率较高。模锻时，金属的变形是在模膛内进行的，故能较快获得所需形状。

2）能锻造形状复杂的锻件，并可使金属流线分布更为合理，从而进一步提高零件的使用性能。

3）模锻件的尺寸精度较高，表面质量较好，加工余量较小，可减少切削加工工作量，节省金属材料。

4）模锻操作简单，易于实现机械化、自动化生产，在大批量生产条件下，可降低零件制造成本。

但由于模锻时坯料是整体变形，坯料承受三向压应力，变形抗力增大。因此，模锻生产受模锻设备吨位限制，模锻件的质量一般不超过150kg；此外，设备投资较大，模具费用较高，工艺灵活性较差，生产准备周期较长。模锻主要适合于小型锻件的大批量生产，不适合单件、小批量生产，以及中、大型锻件的生产。

模锻按所使用的设备不同分为锤上模锻、压力机上模锻等。

1. 锤上模锻

（1）工作原理及工艺特点 锤上模锻是将上模固定在锤头上，下模紧固在模垫上，通过随锤头做上下往复运动的上模，对置于下模中的金属坯料施以直接锻击来获取锻件的锻造方法。锤上模锻所用设备主要是蒸汽 – 空气模锻锤，简称模锻锤。

锤上模锻是在自由锻、胎模锻基础上发展起来的一种模锻工艺，在模锻生产中具有重要的地位，其工艺特点如下。

1）金属在模膛中是在一定速度下，经过多次连续锤击而逐步成形的。

2）由于锤头的行程、打击速度均可调节，能实现轻重缓急不同的打击，因而可进行制坯工作。

3）由于惯性作用，金属在上模模膛中具有更好的充填效果。

4）锤上模锻的适应性广，可以单膛模锻，也可以多膛模锻，可生产多种类型的锻件。

由于锤上模锻打击速度较快，对变形速度较敏感的低塑性材料（如镁合金等）进行锤上模锻不如在压力机上模锻的效果好。

（2）锻模结构 如图 3-21 所示。锤上模锻用的锻模由带燕尾的上模 2 和下模 4 两部分组成，上、下模通过燕尾和楔铁分别紧固在锤头和模垫上，上、下模合在一起在内部形成完整的模膛。

锻模的模膛分为制坯模膛和模锻模膛。

1）制坯模膛。对于形状复杂的模锻件，为了使坯料基本接近模锻件的形状，以便模锻时金属能合理分布并很好地充满模膛，必须预先在制坯模膛里制坯。制坯模膛有以下几种。

① 拔长模膛。它的作用是用来减小坯料某部分的横截面面积，以增加其长度。通常，拔长是变形工步的第一步，兼有清除氧化皮的用途。拔长模膛分为开式和闭式两种，开式拔长模膛边缘开通，闭式拔长模膛边缘封闭，如图 3-22 所示。拔长模膛一般多设在锻模的侧边位置。操作时一边送进坯料，一边翻转。

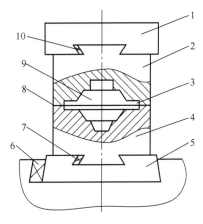

图 3-21 锤上模锻
1—锤头 2—上模 3—飞边槽
4—下模 5—模垫 6、7、10—紧固
楔铁 8—分模面 9—模膛

② 滚压模膛。它的作用是减小坯料某部分的横截面面积，以增大另一部分的横截面面积，主要是使金属按模锻件形状分布。滚压模膛分为开式和闭式两种，如图 3-23 所示。当模锻件沿轴线的横截面面积相差不大或做修整拔长后的毛坯时，采用开式滚压模膛，当模锻件的最大和最小截面相差较大时，采用闭式滚压模膛。操作时需不断翻转坯料。

③ 弯曲模膛。对于弯曲的杆类模锻件，需用弯曲模膛来弯曲坯料，如图 3-24 所示。坯料可直接或先经其他制坯工步后放入弯曲模膛进行弯曲变形。弯曲后的坯料需翻转 90℃再放入模锻模膛成形。

④ 切断模膛。它是在上模与下模的角部组成一对刀口，用来切断金属，如图 3-25 所示。单件锻造时，用它从坯料上切下锻件；多件锻造时，用它来分离成单个件。

材料成型工艺基础（慕课版）

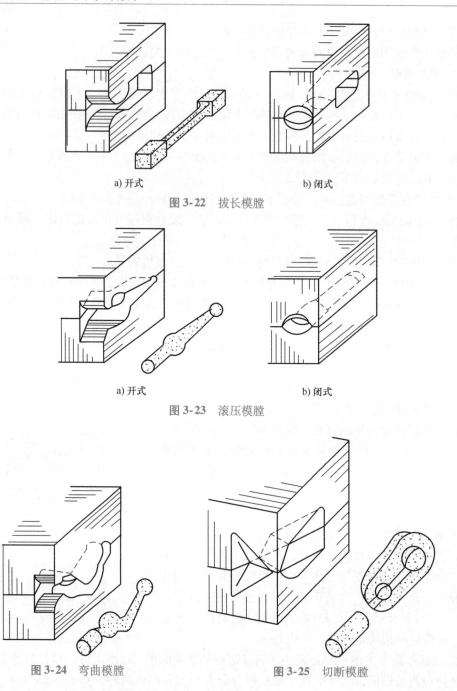

a) 开式   b) 闭式

图 3-22　拔长模膛

a) 开式   b) 闭式

图 3-23　滚压模膛

图 3-24　弯曲模膛　　　　　　　图 3-25　切断模膛

此外，还有成形模膛、镦粗台及击扁面等制坯模膛。

2）模锻模膛。模锻模膛包括预锻模膛和终锻模膛。所有模锻件都要使用终锻模膛，预锻模膛则要根据实际情况决定是否采用。

① 预锻模膛。它的作用是在制坯的基础上，进一步分配金属，使之更接近于锻件的形状和尺寸。

终锻时常见的缺陷有折叠和充不满等。工字形截面锻件的折叠如图 3-26 所示。这些缺陷都是由于终锻时金属不合理的变形流动或变形阻力太大引起的。为此，对于外形较为复杂的锻件，常采用预锻工步，使坯料先变形到接近锻件的外形与尺寸，以便合理分配坯料各部分的体积，避免折叠的产生，并有利于金属的流动，易于充满模膛，同时可减小终锻模膛的磨损，延长锻模的寿命。

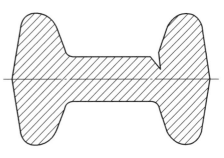

图 3-26　工字形截面锻件的折叠

预锻模膛与终锻模膛的主要区别是，前者的圆角和模锻斜度较大，高度较大，一般不设飞边槽。只有当锻件形状复杂、成形困难且坯料较大的情况下，设置预锻模膛才是合理的。

② 终锻模膛。该模膛可使金属坯料最终变形到所要求的形状与尺寸。由于模锻需要加热后进行，锻件冷却后尺寸会有所缩减，所以终锻模膛的尺寸应比实际锻件尺寸放大一个收缩量，钢制锻件的线膨胀系数可取 1.5%。

终锻模膛分模面周围通常设有飞边槽。飞边槽用以增加金属从模膛中流出的阻力，促使金属充满整个模膛，同时容纳多余的金属，还可以起到缓冲作用，减弱对上下模的打击，防止锻模开裂。飞边槽的常见形式如图 3-27 所示。图 3-27a 所示为最常见的飞边槽形式；图 3-27b 所示飞边槽用于不对称锻件，切边时须将锻件翻转 180°；图 3-27c 所示飞边槽用于形状复杂、坯料体积偏大的锻件；图 3-27d 所示飞边槽设有阻力沟，用于锻件难以充满的局部位置。飞边槽在锻后利用压力机上的切边模去除。

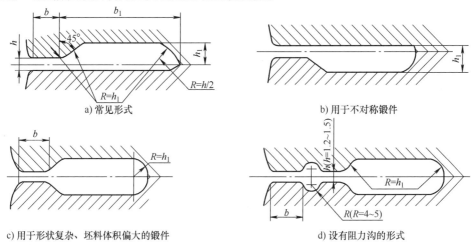

a) 常见形式　　　　　　　　　　　b) 用于不对称锻件

c) 用于形状复杂、坯料体积偏大的锻件　　　d) 设有阻力沟的形式

图 3-27　飞边槽的常见形式

图 3-28 所示为带有飞边与冲孔连皮的模锻件。

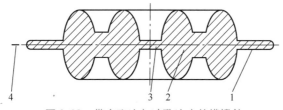

图 3-28　带有飞边与冲孔连皮的模锻件

1—飞边　2—锻件　3—冲孔连皮　4—分模面

根据模锻件的复杂程度不同，所需的模腔数量不等，可将锻模设计成单腔锻模或多腔锻模。弯连杆锻模（下模）与模锻工序如图3-29所示。

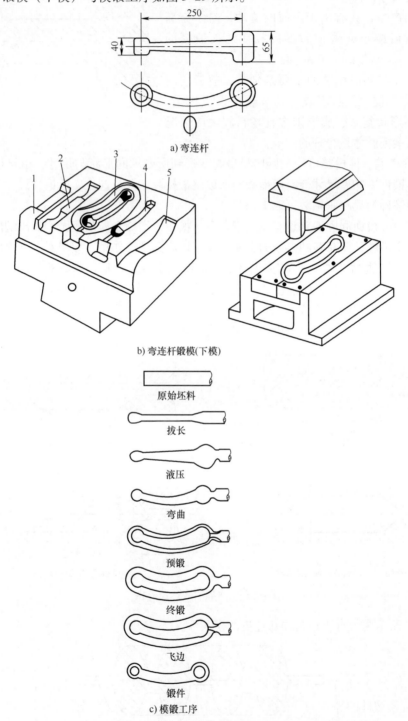

a) 弯连杆

b) 弯连杆锻模(下模)

原始坯料

拔长

液压

弯曲

预锻

终锻

飞边

锻件

c) 模锻工序

图3-29 弯连杆锻模（下模）与模锻工序
1—拔长模腔 2—滚压模腔 3—终锻模腔 4—预锻模腔 5—弯曲模腔

（3）锤上模锻工艺规程制定　锤上模锻工艺规程制定主要包括绘制模锻件图、计算坯料质量与尺寸、确定模锻工序（选择模膛）、选择模锻设备、确定锻造温度范围等。

1）绘制模锻件图。模锻件图是制定变形工艺、设计锻模、计算坯料和检验锻件的依据。绘制模锻件图应考虑下述几个方面。

① 选择模锻件的分模面。分模面即是上、下模在模锻件上的分界面。分模面位置的选择关系到模锻件成形、模锻件出模、材料利用率等一系列问题。绘制模锻件图时，应按以下原则确定分模面的位置。

要保证模锻件能从模膛中顺利取出，并使模锻件形状尽可能与零件形状相同，一般分模面应选在模锻件最大尺寸的截面上。如图 3-30 所示，若选 a—a 面为分模面，则无法从模膛中取出模锻件。

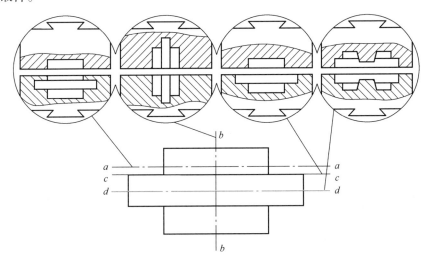

图 3-30　分模面选择比较

按选定的分模面制成锻模后，应使上、下模沿分模面的模膛轮廓一致，以便在安装锻模和生产中发现错模现象时，及时调整锻模位置。如图 3-30 所示，若选 c—c 面为分模面，就不符合此原则。

最好使分模面为一个平面，并使上、下模的模膛深度基本一致，差别不宜过大，以便于均匀充型。

选定的分模面应使零件上所加的余块最少。如图 3-30 所示，若将 b—b 面选为分模面，零件中间的孔不能锻出，其余块最多，既浪费金属材料，降低了材料的利用率，又增加了切削加工工作量，所以该面不宜选为分模面。

最好把分模面选取在能使模膛深度最浅处，这样可使金属很容易充满模膛，便于取出模锻件。

按上述原则综合分析，图 3-30 所示的 d—d 面是最合理的分模面。

② 确定模锻件的加工余量和公差。模锻件的加工余量和公差比自由锻小得多，确定的方法有两种：一种是按照零件的形状尺寸和模锻件的公差等级确定，一般加工余量为 1～4mm，公差为 0.3～3mm；另一种是按照锻锤的吨位确定。后者比较简便，可查相关的手册。模锻件内、外表面的加工余量（单面）见表 3-6。

表 3-6　模锻件内、外表面的加工余量（单面）　　　　　（单位：mm）

加工表面最大宽度或直径	加工表面的最大长度或最大高度					
	≤63	64～160	161～250	251～400	401～1000	1001～2500
<25	1.5	1.5	1.5	1.5	2	2.5
25～39	1.5	1.5	1.5	1.5	2	2.5
40～62	1.5	1.5	1.5	2	2.5	3
63～100	1.5	1.5	2	2.5	3	3.5

模锻件公差是指模锻件的实际尺寸与模锻件图规定的公称尺寸之间的偏差范围。在模锻过程中，由于欠压、错模、锻模磨损、模锻件表面氧化及模锻件冷却收缩不均等原因，模锻件尺寸在一定范围内上下波动，其大小取决于模锻件外形尺寸、精度、表面粗糙度等。锤上模锻的水平方向尺寸公差见表 3-7。

表 3-7　锤上模锻的水平方向尺寸公差　　　　　（单位：mm）

模锻件长（宽）度	<50	50～120	121～260	261～500	501～800	801～1200
公差	+1 −0.5	+1.5 −0.7	+2.0 −1.0	+2.5 −1.5	+3.0 −2	+3.5 −2.5

③ 模锻斜度。为便于金属充满模腔及从模腔中取出模锻件，模锻件上与分模面垂直的表面必须附加斜度，这个斜度称为模锻斜度，如图 3-31 所示。锻件外壁上的斜度 α_1 称为外模锻斜度，内壁上的斜度 α_2 称为内模锻斜度。模锻斜度应选标准度数。模锻件的冷却收缩使其外壁离开模腔，但内壁收缩会把模腔内的凸起部分夹得更紧。因此，内模锻斜度 α_2 比外模锻斜度 α_1 大。所以：外模锻斜度一般为 5°～7°；内模锻斜度一般为 7°～12°。生产中金属材料常用的模锻斜度范围见表 3-8。

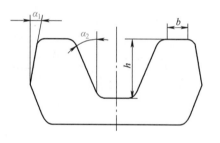

图 3-31　模锻斜度

表 3-8　生产中金属材料常用的模锻斜度范围

金属材料	外模锻斜度 α_1	内模锻斜度 α_2
铝、镁合金	3°～5°	5°～7°
钢、钛、耐热合金	5°～7°	7°、10°、12°

④ 模锻圆角。模锻件上所有面与面的相交处，都必须采取圆角过渡。这样在锻造时，金属易于充满模腔，减少模具的磨损，提高模具的使用寿命。外凸的圆角半径 r 称为外圆角半径，内凹的圆角半径 R 称为内圆角半径，如图 3-32 所示。通常取外圆角半径 $r = 1.5～12$mm，内圆角半径 $R = (2～3)r$。模腔越深，圆角半径取值越大。

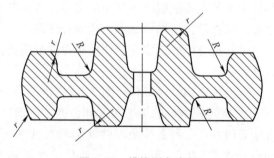

图 3-32　模锻圆角半径

⑤ 冲孔连皮。由于锤上模锻时不能靠上、下模的凸起部分把金属完全排挤掉，因此不能锻出通孔，终锻后，孔内留有金属薄层，称为冲孔连皮，锻后利用压力机上的切边模将其去除。常见的连皮形式是平底连皮，如图 3-33 所示，连皮的厚度 s 通常为 4~8mm。

连皮上的圆角半径 R_1 可按下式确定，即

$$R_1 = R + 0.1h + 2 \qquad (3-3)$$

式中　R_1——连皮上的圆角半径（mm）；

　　　h——连皮高度（mm）；

　　　R——锻件上的内圆角半径（mm）。

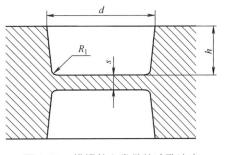

图 3-33　模锻件上常见的冲孔连皮

孔径 $d < 25$mm 或冲孔深度大于冲头直径的 3 倍时，只在冲孔处压出凹穴。

⑥ 绘制模锻件并制定模锻件技术条件。将上述内容确定以后，就可以绘制模锻件图。图 3-34 所示为齿轮坯模锻件图。图中双点画线为零件轮廓外形，分模面选在模锻件高度方向的中部。锤上模锻不能直接锻出通孔，必须在孔内保留一层薄金属，称为冲孔连皮。冲孔连皮需要在压力机上利用切边模去除。图中内孔中部的两条竖向的细实线为冲孔连皮切掉后的痕迹。

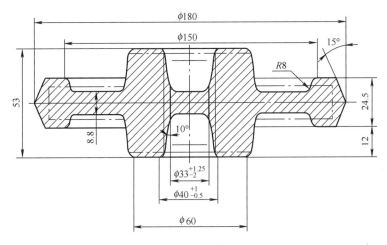

图 3-34　齿轮坯模锻件图

模锻件技术条件是根据零件图的要求和模锻车间具体情况，经供需双方协商后制定的。凡是模锻件图上不便标注的内容，可在技术条件中加以说明。一般说来，技术条件包含以下内容：未注明的模锻斜度和圆角半径、模锻件允许的错模量、允许的表面缺陷程度、允许的残留飞边大小、热处理硬度值、模锻件的清理方法，以及其他特殊要求等。

2）计算坯料质量与尺寸。坯料质量包括模锻件、飞边、连皮以及氧化皮等的质量。通常，氧化皮约占模锻件和飞边总和质量的 2.5%~4%。根据塑性加工过程中体积不变的原则和采用基本类型工具的锻造比、高度与直径之比等计算出坯料横截面面积、直径或边长等尺寸。

3）确定模锻工序。模锻工序主要根据模锻件的形状与尺寸来确定。根据已确定的工序即可设计出制坯模膛、预锻模膛及终锻模膛。模锻件按形状可分为两类，即长轴类模锻件与

盘类模锻件，如图 3-35 所示。长轴类模锻件（如台阶轴、曲轴、连杆、弯曲摇臂等）的长度与宽度之比较大；盘类模锻件（如齿轮、法兰盘等）在分模面上的投影多为圆形或近于矩形。

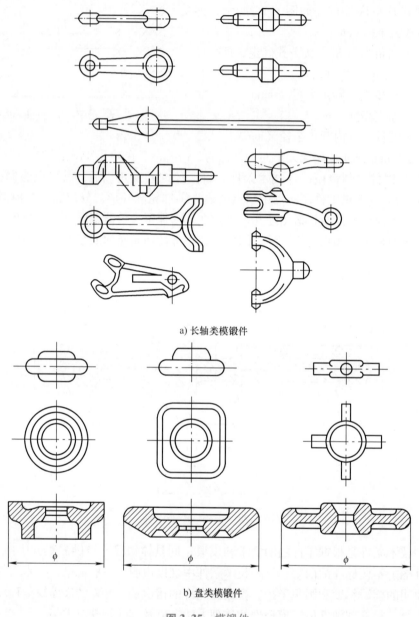

a) 长轴类模锻件

b) 盘类模锻件

图 3-35　模锻件

① 长轴类模锻件的基本工序。常用的工序有拔长、滚压、弯曲、预锻和终锻等。

拔长和滚压时，坯料沿轴线方向流动，金属体积重新分配，使坯料的各横截面面积与模锻件相应的横截面面积近似相等。坯料的横截面面积大于模锻件最大横截面面积时，可只选用拔长工序；当坯料的横截面面积小于锻件最大横截面面积时，应采用拔长和滚压工序。

锻件的轴线为曲线时，还应选用弯曲工序。

对于小型长轴类模锻件，为了减少钳口料和提高生产率，常采用一根棒料上同时锻造数个模锻件的锻造方法，因此应增设切断工序，将锻好的工件分离。

当大批量生产形状复杂、终锻成形困难的模锻件时，还需选用预锻工序，最后在终锻模腔中模锻成形。

某些模锻件选用周期轧制材料作为坯料时，如图 3-36 所示，可省去拔长、滚压等工序，以简化锻模，提高生产率。

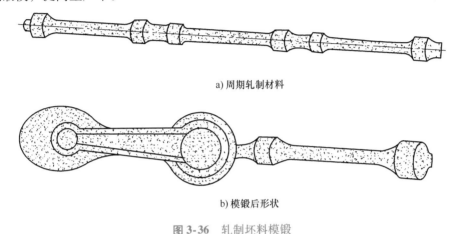

a) 周期轧制材料

b) 模锻后形状

图 3-36 轧制坯料模锻

② 盘类模锻件的基本工序。常选用镦粗、终锻等工序。对于形状简单的盘类模锻件，可只选用终锻工序成形。对于形状复杂，有深孔或有高肋的模锻件，则应增加镦粗、预锻等工序。

4）选择模锻设备。锤上模锻的设备包括蒸汽 - 空气锤、无砧座锤、高速锤等。模锻设备的选择包括设备类型和吨位大小，应结合模锻件的大小和所用变形工序的要求并考虑车间实际情况综合确定。

模锻锤的吨位可按下列经验公式计算，即

$$G = (3.5 \sim 6.3)KA \tag{3-4}$$

式中 G——模锻锤的吨位（kN）；

K——钢种系数，按表 3-9 选取；

A——模锻件在分模面上的总投影面积（包括飞边的 $1/2$，cm^2）。

当生产批量很大，要求较高生产率时，式（3-4）中取上限数值 6.3；进行终锻工序且生产率要求不高时，取下限数值 3.5。

表 3-9 钢种系数 K

钢 种	K
低、中碳钢，低碳合金钢，如 20、30、45、20CrMnTi	1
中、低碳合金钢，如 45Cr	1.1
高合金钢、耐热钢、不锈钢，如 GCr15、20Cr13、45CrNiMoV	1.25

5）确定锻造温度范围。模锻件的生产也在一定温度范围内进行，与自由锻生产相似。因模锻为中小模锻件，加热时一般采用高温装炉，尽快加热完毕。

6）修整工序。坯料在锻模内制成模锻件后，还需经过一系列修整工序，以保证和提高模锻件质量。修整工序包括以下内容。

① 切边与冲孔。模锻件一般都带有飞边及冲孔连皮，需在压力机上进行切除。

切边模如图 3-37a 所示，由活动凸模 1 和固定凹模 2 组成。凹模的通孔形状与模锻件在分模面上的轮廓一致，凸模工作面的形状与锻件上部外形相符。冲孔模如图 3-37b 所示，凹模 2 作为模锻件的支座，冲孔连皮从凹模孔中落下。

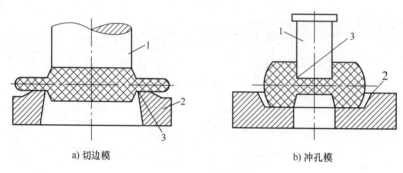

a) 切边模   b) 冲孔模

图 3-37　切边模及冲孔模
1—凸模　2—凹模　3—刃口

② 校正。在切边及其他工序中都可能引起模锻件的变形。许多模锻件，特别是形状复杂的模锻件在切边冲孔后还应该进行校正。校正可在终锻模腔或专门的校正模内进行。

③ 热处理。热处理的目的是消除模锻件的过热组织或加工硬化组织，以达到所需要的力学性能。常用的热处理方式为正火或退火。

④ 清理。为了提高模锻件的表面质量，改善模锻件的切削加工性能，模锻件需要进行表面清理，去除在生产中产生的氧化皮、所沾油污及其他表面缺陷等。

⑤ 精压。对于要求尺寸精度高和表面粗糙度值小的模锻件，还应在压力机上进行精压。精压分为平面精压和体积精压两种，如图 3-38 所示。

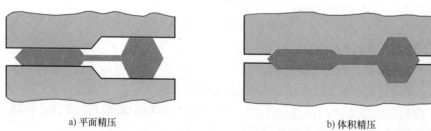

a) 平面精压   b) 体积精压

图 3-38　精压

平面精压用来获得模锻件某些平行平面间的精确尺寸。体积精压主要用来提高模锻件所有尺寸的精度、减小模锻件的质量差别。精压模锻件的尺寸精度偏差可达 ±（0.1~0.25）mm，表面粗糙度值 Ra 可达 $0.8~0.4\mu m$。

（4）锤上模锻的结构工艺性　设计模锻件时，应根据模锻特点和工艺要求，使其结构符合下列原则，以便于模锻生产和降低成本。

1）模锻件应具有合理的分模面，以使金属易于充满模腔。模锻件易于从锻模中取出，且余块最少，锻模容易制造。

2）模锻件上，除与其他零件配合的表面外，均应设计为非加工表面。模锻件的非加工表面之间形成的角，应设计模锻圆角；与分模面垂直的非加工表面，应设计出模锻斜度。

3）模锻件的外形应力求简单、平直、对称，避免截面间差别过大，或具有薄壁、高肋等不合理结构。一般来说，模锻件的最小截面与最大截面之比不要小于0.5。如图3-39a所示，模锻件的凸缘太薄、太高，中间下凹太深，金属不易充型。如图3-39b所示，模锻件过于扁薄，薄壁部分金属模锻时容易冷却，不易锻出，对保护设备和锻模也不利。如图3-39c所示，模锻件有一个高而薄的凸缘，使锻模的制造和模锻件的取出都很困难。改成图3-39d所示形状则较易锻造成形。

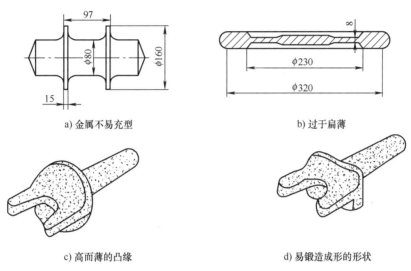

a) 金属不易充型

b) 过于扁薄

c) 高而薄的凸缘

d) 易锻造成形的形状

图 3-39 模锻件结构工艺性

4）在零件结构允许的条件下，应尽量避免深孔或多孔结构。孔径小于30mm或孔深大于直径两倍时，锻造困难。如图3-40所示齿轮零件，为保证纤维组织的连贯性及更好的力学性能，常采用模锻方法生产，但齿轮上的四个 $\phi20mm$ 的孔不方便锻造，只能采用机械加工成形。

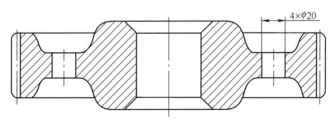

图 3-40 齿轮零件

5）对复杂模锻件，为减少余块，简化模锻工艺，在可能条件下，应采用锻造焊接或锻造机械连接组合工艺，如图3-41所示。

锤上模锻具有工艺适应性广的特点，目前仍在锻压生产中得到广泛应用。但是，模锻锤在工作中存在振动和噪声大、劳动条件差、热效率低、能源消耗多等缺点。因此，近年来大

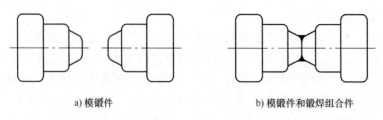

a) 模锻件   b) 模锻件和锻焊组合件

图 3-41 模锻件和锻焊组合件

吨位模锻锤有逐步被压力机取代的趋势。

2. 压力机上模锻

压力机上模锻主要分为曲柄压力机上模锻、摩擦压力机上模锻和平锻机上模锻。

（1）曲柄压力机上模锻 曲柄压力机的传动系统如图 3-42 所示。曲柄连杆机构的运动由离合器控制，离合器使曲柄旋转，然后再通过连杆将曲柄的旋转运动转换成滑块的上下往复运动，从而实现对毛坯的锻压加工。曲柄压力机的吨位一般是 2000 ~ 120000kN。

曲柄压力机上模锻的特点如下。

1）由于滑块行程固定，并具有良好的导向装置和顶件机构，因此模锻件的余量、公差和模锻斜度都比锤上模锻小。

2）曲柄压力机的作用力是静压力，因此锻模的主要模膛都设计成镶块式的，这种组合模制造简单，更换容易，节省贵重模具材料。

3）由于静载惯性小且滑块行程固定，无论在什么模膛中都是一次成形，不易使金属充满终锻模膛，因此变形应该分步进行，终锻前常采用预成形及预锻工艺。

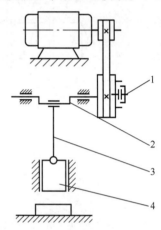

图 3-42 曲柄压力机的传动系统

1—离合器 2—曲柄
3—连杆 4—滑块

4）因为在各模膛中都是一次成形，坯料表面的氧化皮不易被清除掉，影响模锻件表面质量；此外，曲柄压力机不适宜进行拔长和滚压制坯。如果采用电感应快速加热和辊锻机制坯，就能克服上述缺陷，锻出高质量的长轴类锻件。

综上所述，与锤上模锻相比，曲柄压力机上模锻具有生产率高、模锻件精度高、节省材料、劳动条件好等优点，适于成批、大量生产，但其设备复杂、投资较大。

（2）摩擦压力机上模锻 摩擦压力机的传动系统如图 3-43 所示。在摩擦压力机上进行模锻主要是靠飞轮、螺杆和滑块向下运动时所积蓄的能量来实现的。常用摩擦压力机的吨位大多为 3500kN，最大吨位可达 16000kN。

摩擦压力机上模锻的特点如下。

1）摩擦压力机上的滑块行程不固定，并具有一定的冲击作用，因而可实现轻打、重打，可在一个模膛内进行多次锻打，不仅能满足模锻各种主要成形工序的要求，还可以进行弯曲、校正、切边、精压和精密模锻。

2）由于滑块运动速度低，金属变形过程中的再结晶现象可以充分进行，因而特别适合于锻造对变形速度敏感的低塑性金属材料。

3）由于工作速度慢，设备本身又具有顶料装置，生产中可以采用特殊结构的组合式模具，锻制出形状更为复杂，余量和模锻斜度都很小的模锻件，并可将杆类模锻件直立起来进行局部镦锻。

4）摩擦压力机承受偏心载荷能力差，通常只适用于单膛锻模。对于形状复杂的锻件，需要在自由锻设备或其他设备上制坯。

综上所述，摩擦压力机具有结构简单、造价低、使用维修方便、工艺用途广泛等优点，许多中小型工厂都用它来取代模锻锤、平锻机、曲柄压力机。

（3）平锻机上模锻　平锻机的主要结构与曲柄压力机相同，只因滑块是做水平运动，故称为平锻机（图3-44）。平锻机的吨位一般为5000～31500kN，可加工直径为25～230mm的棒料。最适合在平锻机上模锻的锻件是长杆大头件和带孔环形件，如汽车半轴、倒车齿轮等。主要模锻工序有聚料、冲孔、穿孔、预锻、终锻、弯曲、切断、切飞边等。

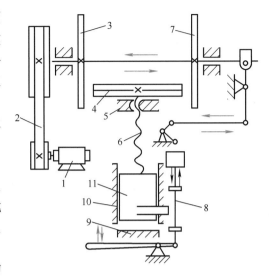

图 3-43　摩擦压力机的传动系统
1—电动机　2—传动带　3、7—摩擦盘
4—飞轮　5—螺母　6—螺杆　8—操纵杆
9—机座　10—导轨　11—滑块

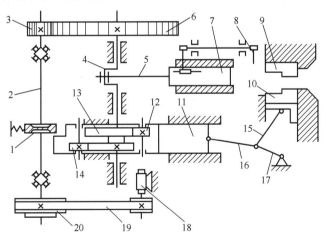

图 3-44　平锻机的传动系统
1—制动器　2—传动轴　3、6—齿轮　4—曲轴　5—连杆　7—主滑块　8—挡料板　9—定模
10—活动模　11—副滑块　12、14—导轮　13—凸轮　15～17—连杆系统　18—电动机　19—传动带　20—带轮

平锻机上模锻的特点如下。

1）平锻模有相互垂直的两个分模面，扩大了模锻适用范围，可以锻出锤上和曲柄压力机上无法锻出的锻件，如侧面有凹挡的双联齿轮。但平锻机设备复杂，造价昂贵。

2）坯料水平放置，其长度几乎不受限制，故适合锻造带头部的长杆类锻件，也便于用长棒料逐个连续锻造。

3）模锻件尺寸精确，表面质量好，生产率高，易于实现机械化操作。

4）模锻件的斜度小，余量、余块少，冲孔不留连皮，是锻造通孔锻件的唯一方法。模锻件几乎没有飞边，材料利用率可达 85% ~ 95%。

5）对非回转体及中心不对称的锻件用平锻机较难锻造，且投资大。

常用压力机上模锻方法的工艺特点见表 3-10。

表 3-10　常用压力机上模锻方法的工艺特点

锻造方法	设备类型		工艺特点	应用
	结构	构造特点		
摩擦压力机上模锻	摩擦压力机	滑块行程可控，速度为 0.5 ~ 1.0m/s，带有顶料装置，机架受力，形成封闭力系，每分钟行程次数少，传动效率低	特别适合于锻造低塑性合金钢和非铁合金；简化了模具设计与制造，同时可锻造更复杂的模锻件；承受偏心载荷能力差；可实现轻、重打，能进行多次锤打，还可进行弯曲、精压、切边、冲连皮、校正等工序	中小型锻件的小批和中批生产
曲柄压力机上模锻	曲柄压力机	工作时，滑块行程固定，无振动，噪声小，合模准确，有顶杆机构，设备刚度好	金属在模膛中一次成形，氧化皮不易除掉，终锻前常采用预成形及预锻工序，不易拔长、滚压，可进行局部镦粗，模锻件精度较高，模锻斜度小，生产率高，适合短轴类锻件	成批、大量生产
平锻机上模锻	平锻机	滑块水平运动，行程固定，具有互相垂直的两组分模面，无顶出装置，合模准确，设备刚度好	扩大了模锻适用范围，金属在模膛中一次成形，模锻件精度高，生产率高，材料利用率高，适合锻造带头的杆类和有孔的各种合金锻件，对非回转体及中心不对称的锻件较难锻造	成批、大量生产
水压机上模锻	水压机	行程不固定，工作速度为 0.1 ~ 0.3m/s，无振动，有顶杆机构	模锻时一次压成，不宜多膛模锻，适合于锻造铝镁合金大锻件、深孔锻件，不太适合于锻造小尺寸锻件	成批、大量生产

3. 胎模锻

胎模锻是在自由锻设备上使用可移动模具（胎模）生产模锻件的一种锻造方法。锻造时，胎模放在砧座上，将加热的坯料放入胎模锻制成形，也可先将坯料经过自由锻预锻，然后用胎模终锻成形。

（1）胎模锻的主要工艺特点

1）与模锻相比，不需要专用的模锻设备，可以在自由锻锤上生产模锻件。胎模制造简单，成本低，生产准备周期短。

2）与自由锻相比，生产率和锻件精度成倍提高，节省金属材料、降低锻件成本。

3）胎模采用人力抬动操作，劳动强度大。

4）设备吨位小，只适用于小锻件的小批量生产。

（2）胎模的类型与应用　根据胎模的结构特点，胎模可分为摔子、扣模、套模和合模四种，如图 3-45 所示。

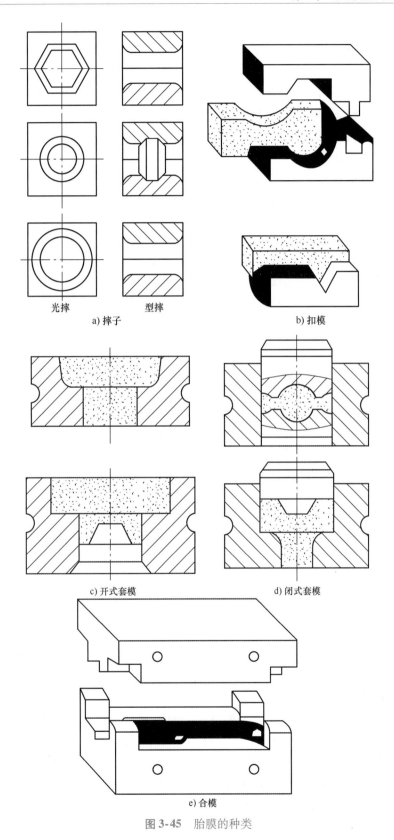

光摔　　　　　型摔

a) 摔子

b) 扣模

c) 开式套模

d) 闭式套模

e) 合模

图 3-45　胎膜的种类

摔子分为光摔和型摔，是用于锻造回转体或对称锻件的一种简单胎模。它有整形和制坯之分，图 3-45a 所示为锻造圆形截面时用的光摔和锻造台阶轴时用的型摔结构简图。

扣模是相当于锤锻模成形模膛作用的胎模，多用于简单非回转体轴类锻件局部或整体的成形。扣模一般由上下扣组成，或只有下扣而上扣由上砧代替，如图 3-45b 所示。在扣模中锻造时，坯料不翻转，扣形后将坯料翻转 90°，再用上下砧平整锻件的侧面。

套模一般由模套及上下模垫组成。它有开式套模和闭式套模两种，最简单的开式套模只有下模，上模用上砧代替。图 3-45c 所示为有模垫的开式套模，其模垫的作用是使坯料的下端面成形。闭式套模是由模套及上下模垫组成的，也可只有上模垫，如图 3-45d 所示。它与开式套模的不同之处在于，上砧的打击力是通过上模垫作用于坯料上的，坯料在模膛内成形，一般不产生飞边或毛刺。闭式套模主要用于有凸台和凹坑的回转体锻件，也可用于非回转体锻件。

合模由上模、下模和导向装置组成，如图 3-45e 所示。在上、下模的分模面上，环绕模膛开有飞边槽，锻造时多余的金属被挤入飞边槽中。锻件成形后须将飞边切除。合模锻多用于非回转体类且形状比较复杂的锻件，如连杆、叉形锻件等。

3.3　板料冲压

板料冲压是利用压力，使放在冲模间的板料产生分离或变形的压力加工方法。它一般是在冷态下进行的，故又称为冷冲压，简称为冷冲或冲压。板料冲压的冲压操作简单，生产率很高，工艺过程便于机械化和自动化；可冲压形状复杂的零件，而且废料较少；产品具有较高的尺寸精度和表面质量，一般不需要进一步机械加工。

3.3.1　冲压的特点及应用

板料冲压的坯料厚度一般不大于 4mm，通常在常温（低于板料的再结晶温度）下冲压，故又称为冷冲压。只有当坯料厚度在 8mm 以上时，才采用热冲压。板料冲压在工业及民用生产各部门都有广泛应用。

板料冲压具有以下特点。

1）冲压件的尺寸公差由模具保证，可获得尺寸精确、表面光洁、形状复杂的冲压件。

2）冲压件由薄板加工，材料经过塑性变形产生冷变形强化，具有质量轻、强度高和刚性好的优点。

3）冲压生产操作简单，生产率高，易于实现机械化和自动化。

4）冲模是冲压生产的主要工艺装备，由于冲压模具结构复杂，精度高，制造费用相对较高，通常冲压适合在大批量生产中应用。

用于冲压的原材料可以是具有塑性的金属材料（低碳钢、奥氏体不锈钢、铜或铝及其合金等），也可以是非金属材料（胶木、云母、纤维板、皮革等）。

冲压生产常用的设备主要有剪床和压力机两大类。剪床通过剪切工序把板料剪成一定宽度的条料，为冲压生产准备原料。压力机是进行冲压加工的主要设备，按其床身结构不同，有开式和闭式两类压力机；按传动方式有机械与液压两类压力机。压力机的主要技术参数是以公称压力（kN）来表示的，我国常用开式压力机的规格为 63～2000kN，闭式压力机的规格为 1000 ~ 5000kN。

3.3.2　冲压基本工序

冲压基本工序可分为分离工序（如落料、冲孔、切断等）和变形工序（如拉深、弯曲等）两大类。

1. 分离工序

分离工序是使板料的一部分与另一部分相互分离的加工工序。使板料按不封闭轮廓分离的工序称为切断；使板料沿模具的封闭刃口产生分离的工序称为冲孔或落料。落料是从板料上冲出一定外形的零件或坯料，冲下部分是成品。冲孔是将板料冲出一定内形的带孔零件，冲下部分是废料。

（1）冲裁　落料及冲孔统称为冲裁，是使坯料按封闭轮廓分离的工序。冲裁的应用十分广泛，既可直接冲制成品零件，又可为其他成形工序制备坯料。

冲裁

落料和冲孔这两个工序中坯料变形过程和模具结构都是一样的，只是成品与废料的划分不同。落料是被分离的部分为成品，而周边是废料；冲孔是被分离的部分为废料，而周边是成品。例如：冲制平面垫圈，制取外形的冲裁工序称为落料，而制取内孔的冲裁工序称为冲孔。

1）冲裁变形过程。板料的冲裁变形过程可分为如图 3-46 所示的三个阶段。

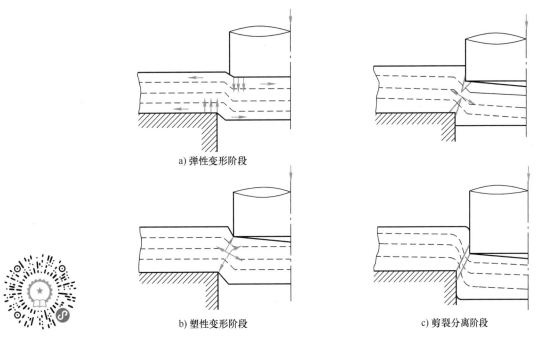

a) 弹性变形阶段

b) 塑性变形阶段

c) 剪裂分离阶段

冲裁的分离过程

图 3-46　冲裁变形过程

① 弹性变形阶段。凸模开始接触板料下压时，板料在凸凹模刃口处产生弹性压缩、弯曲和拉伸变形，若没有压料装置，板料会产生少量翘曲，间隙越大，翘曲越明显。随着凸模继续下压，板料的应力将达到弹性极限。

② 塑性变形阶段。随着凸模的继续下压，板料的内应力达到并超过材料的屈服强度时，产生塑性变形。这时凸模逐渐挤入板料，并将板料压入凹模孔口。被压挤入的板料会形成小圆角和一段与板平面垂直的光面。凸凹模间隙越大，圆角也越大，而光面越小。凸模继续下压，使板料的应力达到抗拉强度时，出现微裂纹。

③ 剪裂分离阶段。已经形成的微裂纹随凸模继续下压而逐渐扩展，当冲裁间隙正常时，上下裂纹重合，板料正常分离。

冲裁变形区的断面情况如图 3-47 所示。冲裁件的切断面具有明显的区域性特征，由塌角、光面、毛面和毛刺四个部分组成。

塌角 a 是在冲裁过程中刃口附近的材料被牵连拉入变形（变形和拉伸）的结果。

光面 b 是在塑性变形过程中凸模（或凹模）挤压切入材料，使其受到剪切应力 τ 和挤压应力 σ 的作用而形成的。

毛面 c 是由于刃口处的微裂纹在拉应力 σ 作用下不断扩展断裂而形成的。

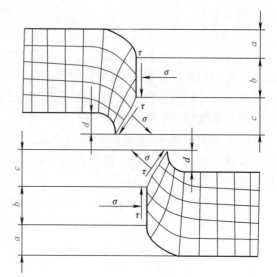

毛刺 d 是在刃口附近的侧面上材料出现微裂纹时形成的。当凸模继续下行时，便使已形成的毛刺拉长并残留在冲裁件上。

图 3-47　冲裁变形区的断面情况

要提高冲裁件的质量，就要增大光面的宽度，缩小塌角和毛刺高度，并减少冲裁件翘曲。冲裁件断面质量主要与凸凹模间隙、刃口锋利程度有关，同时也受模具结构、材料性能和板厚等因素的影响。

2）凸凹模间隙。凸凹模间隙是指凸模和凹模工作部分水平投影尺寸之间的间隙，也称为冲裁间隙，如图 3-48 所示的 Z 值。

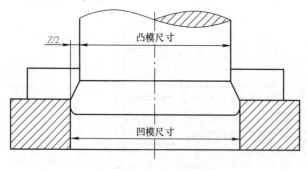

图 3-48　凸凹模间隙

凸凹模间隙不仅严重影响冲裁件的断面质量，也影响着模具寿命、卸料力、推件力、冲裁力和冲裁件的尺寸精度。

当间隙过大时，上、下裂纹向内错开，如图 3-49a 所示。材料的弯曲与拉伸增大，易产生剪裂纹，塑性变形阶段较早结束。致使断面光面减小，塌角与斜度增大，形成厚而大的拉长毛刺，且难以去除，同时冲裁的翘曲现象严重。由于材料在冲裁时受拉抻变形较大，所以零件从材料中分离出来后，因弹性回复使外形尺寸缩小，内腔尺寸增大，推件力与卸料力大为减小，甚至为零，材料对凸凹模的磨损大大减弱，所以模具寿命较高。因此，对于批量较大而公差又无特殊要求的冲裁件，要采用"大间隙"冲裁，以保证较高的模具寿命。

当间隙过小时，上、下裂纹向外错开，如图 3-49b 所示。两裂纹之间的材料随着冲裁的进行将被第二次剪切，在断面上形成第二光面。因间隙太小，凸凹模受到金属的挤压作用增大，从而增加了材料与凸凹模之间的摩擦力。这不仅增大了冲裁力、卸料力和推件力，还加剧了凸凹模的磨损，降低了模具寿命（冲硬质材料更为突出）。因材料在过小间隙冲裁时，受到挤压而产生压缩变形，所以冲裁后的外表尺寸略有增大，内腔尺寸略有缩小（弹性回复）。但是间隙小，光面宽度增加，塌角、毛刺、斜度等都有所减小，冲裁件质量较高。因此，当冲裁件尺寸公差等级要求较高时，仍然需要使用较小的间隙。

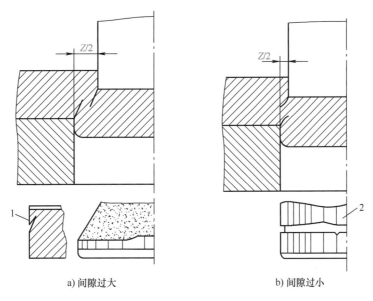

a) 间隙过大　　　　　　　　　　　　b) 间隙过小

图 3-49　凸凹模间隙对断面质量的影响

1—剪裂纹　2—第二光面

设计冲裁模时，可以按相关设计手册选用凸凹模间隙或利用下列经验公式选择合理的间隙值。

$$Z = 2CL \tag{3-5}$$

式中　Z——凸模与凹模间的双面间隙（mm）；

　　　C——与材料厚度、性能有关的系数，见表 3-11；

　　　L——板料厚度（mm）。

表 3-11　凸凹模间隙系数 C 值

材　料	板厚 L/mm	
	$L \leqslant 3$	$L > 3$
低碳钢、纯钢	0.06 ~ 0.09	当断面质量无特别要求时，将 $L \leqslant 3$ 的相应 C 值放大 1.5 倍
铜、铝合金	0.06 ~ 0.10	
硬钢	0.08 ~ 0.12	

材料成型工艺基础（慕课版）

3）凸凹模刃口尺寸。在冲裁件尺寸的测量和使用中，都是以光面的尺寸为基准。落料件的光面是因凹模刃口挤切材料产生的，而孔的光面是凸模刃口挤切材料产生的。故计算刃口尺寸时，应按落料和冲孔两种情况分别进行。

设计落料模时，先按落料件确定凹模刃口尺寸，取凹模作为设计基准件，然后根据间隙 Z 确定凸模尺寸（即用缩小凸模刃口尺寸来保证间隙值）。

设计冲孔模时，先按冲孔件确定凸模刃口尺寸，取凸模作为设计基准件，然后根据间隙 Z 确定凹模尺寸（即用扩大凹模刃口尺寸来保证间隙值）。

冲模在工作过程中必然有磨损，落料件尺寸会随凹模刃口的磨损而增大，而冲孔件尺寸则随凸模磨损而减小。为了保证工件的尺寸要求，并提高模具的使用寿命，落料凹模公称尺寸应取工件尺寸公差范围内的最小尺寸，而冲孔凸模公称尺寸应取工件尺寸公差范围内的最大尺寸。

4）冲裁力的确定。冲裁力是选用设备吨位和检验模具强度的主要依据。冲裁力的准确计算有利于充分发挥设备潜力；否则，有可能导致设备超载工作而损坏。

平刃冲模的冲裁力 F 可按下式计算，即

$$F = KLS\tau \tag{3-6}$$

式中　F——冲裁力（N）；

L——冲裁周边长度（mm）；

S——坯料厚度（mm）；

τ——材料抗剪强度（MPa），可查有关手册确定或取 $\tau = 0.8R_m$；

K——系数，常取 $K = 1.3$。

5）排样设计。排样是指落料件在条料、带料或板料上合理布置的方法。排样合理可使废料最少，材料利用率大为提高。图 3-50 所示为不同排样方式材料消耗的对比。

有搭边排样是在各个落料件之间均留有一定尺寸的搭边，其优点是毛刺小，而且在同一个平面上。冲裁件尺寸准确，质量较高，但材料消耗多，如图 3-50a～c 所示。

无搭边排样是用落料件形状的一个边作为另一个落料件的边缘。这种排样的材料利用率很高，但毛刺不在同一个平面上，而且尺寸不容易保证准确，模具寿命不高，因此只有在对冲裁件质量要求不高时才采用，如图 3-50d 所示。

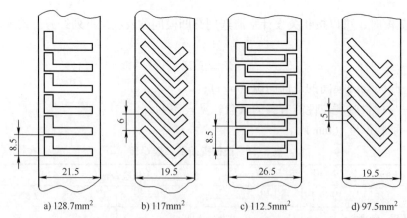

a) 128.7mm²　　b) 117mm²　　c) 112.5mm²　　d) 97.5mm²

图 3-50 不同排样方式材料消耗的对比

搭边是指冲裁件与冲裁件之间、冲裁件与条料两侧边之间留下的工艺余料，其作用是保

证冲裁时刃口受力均匀和条料正常送进。搭边值通常由经验确定，一般在0.5～5mm之间。材料越厚、越软，以及冲裁件的尺寸越大，形状越复杂，搭边值应越大。

无论采用何种方法排样，根据冲裁件的形状还可以在条料上有不同的布置方法，常见的有直排、斜排、对排、混合排等，具体应根据冲裁件的形状和纤维方向选择，其目的是提高材料的利用率和冲裁件质量。

（2）修整　修整是利用修整模沿冲裁件外缘或内孔刮削一薄层金属，以切掉普通冲裁时在冲裁件断面上存留的剪裂带和毛刺，从而提高冲裁件的尺寸精度和降低表面粗糙度值。

外缘修整

修整冲裁件的外形称为外缘修整，修整冲裁件的内孔称为内缘修整，如图3-51所示。修整的机理与冲裁完全不同，与切削加工相似。修整时应合理确定修整余量及修整次数。对于大间隙落料件，单边修整量一般为材料厚度的10%；对于小间隙落料件，单边修整量一般为材料厚度的8%以下。当冲裁件的修整总量大于一次修整量或材料厚度大于3mm时，均需多次修整，但修整次数越少越好，以提高冲裁件的生产率。

内缘修整

外缘修整模式的凸凹模间隙，单边约取0.001～0.01mm。也可以采用负间隙修整，即凸模大于凹模的修整工艺。

修整后冲裁件公差等级为IT6～IT7级，表面粗糙度值Ra为0.8～1.6μm。

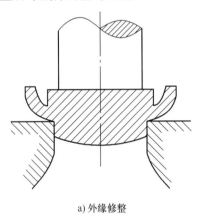

a) 外缘修整

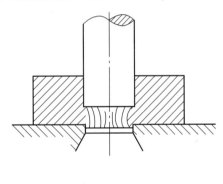

b) 内缘修整

图3-51　修整示意图

（3）精密冲裁　普通冲裁获得的冲裁件，由于公差大，断面质量较差，只能满足一般产品的使用要求。利用修整工艺可以提高冲裁件的质量，但生产率低，不能适应大批量生产的要求。在生产中往往用精密冲裁工艺，获得高的公差等级（可达IT6～IT8级）、表面粗糙度值小（Ra可达0.8～0.4μm）的精密零件。它的生产率高，可以满足精密零件批量生产的要求。精密冲裁法的基本出发点是改变冲裁条件，以增大变形区的静压作用，抑制材料的断裂，使塑性剪切变形延续到剪切的全过程，在材料不出现剪切裂纹的冲裁条件下实现材料的分离，从而得到断面光滑而垂直的精密零件。

（4）切断　切断是指将板料沿不封闭曲线分离的一种冲压方法。它是一种备料工序，主要是将板料切成具有一定宽度的坯料，或用以制取形状简单、精度要求不高的零件。

切断

（5）切口　用切口模将部分材料切开，但并不使它完全分离，切开部分材料发生弯曲，如图 3-52 所示。

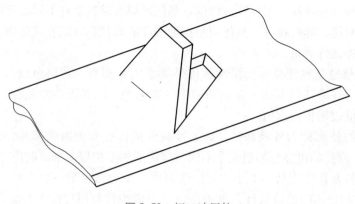

图 3-52　切口冲压件

2. 变形工序

变形工序是使坯料产生塑性变形而不破裂的工序，如拉深、弯曲、胀形、翻边、旋压等。

（1）拉深　将平面板料制成各种开口的中空形状零件的变形工序称为拉深。用拉深方法可制成筒形、阶梯形、锥形、球形、方盒形及其他不规则形状的薄壁零件。若与其他冲压成形工艺相结合，还可制造形状极为复杂的零件，如汽车覆盖件、仪表壳体和生活日用品等。

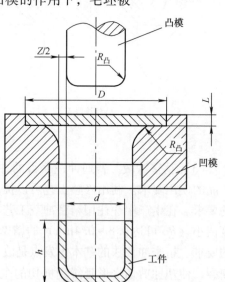

拉深

1）拉深变形过程。现以圆筒形件为例分析拉深过程。如图 3-53 所示，将直径为 D、厚度为 L 的圆形毛坯放在凹模上，在凸模的作用下，毛坯被拉入凸凹模的间隙中，形成直径为 d、高度为 h 的圆筒形件。在拉深变形过程中，毛坯的中心部分形成圆筒形件的底部，基本不变形，为不变形区，只起传递拉力的作用。毛坯的凸缘部分（即 $D-d$ 的环形部分）是主要变形区。拉深过程实质上就是将凸缘部分的材料逐渐转移到筒壁部分的过程。在转移过程中，凸缘部分材料由于拉深力的作用，在其径向产生拉应力；又由于凸缘部分材料之间的相互挤压，故其切向又产生压应力。在这两种应力的共同作用下，凸缘部分的材料发生塑性变形，随着凸模的下行，不断地被拉入凹模内，形成圆筒形拉深件。由于整个筒壁变形的状况不同，其厚度自上而下逐渐变薄，而筒壁与筒底之间的过渡圆角处壁厚减薄最严重，是拉深件中最薄弱的部位。

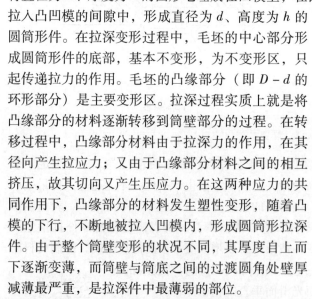

图 3-53　圆筒形件拉深过程

2）拉深中常见的主要缺陷及其防止措施。起皱是拉深变形区的毛坯相对厚度较小时，在较大切向压应力作用下，使毛坯凸缘部分在进入凹模前因失稳而成起伏状，进入凹模后被挤压发生折叠，而形成折皱的现象，如图 3-54a 所示。拉深时所用的毛坯相对厚度越小，拉深件的深度越大，越易起皱。轻微的皱纹在通过凸凹模间隙时会被熨平，但皱纹严重时，或因皱纹不能熨平，或因在拉深过程中阻力增加，而使拉深件断裂。因此，拉深工艺中不允许出现起皱现象。

a) 起皱   b) 拉裂

图 3-54 拉深缺陷

为防止起皱，生产中常采用压边圈把毛坯压紧，以增加径向拉应力，降低切向压应力，使之无法失稳隆起，如图 3-55 所示。多道工序拉深时，也可采用反正拉深方法防止起皱。

从拉深过程中可以看出，拉深件主要受拉力作用，由于筒壁与底部的过渡圆角处是拉深件中最易破裂的危险断面，因此当拉应力超过材料的抗拉强度时，该处被拉裂而成为废品，如图 3-54b 所示。产生拉裂的因素很多，如拉深系数选择不当、模具设计不合理及拉深阻力太大等。防止拉裂的措施如下。

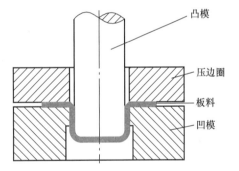

图 3-55 带压边圈的拉深过程

1) 限制拉深系数。拉深系数是衡量拉深变形程度大小的工艺参数，它用拉深件直径与毛坯直径的比值 m 表示，即 $m = d/D$。拉深系数越小，表示变形程度越大，拉深应力越大，越易产生拉裂废品。能保证拉深正常进行的最小拉深系数称为极限拉深系数。

2) 正确确定凸凹模的圆角半径。凸凹模的工作部分必须做成圆角，其圆角半径应尽量取大些。对于钢制拉深件，取 $R_凹 = 10L$、$R_凸 = (0.6 \sim 1.0)R_凹$，L 为板厚。

3) 合理规定凸凹模间隙。拉深模的凸凹模间隙远比冲裁模大，一般取 $Z = (1.1 \sim 1.2)L$。

4) 采用多次拉深和添加拉深润滑剂。对于 m 小于极限拉深系数的某些拉深件，可采用多次拉深工艺，如图 3-56 所示。多次拉深有时需要进行中间退火，以消除前几次拉深中所产生的硬化现象，避免拉裂。拉深时添加润滑剂可减少摩擦，降低拉深件壁部的拉应力，减少模具的磨损。

二次拉深

5) 毛坯尺寸及拉深力的确定。毛坯尺寸按拉深前后的面积不变原则进行计算。具体计算中把拉深件划分成若干个容易计算的几何体，分别求出各部分的面积，相加后即得所需毛

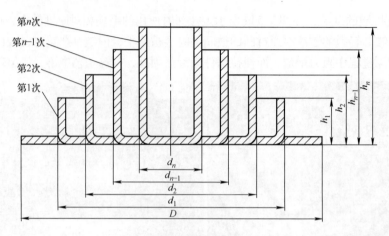

图 3-56 圆筒形件多次拉深示意图

坯的总面积，再求出毛坯直径。选择设备时，应结合拉深件所需的拉深力来确定。设备能力（吨位）应比拉深力大。对于圆筒形件，最大拉深力可按下式计算，即

$$P_{max} = 3(R_m + R_{eH})(D - d - R_凹)L \qquad (3-7)$$

式中　　P_{max}——最大拉深力（N）；

　　　　R_m——材料的抗拉强度（MPa）；

　　　　R_{eH}——材料的上屈服强度（MPa）；

　　　　D——毛坯直径（mm）；

　　　　d——拉深凹模直径（mm）；

　　　　$R_凹$——拉深凹模圆角半径（mm）；

　　　　L——材料厚度（mm）。

（2）弯曲　将金属材料弯曲成一定角度和形状的成形方法称为弯曲。弯曲在冲压生产中占有很大的比重。根据弯曲成形所用的模具和设备不同，弯曲方法可分为压弯、拉弯、折弯、滚弯等。最常见的是在压力机上的压弯。

弯曲

弯曲变形过程及弯曲件如图 3-57 所示。弯曲开始时，凸模与板料接触产生弹性弯曲变形，随着凸模的下行，板料产生局部塑性变形，弯曲内侧的弯曲半径逐渐减小，变形部分的变形程度逐渐增大，直到板料与凸模完全贴合。

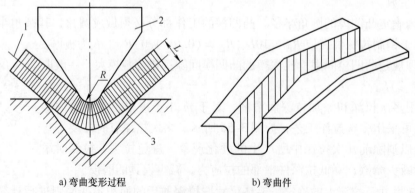

a) 弯曲变形过程　　　　　　　　b) 弯曲件

图 3-57　弯曲变形过程及弯曲件
1—弯曲件的中性层　2—凸模　3—凹模

弯曲变形的主要特点如下。

1）弯曲变形区。弯曲变形主要发生在弯曲中心角 ϕ 对应的范围内，中心角以外区域基本不发生变形。变形前 aa 段与 bb 段长度相等，弯曲变形后，aa 弧长小于 bb 弧长，在 ab 以外两侧的直边段没有变形，如图 3-58 所示。

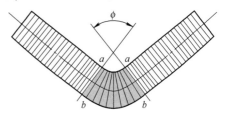

图 3-58 弯曲变形区

2）最小相对弯曲半径。在变形区内靠近凸模一侧，板料在长度方向上发生压缩变形；靠近凹模的外侧，板料在长度方向上发生伸长变形。对于一定厚度的板料，弯曲半径越小，外层材料的伸长率越大，当外层材料的伸长率达到或超过材料的许用伸长率时，会产生弯裂。为防止出现弯裂，必须使弯曲件的相对弯曲半径 $r=R/L$ 大于最小相对弯曲半径 $r_{min}=R_{min}/L$（L 为板厚），通常最小相对弯曲半径 r_{min} 在 0.1～2 之间选取。

影响最小相对弯曲半径的因素如下。

① 材料的力学性能。材料的塑性越好，其伸长率越大，最小相对弯曲半径 r_{min} 越小。

② 板料的热处理状态。经过退火的板料塑性好，最小相对弯曲半径 r_{min} 可小；有冷变形强化的板料，塑性降低，使 r_{min} 增大。

③ 冷轧板料有各向异性，沿纤维方向的力学性能好。因此，弯曲线与纤维方向垂直时，不易弯裂，相对最小弯曲半径 r_{min} 可小。如果弯曲线与纤维方向平行时，为防止弯裂，相对最小弯曲半径 r_{min} 应加大。弯曲时的纤维方向如图 3-59 所示。

④ 板料表面及边缘粗糙时，易产生应力集中，为防止弯裂，需增大 r_{min}。

3）中性层。在变形区的厚度方向上，缩短和伸长的两个变形区之间，有一层金属在变形前后没有变化，这层金属称为中性层。中性层是计算弯曲件展开长度的依据。

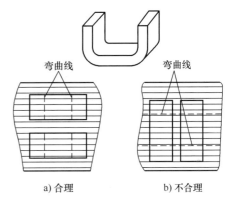

a) 合理　　b) 不合理

图 3-59 弯曲时的纤维方向

4）回弹。由于材料的弹性恢复会使弯曲件的角度和弯曲半径比凸模变大，这种现象称为回弹。回弹会影响弯曲件的精度，通常在设计弯曲模时，应使模具的弯曲角减小一个回弹量。

（3）胀形　胀形主要用于平板毛坯的局部胀形（或称为起伏成形），如压制凹坑、加强筋、起伏形的花纹及标记等。另外，管类毛坯的胀形（如波纹管）、平板毛坯的拉形等，均属于胀形工艺。胀形时毛坯的塑性变形局限于一个固定的变形区内，通常材料不从外部进入变形区内。变形区内板料的成形主要是通过减薄壁厚、增大局部表面积来实现的。胀形的极限变形程度主要取决于材料的塑性。材料的塑性越好，可达到的极限变形程度就越大。胀形前后如图 3-60 所示。

由于胀形时毛坯处于两向拉应力状态，因此，变形区

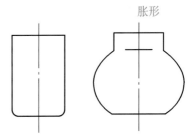

图 3-60 胀形前后

的毛坯不会产生失稳起皱现象，冲压成形的零件表面光滑，质量好。胀形所用的模具可分为刚模和软模两类。软模胀形时材料的变形比较均匀，容易保证零件的精度，便于复杂的空心零件成形，所以在生产中广泛应用，如图 3-61 所示。

（4）翻边　翻边是在板料的平面或曲面部分上，使板料沿一定曲线翻成竖立边缘的成形方法，如图 3-62 所示。它可加工形状复杂且具有良好刚度和合理空间形状的立体零件。生产中它常用于代替拉深切底工序，以制作空心无底零件。

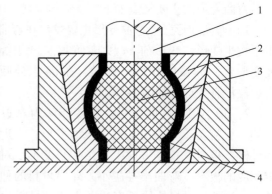

图 3-61　胀形
1—凸模　2—分块凹模　3—硬橡胶　4—工件

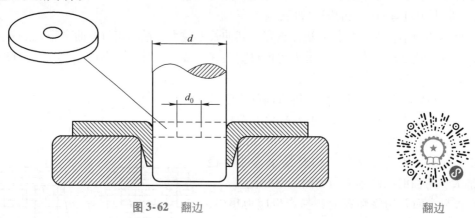

图 3-62　翻边

翻边

在翻边工序中，越接近孔的边缘，拉深变形越大。当翻边孔的直径超过允许值时，会使孔的边缘破裂。其允许值可用翻边系数 $K_0 = d_0/d$ 表示。K_0 越小，变形越大。翻边凸模的圆角半径 $r_0 = (4 \sim 9)L$，L 为板厚。

（5）旋压　旋压是一种成形金属空心回转体的工艺方法。包括普通旋压和变薄旋压，如图 3-63 所示。旋压成形所使用的设备和模具都很简单，各种形状回转体的拉深、翻边和胀形都适用。它的特点为：机动性大，加工范围广，但生产率低，劳动强度大，对操作者的技术水平要求较高，产品质量不稳定。因此，该法适用于单件、小批量生产。

旋压成形中的变薄旋压又称为强力旋压，是在普通旋压基础上发展起来的。经变薄旋压后，材料晶粒细化，强度、硬度和疲劳极限均有所提高，零件表面质量好。因此，变薄旋压在导弹及喷气发动机的生产中广泛应用。变薄旋压需要专门的旋压机，要求功率大、刚性好，用于中、小批量生产。

3.3.3　冲压件的结构设计

冲压件的结构设计不仅应保证它具有良好的使用性能，还应具有良好的工艺性能，以减少材料的消耗、延长模具寿命、提高生产率、降低成本及保证冲压件质量等。它主要考虑的因素有冲压件的形状、尺寸、精度及材料等。

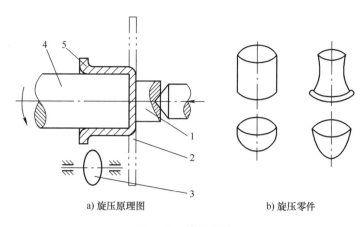

a) 旋压原理图　　　　　　b) 旋压零件

图 3-63　旋压成形

1—顶板　2—毛坯　3—滚轮　4—模具　5—加工中的毛坯

1. 冲裁件的结构设计

（1）冲裁件的形状　冲裁件的形状应力求简单、对称，并尽可能采用圆形、矩形等规则形状，避免长槽和细长悬臂结构（图 3-64），避免设计成非圆曲线的形状，并使排样时废料最少。在冲裁件的转角处，除无废料冲裁或采用镶拼模冲裁外，都应有适当的圆角，其半径 R 的最小值见表 3-12。

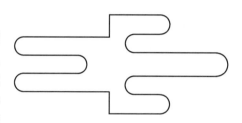

图 3-64　冲裁件的长槽和细长悬臂结构

表 3-12　冲裁件圆角半径 R 的最小值

临边夹角		材　　料		
		黄铜、铝	低碳钢	高碳钢、合金钢
落料	≥90°	0.18L	0.25L	0.35L
	<90°	0.35L	0.5L	0.7L
冲孔	≥90°	0.2L	0.3L	0.45L
	<90°	0.4L	0.6L	0.9L

注：L 为材料厚度（mm），当 $L<1$mm 时，均以 $L=1$mm 计算。

（2）冲裁件的尺寸　冲裁时由于受凸凹模强度和模具结构的限制，冲裁件的最小尺寸有一定限制，其大小与孔的形状、材料的厚度、材料的力学性能及冲孔方式有关。对冲孔的最小尺寸，孔与孔、孔与边缘之间的距离等尺寸都有一定的限制，如图 3-65 所示。

（3）冲裁件的精度和表面质量　冲裁件的公差等级一般为 IT10～IT12 级，较高时可达 IT8～IT10 级，冲孔比落料的公差等级约高一级。若冲裁件公差等级高于上述要求，

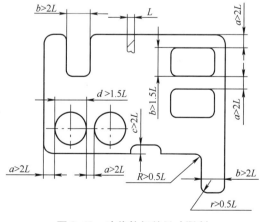

图 3-65　冲裁件相关尺寸限制

则冲裁后需通过修整或采用精密冲裁等工序，使产品成本大为提高。对于冲裁件表面质量所提出的要求，一般不要高于原材料所具有的表面质量，否则将增加切削加工等工序，提高成本。

2. 弯曲件的结构设计

（1）弯曲件的弯曲半径　弯曲件的最小弯曲半径 r_{min} 不能小于材料允许的最小弯曲半径，否则将弯裂。但 r_{min} 过大时回弹增大，不能保证弯曲件的精度。

（2）弯曲件的直边高度 $H>2L$　若 $H<2L$，则应增加直边高度，弯好后再切掉多余材料，如图 3-66a 所示。

（3）弯曲件的孔边距　弯曲预先已冲孔的毛坯时，必须使孔位于变形区以外，如图 3-66a 所示，以防止孔在弯曲时产生变形，并且孔到弯曲半径中心的距离应根据料厚取值，即

当 $L<2mm$ 时，$S \geq L$；

当 $L \geq 2mm$ 时，$S \geq 2L$。

若 L 过小，可在弯曲线处冲出凸缘形缺口或冲出工艺孔，以转移变形区，如图 3-66b、c 所示。

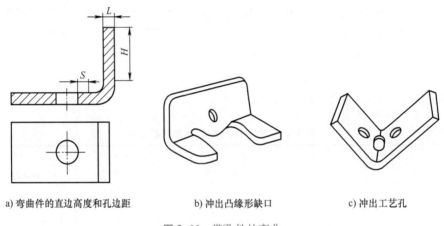

a) 弯曲件的直边高度和孔边距　　b) 冲出凸缘形缺口　　c) 冲出工艺孔

图 3-66　带孔件的弯曲

（4）弯曲件的形状　弯曲件的形状应尽量对称，弯曲半径应左右一致，保证板料受力时平衡，防止产生偏移。当弯曲不对称件时，也可考虑成对弯曲后再切断，如图 3-67 所示（图 3-67b 所示的俯视图中剖面处表示切断位置）。

（5）弯曲件的尺寸公差　弯曲件的尺寸公差最好在 IT13 级以下，角度公差大于 15′，否则会增加修整工作量，提高成本。

3. 拉深件的结构设计

（1）拉深件的形状　拉深件的形状应力求简单、对称，尽量采用圆形、矩形等规则形状，以利于拉深。拉深件的高度应尽量减小，以便用较少的拉深次数成形。

（2）拉深件的圆角半径　拉深件的圆角半径应尽量大些，以便成形和减少拉深次数及整形工序。如图 3-68 所示，$r_凹>r_凸$，一般 $r_凸 \geq 2L$、$r_凹 \geq (2\sim4)L$，其中 L 为板厚。

（3）拉深件的尺寸　拉深件各部分的尺寸比例应合理，其凸缘的宽度应尽量窄且一致，以便使拉深工艺简化。图 3-69a 所示的拉深件，空腔虽不深，但凸缘直径大。如果 $d_L>2.5d$，拉深时，因凸缘金属难以向直壁转移，需拉深 4~5 次，并通过中间退火才能成形。

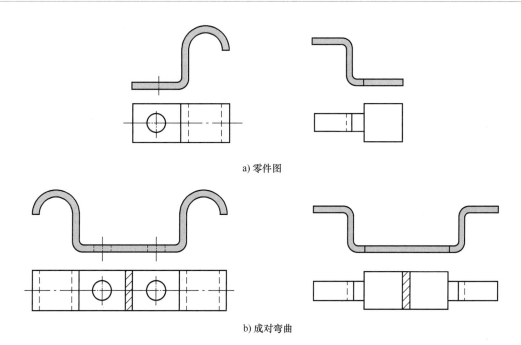

a) 零件图

b) 成对弯曲

图 3-67　不对称件的成对弯曲

若将凸缘直径减小（图 3-69b），若 $d_L < 1.5d$，只需拉深 1～2 次即可成形。而图 3-70b 所示的拉深件结构比图 3-70a的好，其原因是后者不仅可减少拉深次数，而且还可减少修边的材料消耗。

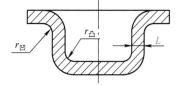

图 3-68　拉深件的圆角半径

（4）拉深件的精度和表面质量　拉深件直径尺寸的公差等级为 IT9～IT10 级，高度尺寸的公差等级为 IT8～IT10 级，经整形工序后公差等级可达 IT6～1T7 级。拉深件的表面质量取决于原材料的表面质量，一般不应要求过高，以免增加成本。

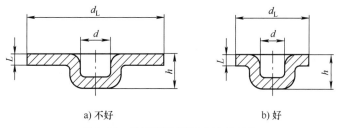

a) 不好

b) 好

图 3-69　拉深件不同尺寸比例对比

3.3.4　冲模

冲模是冲压生产中必不可少的模具。冲模结构的合理与否对冲压件质量、冲压生产效率及模具寿命都有很大的影响。冲模基本上可分为简单模、连续模和复合模。

简单冲模

1. 简单模

在压力机的一次冲程中只完成一个工序的冲模，称为简单模，如图 3-71 所示。凹模 1

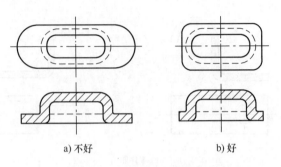

a) 不好　　　　　　　　　　b) 好

图 3-70　拉深件凸缘宽度对比

用压板 7 固定在下模板 6 上，下模板 6 用螺栓固定在压力机的工作台上。凸模 2 用压板 3 固定在上模板 4 上，上模板 4 则通过模柄 5 与压力机的滑块连接。因此，凸模 2 可随滑块做上下运动。为了使凸模 2 向下运动能对准凹模孔，并在凸凹模之间保持均匀间隙，通常用导柱 12 和套筒 11 的结构，条料在凹模 1 上沿两个导板 9 送进，直到碰到定位销 10 为止。凸模 2 向下冲压时，冲下的零件（或废料）进入凹模孔，而条料则夹住凸模 2 并随凸模一起回程向上运动。条料碰到卸料板 8（固定在凹模 1 上）时被推下，这样，条料继续在导板间送进。重复上述动作，冲下所需数量的零件。

简单模结构简单，容易制造，适用于冲压件的小批量生产。

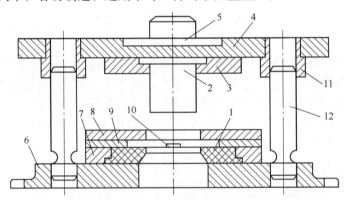

图 3-71　简单模

1—凹模　2—凸模　3、7—压板　4—上模板　5—模柄　6—下模板
8—卸料板　9—导板　10—定位销　11—套筒　12—导柱

2. 连续模

在压力机的一次冲程中，在模具的不同部位上同时完成数道冲压工序的模具，称为连续模，如图 3-72 所示。工作时，定位销 2 对准预先冲出的定位孔，上模向下运动，落料凸模 1 进行落料，冲孔凸模 4 进行冲孔。当上模回程时，卸料板 6 从凸模上推下残料。这时再将坯料 7 向前送进，执行第二次冲裁。如此循环进行，每次送进距离由挡料销控制。连续模生产率高，易于实现自动化，但要求定位精度高，制造复杂，成本较高。

3. 复合模

在压力机的一次冲程中，模具同一部位上同时完成数道冲压工序的模具，称为复合模，如图 3-73 所示。复合模的最大特点是模具中有一个凸凹模。凸凹模 1 的外圆是落料凸模刃

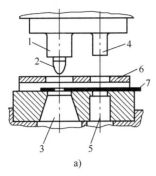
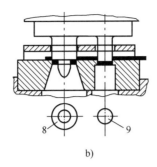

图 3-72 连续模

1—落料凸模 2—定位销 3—落料凹模 4—冲孔凸模
5—冲孔凹模 6—卸料板 7—坯料 8—成品 9—废料

口，内孔则成为拉深凹模。当滑块带着凸凹模 1 向下运动时，条料 6 首先在落料凹模中落料。落料件被下模中的拉深凸模 2 顶住，滑块继续向下运动时，凸凹模 1 随之向下运动进行拉深。顶出器 5 在滑块的回程中将拉深件推出模具。

复合模适用于产量大、精度高的冲压件，但模具制造复杂，成本高。

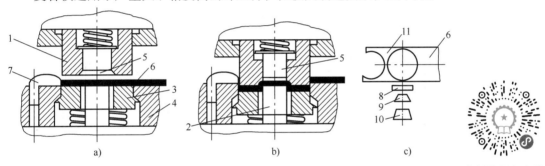

图 3-73 落料拉深复合模

1—凸凹模 2—拉深凸模 3—压板（卸料器） 4—落料凹模 5—顶出器 6—条料
7—挡料销 8—坯料 9—拉深件 10—零件 11—切余材料

3.4 特种压力加工技术

随着科学技术和制造业的发展，出现了一些先进的特种压力加工方法，可使锻压件的形状接近零件形状，尺寸精度和表面质量不断提高，并且可节约材料、降低成本，改善劳动强度、提高生产率，满足一些特殊的工作要求。

3.4.1 挤压成形

挤压是使金属坯料在三向不均匀压力作用下发生塑性变形，从模具的孔口中挤出，或充满凹、凸模型腔，而获得所需形状与尺寸零件的成形方法。挤压具有如下特点。

1）挤压可以加工塑性好的材料，也可以加工塑性较差的材料，如高碳钢、轴承钢等。

2）可以挤压出各种形状复杂、深孔、薄壁，以及异形断面的零件。

挤压型材

3）零件精度高，表面粗糙度值小，一般尺寸公差等级为 IT6 ~ IT7 级，表面粗糙度值 Ra 为 $0.4 \sim 3.2\mu m$，从而达到少、无屑加工的目的。

4）挤压变形后零件内部的组织纤维是连续的，基本沿外形分布而不被切断，从而提高了零件的力学性能。

5）材料利用率高，可达到 70% 以上，生产率也高。

根据挤压时金属流动方向与凸模运动方向的不同，可将挤压方法分为以下四种。

1）正挤压时，金属流动方向与凸模运动方向相同。该法可挤压各种截面形状的实心件和空心件，如图 3-74 所示。

2）反挤压时，金属流动方向与凸模运动方向相反。该法可挤压不同截面形状的空心件，如图 3-75 所示。

3）复合挤压过程中坯料的部分金属流动方向与凸模运动方向相同，而另一部分金属流动方向与凸模运动方向相反，如图 3-76 所示。

4）径向挤压时，金属流动方向与凸模运动方向成 90°，用这种方法可形成具有局部粗大凸缘、径向齿槽的结构及筒形件等，如图 3-77 所示。

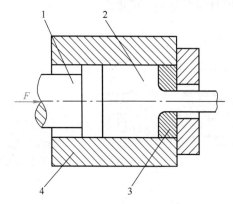

图 3-74　正挤压
1—凸模　2—金属坯料　3—挤压模　4—挤压筒

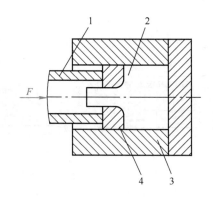

图 3-75　反挤压
1—凸模　2—金属坯料　3—挤压筒　4—挤压模

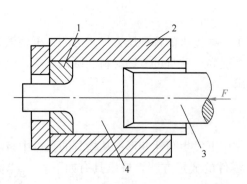

图 3-76　复合挤压
1—挤压模　2—挤压筒　3—凸模　4—金属坯料

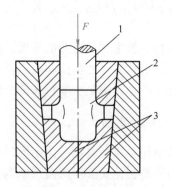

图 3-77　径向挤压
1—凸模　2—金属坯料　3—挤压模

根据挤压时金属坯料加热的温度不同则可分为热挤压、冷挤压和温挤压三种。

（1）热挤压 热挤压时坯料变形温度高于金属的再结晶温度，金属变形抗力较小，塑性较好，但产品尺寸精度较低，表面较粗糙。热挤压广泛应用于生产铜、铝、镁及其合金的型材和管材等，也可挤压尺寸较大的中碳钢、高碳钢、合金结构钢、不锈钢等零件。

（2）冷挤压 坯料变形温度低于金属的再结晶温度（通常是室温）的挤压工艺称为冷挤压。冷挤压时金属的变形抗力比热挤压大得多，但产品尺寸精度较高，生产率高，材料消耗少。目前已可对非铁金属及中、低碳钢的小型零件进行冷挤压成形。在冷挤压前通常要对坯料进行退火处理，以减小变形抗力。冷挤压时，为了降低挤压力，防止模具损坏，提高零件表面质量，必须采取润滑措施。对于钢质零件还须采用磷化处理，使坯料表面呈多孔结构，以储存润滑剂，在高压下起到润滑作用。

（3）温挤压 将坯料加热到再结晶温度以下而高于室温的某个合适温度进行挤压的方法称为温挤压。温挤压可用于挤压中碳钢，而且可用于挤压合金钢。温挤压时，材料一般不需要预先软化退火、表面处理和工序间退火。温挤压零件的精度和力学性能略低于冷挤压零件。

3.4.2 轧制

轧制成形通常是对板带材、线棒材和钢管等轧制材料再次以轧制的方式进行深度加工。轧制作为一种少（无）屑、高质量、高效率的生产方式，广泛用于大批量的机械零件生产，也可作为各种高效能钢材的生产手段对现有钢材进行二次或三次加工，生产尺寸精密、形状特殊、性能优异的板、管、型、线4大类钢材。

1. 辊轧

辊轧也称为辊锻，是使坯料通过装有圆弧形模块的一对相对旋转的轧辊，受轧压产生塑性变形，从而获得所需截面形状的锻件或锻坯的工艺方法，如图3-78所示。这种方法属于纵轧，它既可以作为模锻前的制坯工序，也可以直接辊轧锻件。目前，成形辊轧适用于生产以下三种类型的锻件。

1）扁断面的长杆件，如扳手、链轨节等。

2）带有不变形头部且沿长度方向的截面积递减的锻件，如叶片等。叶片辊轧工艺和铣削工艺相比，材料利用率可提高4倍，生产率提高2.5倍，而且质量大为提高。

3）连杆类锻件。采用辊轧方法锻制连杆，生产率高，简化了工艺过程，国内已有不少企业采用此种方法，但锻件还需要用其他锻压设备进行精整。

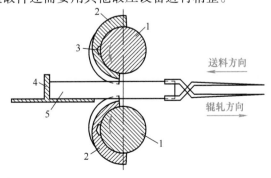

图3-78 辊轧的工作原理

1—轧辊 2—圆弧形模块 3—定位键 4—挡板 5—坯料

与锻造过程相比，辊轧工艺有以下优点。

1）设备重量轻，驱动功率小。由于变形是连续的局部接触变形，虽然变形量很大，但变形力较小。因此，设备的重量和电动机功率较小。

2）生产效率高，产品质量好。多槽成形辊轧机的生产率与锻锤相当，单槽成形辊轧机的生产效率比锻锤高2倍以上。辊轧变形过程连续，残余变形和附加应力小，产品的力学性能均匀。

3）劳动强度低，工作环境较好。生产过程中设备冲击、振动和噪声较小，易于实现机械化和自动化。

4）材料和工具消耗少，工件尺寸稳定。轧辊与工件之间的摩擦系数较小，工具磨损较轻，既降低了工具消耗，又保证了工件尺寸的稳定。

2. 横轧

横轧是指轧辊轴线与工件轴线互相平行，且轧辊与工件做相对转动的轧制方法，如齿轮轧制等。

齿轮轧制是一种少、无屑加工齿轮的新工艺。直齿轮和斜齿轮均可用横轧方法制造。齿轮的横轧如图3-79所示。在轧制前，齿轮坯料外缘被高频感应加热，然后使带有齿形的轧辊做径向进给，迫使轧辊与齿轮坯料对辗。在对辗过程中，坯料上一部分金属受轧辊齿顶挤压形成齿谷，相邻的部分被轧辊齿部"反挤"而上升，形成齿顶。

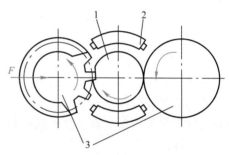

图3-79　齿轮的横轧
1—齿轮坯料　2—高频感应器　3—轧辊

3. 斜轧

斜轧又称为螺旋斜轧。斜轧时，两个带有螺旋槽的轧辊相互倾斜配置，轧辊轴线与坯料轴线相交成一定角度，以相同方向旋转。坯料在轧辊的作用下绕自身轴线反向旋转，同时还做轴向向前运动，即螺旋运动。坯料受压后产生塑性变形，最终得到所需制品。例如，周期轧制、钢球轧制均采用了斜轧方法，如图3-80所示。斜轧可直接热轧出带有螺旋线的高速钢滚刀、麻花钻、自行车后闸壳，还可冷轧丝杠等。

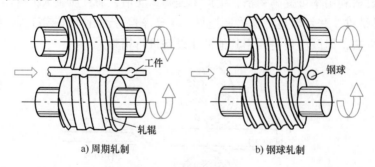

a) 周期轧制　　　　　　　　b) 钢球轧制

图3-80　斜轧示意图

4. 楔横轧

楔横轧也称为楔横轧制，是生产回转体类零件的有效方法。楔横轧技术可用于热轧和冷轧。楔横轧的工作原理如图3-81所示。将两个楔形模安装在两个同向旋转的轧辊上，在楔形模的楔形凸起的作用下带动毛坯旋转，并使毛坯产生连续局部小变形。楔横轧的变形主要是径向压缩、轴向延伸。楔横轧适合于轧制各种实心和空心台阶轴，如汽车、摩托车、电动机上的各种台阶轴、凸轮轴等。

楔横轧的工艺特点如下。

1）具有高的生产率，生产率可达10件/min。

2）材料利用率高，可达90%以上。

3）模具寿命高，是模锻工艺模具寿命的10倍以上。

4）产品质量好。产品精度可达钢

图 3-81 楔横轧的工作原理
1—导板 2—工件 3—带楔形模的轧辊

质模锻件的精密级，直径方向可达 ±0.3mm，长度方向可达 ±0.5mm。

3.4.3 精密模锻

在模锻设备上锻造出形状复杂、高精度锻件的模锻工艺称为精密模锻。例如，精密模锻锥齿轮，其齿形部分可直接锻出而不必再经过切削加工。精密模锻件尺寸公差等级可达 IT12～IT15 级，表面粗糙度值 Ra 为 1.6～3.2μm。

精密模锻的工艺特点如下。

1）精确计算原始坯料的尺寸，严格按坯料质量下料。

2）精细清理坯料表面，除净坯料表面的氧化皮、脱碳层及其他缺陷等。

3）采用无氧化或少氧化加热方法，尽量减少坯料表面形成的氧化皮。

4）精密模锻工艺常采用两步成形，如图 3-82 所示。先预锻（或称为粗锻），严格清理重新加热后再终锻（或称为精密锻造）。精密锻造模腔的精度必须很高，一般要比锻件的精度高 1～2 级。精密锻模一定有导柱、导套结构，以保证合模准确。为排除模腔中的气体，减小金属流动阻力，使金属更好地充满模腔，在凹模上应开有排气小孔。

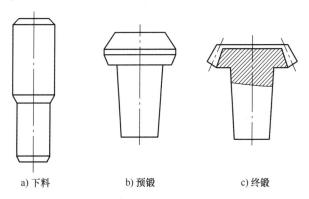

a) 下料   b) 预锻   c) 终锻

图 3-82 精密模锻的大致工艺过程

5）精密模锻时要很好地进行润滑和冷却锻模。

6）精密模锻一般都在刚度大、精度高的曲柄压力机、摩擦压力机或高速锤上进行。

3.4.4 超塑性成形

新中国最早的
万吨水压机

超塑性成形是指金属或合金在低的变形速率（$\varepsilon = 10^{-4} \sim 10^{-2}/s$）、一定的变形温度（约为熔点热力学温度的一半）和均匀的细晶粒度（晶粒平均直径为 $0.2 \sim 5\mu m$）的条件下，其相对伸长率 A 超过 100% 以上的变形。例如，钢可超过 500%、纯钛可超过 300%、锌铝合金可超过 1000%。

超塑性状态下的金属在拉伸变形过程中不产生缩颈现象，变形应力可比常态下金属的变形应力降低几倍至几十倍，因此极易变形，可采用多种工艺方法制出复杂零件。

1. 超塑性变形机理

超塑性变形机理是变形过程中由扩散调节的晶界滑移，如图 3-83 所示。当金属受力时，等轴晶粒晶界滑移，同时晶粒转动。晶粒转动可调节晶粒变形，引起晶界迁移，同时原子扩散加快晶界的迁移速度，晶界处的空隙得以愈合。晶界迁移和扩散作用使晶粒形状、位置改变，晶界滑移能够继续进行。晶界滑移结果使横向排列的两个晶粒相互接近并接触，纵向排列的两个晶粒被挤开，从而使晶体在应力方向上产生了较大的伸长变形量，而晶粒的等轴形状几乎保持不变。

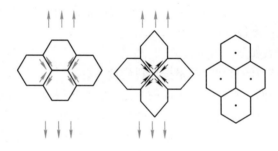

图 3-83　超塑性变形机理

2. 超塑性分类

超塑性主要可分为结构超塑性和相变超塑性。

1）结构超塑性是指金属材料具有平均直径为 $1 \sim 1.5\mu m$ 的等轴晶粒，在一定的变形温度（$0.5 \sim 0.7T_{熔}$）和低的变形速率（$\varepsilon = 10^{-4} \sim 10^{-2}/s$）条件下获得的超塑性，其相对伸长率 A 超过 100% 以上的特性。

2）相变超塑性是指具有固态相变的金属在相变温度附近进行加热与冷却循环，反复发生相变或同素异构转变，同时在低应力下进行变形，并具有极大延伸变形能力。相变超塑性不要求金属具备超细的晶粒。

3. 超塑性成形工艺的特点及应用

1）金属在超塑性状态下流动性好，可成形形状复杂的零件，并且零件尺寸精度高。

2）变形抗力小，高强度材料容易成形，如 GCr15 轴承合金，在 700℃ 超塑性成形时，变形抗力只有 3MPa。

超塑性成形应用

3）在成形过程中，材料不会发生加工硬化，内部没有残余应力，复杂件可一次成形。

目前，常用的超塑性成形材料主要是锌铝合金、铝基合金、钛合金及高温合金。超塑性成形工艺的主要应用如下。

1）板料冲压成形。采用锌铝合金等超塑性材料，可以一次拉深较大变形量的杯形件，而且质量很好，无制耳产生，其过程如图3-84所示。

2）板料气压成形。将具有超塑性性能的金属板料放于模具之中，把板料与模具一起加热到规定温度，向模具内吹入压缩空气或抽出模具内空气形成负压，使板料沿凸模或凹模变形，从而获得所需形状。气压成形能加工的板料厚度为0.4~4mm。

3）挤压和模锻。高温合金及钛合金在常态下塑性很差，变形抗力大，不均匀变形引起各向异性的敏感性强，常规方法难以成形，材料损耗大。例如，采用普通热模锻毛坯，再进行机械加工，金属消耗达80%左右，导致产品成本提高。在超塑性状态下进行挤压或模锻，就可克服上述缺点，节约材料，降低成本。

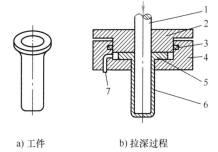

a) 工件   b) 拉深过程

图3-84 超塑性板料拉深过程示意图

1—凸模 2—压板 3—电热元件 4—凹模
5—板料 6—工件 7—高压油孔

超塑性模锻利用金属及合金的超塑性，扩大了可锻金属材料的类型。例如，过去只能采用铸造成形的镍基合金，现在也可以进行超塑性模锻成形；超塑性模锻时，金属填充模腔的性能好，可锻出尺寸精度高、机械加工余量很小、甚至不用加工的零件；金属的变形抗力小，可充分发挥中、小设备的作用；锻后可获得均匀、细小的晶粒组织，零件力学性能均匀一致。

工程实例——两级传动齿轮箱关键加工工艺设计

两级传动齿轮箱（图3-85）结构复杂紧凑，加工难点大，产品质量性能要求高。上下箱体采用圆柱台阶销进行配合，箱体合箱面销孔位置度要求更高。齿轮箱内孔与轴承直接配合，对内孔的尺寸精度及几何精度提出了更高的要求。为此，对两级传动齿轮箱的整个加工过程进行分析，针对精加工工序设计专用的工艺装备，在保证产品质量性能的前提下，尽可能地提升加工效率。

1. 齿轮箱机加工工艺

剖分式齿轮箱一般先进行半箱加工，半箱加工完成以后再进行合箱加工。合箱采用圆柱台阶销进行定位，合箱面上的定位销孔的位置度要求较高；同时为保证合箱后的齿轮箱驱动装置的密封性，合箱面的平面度也具有较高要求。受空间限制，大孔、中间孔及小孔直接与

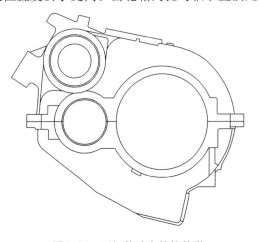

图3-85 两级传动齿轮箱外形

轴承外圈配合，与常规带有轴承座的齿轮箱相比，其精镗孔的精度也提高了一个等级。综合考虑以上因素，两级传动齿轮箱的机加工工艺如下。

（1）齿轮箱机加工工艺流程　基于齿轮箱设计图样的尺寸精度及几何公差要求，对上、下箱体进行工艺分析。上箱体小孔处空间较狭窄，加工部位存在刀具干涉，精加工需要定制专用的加长镗刀。上、下箱体大孔、中间孔尺寸较大，半箱加工时合箱面容易产生变形。上、下箱存在较多的空间角度斜油孔，需要设计专用的钻模进行加工。上、下箱的尺寸精度依靠日本先进的 MAZAK 卧式加工中心及设计的专用工装来保证。在满足产品质量要求的前提下，同时为保证一定的加工效率，最终确定箱体的加工工艺流程如下：上箱划线→上箱粗铣合箱面→上箱粗镗孔→上箱精铣合箱面；下箱划线→下箱粗铣合箱面→下箱粗镗孔→下箱精铣合箱面；上、下箱合箱→合箱精镗孔→钻斜油孔→检验→刻印→包装、入库。

（2）典型机加工工序

1）粗加工工序。为有效保证箱体精加工的精度，需要合理分配粗、精加工余量。在粗加工过程中尽可能多地去除毛坯余量，以最大程度释放箱体毛坯加工过程中的残余应力。此外，为合理分配加工设备，箱体的粗铣、粗镗采用普通的镗铣床进行加工。

2）精加工工序。精加工工序分为两类：一类是半箱的精铣合箱面；一类是上、下箱合箱后的精镗孔。

半箱的精铣合箱面采用卧式加工中心，以有效保证箱体合箱面的尺寸及几何精度。

合箱后的精镗孔工序，采用专用的镗孔工装及日本先进的 MAZAK 卧式加工中心，加工过程中采取以下措施。

① 专用的精镗孔工装设计时，考虑齿轮箱加工过程中的装夹、定位，尽量使装夹点与支承点重合，选用大的定位面进行支承、装夹，合理布局箱体的多个装夹、定位点，以最大程度减小箱体加工过程中的变形。

② 为有效保证轴承安装孔及端面的几何精度，精加工时，孔的端面及孔在一次装夹中加工完成；齿轮箱电动机侧及车轮侧的孔采用一次镗孔加工完成，可消除因机床回转带来的加工误差。

③ 在最终精加工完成前，适当松开工艺装备的部分辅助支承压板，以减小加工过程中切削力产生的变形。

2. 齿轮箱加工工装设计

两级传动齿轮箱箱体结构比较复杂，在进行精加工工装的设计过程中，采用 Creo3.0 软件进行了多次优化，经反复装配、模拟，最终确定了齿轮箱精镗孔工装的结构。

（1）精铣合箱面工装　齿轮箱上、下箱合箱面的精加工是为了保证合箱面的平面度及合箱面定位销孔的位置度要求。上、下箱装夹利用大孔进行定位，采用三点进行压装，压装点与支承点相重合。在箱体四周，设计了相应的辅助支承座，以减小齿轮箱在加工过程中产生不必要的振动，进一步保证产品的加工质量。

（2）精镗孔工装　上、下箱体合箱后采用专用的工艺装备进行精镗孔，精镗孔工装如图 3-86 所示。精镗孔工装底座采用稳定性及刚性均比较好的材料进行制造，底座上设计有定位销孔及螺纹孔。工装与齿轮箱通过底座支承面进行定位，两边设计有相应的 U 形压板，以保证齿轮箱与工装保持夹紧状态。在工装靠近齿轮箱的下部，设计有相应的辅助支承座，以防止箱体加工过程中出现晃动。

（3）钻斜油孔钻模 上、下箱体设计有七个空间角度斜油孔，不借助钻孔钻模，需要五轴机床才能实现加工。为此，针对每个斜油孔，设计相应的钻孔钻模。钻模内侧与齿轮箱内孔小间隙配合，外部设计两个通孔依靠螺栓与齿轮箱孔端面的螺纹孔相联接以实现固定，如图3-87所示。

钻模上加工有与斜油孔中心线相垂直的平面，加工斜油孔时，通过钻模定位，选定合适尺寸的钻头，可有效地保证斜油孔的尺寸及角度要求。

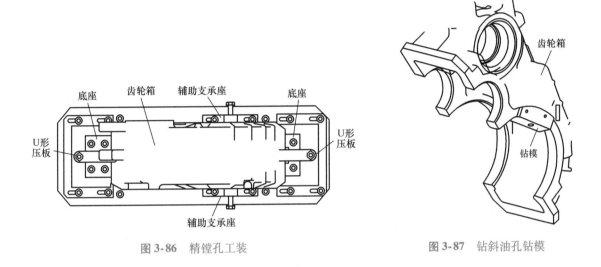

图 3-86 精镗孔工装

图 3-87 钻斜油孔钻模

拓展资料——金属塑性成形理论的发展

金属塑性成形理论是在塑性成形的物理、物理–化学和塑性力学的基础上发展起来的一门工艺理论。20世纪40年代，在大学中设立了这门课程，并出版了相应的教科书。金属塑性变形的物理和物理化学方面所研究的内容，属于金属学范畴。20世纪30年代提出的位错理论从微观上对塑性变形的机理做出了科学的解释。金属材料的永久变形能力——塑性，也是变形物理方面的一个主要研究内容。1912年卡尔曼（Von Karman）对大理石和红砂石的著名压缩试验，揭示了通常认为是脆性的石料在三向压应力下却能发生塑性变形（大约为8%）的事实。1964年勃立奇曼（P. W. Bridgman）在3万个大气压（3040MPa）下对中碳钢试棒进行拉伸试验，获得了99%的断面收缩率，由此建立了静水压力能提高材料塑性的概念。合适的加工温度、速度条件也能创造良好的塑性状态。例如，近年来，对一些难变形合金、耐热合金，通过利用先进的成形技术，如等温锻造、超塑性成形等，均可以获得满意的结果。

金属塑性成形原理的另一重要内容是塑性成形力学。它是在塑性理论发展和应用中逐渐形成的。塑性理论的发展历史可追溯到1864年，当时，法国工程师屈雷斯加（H. Tresca）首先提出了最大切应力屈服准则，即屈雷斯加屈服准则。1870年圣维南（B. Saint – Venant）第一次利用屈雷斯加屈服准则求解了管子受弹塑性扭转和弯曲时的应力，随后又研究了平面应变方程式。同年，列维（M. Levy）按圣维南的观点提出了三维问题方程式和平面问题方程式的线性化方法。但后来一段时间，塑性理论发展缓慢，直到 20 世纪初才有所进展。德国学者在这方面有很大贡献。1913 年密席斯（Von Mises）从纯数学角度提出了另一新的屈服准则——密席斯屈服准则。1923 年汉基（H. Hencky）和普朗特（L. Prandtl）论述了平面塑性变形中滑移线的几何性质。1930 年劳斯（A. Reuss）根据普朗特的观点提出了考虑弹性应变增量的应力应变关系式。至此，塑性理论的基础已经奠定。到 20 世纪 40 年代以后，由于工业生产的需要，塑性理论在很多国家相继发展，利用塑性理论求解塑性成形问题的各种方法陆续问世，塑性成形力学逐渐形成并不断得到充实。

第一次将塑性理论用于金属塑性加工的学者可认为是德国的卡尔曼。他在 1925 年用初等方法分析了轧制时的应力分布，其后不久，萨克斯（G. Sachs）和齐别尔（E. Siebel）在研究拉丝过程中提出了相似的求解方法——切块法（Slab Method），即后来所称的主应力法。20 世纪 50 年代中，苏联学者翁克索夫（уНКСОВ）提出了一个实质上与主应力法相似的方法——近似平衡方程和近似塑性条件的联解法，并对镦粗时接触表面上的摩擦力分布提出了新见解。近年来，应用滑移线理论求解金属塑性成形问题的工作和论文逐渐增多。现在，滑移线方法除应用于求解各向同性硬化材料的平面变形问题外，人们还正在研究用它来求解平面应力问题、轴对称问题和各向异性材料方面的问题。

20 世纪 50 年代，英国学者约翰逊（W. Johoson）和日本学者工藤（H. Kudo）等人，根据极值原理提出了一个比滑移线法简单的求极限载荷的上限法。利用该方法计算出的塑性成形载荷一般高于真实载荷，因此称为上限法。其后，对于复杂形状的工件，又发展出了所谓单元上限法。在 20 世纪 50 年代中期，美国学者汤姆生（E. G. Thomsen）等提出了视塑性法（Visio Plasticity），这是一种由实验结果和理论计算相结合的方法。利用该方法，可以根据实验求得的速度场计算出变形体内的应变场和应力场。

近年来已开始用有限元法来研究金属塑性成形方面的问题。国内外一些学者对镦粗，挤压、摩擦等问题的有限元解发表过不少文章。一般认为有限元法是预测变形体应力、应变、应变速度和温度分布的强有力手段。塑性成形中求解应力、应变等是一项繁重的计算工作。近年来电子计算机技术的引入，对塑性成形问题的求解起到了很大的促进作用。有限元法过程复杂，计算工作重，必须借助电子计算机才能演算；而其他解法中的一些求解过程，如作滑移线场、求应力分布、确定分流点、标定摩擦系数等，都需要经过大量的计算工作，利用电子计算机，运用数值计算方法，可以快速地获得较精确的解答，或可直接画出滑移线场和相应的曲线，极大地提高了解题的效率。可以相信，在金属塑性成形理论今后的发展中，计算机技术会越来越发挥它的作用，电子计算机的应用也必将日益广泛。

本章小结

本章介绍了固态金属塑性成形的方法及影响因素、一些常见的加工方法等内容。在学习过程中，要重点掌握以下几点。

1）金属材料的塑性成形又称为金属压力加工。它是利用金属材料的塑性变形能力，在外力的作用下使金属材料产生预期的塑性变形来获得所需形状、尺寸和力学性能的零件或毛坯的一种加工方法。

2）金属塑性变形的实质。金属塑性变形是金属晶体中每个晶粒内部的变形（晶内变形）和晶粒间的相对移动、晶粒的转动（晶界变形）的综合结果。

3）锻造是塑性加工的重要分支。它是利用材料的可塑性，借助外力的作用产生塑性变形，获得所需形状、尺寸和一定组织性能的锻件。锻造属于二次塑性加工，变形方式为体积成形。

4）弄清楚金属锻造、板料冲压、特种压力加工的原理和在生产中的应用。

5）了解工程实例中汽车变速器的生产过程。

习　题

3.1　冲压基本工序可分为哪两大类？

3.2　板料冲裁是指哪两种基本工序？

3.3　如何提高金属的塑性？最常用的措施是什么？

3.4　锻件与铸件相比，最显著的优点是什么？

3.5　在板料分离工序中，使坯料按封闭轮廓分离的工序和使板料沿不封闭轮廓分离的工序分别是什么？

3.6　锤上模锻带孔锻件时，为什么不能锻出通孔？

3.7　压力加工的基本生产方式有哪些？

3.8　塑性成形方法主要有哪几种？其中主要用于生产机器零件的方法是什么？

3.9　什么是冷变形、热变形和加工硬化？

3.10　在塑性加工中润滑的目的是什么？

3.11　简述在塑性加工中影响金属材料变形抗力的主要因素有哪些。

第4章

金属材料焊接成形

章前导读

焊接是材料连接成形的一种方法，是可以把简单型材或零件连接成复杂零件或机械部件的工艺过程。随着国民经济和现代工业的高速发展，焊接在金属结构的生产中已基本取代了铆接连接工艺，其作为永久性连接方法，已成为现代机械制造工业中不可缺少的加工工艺方法。

大多数焊接过程均需要借助加热、加压，或同时实施加热和加压，以实现原子结合。在焊接过程中，焊接区内各种物质之间在高温下相互作用的过程，称为焊接化学冶金过程。这是一个极为复杂的物理化学变化过程。例如，在空气中焊接时，焊缝金属中的 O、N 含量显著增加，同时 Mn、C 等合金元素大量减少，此时焊缝金属的强度基本保持不变，但塑性和韧性急剧降低，力学性能受到很大影响。因此，焊接化学冶金过程受到广泛关注。

焊接接头由焊缝和热影响区组成。由于焊接过程是局部加热过程，温度分布极不均匀，在一个焊接过程中，焊接接头的组织和性能都要发生变化。本章以低碳钢为例来说明焊缝及热影响区在焊接过程中金属组织与性能的变化。焊接时，焊件因受到不均匀加热，且加热所引起的热变形和组织变形受焊件本身刚度所约束，而产生应力和应变，又称为残余应力与残余应变。焊接变形会使焊件尺寸、形状不符合要求，组装困难。矫正焊接变形浪费工时，且会降低接头塑性，变形严重时焊件要报废。焊接应力可能使焊件在焊接过程中或服役期间发生开裂，最终导致焊件整体破坏。由此可知焊接残余应力与残余应变在某种程度上会影响焊件结构的质量、承载能力和服役寿命。因此，了解这一问题并采取相应针对措施，以减少或防止焊接应力和变形，具有重要的实际工程价值。

4.1 焊接成形理论基础

焊接成形是一种金属连接的工艺方法，是制造金属结构或零部件的重要手段，在现代制造业中有着十分重要的作用，被广泛应用于机

大国工匠：大任担当

械制造、石油化工、土木建筑、交通运输、航空航天等领域。焊接与铸造、压力加工、热处理等加工工艺方法组合，成为机械制造的主要加工技术。毫不夸大地说，没有现代焊接方法的发展，就不会有现代工业和科学技术的今天。一个国家的焊接技术水平往往也是一个国家工业和科学技术现代化发展的一个标志。

4.1.1 焊接概述

1. 焊接技术的发展和特点

焊接的发展已经有几千年历史。据考证，钎焊和锻焊是人类最早使用的焊接方法。5000年前，在古埃及已有采用银铜钎料制作的焊接管子。我国的战国时期也已出现采用锡铅合金作为钎料制作的焊接铜器。在明代，科学家宋应星著有《天工开物》一书，该书对钎焊和锻焊技术进行了详尽描述。19世纪80年代，近代工业开始兴起，焊接技术也进入了快速发展阶段，新型焊接技术伴随新热源的发现而竞相问世，可以说历史上每一种热源的出现，都伴随新型焊接技术的创新。1885年，随着碳弧的发现，碳弧焊问世；1886年，人们将电阻热应用于焊接，发明了电阻焊；1892年，伴随金属极电弧的发现，金属极电弧焊问世；1895年，人们开始应用乙炔-氧化学热，发明了氧乙炔气焊；20世纪30年代，伴随薄皮焊条和厚皮焊条的出现，人们发明了薄皮焊条电弧焊和厚皮焊条电弧焊；1935年，埋弧焊问世，与此同时，电阻焊开始大量应用，这使得焊接技术的应用范围迅速扩大，逐渐取代铆接，成为机械制造的一种基础加工工艺。20世纪40年代，惰性气体电弧焊大量应用。20世纪50年代及以后，相继出现电渣焊（1951年）、二氧化碳气体保护焊（1953年）、超声波焊（1956年）、电子束焊（1956年）、摩擦焊（1957年）、等离子弧焊和切割（1957年）、脉冲激光焊（1965年）和连续激光焊（1970年）等。焊接技术发展到今天，人们几乎利用了一切已经发现的热源，包括火焰、电弧、化学热、电阻热、超声波、摩擦热、高能电子束、激光、微波等，但是，人们对新热源的探索和新型焊接技术的开发仍未停止。

现代焊接诞生至今百余年，充分显示出生命力，如真空技术、计算机技术、微机电技术、自动控制技术等许多现代科学技术的新发展，极大增强了焊接技术本身的能力，扩大了焊接技术的内涵和外延，焊接工艺装备自动化、智能化水平不断提高，特别是焊接机器人的出现，突破了传统焊接自动化的方式，开拓了一种柔性自动化的新模式，使焊接自动化和智能化水平实现了革命性飞跃。

焊接技术之所以可以得到广泛应用和高速发展，是因为其具有以下特点。

1）焊接可以较方便地将各种不同形状与厚度的钢材（或其金属材料）连接起来，也可实现不同材料间的连接成形。

2）焊接连接是一种原子间的连接，刚度大，整体性好，在外力作用下不像机械连接那样因间隙变化而产生较大的变形。同时，焊接连接容易保证产品的气密性与水密性。

3）焊接工艺特别适用于几何尺寸大而材料较分散的制品，如船壳、桁架等；焊接还可以将大型、复杂的结构分解为许多小零件或部件分别加工，然后通过焊接连成整个结构，从而扩大了工作面，简化了结构的加工工艺，缩短了加工周期。

4）焊接结构中各零件间可直接用焊接方法连接，不需要附加的连接件，同时焊接接头的强度一般可与母材相等。因而，可使产品重量减轻，生产成本也明显降低。

但焊接结构是不可拆卸的，更换修理部分零件不方便；另外焊接易产生残余应力，焊缝易产生裂纹、夹渣、气孔等缺陷而引起应力集中，从而降低结构的承载能力，缩短其使用寿命，甚至造成脆断。

2. 焊接成形的本质及分类

国家标准 GB/T 3375—1994《焊接术语》中定义："焊接是通过加热或加压，或两者并用，并且用或不用填充材料，使工件达到结合的一种加工方法。"

研究表明，要把两个分离的金属、非金属固体构件连接到一起，从物理本质上来说，就是要把两个构件连接表面上的原子或分子彼此接近到足够小的距离，即达到金属晶格距离，使之形成牢固结合力。但在一般情况下，当我们把两个固体表面靠拢在一起时，一方面由于表面的粗糙度，即使是精密磨削加工过的金属表面，其表面粗糙度仍有几个微米；另一方面，表面存在氧化膜和其他污染物阻碍了实际表面原子或分子之间的牢固结合。

图 4-1 所示为双原子模型图。两个原子之间既存在引力，也存在斥力，其结合力取决于两原子之间引力和斥力共同作用的结果。当两原子之间的距离达到晶格间距时，两者的结合力达到最大，为 0.3～0.5N。焊接过程的本质就是通过适当的物理、化学方法克服这两个困难，使分离表面的金属原子或分子之间距离达到晶格间距，从而形成牢固结合力。因此，要实现焊接，必须采取一定有效的措施。

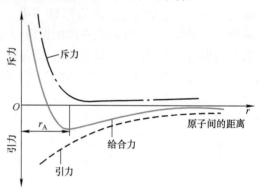

图 4-1 双原子模型图

人们在实践生产中总结发现，可采取以下三种方法。

（1）熔焊方法　利用热源加热被焊母材的连接处，使之发生熔化，利用液相之间的相溶及液固两相原子的紧密接触来实现原子间的结合。为了实现熔化焊接，关键是要有一个能量集中、温度足够高的加热热源。按热源形式不同，熔焊可分为气焊、铝热焊、电弧焊、电渣焊、电子束焊、激光焊等。

熔焊特点：

1）焊接时母材局部不承受外加压力的情况下被加热熔化。

2）焊接时须采取有效的隔离空气措施。

3）两种被焊材料之间须具有必要的冶金相容性。

4）焊接时焊接接头经历了复杂的冶金过程。

（2）压焊方法　对被焊母材的连接表面施加压力，在清除连接面上的氧化膜和污染物的同时，克服两个连接表面上的不平度，或产生局部塑性变形，从而使两个连接表面的原子相互紧密接触，并产生足够大的结合力。如果在加力的同时加热，则使得上述过程更容易进行。按加热方法不同，压焊可分为冷压焊、摩擦焊、超声波焊、爆炸焊、锻焊、扩散焊、电阻对焊、闪光焊等。

压焊特点：

1）压焊是典型的固相焊接方法。

2）焊接时必须利用压力使待焊部位的表面在固态下直接紧密接触。

3）通过调节温度、压力和时间，使待焊表面充分进行扩散而实现原子间结合。

4）不需要添加焊接材料，易于实现自动化。

5）焊前被焊工件表面清理工作要求高，如电阻对焊。

（3）钎焊方法　对填充材料进行加热使之熔化，利用液态填充材料对固态母材润湿，使液、固两相的原子紧密接触，充分扩散，从而产生足够大的结合力。因此，钎焊过程必须采用加热方式和保护措施。按热源和保护条件不同，钎焊方法可分为火焰钎焊、感应钎焊、炉中钎焊、电子束钎焊和盐浴钎焊等。

钎焊特点：

1）钎焊时只有钎料熔化而母材保持固态，钎料的熔点低于母材的熔点。

2）焊接过程中应力和变形小，容易保证焊件的尺寸精度。

3）接头平整光滑，钎焊设备和工艺简单，生产投资费用少。

4）可同时焊接多个焊件或多条钎缝，生产率高。

5）可以实现异种金属、金属与非金属的连接。

6）钎焊接头强度较低，耐热性较差，采用多种搭接形式，会增加母材消耗和结构重量。

综上所述，为实现材料的永久性连接，通常按焊接工艺特点可将焊接分为熔焊、压焊和钎焊三大类。每一类焊接方法又可根据所用热源、保护措施、焊接设备的不同分成多种焊接方法。基本焊接方法分类如图4-2所示。

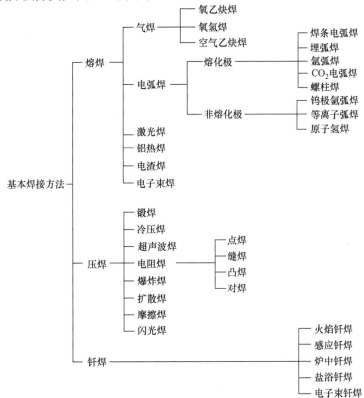

图4-2　基本焊接方法分类

4.1.2　焊接的冶金特点

1. 焊接化学冶金过程

焊接化学冶金过程无论是在原材料方面还是在冶炼条件方面都与炼钢过程存在较大区别。焊接化学冶金过程从焊接材料被加热、熔化开始，经熔滴过渡，最后到达熔池中。该反应过程复杂且与焊缝质量密切相关，因此，必须研究焊接化学冶金的特点，以指导人们如何使冶金反应向有利的方向发展，从而得到优质焊缝金属。

（1）焊接过程中对金属的保护　在焊接过程中必须对焊接区内的金属进行保护，这是焊接化学冶金的特点之一。当用低碳钢光焊丝在空气中进行无保护焊接时，焊缝金属的化学成分和性能与母材和焊丝相比差别较大。这是由于熔化金属与其周围的空气发生激烈的相互作用，使焊缝金属中 O 和 N 的含量显著增加，同时 Mn、C 等有益合金元素因烧损和蒸发而减少，这时焊缝金属的塑性和韧性急剧下降，但由于氮的强化作用，强度变化较小。此外，用光焊丝焊接时，电弧不稳定，焊缝中会产生较多气孔。为了提高焊缝金属的质量，把熔焊方法用于制造重要结构，就必须尽量减少焊缝金属中有害杂质的含量和有益合金元素的损失，使焊缝金属得到合适的化学成分。因此，焊接化学冶金的首要任务就是对焊接区内的金属加强保护，以免受到空气的有害作用。大多数熔焊方法都是基于加强保护的思路发展和完善起来的。例如，焊条药皮、焊剂、药芯焊丝中的药芯、保护气体等保护材料，且各种保护方式的效果不同。

焊条药皮和焊丝药芯一般是由造气剂、造渣剂和铁合金等组成的。这些物质在焊接过程中能形成渣 – 气联合保护。造渣剂熔化以后形成熔渣，覆盖在熔滴和熔池的表面上将空气隔离开。熔渣凝固以后，在焊缝上面形成渣壳，可以防止处于高温的焊缝金属与空气接触。同时造气剂（主要是有机物和碳酸盐等）受热以后分解，析出大量气体。这些气体在药皮套筒中被电弧加热膨胀，从而形成定向气流吹出熔池，将焊接区与空气隔离开。用焊条和药芯焊丝焊接时的保护效果，取决于其中保护材料的含量、熔渣的性质和焊接参数等。

气体保护焊的保护效果取决于保护气的性质与纯度、焊炬的结构、气流的特性等因素。一般来说，惰性气体（氩、氦等）的保护效果是比较好的，因此适用于焊接合金钢和化学活性金属及其合金。

埋弧焊是利用焊剂及其熔化后形成的熔渣隔离空气保护金属的，焊剂的保护效果取决于焊剂的粒度和结构。

当前关于焊接过程中隔离空气的问题已基本解决，但是仅仅机械地保护熔化金属，在有些情况下仍然不能得到合格的焊缝，这是由于焊接过程还可以对熔化金属进行冶金处理。因此，焊接过程中可以通过调整焊接材料的成分和性能，控制冶金反应的发展，来获得预期要求的焊缝成分。

（2）焊接冶金反应区及其特点　焊接冶金过程是分区域（包括药皮反应区、熔滴反应区和熔池反应区）连续进行的，各区的反应条件不同，且不同的焊接方法存在不同的分区。

1）药皮反应区。在药皮反应区中，主要发生水分的蒸发、某些物质的分解和铁合金的氧化。反应析出的大量气体隔绝了空气，也对被焊金属和药皮中的合金产生了很大的氧化作用。试验表明，温度高于 600℃ 就会发生合金的明显氧化，结果使气相的氧化性大大下降，这个过程即所谓的"先期脱氧"。药皮反应阶段可视为准备阶段，因为这一阶段反应的产物可作为熔滴和熔池阶段的反应物，所以它对整个焊接化学冶金过程和焊接质量有一定的影响。

2）熔滴反应区。熔滴反应区包括熔滴形成、长大到过渡至熔池前的整个阶段。虽然该区反应时间短，但因温度高，相接触面积大，并有强烈的混合作用，所以冶金反应最激烈，因而对焊缝成分影响最大。在熔滴反应区进行的主要物理化学反应有气体的分解和溶解、金属的蒸发、金属及其合金成分的氧化和还原，以及焊缝金属的合金化等。

3）熔池反应区。熔滴和熔渣以很高的速度落入熔池后，即同熔化了的母材混合、接触、反应。熔池的平均温度较低，反应时间较长。该区有两个显著特点：一是温度分布极不均匀，熔池头部和尾部存在温度差，因而冶金反应可以同时向相反的方向进行；二是反应过程不仅在液态金属与气、渣界面上进行，而且也在液态金属与固态金属和液态熔渣的界面上进行。

熔池阶段的反应速度比熔滴阶段小，并且在整个反应过程中的贡献也较小。合金元素在熔池阶段被氧化的程度比熔滴阶段小就证明了这一点。但是在某些情况下（如大厚度药皮），熔池中的反应也有相当大的贡献。总之，各阶段冶金反应的综合结果，决定了焊缝金属的最终化学成分。

（3）熔池结晶的特点 焊接熔池的结晶过程与一般冶金和铸造时液态金属的结晶过程并无本质上的区别，具有以下特点。

1）冶金过程短，这是由于熔池金属体积很小，周围是冷金属、气体等，故金属处于液态的时间很短，各种冶金反应进行得不充分。

2）熔池中反应温度高，易造成金属元素强烈地烧损、蒸发或形成有害杂质。

3）熔池的结晶是一个连续熔化、连续结晶的动态过程。

2. 焊接质量控制

焊接区内的气体主要来源于焊接材料、热源周围的气体介质、焊丝和母材表面的杂质、材料的蒸发。产生的气体中对焊接质量影响最大的是 N_2、H_2、O_2、CO_2 和 H_2O（气态）等。

金属与氧的作用对焊接质量的影响最大。高温条件下 O_2 将发生分解，且氧原子能与金属发生以下反应：

$$O_2 \longrightarrow O + O$$
$$Fe + O \longrightarrow FeO \ (Fe_3O_4)$$
$$Si + 2O \longrightarrow SiO_2$$
$$2Cr + 3O \longrightarrow Cr_2O_3$$
$$Mn + O \longrightarrow MnO$$
$$2Al + 3O \longrightarrow Al_2O_3$$

有些氧化物（如 FeO）能溶解在液态金属中，冷凝时因溶解度下降而析出，成为焊缝中的杂质，影响焊接质量，是有害的冶金反应物；而大多氧化物（如 SiO_2、MnO 等）则不溶于液态金属，生成后会浮于熔池表面进入渣中。另外，不同元素与氧的亲和力大小不同，钢中常见元素与氧的亲和力从大到小排序依次为 Al、Ti、Si、Mn、Fe。正是由于 Al、Ti、Si、Mn 等元素与氧的亲和力比 Fe 强，因此在焊接时，常用 Al、Ti、Si、Mn 等金属元素作为脱氧剂。脱氧后形成的氧化物不溶于液态金属，而是形成熔渣浮在表面，起到净化熔池、提高焊缝质量的作用。

氮和氢在高温条件下，能溶解于液态金属内，氮能与铁化合成 Fe_4N 和 Fe_2N，其将以夹杂物的形式存在于焊缝中；而氢的存在则易引起氢脆（白点）和造成气孔。由于焊缝中存在的 FeO、Fe_4N 等杂质及氢脆和气孔，以及合金元素的严重氧化和烧损，使得焊缝金属的力学性能较差，尤其是塑性和韧性远低于母材金属。

硫和磷是钢中的有害杂质。焊缝中的硫和磷主要来源于母材、焊芯和药皮。硫在钢中以 FeS 形式存在，与 FeO 等形成低熔共晶聚集在晶界上，增加焊缝的开裂倾向，同时降低焊缝的冲击韧度和耐蚀性。磷与铁、镍等也可形成低熔点共晶组织，增加热裂纹倾向。磷化铁硬而脆，则会使焊缝的冷脆倾向增大。

因此，为保证焊缝质量，需从以下几个方面采取措施。

（1）减少有害元素进入熔池，形成机械保护　焊条电弧焊的焊条药皮、埋弧焊的焊剂、气体保护焊中的保护气体（CO_2、Ar_2）等，它们形成的保护性熔渣或保护性气体，使电弧空间的熔滴和熔池与空气隔绝，防止空气进入。此外，焊前还需清除焊件坡口表面及其两侧附近的锈皮、水、油污等，并同时烘干焊条、去除水分或将焊丝表面等清理干净。

（2）脱除有害杂质，保证和调整焊缝成分　钢铁材料焊接时，在药皮或焊剂中加入 $Mn-Fe$、$Si-Fe$、$Ti-Fe$、Al_2O_3 等脱氧剂，脱硫、脱磷剂（$Mn-Fe$、$CaCO_3$）和脱氢剂（CaF_2），最大限度地除去有害杂质 O、S、P、H，从而保证和调整焊缝化学成分，其反应如下：

$$Mn + FeO \longrightarrow MnO + Fe$$
$$Si + 2FeO \longrightarrow SiO_2 + 2Fe$$
$$MnO + FeS \longrightarrow MnS + FeO$$
$$CaCO_3 \longrightarrow CaO + CO_2 \uparrow$$
$$CaO + FeS \longrightarrow CaS + FeO$$
$$2Fe_3P + 5FeO \longrightarrow P_2O_5 + 11Fe$$

（3）渗入合金元素，改善焊缝金属力学性能　在熔池结晶时渗入合金元素以保证焊缝的化学成分，如在焊条药皮或粒状焊剂中加入 $Mn-Fe$、$Si-Fe$、$Ti-Fe$、Al_2O_3 等合金剂，或在焊丝内加入 Si、Mn、Ti、Al 等合金元素。

焊缝结晶时合金元素可直接过渡到熔池中，以弥补熔池中有用合金元素的蒸发和烧损，甚至会增加焊缝中某些合金元素的含量，以提高焊缝的力学性能。

4.1.3　焊接接头

1. 焊接接头金属组织和性能

图 4-3 所示为低碳钢焊接接头的组织变化示意图，图中左侧下部表示焊件截面上的组织形态，上部曲线表示各区在焊接过程中所能达到的最高温度，右侧为所对应的部分铁碳合金相图。

（1）焊缝的组织和性能　焊缝金属是由母材和焊条（丝）熔化形成的熔池冷却结晶而成的。焊缝金属属于铸态组织，在结晶时，是以熔池和母材金属交界处的半熔化金属晶粒为晶核，沿着垂直于散热面方向反向生长为柱状晶，最后这些柱状晶在焊缝中心相接触而停止生长，则得到粗大的柱状晶粒。同时，硫、磷等低熔点杂质易在焊缝中心形成偏析，使焊缝塑性下降，易产生热裂纹，但由于焊缝冷却速度快，加之焊条药皮可渗入合金调控焊缝化学

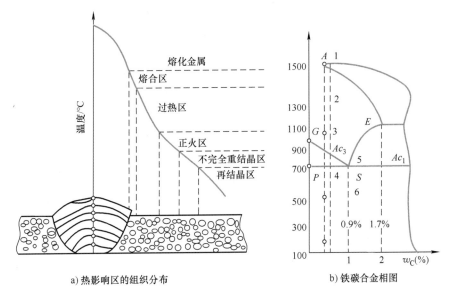

a) 热影响区的组织分布　　　　　　b) 铁碳合金相图

图 4-3　低碳钢焊接接头的组织变化示意图

成分，使焊缝得到强化，因此焊缝金属一般均能达到所要求的力学性能。

（2）热影响区的组织和性能　热影响区是焊缝两侧受到热的影响而发生组织和性能变化的区域。靠近焊缝部位温度较高，远离焊缝部位则温度较低，根据温度的不同，热影响区可分为熔合区、过热区、正火区和不完全重结晶区。

1）熔合区。熔合区是焊缝和基本金属的交界区，该区温度处于固相线与液相线之间，组织中包含未熔化而受热长大的粗晶粒和由金属液结晶成的铸态组织，由于组织极不均匀，造成力学性能低。熔合区是焊接接头最薄弱的环节之一。

2）过热区。过热区是焊接热影响区中具有过热组织或明显粗大晶粒的那一部分区域。低碳钢过热区加热温度在 1100℃ 以上至固相线。过热区金属的塑性、韧性很低，尤其是冲击韧度较低，易产生裂纹，是热影响区中性能最差的区域。该区宽为 1.0~3.0mm。

3）正火区。正火区是焊接热影响区内相当于受到正火处理的那一部分区域。正火区金属被加热到较 Ac_3 线稍高的温度，由于金属发生了重结晶，冷却后得到均匀细小的正火组织，因此正火区的金属力学性能良好，一般优于母材。该区宽为 1.2~4.0mm。

4）不完全重结晶区。即焊接热影响区内发生了部分相变的区域。低碳钢在该区的加热温度在 Ac_1~Ac_3 线之间。因该区部分组织发生相变，冷却后晶粒大小不均匀，力学性能较母材略差。

一般情况下，离焊缝较远的母材金属被加热到 Ac_1 温度以下，钢的组织不发生变化。但钢材若经过冷塑性变形，则在 450℃~Ac_1 之间将产生再结晶现象，导致钢材软化。

（3）熔合区的组织和性能　熔合区是熔池与固态母材的过渡区域，又称为半熔化区。该区温度位于液固两相线之间，成分和组织极不均匀，组织中包括未熔化但受热而长大的粗大晶粒和部分铸态组织，导致强度、塑性和韧性极差。该区很窄，仅约 0.1~1.0mm，但它对接头的性能起着关键作用。

对于合金元素含量高的易淬火钢，如中碳钢、高强合金钢，热影响区中加热温度在 Ac_1

线以上的区域，焊后将形成马氏体组织；加热温度在 $Ac_1 \sim Ac_3$ 线之间的区域，焊后形成马氏体与铁素体的混合组织。马氏体的出现使得焊接热影响区出现硬化和脆化现象，且碳、合金元素含量越高，硬化现象越严重。

2. 影响焊接接头组织和性能的因素

在焊接过程中，焊接接头热影响区的大小和组织性能变化的程度取决于焊接方法、焊接规范、接头形式和焊接加热温度及冷却速度等。不同焊接方法的热源不同，产生的温度高低和热量集中程度不同，且采用的机械保护效果也不同，因此热影响区大小也不同。一般来说，焊接热量集中、焊接速度快，则热影响区小。而采用同种焊接方法时，若焊接工艺不同，热影响区的大小也会不同。通常在保证焊接质量的前提下，增大焊接速度、减小焊接电流均可减小热影响区范围。熔合区和热影响区是不可避免的，焊接时应针对不同的材料和结构选择相应的焊接方法、焊接工艺等，以减小各区域的大小和性能变化程度。另外，影响焊接接头性能的因素还有焊接材料。以电弧焊为例，焊接材料主要是指焊条、焊丝和焊剂等，焊接熔化后成为焊缝金属的组成部分，因此焊接材料质量直接影响到焊缝成分、组织与性能。

3. 改善焊接接头组织和性能的措施

焊接接头组织与性能的变化，直接影响到焊接构件的使用性能和寿命。对于热影响区较窄及危害较小的焊接构件，焊后不需要处理就能正常使用。但对于重要的焊接构件（如电渣焊焊接构件），要充分注意到热影响区的不良影响。改善焊接热影响区性能的主要措施如下：

（1）热影响区冷却速度应适当　对于低碳钢，采用细焊丝、小电流、高焊速，可提高接头韧度，减轻接头脆化；对于易淬硬钢，在不出现硬脆马氏体的前提下适当提高冷却速度，起到细化晶粒效果，有利于改善接头性能。

（2）进行焊后热处理　焊后进行退火或正火处理可以细化晶粒，消除内应力，改善焊接接头的力学性能。例如，对于碳素钢与低合金结构钢的埋弧焊件，焊后需用正火处理来降低热影响区影响，而对于重要钢结构件则可选用焊后退火或回火处理。

4.1.4　焊接应力与焊接变形

1. 焊接应力与焊接变形产生的原因

焊接时焊件受到不均匀加热且焊缝区熔化，与焊接熔池毗邻的高温区材料热膨胀受到周围冷态材料的制约，产生不均匀的压缩塑性变形。在冷却的过程中，已经发生压缩塑性变形的这部分材料同样受到周围金属的制

应力产生视频

约而不能自由收缩。与此同时，熔池凝固，焊缝金属冷却收缩也因受到制约而产生收缩拉应力和变形。这样，在焊接接头区域就产生了残余应变。

焊接应力与焊接变形是由多种因素交互作用而导致的结果。焊接时的局部不均匀热输入是产生焊接应力与焊接变形的决定性因素。热输入是通过材料因素、制造因素和结构因素所构成的内拘束度和外拘束度而影响热源周围的金属运动，最终形成了焊接应力与焊接变形。影响热源周围金属运动的内拘束度主要取决于材料的热物理参数和力学性能，而外拘束度主要取决于制造因素和结构因素。

焊接时的温度变化范围大，如焊缝上的最高温度可以达到材料的沸点，而离开焊接热源

温度就急剧下降直至室温。温度的这种急剧变化会导致两方面的问题。

（1）高温下金属的性能发生显著变化 例如，低碳钢在 0～500℃ 范围内的屈服强度变化很小；在 500～600℃ 范围内，其屈服强度迅速下降；超过 600℃ 则认为其屈服强度接近于零；对于钛合金来说，在 0～700℃ 范围内，其屈服强度一直下降。材料屈服强度的这种变化必然会影响到整个焊接过程中的应力分布，从而使问题变得更加复杂。

（2）焊接的温度场是一个空间分布极不均匀的温度场 这是由于焊接时的加热并非是沿着整个焊缝长度上同时进行的，从而造成焊缝上各点的温度分布是不同的。

图 4-4 所示为平板对焊时应力和变形产生示意图。平板焊接加热时，由于各部分加热温度不同，接头各处沿焊缝长度方向应有不同的伸长量。假如这种伸长不受任何阻碍，各部分能够自由伸长，则平板焊接时的变化应如图 4-4a 中虚线所示。但由于平板是一个整体，各部分的伸长必须相互协调，最终伸长 Δl，结果焊缝区中心部分因膨胀受阻而承受压应力（符号"－"表示），两侧因远离焊缝区形成拉应力（符号"＋"表示）。当压应力超过金属的屈服强度时产生压缩变形，平板处于平衡状态。

焊缝形成后，金属随之冷却，冷却使金属收缩，这种收缩若能自由进行，由于焊缝及邻近区域高温时已产生的压缩塑性变形会保留下来，不能再恢复，焊缝区将自由缩短至图 4-4b 所示虚线位置，焊缝区两侧的金属则恢复到焊前长度。但因整体作用，只能共同收缩到比原始长度短 $\Delta l'$ 的位置，于是，焊缝及其附近金属承受拉应力（＋），远离焊缝的两侧金属承受压应力（－），保持到室温。保留至室温的应力与变形称为焊接残余应力与变形。

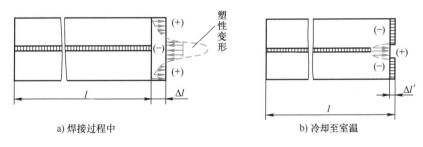

a) 焊接过程中   b) 冷却至室温

图 4-4 平板对焊时应力和变形产生示意图

综上可知，焊接过程中不均匀加热会使焊缝及其附近存在残余拉应力，且焊件产生一定尺寸的收缩变形。如果焊件受约束程度过大，则焊件变形小而残余应力较大，甚至高达材料的屈服极限；如果焊件受约束程度较小，焊件可产生较大的变形，而残余应力较小。

一般来说，焊接构件所用材料的厚度方向相对于长和宽来说尺度上小很多。如在板厚小于 20mm 的薄板和中厚板的焊接过程中，厚度方向的焊接应力很小，残余应力基本上处于平面应力状态（双轴）。对于厚板来说，厚板焊接多为开坡口多层多道焊接，后续焊道在（板平面内）纵向和横向都遇到了较大的收缩抗力，其结果是在纵向和横向均产生了较大的残余应力。而先焊的焊道对后续焊道具有预热作用，因此对残余应力的增加稍有抑制作用。由于强烈弯曲效应的叠加，使先焊焊道承受拉伸，而后焊焊道承受压缩。横向拉伸发生在单边多道对接焊缝的根部焊道，这是由于在焊缝根部的角收缩倾向较大，如果角收缩受到约束则表现为横向压缩。板厚方向的残余应力比较小，因而多道焊明显避免了三轴拉伸残余应力状态。

在实际生产中，由于焊接工艺、焊接结构特点和焊缝的布置方式不同，焊接变形的类型大概分为五种：即收缩变形、角变形、弯曲变形、扭曲变形和波浪变形，如图4-5所示。

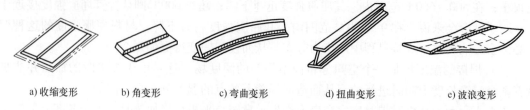

a) 收缩变形　　　b) 角变形　　　　c) 弯曲变形　　　　　d) 扭曲变形　　　　e) 波浪变形

图4-5　焊接变形的基本类型

焊接变形

　　（1）收缩变形　　收缩变形是焊接后，焊件沿着纵向（平行于焊缝）和横向（垂直于焊缝）收缩引起的。

　　（2）角变形　　角变形是由于焊缝截面上下不对称，横向收缩不均匀造成的。焊件一般向焊缝尺寸大的表面翘起。

　　（3）弯曲变形　　弯曲变形一般在焊接 T 形梁时出现，由于焊缝不对称，焊件向焊缝集中一侧弯曲。

　　（4）扭曲变形　　扭曲变形是由于焊接顺序和焊接方向不合理，造成焊接应力在焊件上产生较大的扭矩所致。

　　（5）波浪变形　　波浪变形一般在焊接薄板时出现，焊件在焊接残余压应力作用下失稳变形。

2. 焊接应力与焊接变形的调整与控制

　　一般情况下，焊接应力对焊接结构的使用影响不大，焊后不必消除焊接应力。但对于在低温、动载荷或重载荷条件下工作的焊接构件，焊接应力影响较大。因为焊接应力的存在使其承载能力下降，有发生低应力脆断的危险。对于接触腐蚀性介质的焊接构件，如高压容器等，应力腐蚀现象加剧会影响使用寿命，甚至会因产生应力腐蚀裂纹而报废。另外，对于焊后需切削加工的焊接构件，焊接应力会影响加工精度。裂纹和变形都是焊接缺陷；出现裂纹要清理干净重新焊接；变形超过了允许程度就需要矫正，如果矫正不过来，影响装配和使用，焊件就成了废品。

　　（1）焊前调控焊接残余应力与焊接变形的措施　　消除应力和矫正变形都会增加焊接成本，降低生产率；对于大型焊接构件，消除应力是很困难的。因此要求焊接过程中尽可能防止或减少焊接应力与焊接变形。防止和减小焊接应力与焊接变形，主要通过合理设计焊接结构和采取适当的焊接工艺方法来实现，实际生产中常采用的措施如下：

　　1）合理地选择焊缝的形状和尺寸。焊缝尺寸直接关系到焊接工作量、焊接残余应力与焊接变形的大小。在保证结构承载能力的前提下，应遵循的原则是：尽可能使焊缝长度最短；尽可能使板厚小；尽可能使焊脚尺寸小；断续焊缝和连续焊缝相比，优先采用断续焊缝；角焊缝与对接焊缝相比，优先采用角焊缝，且复杂结构最好采用分部组合焊接。

　　2）尽量避免焊缝的密集与交叉。焊缝间相互平行且密集时，相同方向上的焊接残余应力和塑性变形区会出现一定程度的叠加；焊缝交叉时，两个方向上均会产生较高的残余应力。这两种情况下，作用于结构上的双重温度 - 变形循环均可能会在局部区域（如缺口和缺陷处）超过材料的极限值。

3）合理地选择肋板的形状并适当地安排肋板的位置，可以减少焊缝，提高肋板加固的效果。

4）采用压形板来提高平板的刚性和稳定性，也可以减少焊接量和减小变形。

例如，货轮的隔舱板采用如图4-6所示的压形板来代替T形肋板和平板焊接的隔舱板，焊接量大大减少，并省去了焊后的校正工作。

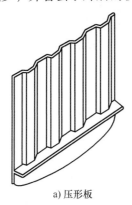
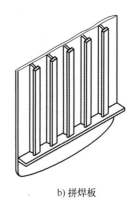

a) 压形板   b) 拼焊板

图 4-6 两种隔舱板形式

5）联系焊缝（按构件设计要求不直接承载的焊缝）可采用断续焊缝的形式以降低热输入总量。

双面断续角焊缝的焊段可做交替布置。在可能出现腐蚀的地方用切口使焊缝闭合，断续焊缝与切口在需要考虑疲劳强度的场合不宜采用。

6）反变形法。按照预先估计好的结构的变形大小和方向，在装配时对构件施加一个大小相等、方向相反的变形与焊接变形相抵消，使构件焊后保持设计要求，如图4-7所示。

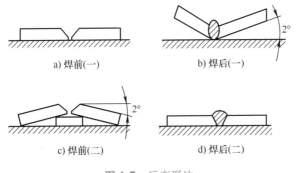

a) 焊前(一)   b) 焊后(一)

c) 焊前(二)   d) 焊后(二)

图 4-7 反变形法

Y 型焊接反变形法

7）合理选择接头形式和焊缝种类。就减小残余应力和变形来说，十字接头、T形接头、角接接头和搭接接头中的角焊缝优于对接焊缝（在疲劳强度方面则不然）。采用角焊缝时，间隙与力线的偏移会降低接头的刚性，从而降低结构中的横向残余应力。在焊接盖板时最好搭接，而不宜焊平补齐。在待焊构件的尺寸偏差和装配要求方面，角焊缝也优于对接焊缝，角焊缝可以允许更大的横向错位和角度偏差，而对接结构装配时其坡口必须精确对准（实际中常因拉、压调整装配误差而导致预应力）。

8）刚性固定法。该方法是经常采用的一种方法。这种方法是在没有反变形的情况下，通过将构件加以固定来限制焊接变形。这种方法只能在一定程度上减小挠曲变形，但可以防止角变形和波浪变形。如图 4-8 所示，在焊接法兰盘时，用夹具将两个法兰盘背对背固定后再进行焊接，有效地减小了法兰盘的角变形。

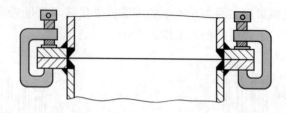

图 4-8　刚性固定法焊接法兰盘

（2）焊后调控焊接残余应力与焊接变形的措施　构件焊接完成之后，如果出现较大的焊接变形和残余应力，则需要进行变形校正和消除应力处理。可采用的方法主要分为两类：机械法和加热法。

1）机械法。焊接变形产生的主要原因是焊缝金属的收缩，收缩受到约束就产生了残余应力。因此，采用一定的措施使收缩的焊缝金属获得延展，就可以校正变形并调节内应力的分布。

利用外力使构件产生与焊接变形方向相反的塑性变形，使两者相互抵消，这是减小和消除焊接残余应力与变形的基本思路之一。对于大型构件（如工字形梁）可以采用压力机来校正挠曲变形（图 4-9）。对于厚板多层焊的焊件，可以只锤击最后焊道的焊缝和熔合线，也可以在每层焊道焊完后逐层锤击。锤击法的优点是节省能源、降低成本、提高效率，缺点是劳动强度大，并且焊件表面质量差。对于薄板并具有规则的焊缝，可采用辗压的方法，利用圆盘形滚轮来辗压焊缝及其两侧，使之伸长来达到消除变形和调控残余应力的目的。对于形

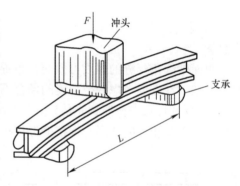

图 4-9　工字形梁弯曲变形的机械校正

状不规则的焊缝，可以采用逐点挤压的办法，即用一对圆截面压头挤压焊缝及其附近的压缩塑性变形区，使压缩塑性变形得以延展。挤压后会使焊缝及其附近产生压应力，这对提高接头的疲劳强度是有利的。

通过对焊件施加一次机械拉伸，使得拉应力区（焊缝及其附近的纵向应力一般为拉应力，且可以接近屈服强度）在外载作用下产生拉伸塑性变形，其方向与焊接时产生的压缩塑性变形相反。这样不但减小了纵向焊接变形，而且可以降低残余应力。

机械拉伸消除内应力对于一些焊接容器特别有意义。在进行液压试验时，采用一定的过载系数就可以起到降低残余应力的作用。对液压试验的介质（通常为水）温度要加以适当地控制，最好能使其高于容器材料的脆性断裂临界温度，以免在加载时发生脆断。

利用机械作用消除残余应力的另一种方法就是振动时效技术。这种方法是利用偏心轮和变速电动机组成激振器，使结构发生共振所产生的应力循环来降低内应力。这种方法的优点是设备简单、处理成本低、处理时间短，也没有高温回火时的金属氧化问题。这种方法不推

荐在为防止断裂和应力腐蚀失效的结构上应用，对于如何控制振动，使得既能降低内应力，又不会使结构发生疲劳损伤等问题还有待进一步研究解决。

2）加热法。通过加热来消除残余应力与材料的蠕变和应力松弛现象有着密切的关联，其消除应力的原理包括两方面。一方面，材料的屈服强度会因温度的升高而降低，并且材料的弹性模量也会下降。加热时，如果材料的残余应力超过了该温度下材料的屈服强度，就会发生塑性变形，并因而缓和残余应力。这种作用是有限的，不能使残余应力降低到所加热温度条件下的材料屈服强度以下。另一方面，高温时材料的蠕变速度加快，蠕变引起应力松弛。理论上，只要给予充分的时间，就能把残余应力完全消除，并且不受残余应力大小的限制。实际上，要完全消除残余应力，必须在较高的温度下保温较长的时间才行，但这也可能引起某些材料的软化。依据上述原理，对焊接构件进行高温回火，可以彻底消除焊接残余应力。重要的焊接构件多采用整体加热的高温回火方法来消除焊接残余应力。

高温回火消除内应力的效果主要取决于加热温度，材料的成分和组织也与应力状态和保温时间有关。对于同种材料，回火温度越高、时间越长，应力消除得就越彻底。用高温回火消除残余应力时，不能同时消除构件的残余变形。为了达到能同时消除残余变形的目的，在加热之前就应该采取相应的工艺措施（如使用刚性夹具）来保持构件的几何尺寸和形状。整体处理后，如果构件的冷却不均匀，又会形成新的热处理残余应力。保温时间应根据构件的厚度来确定。对于钢材可按照每毫米厚度保温 1~2min 计算，但总的保温时间一般不宜低于 30min；对于中厚板结构，不宜超过 3h。

高温回火也可以以局部加热的方式进行。这种处理方法是对焊缝周围的一个局部区域进行加热。由于局部加热的性质，因此消除应力的效果不如整体高温回火，它只能降低应力峰值，不能完全消除内应力。但是局部处理可以改善焊接接头的力学性能。它的处理对象仅限于比较简单的焊接接头。局部加热可以采用电阻、红外、火焰和感应加热等。

焊后矫形处理

（3）随焊调控焊接残余应力与焊接变形的措施 在焊接过程中对焊接残余应力和变形进行随时调整和控制同样具有重要的意义。焊接时，既可以通过合理选择焊接方法和规范，采取一些辅助措施来调控残余应力和变形，也可以采用一些特殊的设备和手段对焊接残余应力与变形进行调控。

1）减小热输入。采用热输入较小的焊接方法，可以有效地防止焊接变形。例如：CO_2 半自动焊的变形比气焊和焊条电弧焊的变形小；真空电子束焊接的焊缝极窄，变形很小，可以用来焊接精度要求高的机械加工件。焊缝不对称的细长构件有时可以通过选用适当的热输入，而不用任何反变形方法或夹具来克服挠曲变形。

采用直接水冷法（图 4-10a）或采用铜块冷却法（图 4-10b）来限制焊接热场的分布，可以起到类似减小焊接热输入的作用，达到减小变形的目的。

2）合理安排装配焊接的顺序。可以通过合理安排装配焊接的顺序调控焊接变形。采用合理的焊接顺序和方向，尽量使焊缝能自由收缩，先焊收缩量较大的焊缝。如图 4-11 所示带盖板的双工字钢构件，应先焊盖板的对接焊缝 1，后焊盖板和工字钢之间的角焊缝 2，使对接焊缝 1 能自由收缩，从而减小应力。

焊接顺序

在拼板时，应先焊错开的短焊缝，然后再焊直通长焊缝，从而减小应

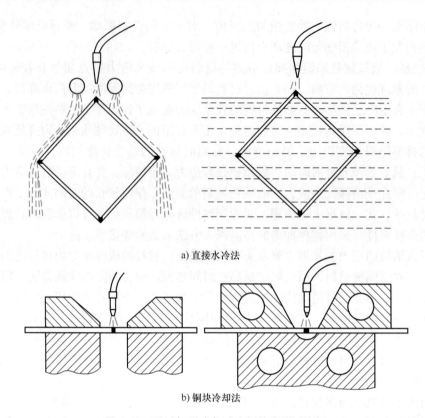

a) 直接水冷法

b) 铜块冷却法

图 4-10 通过加强冷却减小焊接变形示意图

力，如图 4-12 所示。

3）随焊激冷法。该法的基本原理是利用与焊接加热过程相反的方法，采用冷却介质使焊接区获得比相邻区域（母材）更低的负温差，在冷却过程中，焊接区由于受到周围金属的拉伸而产生拉伸塑性变形，从而抵消焊接过程中形成的压缩塑性变形，达到消除残余应力的目的。

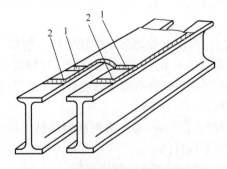

图 4-11 按收缩量大小确定焊接顺序
1—对接焊缝 2—角焊缝

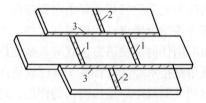

图 4-12 按焊缝布置确定焊接顺序
1、2—短焊缝 3—长焊缝

4）随焊机械辗压法。该法利用平面轮或凸面轮直接辗压焊缝金属，达到减小焊接变形和残余应力的目的。由于随焊辗压时，焊缝金属的温度相对于完全冷态时要稍高一些，因此辗压力也可以降低一些。如果主要目的是降低材料焊接热裂纹的倾向，可以采用凹面轮来辗压焊趾，由此产生一个横向挤压作用来避免热裂纹。

5）随焊锤击法。由于电弧刚刚加热过的焊缝金属的温度较高，所以只需要很小的力就可以使其产生较大的塑性延展变形，从而抵消焊缝及其附近区域的缩短变形，达到控制焊接变形和降低焊接残余应力的目的。当锤击点处于焊缝的脆性温度区两侧时，则可以起到避免焊接热裂纹的作用。

除以上方法外，还可通过预拉伸法、随焊温差拉伸法和随焊冲击辗压法等达到对焊接残余应力与变形进行随焊调控的效果。

4.1.5　焊接裂纹

1. 热裂纹的产生与预防

热裂纹是指焊接过程中，焊缝和热影响区金属冷却到固相线附近的高温区产生的焊接裂纹。热裂纹常发生在焊缝区，焊缝金属中的热裂纹又称为结晶裂纹。由于被焊材料大多为合金，其凝固在一个温度范围内完成，首先凝固的焊缝金属把低熔点的杂质推挤到晶界处，形成一层液体薄膜，又因为焊接熔池冷却速度很大，焊缝金属在冷却过程中发生收缩，内部产生拉应力，拉应力把凝固的焊缝金属沿晶粒边界拉开，在没有足够液态金属补充的条件下，就形成微小的裂纹，随温度下降，拉应力增大，裂纹也不断扩大。

在热影响区熔合线附近产生的热裂纹称为液化裂纹。它也有可能出现在多层焊时焊缝层间。液化裂纹的产生原因与结晶裂纹基本相同。

一般来说，低熔点的杂质元素（如硫）是造成结晶裂纹的主要因素。当钢中碳的质量分数高时，有利于硫在晶界的富集，会促进热裂纹的形成。因此，为了防止热裂纹，应限制钢材和焊条、焊剂中的低熔点杂质（如硫、磷）的含量。锰具有脱硫作用，如母材和焊接材料中硫及碳的含量高，而锰含量不足时，易产生热裂纹。一般要求母材、焊条、焊丝中硫的质量分数小于0.04%，低碳钢和低合金钢用焊条和焊丝中硫的质量分数要小于0.12%。另外，选择合适的焊接规范和焊接工艺，也是防止热裂纹的重要措施，如适当提高焊缝成形系数（焊缝成形系数太小，易形成中心线偏析，导致热裂纹产生）。

2. 冷裂纹的产生与预防

冷裂纹是指焊接接头冷却到较低温度时产生的焊接裂纹。焊缝区和热影响区都可能产生冷裂纹。与热裂纹不同，冷裂纹是在较低温度下形成的（200～300℃），且不是在焊接过程中产生的，而是在焊后延续一定时间后才产生的，故又称为延迟裂纹。冷裂纹大多出现在热影响区，也会在焊缝金属内出现（焊缝金属中的横向裂纹多为冷裂纹）。常见的冷裂纹形态有焊道下裂纹、焊趾裂纹和焊根裂纹三种。

一般认为，氢是诱发延迟裂纹（又称为氢致裂纹）的最活跃因素，当氢含量高时，焊缝中的氢在结晶过程中向热影响区扩散，当氢不能逸出时，就会聚集在离熔合线不远的热影响区中，如果被焊材料的淬火倾向较大，焊后冷却时，在热影响区中可能形成硬脆马氏体组织，加上焊后残余应力的存在，以上因素共同作用，导致了冷裂纹的产生。可采用以下措施防止冷裂纹的产生。

1）选用碱性低氢型焊条，减少氢的来源；另外焊前应烘干焊材，清理接头的水、油、锈等，也可有效防止冷裂纹的产生。

2）采用焊前预热、焊后缓冷等方法避免产生淬硬组织。

3）采用合理的焊接规范和焊后热处理工艺等措施，降低焊接应力。

4）焊后进行消氢处理（可加热到250℃，保温2～6h，使焊缝中的扩散氢逸出金属表面），降低氢的危害。

4.2 焊接方法

焊接方法种类很多，在汽车、船舶、压力容器、建筑、电子工业等领域中均有广泛应用。据统计，世界上钢产量50%～60%的钢材，均要经过焊接才能最终投入使用。按照焊接过程的不同物理特点和所采用能源的性质，可将焊接方法分为熔焊、压焊和钎焊三大类，其中焊条电弧焊、埋弧焊、气体保护焊、电渣焊和激光焊均属于熔焊。熔焊是最典型的液相焊接。点焊、缝焊、对焊和摩擦焊等属于压焊。

4.2.1 焊条电弧焊

1. 焊条电弧焊的基本原理

焊条和工件之间通过短路引燃电弧，电弧热使工件和焊条端部同时熔化，熔滴与熔化的母材形成熔池，焊条药皮熔化形成熔渣覆盖于熔池表面并产生大量保护气体，实现气体－熔渣联合保护，同时在高温下熔渣与熔池液态金属之间发生冶金反应。随焊条的移动，熔池冷却、结晶，形成连续的焊缝，熔渣凝固成渣壳。图4-13所示为焊条电弧焊工作原理。

（1）焊接电弧的引燃　电弧焊引燃电弧通常有两种方式，即接触式引弧和非接触式引弧。焊条电弧焊引弧方式属于接触式引弧，常用划擦法和直击法。

焊接前将焊件与焊条分别接到焊接电源的两极，将焊条与焊件瞬时碰击或擦划接触短路，造成接触点处电流密度瞬间增至相当大的值并产生相当大的电阻热，迅速将焊条药皮和两极金属熔化并蒸发。随即焊条轻轻抬起，焊条端头与焊件之间则充满了已电离的电荷和金

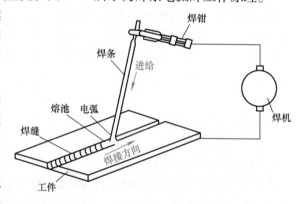

图4-13　焊条电弧焊工作原理

属蒸气，电荷在强电场和高温共同作用下，以高动能、高速度向焊件方向运动，并与电弧间的气体介质发生强烈撞击，导致气体介质进一步电离、形成电流并引燃电弧，使电弧中心电阻热进一步增加，温度进一步上升，只要维持一定电压，便能使放电过程连续进行，从而使电弧连续燃烧。

手弧焊过程

（2）焊接电弧的构成　焊接电弧是由焊接电源供给能量，在具有一定电压的两电极之间或电极与母材之间的气体介质中产生的强烈而持久的放电现象。

焊接电弧是由阴极区、阳极区和弧柱区三部分构成的。这三部分尺寸不同，压降也不同。如图4-14所示，电弧中紧靠阴极的区域是阴极区，其压降用U_K表示；紧靠阳极的区域是阳极区，其压降用U_A表示；两区之间的区域是弧柱区，其压降用U_C表示。总的电弧电压

U_a等于这三部分压降之和，即 $U_a = U_K + U_C + U_A$。

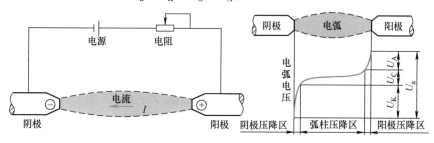

图 4-14 电弧形成及各区电压分布示意图

（3）焊接电弧的极性 由于电弧产生的热量在阳极和阴极上是不同的，因此在使用焊接电源时，有直流正接、直流反接和交流三种形式。

当采用直流电源正接时，阴极区位于焊条末端，而阳极区位于焊件表面，弧柱区则介于阴极和阳极之间，电弧四周被气体和弧焰包围，使弧柱形状一般呈锥台形，且电弧挺度较大。正接法电极温度较低，易于保护电极不被烧损，而焊件则可获得较高的热量，适宜于较厚板焊接。

当采用直流电源反接时，由于电极温度较高，易于焊芯或焊丝快速熔化，而工件则获得热量较少，因此，该方法适宜于薄板及低氢型焊条焊接。

当采用交流电源焊接时，由于电源极性变化，故电弧的阴极区和阳极区无区别且温度基本相同，电弧飘逸、挺度较小。

2. 焊条电弧焊设备及工具

焊条电弧焊基本电路由交流或直流弧焊电源、焊钳、电缆、焊条和工件等组成。为保证在焊条电弧焊过程中电弧能够稳定燃烧，不发生断弧现象，焊条电弧焊用焊机应满足以下要求。

1）为满足引弧要求，对空载电压有一定要求，一般为 40～100V。

2）能承受短时间持续短路，要求焊机限制短路电流值，一般不超焊接电流的50%，防止焊机因短路过热而烧坏。

3）具有足够的电流调节范围和功率，以适应不同的焊接需求。

4）具有良好的动特性。

5）使用和维护方便。

常用焊条电弧焊焊机有弧焊变压器、直流弧焊发电机、弧焊整流器、弧焊逆变器等。其中弧焊整流器具有制造方便、价格低、空耗小、噪声小、可远距离调节的特点；弧焊逆变器因重量轻、体积小、高效节能、功率因数高、焊接性好等特点，最具有发展前景。

常用电弧焊工具有焊钳、面罩/护目镜、接地夹钳、焊接电缆、防护服、焊条保温筒、钢丝刷、气铲、角磨机、渣锤、焊缝尺等。

3. 焊条电弧焊的基本操作

焊条电弧焊的基本操作过程包括引弧、运条和收尾等。

（1）引弧 常用引弧方法有划擦或直击。

（2）运条 常用的运条方法有直线形运条法、直线往复运条法、锯齿形运条法、月牙形运条法、三角形运条法、圆圈形运条法等。

（3）收尾 焊缝收尾时，为了不出现尾坑，焊条应停止向前移动，而采用划圈收尾法或反复断弧法等自下而上地慢慢拉断电弧，以保证焊缝尾部成形良好。常见的收尾方法如下：

1）划圈收尾法。焊条移至焊道终点时，利用手腕的动作做圆圈运动，直到填满弧坑再拉断电弧。该方法适用于厚板焊接，用于薄板焊接会有烧穿危险。

2）反复断弧法。焊条移至焊道终点时，在弧坑处反复熄弧、引弧数次，直到填满弧坑为止。该方法适用于薄板及大电流焊接，但不适用于碱性焊条，否则会产生气孔。

3）转移收尾法。焊条移到焊缝终点时，在弧坑处稍作停留，将电弧慢慢拉长，引到焊缝边缘的母材坡口内。该方法适用于碱性焊条，在焊条的更换、临时停弧时常用。

4. 焊条电弧的特点及应用

（1）焊条电弧焊的优点

1）操作灵活，适应性强，设备简单，不受焊缝空间位置、接头形式及操作场合的限制。

2）对焊接接头的装配要求低。

3）可焊材料广，常用于低碳钢、低合金结构钢的焊接。

（2）焊条电弧焊的缺点

1）生产率低，劳动强度大。

2）焊缝质量依赖性强。

（3）焊条电弧焊的应用范围与局限性

1）可焊厚度范围大，多用在 3～40mm 之间。

2）可焊金属范围广。能够焊接碳素钢、低合金钢、不锈钢、耐热钢、铜、铝及其合金；可以焊接铸铁、高强钢、淬火钢等；W、Mo、Ta、Nb、Zr、Ti 等难熔金属和 Zn、Pb、Sn 等低熔点金属不可焊。

3）复杂结构、各种空间位置焊缝均可焊。

4.2.2 埋弧焊

1. 埋弧焊的工作原理

图 4-15 所示为埋弧焊工作原理。焊接电源的两极分别接至导电嘴和焊件上，焊接时，颗粒状焊剂由焊剂漏斗经软管连续均匀地堆敷到焊件的待焊处，焊丝由送丝机构驱动，从焊丝盘中拉出，并通过导电嘴送入焊接区，电弧在焊剂层下面的焊丝与母材之间燃烧。电弧热使焊丝、焊剂及母材的局部熔化和部分蒸发。金属蒸气、焊剂蒸气和冶金过程中析出的气体在电弧的周围形成一个空腔，熔化的焊剂在空腔上部形成一层熔渣膜。这层熔渣膜如同一个屏障，使电弧、液态金属与空气隔离，而且能将弧光遮蔽在空腔中。在空腔的下部，母材局部熔化形成熔池；空腔的上部，焊丝熔化形成熔滴，并主要以渣壁过渡的形式向熔池中过渡。随着电弧向前移动，电

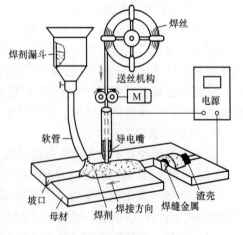

图 4-15 埋弧焊工作原理

弧力将液态金属推向后方并逐渐冷却凝固成焊缝，熔渣则凝固成渣壳覆盖在焊缝表面。

2. 埋弧焊的冶金特点

埋弧焊的冶金过程与焊条电弧焊相似，经历了加热、熔化、化学冶金、熔池凝固和焊接接头固态相变等过程。由于埋弧焊方法的特殊性，埋弧焊具有许多自己的冶金特点。

（1）机械保护作用好 在焊接过程中，焊剂在电弧作用下发生熔化，并围绕电弧空间形成一个由液态熔渣膜构成的天然屏障，有效地阻止空气侵入电弧空间。它的保护作用好于焊条电弧焊时的气－渣联合保护。

（2）冶金反应充分 埋弧焊焊接热输入大，焊缝区金属处于液态的时间长，因而使得液态金属、液态熔渣和气相之间的化学冶金反应更充分，有利于焊缝得到预期的化学成分。同时熔池中的气体、夹杂物容易逸出，有利于消除气孔、夹渣等缺陷。

（3）焊缝的化学成分稳定 在母材一定的情况下，焊缝的化学成分主要受两方面因素的影响：一个是焊接材料，即焊丝和焊剂，能够决定焊缝的合金系统；另一个是焊接参数，当焊接参数变化时，一方面要影响熔合比，使母材融入量发生变化，进而影响焊缝的化学成分，另一方面能够影响焊剂的熔化率，影响化学冶金反应进行的程度，从而使焊缝的化学成分受到影响。由于埋弧焊时的焊接参数稳定，因此当焊接材料、母材和焊接参数确定以后，焊缝的化学成分波动较小。

（4）焊缝的组织易粗化 埋弧焊焊接电流大、热输入大，熔池的体积大，高温停留时间长，冷却速度慢，这些因素都使得埋弧焊焊缝晶粒容易长大，可考虑通过焊接材料向焊缝中渗入微量合金元素（如 Ti、B 等）来抑制组织粗化，以获得比较好的韧性。

3. 埋弧焊的特点及应用

（1）埋弧焊的优点

1）生产率高。埋弧焊所用的焊接电流可大到 1000A 以上，比焊条电弧焊高 5 ~ 7 倍，因而电弧的熔深能力和焊丝熔敷速度都比较大。这也使得焊接速度可以大大提高。如果采用双丝或多丝埋弧焊，速度还可进一步提高。

2）焊接质量好。一方面，埋弧焊的焊接参数可通过电弧自动调节系统的调节保持稳定，对焊工操作技术要求不高；另一方面采用熔渣进行保护，隔离空气的效果好，因而焊缝成形好、成分稳定，焊缝的力学性能较高。

3）劳动条件好。埋弧焊没有刺眼的弧光，也不需要焊工手工操作，这既能改善作业环境，也能减轻劳动强度。

4）节约金属及电能。对于小于 25mm 厚的焊件可以不开坡口，既可节省由于加工坡口而损失的金属，也可使焊缝中焊丝的填充量大大减少。同时，由于焊剂的保护，金属的烧损和飞溅也大大减少。由于埋弧焊的电弧热量能得到充分利用，单位长度焊缝上所消耗的电能也大大降低。

（2）埋弧焊的缺点

1）焊接适用的位置受限制。由于采用颗粒状的焊剂进行焊接，因此一般只适用于平焊位置或倾斜度不大位置的焊接。对于其他位置，则需要采用特殊的装置以保证焊剂对焊缝区的覆盖。

2）焊接厚度受到限制。埋弧焊焊接电流较大，因此不适用于焊接厚度小于 1mm 的薄板。

3）对焊件坡口加工与装配要求较严。埋弧焊时不能直接观察电弧与坡口的相对位置，故必须保证坡口的加工和装配精度，或采用焊缝自动跟踪装置才能保证不焊偏。

（3）埋弧焊的应用范围　由于埋弧焊具有生产率高、焊缝质量好、熔深大、机械化程度高等特点，是压力容器、船舶、桥梁、工程机械及核电设备等制造领域的主要焊接手段，特别是对于中厚板、长焊缝的焊接具有明显的优越性。

埋弧焊可焊接钢种有碳素结构钢、低合金结构钢、不锈钢、耐热钢及复合钢等。另外，用埋弧焊堆焊耐热、耐蚀合金，或焊接镍基合金、铜基合金等也能获得很好的效果。

4.2.3　气体保护焊

1. 氩弧焊

氩弧焊是用氩气作为保护气体的气体保护焊。氩气属于惰性气体，在高温下既不溶于液态金属，也不与金属元素发生化学反应，是一种比较理想的保护气体。氩气电离势高，引弧困难，但一经引燃，电弧就能稳定燃烧。

根据所用电极材料的不同，氩弧焊又可分为钨极氩弧焊和熔化极氩弧焊两种。

（1）钨极氩弧焊工作原理　钨极氩弧焊是指采用高熔点纯钨或钨合金作为电极的惰性气体（氩气）保护焊，即 TIG 焊（TungstenInert Gas Arc Welding）。图 4-16 所示为钨极氩弧焊工作原理。钨极被夹持在电极夹上，从焊枪的喷嘴中伸出一定长度。在伸出的钨极端部与焊件之间产生电弧，对焊件进行加热。与此同时，氩气进入枪体，从钨极的周围通过喷嘴喷向焊接区，以保护钨极、电弧、填充焊丝端头及熔池，使其免受大气的侵害。薄板焊接时，一般不需要填充焊丝，可以利用焊件被焊部位的自身熔化而形成焊缝。厚板焊接和对开有坡口的焊件焊接时，可以从电弧的前方把填充金属按一定的速度向电弧中送进。填充金属熔化后进入熔池，与母材熔化金属一起冷却凝固形成焊缝。

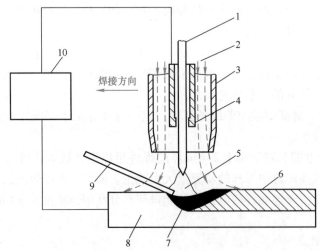

图 4-16　钨极氩弧焊工作原理

1—钨极　2—氩气　3—喷嘴　4—电极夹　5—电弧
6—焊缝　7—熔池　8—母材　9—填充焊丝　10—焊接电源

钨是金属中熔点（约 3400℃）最高的，可长时间在高温状态下工作。钨极氩弧焊正是利用了钨的这一性质，在钨极与母材间产生电弧进行焊接。电弧燃烧过程中，钨极很难熔化，易于维持恒定的电弧长度，保持焊接电流不变和确保焊接过程稳定。

钨极氩弧焊的优点：

1）能够实现高品质焊接，得到优良的焊缝。

2）焊接过程中钨电极很难熔化，易于保持恒定的电弧长度、不变的焊接电流和稳定的焊接过程，从而使焊缝美观、平滑、均匀。

3）焊接电流使用范围广，通常在 5 ~ 500A。即使电流小于 10A，仍能正常焊接，因此特别适合于薄板焊接。如果采用脉冲电流焊接，可以更方便地对焊接热输入进行调节控制。

4）薄板焊接时无须填充焊丝。厚板焊接时，由于填充焊丝不通过焊接电流，所以不会因熔滴过渡引起电弧电压和电流变化而产生飞溅现象，为获得光滑的焊缝表面提供了良好的条件。

5）钨极氩弧焊时的电弧是各种电弧焊方法中稳定性最好的电弧之一，且焊接熔池可见性好，焊接操作简单易行，应用比较普遍。

6）可以焊接各种金属材料，如钢、铝、钛、镁等。

7）可靠性高，所以可以焊接重要构件，可应用于核电站及航空和航天工业领域。

钨极氩弧焊的缺点：

1）焊接效率低于其他电弧焊方法。由于钨极承载电流能力有限，且电弧较易扩展而不集中，造成钨极氩弧焊的功率密度受到制约，致使焊缝熔深浅、熔敷速度小、焊接速度不高和生产率低。

2）氩气没有脱氧或去氢作用，所以焊前对焊件的除油、去锈、去水等准备工作要求严格。

3）焊接时钨极有少量的熔化和蒸发，若进入熔池会造成夹钨，影响焊缝质量，电流过大时尤为明显。

4）生产成本比焊条电弧焊、埋弧焊和二氧化碳气体保护焊都要高。

钨极氩弧焊的应用：

1）几乎可以应用于所有金属和合金的焊接，如钢铁材料、有色金属（铝、镁、钛、铜等）及其合金、不锈钢、耐热钢、高温合金、难熔金属等。

2）适用于各种长度焊缝的焊接；既可以用于薄板焊接，也可以用于厚板焊接；可以用于各种空间位置焊接，如平焊、横焊、立焊、仰焊等焊缝及空间曲面焊缝等。

3）通常被用于焊接厚度为 6mm 以下的焊件。薄板焊接的厚度可以低于 0.8mm。对于大厚度的重要结构（如压力容器、管道等），TIG 焊也有广泛的应用，但一般只是用于打底焊，这样可以确保底层焊缝的质量。

（2）熔化极氩弧焊工作原理 熔化极氩弧焊（Metal Argon Arc Welding）是使用焊丝作为熔化电极，采用氩气或富氩混合气作为保护气体的电弧焊方法。当保护气体是惰性气体 Ar 或 Ar + He 时，通常称为熔化极惰性气体保护电弧焊，简称为 MIG 焊；当保护气体以 Ar 为主，加入少量活性气体如 O_2 或 CO_2 或 $CO_2 + O_2$ 等时，通常称为熔化极活性气体保护电弧焊，简称为 MAG 焊。

图 4-17 所示为熔化极氩弧焊工作原理。焊接时，氩气或富氩混合气体从焊枪喷嘴中喷出，保护焊接电弧及焊接区；焊丝由送丝机构向待焊处送进；焊接电弧在焊丝与焊件之间燃烧，焊丝被电弧加热熔化形成熔滴过渡到熔池中。冷却时，由熔化的焊丝和母材金属共同组

成的熔池凝固结晶，形成焊缝。

熔化极氩弧焊的优点：

1）MIG 焊的保护气体是没有氧化性的纯惰性气体，电弧空间无氧化性，能避免氧化，焊接时不产生熔渣，在焊丝中不需要加入脱氧剂，可以使用与母材同等成分的焊丝进行焊接；MAG 焊的保护气体虽然具有氧化性，但与 CO_2 气体保护焊相比较弱。

2）相比于 TIG 焊，熔化极氩弧焊由于采用焊丝作为电极，焊丝和电弧的电流密度大，焊丝熔化速度快，母材熔深大，焊接变形小，生产率高。

3）相比于 CO_2 气体保护焊，熔化极氩弧焊电弧稳定，熔滴过渡稳定，焊接飞溅少，焊缝成形美观。

4）MIG 焊采用直流反接时，对母材表面的氧化膜有良好的阴极清理作用。

5）MIG 焊几乎可以焊接所有的金属材料。

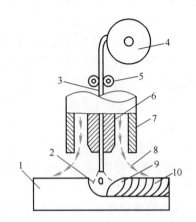

图 4-17　熔化极氩弧焊工作原理
1—焊件　2—电弧　3—焊丝　4—焊丝盘
5—送丝滚轮　6—导电嘴　7—保护罩
8—保护气体　9—熔池　10—焊缝金属

熔化极氩弧焊的缺点：

1）氩气及混合气体均比 CO_2 气体的售价高，故焊接成本比 CO_2 气体保护焊的焊接成本高。

2）MIG 焊对焊件、焊丝的焊前清理要求较高，即焊接过程对油、锈等污染比较敏感。

3）用纯氩气保护的熔化极氩弧焊焊接钢铁材料时产生阴极漂移，会造成焊缝成形不良。

熔化极氩弧焊的应用：

MIG 焊虽然几乎可以焊接所有的金属材料，但 MIG 焊主要用于焊接铝、镁、铜、钛及其合金和不锈钢等金属材料。

MAG 焊主要用于焊接碳素钢和某些低合金钢。由于具有一定的氧化性，它不能焊接铝、镁、铜、钛等容易氧化的金属及其合金。

熔化极氩弧焊被广泛应用于汽车制造、工程机械、化工设备、矿山设备、船舶制造、锅炉等行业。由于熔化极氩弧焊焊缝内在质量和外观质量都较高，已经成为焊接重要结构时优先选用的焊接方法之一。

2. CO_2 气体保护焊

CO_2 气体保护焊（Carbon – Dioxide Arc Welding）是利用 CO_2 气体作为保护气体，使用焊丝作为熔化电极的电弧焊方法。

（1）CO_2 气体保护焊工作原理　CO_2 气体保护焊工作原理与装置类似于熔化极氩弧焊，如图 4-18 所示。焊接时，在焊丝与焊件之间产生电弧；焊丝自动送进，被电弧熔化形成熔滴并进入熔池；CO_2 气体经喷嘴喷出，包围电弧和熔池，起着隔离空气和保护焊接金属的作用，同时 CO_2 在高温下分解，具有氧化性，参与冶金反应，有助于减少焊缝中的氢。

（2）CO_2 气体保护焊的优点

1）CO_2 气体保护焊高效节能、成本较低，经济效益高。

2）粗丝焊接时可以使用较大的电流，焊丝的熔化系数大，焊件的熔深大，可以不开或

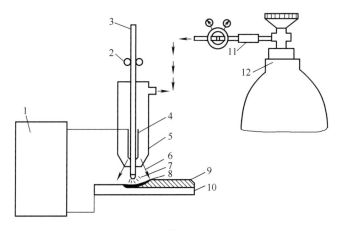

图 4-18　CO_2 气体保护焊工作原理

1—焊接电源　2—送丝滚轮　3—焊丝　4—导电嘴　5—喷嘴　6—CO_2 气体
7—电弧　8—熔池　9—焊缝　10—焊件　11—预热干燥器　12—CO_2 气瓶

开小坡口。另外，该方法基本上没有熔渣，焊后不需要清渣，从而可提高生产率。

3）细丝焊接时可以使用较小的电流，实现短路过渡。电弧稳定，热量集中，焊接热输入小，易于控制热输入，适合于薄板焊接。

4）CO_2 气体保护焊焊缝的含氢量极低，抗锈能力较强，所以焊接低合金钢时不易产生冷裂纹，同时也不易产生氢气孔。

5）CO_2 气体保护焊是一种明弧焊接方法，焊接时便于监视和控制电弧和熔池，有利于实现焊接过程的机械化和自动化。

（3）CO_2 气体保护焊的缺点

1）焊接过程中金属飞溅较多，焊缝外形较为粗糙。

2）不能焊接易氧化的金属材料，也不适用于在有风的地方施焊。

3）焊接过程弧光较强，要特别重视对操作人员的劳动保护。

4）设备比较复杂，需要有专业队伍负责维修。

（4）CO_2 气体保护焊的应用　CO_2 气体保护焊在汽车制造、船舶制造、金属结构及机械制造等方面应用十分普遍，可焊焊件厚度范围较宽，既可采用小电流短路过渡焊接薄板，也可以用大电流自由过渡焊接厚板。CO_2 气体保护焊可以进行对焊、角焊等方式的焊接，可适用于各种空间位置焊接。CO_2 气体保护焊除不适于焊接容易氧化的有色金属及其合金外，可以焊接碳素钢和合金结构钢构件，甚至焊接不锈钢也取得了较好的效果。

4.2.4　电渣焊

1. 电渣焊工作原理

图 4-19 所示为电渣焊工作原理。电渣焊采用埋弧焊引弧方法，于引弧板处的焊剂层下引燃电弧，然后不断加入适量的焊剂，利用电弧的热量使焊剂熔化形成液态熔渣，熔渣温度通常在 1600～2000℃ 范围内，待渣池深度达到一定值时，增加焊丝送进速度并降低焊接电压，使焊丝插入渣池，电弧熄灭，转入电渣焊接过程。高温的液态熔渣具有一定的导电性，焊接电流流经渣池时在渣池内产生大量电阻热，将焊丝和焊件边缘熔化。熔化的金属沉积到

渣池下面形成金属熔池。随着焊丝的不断送进，熔池不断上升并且冷却凝固形成焊缝。由于熔渣始终浮于金属熔池的上部，这就对金属熔池起到了良好的保护作用，保证电渣过程顺利进行。随着熔池的不断上升，焊丝送进装置和焊缝成形装置也随之不断提升，焊接过程得以持续进行。

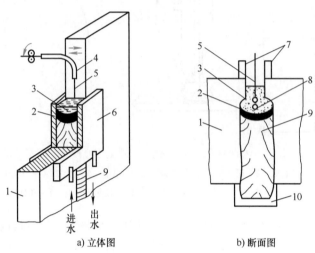

a) 立体图　　　　　　　　b) 断面图

图 4-19　电渣焊工作原理

1—焊件　2—金属熔池　3—渣池　4—导电嘴　5—焊丝
6—焊缝成形装置　7—引出板　8—金属熔滴　9—焊缝　10—引弧板

2. 电渣焊的分类及特点

根据电极的形状和电极是否固定，电渣焊分为丝极电渣焊、板极电渣焊、熔嘴电渣焊和管极电渣焊等。

（1）丝极电渣焊　丝极电渣焊采用焊丝作为电极，焊丝通过导电嘴送入渣池，导电嘴和焊接机头随金属熔池的上升而同步向上提升。

（2）板极电渣焊　板极电渣焊的电极为板条状，通过送进机构将板极不断向熔池中送进。根据焊件厚度的不同，电极可采用一块或数块金属板条。

（3）熔嘴电渣焊　熔嘴电渣焊的电极由固定在接头间隙中的熔嘴和从熔嘴的特制孔道中不断向熔池中送进的焊丝构成。焊接时熔嘴和焊丝同时熔化，成为焊缝金属的一部分。

（4）管极电渣焊　管极电渣焊是在熔嘴电渣焊的基础上发展起来的，其特点是焊接时用一根外面涂有药皮的钢管作为熔嘴，而在熔嘴中通入焊丝。药皮可以起到绝缘的作用，因而可以缩小装配间隙，同时还可以起到补充熔渣及向焊缝过渡合金元素的作用。

电渣焊的特点：

（1）适宜垂直位置焊接　电渣焊适用于垂直位置焊缝的焊接。当焊缝中心线处于铅垂位置时，电渣焊形成熔池和焊缝成形的条件最好。

（2）厚大焊件能一次焊接成形　焊接过程中整个渣池均处于高温状态，且由于热源体积大，无论焊件厚度多大，只要留出一定装配间隙便可一次焊接成形，具有较高的生产率。

（3）经济效益好　电渣焊时，各种厚度的焊件均无须开坡口，因此可以节省大量金属和坡口加工时间；由于焊剂消耗量少且热能利用比较充分，节省电能消耗。

（4）可在较大范围内调节金属熔池的熔宽和熔深　通过调整焊接参数获得合适的熔宽

和熔深，一方面可以满足可靠连接的需要，另一方面可以改善焊缝一次结晶时柱状晶成长的方向，防止焊缝中产生热裂纹，同时还可以改变熔合比，从而通过调节母材在焊缝中的比例控制焊缝的化学成分和力学性能。

（5）渣池对焊件有较好的预热作用　电渣焊渣池体积大，高温停留时间较长，冷却速度慢，因此在焊接中、高碳钢及合金钢时，不易出现淬硬组织，冷裂倾向。在焊接规范选择适当时，可不需要预热而焊接。

（6）焊缝和热影响区晶粒粗大　由于加热及冷却速度缓慢，焊缝和热影响区在高温停留时间较长，焊缝和热影响区晶粒易长大，接头冲击韧度较低，有条件的话可进行正火和回火处理。

3. 电渣焊的应用

电渣焊是一种高效的焊接方法，适宜于大壁厚、大断面的各类箱形、筒形等重型结构焊接。厚板结构、大型锻钢件和铸钢件的焊接是电渣焊应用的主要方面。电渣焊根据电极的形状和电极是否固定，有多种类型。不同的电渣焊适用环境存在差异。例如：丝极电渣焊适合于环焊缝焊接和高碳钢、合金钢对接接头及 T 形接头的焊接，常用于焊接厚度为 $40 \sim 50mm$ 和焊缝较长的焊件，特别适用于箱形柱和箱形梁隔板的焊接；熔嘴电渣焊适合于大截面结构件和变截面结构件的焊接以及曲线和曲面焊缝的焊接；板极电渣焊多用于模具和轧辊的堆焊等；管极电渣焊适用于焊接厚度为 $20 \sim 60mm$ 的焊件。

4.2.5　激光焊

1. 激光焊工作原理

图 4-20 所示为激光焊工作原理，聚焦系统将激光束聚焦成小光斑，辐射到焊件表面，通过激光与金属的相互作用，金属吸收激光转化为热能使金属熔化形成特定的熔池，冷却结晶形成焊缝。激光对金属材料的焊接本质上是激光与非透明物质相互作用的过程。这个过程极其复杂，微观上是一个量子过程，宏观上则表现为反射、吸收、熔化、汽化等现象。

2. 激光与激光焊设备组成

激光（Light Amplification by Stimulated Emission of Radiation，LASER）是经过受激辐射放大的光，它是 20 世纪 60 年代出现的最重大的科学技术成就之一。激光具有方向性好、亮度高、单色性强、相干性好等特点。

激光焊设备主要由激光器、光学系统、激光加工机、辐射参数传感器、工艺介质输送系统、工艺参数传感器、控制系统以及准直用 He – Ne 激光器等组成。

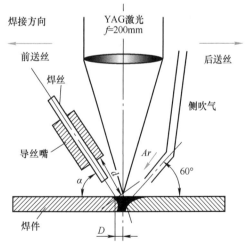

图 4-20　激光焊工作原理

1）激光器。激光器是激光焊设备中的重要部分，提供加工所需的光能。

2）光学系统。光学系统用以进行光束的传输和聚焦。

3）激光加工机。激光加工机用以产生焊件与光束间的相对运动。

4）辐射参数传感器。辐射参数传感器主要用于检测激光器的输出功率或输出能量，进而通过控制系统对功率或能量进行控制。

5）工艺介质输送系统。工艺介质输送系统的主要功能是输送惰性气体，保护焊缝，抑制熔池上方等离子体的负面效应，输送适当的混合气以增加熔深。

6）工艺参数传感器。工艺参数传感器主要用于检测加工区域的温度、焊件的表面状况，以及等离子体的特性等，以便通过控制系统进行必要的调整。

7）控制系统。控制系统的主要作用是输入参数、实时显示、控制、保护和报警等。

8）准直用 He-Ne 激光器。准直用 He-Ne 激光器可进行光路的调整和焊件的对中。

3. 激光焊的类型及特点

根据激光对焊件的作用方式，激光焊可分为脉冲激光焊和连续激光焊。在脉冲激光焊中大量使用 YAG（Yttrium Aluminium Garnet，钇铝石榴石）激光器。根据激光对材料的加热机制和实际作用在焊件上的功率密度，激光焊可分为热传导激光焊（功率密度小于 $10^5\,\text{W/cm}^2$）和深熔激光焊（功率密度大于等于 $10^5\,\text{W/cm}^2$）。激光焊的特点如下。

1）聚焦后的功率密度可达 $10^5\sim10^7\,\text{W/cm}^2$，甚至更高。加热集中，焊件变形极小，热影响区窄，适宜于精密焊接和微细焊接。

2）可获得深宽比大的焊缝，焊接厚件时可不开坡口一次成形。

3）适宜于难熔金属、热敏感性强的金属以及热物理性能差异悬殊、尺寸和体积差异悬殊焊件间的焊接。

4）可穿透透明介质对密闭容器内的焊件进行焊接。

5）可借助反射镜使光束达到一般焊接方法无法施焊的部位，可达性好。

6）激光束不受电磁干扰，无磁偏吹现象存在，适宜于磁性材料焊接。

7）不需要真空室，不产生 X 射线，观察及对中方便。

8）激光焊不足之处是设备的一次投资大，对高反射率的金属直接进行焊接比较困难。

4. 激光焊的应用

激光焊在航空航天、机械制造及微电子、石油化工等领域的应用越来越广泛。例如：航空航天中航空发动机壳体、风扇机匣、燃烧室、流体管道、机翼隔架、火箭壳体、导弹蒙皮与骨架等的焊接；机械制造中精密弹簧、针式打印机零件、金属薄壁波纹管、热电偶、电液伺服阀等的焊接；微电子行业中集成电路内引线、显像管电子枪、速调管、仪表游丝等的焊接；石油化工中滤油装置多层网板的焊接等。

4.2.6 点焊与缝焊

1. 点焊

（1）点焊工作原理　图 4-21 所示为点焊工作原理。点焊是通过焊接时利用柱状电极，在两块搭接焊件接触面之间形成焊点的焊接方法。点焊时，先加压使焊件紧密接触，随后接通电流，在电阻热的作用下焊件接触处熔化，冷却后形成焊点，每焊接一个焊点称为一个点焊循环。

普通的点焊循环包括预压、通电加热、锻压和休止四个阶段。通电前的加压为预压阶段；加热熔化金属形成熔核为通电加热阶段；断电后焊点在压力作用下冷却结晶为锻压阶段；一个焊点焊完并转向下一个焊点的间隔时间为休止阶段。但具体焊点的形成只在前三个阶段，在此期间所发生的物理过程对焊点质量有较大影响。

（2）点焊的工艺参数及影响　点焊的主要工艺参数有焊接电流、电极压力、通电时间及焊件接触处的状态等。焊接电流过大，通电时间长，熔池深度大，并有金属飞溅，甚至烧穿；焊接电流过小，通电时间短，熔深小，甚至未熔化。电极压力过大，两个焊件接触紧密，电阻减小，使热量减小，造成焊点强度不足；电极压力过小，极间接触不良，热源不稳定。一般来说，焊件厚度越大，材料高温强度越大，电极压力也应越大。焊件接触处的状态对焊接质量影响很大，如焊件表面的氧化膜、油污等，将使电阻增大，甚至出现局部不导电而影响电流流通等情况。因此，点焊前必须对焊件表面进行清理。另外，点焊时，为防止电极被加热熔化，应对其进行冷却，通常用水冷却。因焊点形成导电通道，在焊接下一个焊点时，一部分电流将从已焊焊点流过，造成待焊焊点电流减小，这种现象称为分流。分流会使焊接质量下降。焊件越厚、导电性越好、焊点间距越小，分流越严重。因此，点焊时对焊件厚度和焊点间距应有一定限制。

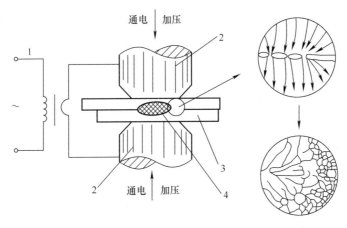

图4-21　点焊工作原理

1—阻焊变压器　2—电极　3—焊件　4—熔核

（3）点焊的特点

点焊的优点：

1）热量集中、加热时间短、焊接变形小。

2）冶金过程简单，一般不需要填充材料，不需要保护气体。

3）能适应同种或异种金属焊接。

4）工艺过程简单，易于实现机械化和自动化。

5）焊接生产率高，成本低。

6）劳动环境好，污染小。

点焊的缺点：

1）设备复杂，需配备较高技术等级的维修人员。造价较高，一次投资费用大。

2）电容量大，且多数为单相焊机，对电网造成不平衡负载严重，必须接入容量较大的电网。

3）对影响强度的内在指标目前尚缺少简便、实用的无损检测手段。

（4）点焊的分类及应用　按电极馈电方向在一个点焊循环中所能形成的焊点数，点焊可分为双面单点焊、单面双点焊、单面单点焊、双面双点焊、多点焊，如图 4-22 所示。

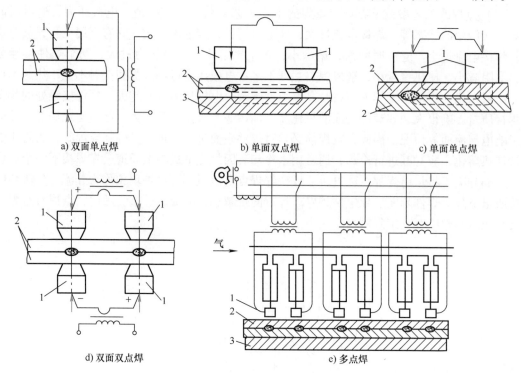

图 4-22　点焊类型及示意图
1—电极　2—焊件　3—铜垫板

双面单点焊能对焊件施加足够大的电极压力，焊接电流集中通过焊接区，可减小焊件的受热范围，提高接头质量，应优先选用。

单面双点焊能提高生产率，能方便地焊接尺寸大、形状复杂和难以进行双面单点焊的焊件。除此之外，还有利于保证焊件的一面光滑、平整、无电极压痕。

单面单点焊主要用于不能采用双面单点焊的结构上。

双面双点焊的特点是分流小，电极压力的使用不受焊件刚性的影响，焊接质量比较好，主要用于焊接厚度较大、质量要求较高的构件。

多点焊在将焊件压紧后可焊接多个焊点，生产率高，在大批量生产中应用广泛。

点焊主要用于厚度 4mm 以下的薄板构件焊接，特别适合汽车车身和车厢、飞机机身的焊接，但不能焊接有密封要求的容器。

2. 缝焊

焊件装配成搭接或斜对接头并置于两滚轮电极之间，滚轮加压焊件并转动，连续或断续送电，形成一条连续焊缝的电阻焊方法，称为缝焊。

（1）缝焊工作原理　图 4-23 所示为缝焊工作原理。缝焊实现上就是连续的点焊，用旋转的圆盘电极代替点焊时的柱状电极，边焊边滚动，相邻焊点部分重叠，形成一条致密的焊缝。

（2）缝焊的特点与基本形式　缝焊有三种形式，每种形式各具有不同的特点。

1）连续缝焊。焊件连续移动，电流也连续通过，滚轮易于发热和磨损，焊缝易下凹。

2）断续缝焊。焊件连续移动，电流断续通过，滚轮有冷却机会，克服了连续缝焊的缺点，应用广泛。

3）步进缝焊。滚轮间歇式转动，电流只在焊件静止时通过，所得焊缝较致密。

（3）缝焊的应用 由于缝焊分流现象严重，一般只适用于厚度小于3mm的薄板结构。缝焊时，焊点相互重叠50%以上，密封性好，可焊接低碳钢、不锈钢、耐热钢、铝合金等，但不适用于铜及铜合金，因此主要用于制造要求密封性的薄壁结构，如油箱、罐体和连接管道等。

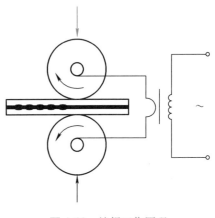

图4-23 缝焊工作原理

4.2.7 对焊

1. 电阻对焊

对焊是用来焊接对接接头，效率高，并且容易实现焊接过程自动化的电阻焊方法，其适用于批量生产。对焊分为电阻对焊和闪光对焊两种，如图4-24所示。

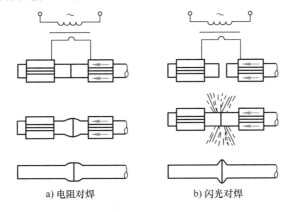

a) 电阻对焊   b) 闪光对焊

图4-24 对焊工作原理

图4-24a所示为电阻对焊工作原理。电阻对焊需先预压，使两焊件端面压紧，再通电加热，使焊件端面达到塑性状态，然后断电加压顶锻，从而使焊件接触处产生一定的塑性变形而焊合。

电阻对焊是先加压后通电，温度沿轴向分布较平缓，最高温度始终低于熔点，只有变形而几乎无烧损，焊件焊后收缩量较小。获得高质量接头的关键在于保证端面加热均匀及彻底挤出接口内的氧化物。电阻对焊对焊件端面的加工要求较高，且局限于焊接伸长率较好的材料，有时还需要在保护气氛中加热。

电阻对焊用于对接截面较小（一般小于$250mm^2$）、形状紧凑的棒料、厚壁管等，且氧化物易于挤出的焊件。

2. 闪光对焊

图4-24b所示为闪光对焊工作原理。在焊件接触前先接通电源，再使焊件缓慢地靠拢接触，由于此时焊件端面仅有个别点接触、电流密度很大而被加热到熔化状态，甚至汽化，再

加上电磁力作用，液态金属即发生爆破，以火花形式向外散开，形成闪光现象；继续送进焊件，保持一定闪光时间后，焊件端面全部被熔化并得到足够深的塑性层，这时迅速压紧焊件并切断电源，熔化的金属被挤出结合面，两焊件发生塑性变形而焊合。

闪光对焊用于中大截面焊件的对接，不但可对接同种材料，还可对接异种材料。闪光对焊有两种：连续闪光对焊和预热闪光对焊。连续闪光焊主要有闪光和顶锻两个阶段；预热闪光对焊则主要有预热、闪光和顶锻三个阶段。

（1）预热　预热闪光对焊时，为了缩短闪光时间、减小闪光量等，同时调节焊件的轴向温度分布，往往采用预热的方式，预热过程一般采用多次短路和断路交替进行。

（2）闪光　由于烧化期间焊件的压力极低，焊件间仅通过个别液态金属相连。液态金属爆破后变为断路，闪光过程中上述现象交替出现。在闪光过程中，在端面上形成一薄层液态金属，保护内部金属免于氧化。而液态金属本身在顶锻力作用下被挤出焊口，液态氧化物也随之挤出。正确选择工艺参数，使闪光过程稳定，焊件达到要求的温度分布，端面上形成并维持完整的液态金属薄层，都是获得优质闪光对焊接头的前提。

（3）顶锻　闪光结束后，焊件快速靠拢，并在顶锻力作用下把液态金属及氧化物在凝固前挤出焊口。局部产生较大的可塑性变形，使结合面上形成共同晶粒，从而获得牢固接头。顶锻的关键在于快速靠拢，即顶锻速度。

相比于电阻对焊，闪光对焊的焊接接头夹渣少、质量高、力学性能好；待焊端面不需要清理；适应性强，如可焊同种或异种金属材料，可焊截面直径范围广，但其设备和操作较复杂，且接头有毛刺，金属消耗量大，劳动条件差。闪光对焊常用于焊接重要的受力构件或截面较大的零件，如钢筋、钢轨、链条等。

4.2.8　摩擦焊

1. 摩擦焊工作原理及特点

（1）摩擦焊工作原理　图4-25所示为摩擦焊工作原理。在压力作用下，待焊界面通过相对运动进行摩擦，机械能转变为热能。对于给定的材料，在足够的摩擦压力和足够的相对运动速度条件下，被焊材料的温度不断上升。随着摩擦过程的进行，焊件产生一定的塑性变形量，在适当时刻停止焊件间的相对运动，同时施加较大的顶锻力并维持一定的时间，即可实现材料间的固相连接。

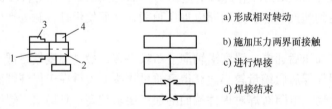

图4-25　摩擦焊工作原理
1、2—焊件　3—移动夹头　4—旋转夹头

同种材质摩擦焊时，最初界面接触点上产生犁削－黏合现象。由于单位压力很大，黏合区增多，继续摩擦使这些黏合点产生剪切撕裂，金属从一个表面迁移到另一个表面。界面上的犁削－黏合－剪切撕裂过程进行时，摩擦力矩增加使界面温度升高。当整个界面上形成一

个连续塑性状态薄层后，摩擦力矩降低到一最小值。界面金属成为塑性状态并在压力作用下不断被挤出形成飞边，焊件轴向长度也不断缩短。

异种金属的结合机理比较复杂，除了犁削－黏合－剪切撕裂物理现象外，金属的物理与力学性能、相互间固溶度及金属间化合物等，在结合机理中都会起作用。焊接时由于机械混合和扩散作用，在结合面附近很窄的区域内有可能发生一定程度的合金化。这一薄层的性能对整个接头的性能会有重要影响。机械混合和相互镶嵌对结合也会有一定作用。这种复杂性使得异种金属的摩擦焊结果很难预料。

（2）摩擦焊特点

1）优点：①焊接效率高；②接头质量高；③焊件的尺寸精度高；④异种材料的焊接性好；⑤节能省材；⑥易于机械化和自动化焊接。

2）缺点：①摩擦焊接头毛刺难以清除；②摩擦焊接头无损检测可靠性差；③对非圆截面焊接较困难；④设备复杂，焊机的一次性设备投资较大。

2. 摩擦焊的分类

摩擦焊工艺方法目前已由传统的几种发展到20多种，极大地扩展了摩擦焊的应用领域。常用的摩擦焊工艺方法有连续驱动摩擦焊、惯性摩擦焊、轨道摩擦焊、搅拌摩擦焊等。

（1）连续驱动摩擦焊　连续驱动摩擦焊过程是：一焊件固定不转动，另一焊件被驱动机构驱动到恒定转速；两焊件相接触，焊接过程开始，转速仍保持不变；经过一定时间，界面温度达到材料锻造范围；转动焊件脱开驱动并制动，转速从而降至零，在制动过程中轴向压力增大至使界面金属产生顶锻，并保持到焊件冷却。在顶锻过程中界面热塑材料被挤出界面形成飞边。

（2）惯性摩擦焊　惯性摩擦焊过程是：在焊接过程开始前输入焊接所需的全部机械能，一焊件固定不转动，转动的焊件装在带有可更换飞轮组的转动夹具上；整个转动部分被驱动到某一转速后脱开驱动，使两焊件接触并施加轴向压力，焊接过程开始；飞轮组的能量通过焊件结合面上的摩擦迅速消耗，转速减至零，结束焊接过程。

（3）轨道摩擦焊　轨道摩擦焊分为环形轨道摩擦焊和线性轨道摩擦焊。

环形轨道摩擦焊的特点是两焊件均不做绕自身轴线的旋转，仅其中一个焊件绕另外一个焊件转动，主要用于焊接非圆截面焊件。线性轨道摩擦焊是在焊接过程中，摩擦副中的一侧焊件被往复机构驱动相对于另一侧被夹紧的焊件表面做相对运动，其主要优点是无论焊件是否对称，均可进行焊接，如可焊接方形、圆形、多边形截面的金属或塑料件。

（4）搅拌摩擦焊　与常规摩擦焊一样，搅拌摩擦焊也是利用摩擦热作为焊接热源。不同之处在于，搅拌摩擦焊主要由搅拌头完成。搅拌头由锥形指棒、夹持器和圆柱体组成。焊接过程是由锥形指棒伸入焊件的接缝处，通过搅拌头的高速旋转，使其与焊接材料摩擦，从而使连接部位的材料温度升高而软化，同时对材料进行搅拌摩擦来完成焊接的。图4-26所示为搅拌摩擦焊工作原理。

搅拌摩擦焊具有以下主要优点。

1）可获得高度一致的焊接质量，无须高的操作技能和训练。

2）焊接接口部位只需要去油处理，无须打磨或洗刷。

3）不需要焊丝和保护气氛，且节省能源。

4）焊接表面平整，不变形，无焊缝凸起和焊滴，无须后续处理。

5）无弧光、辐射、烟雾，不影响其他电器设备使用，绿色环保。

6）焊接温度低于合金的熔点，焊缝无孔洞、裂纹和元素烧损。

这种方法的缺点是，为了避免搅拌引起的振动力使焊件偏离正确的装配方位，在施焊时必须把焊件刚性固定，从而使它的工艺柔性受到限制。

搅拌摩擦焊技术及其工程应用的开发进展很快，已在新型运载工具的新结构设计中开始采用，如铝合金高速船体结构、高速列车结构及火箭箭体结构等。

3. 摩擦焊的应用

摩擦焊适用范围广，可对同种或异种金属进行焊接，如碳素钢－碳素钢、碳素钢－不锈钢、铜－钢、铝－钢、硬质合金－钢等，但摩擦系数小的铸铁、黄铜不宜采用摩擦焊。目前，摩擦焊在汽车制造、电力设备、金属切削刀具等工业中的圆形件、棒料及管类件的焊接中应用广泛。

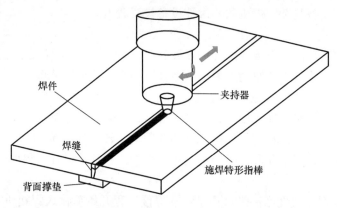

图 4-26　搅拌摩擦焊工作原理

4.2.9　钎焊

1. 钎焊工作原理

钎焊是采用熔化温度低于母材的钎料，施加低于母材固相线而高于钎料液相线的温度，通过熔化的液态钎料将母材连接形成冶金结合的一类连接方法。

钎焊过程如下。

1）钎焊时，钎剂熔点比钎料熔点低，钎剂在加热熔化后流入母材间隙，同时熔化的钎剂与母材表面氧化物发生物理化学作用，清洁母材表面，完成钎剂去除氧化膜过程。

2）随着加热温度继续升高，钎料开始熔化并润湿、铺展，完成毛细填缝过程。

3）钎料在排除钎剂残渣并填入母材间隙的同时，熔化的钎料与固态母材间发生物理化学作用。

4）当钎料填满间隙经过一定时间保温，开始冷却、凝固，形成钎焊接头，完成整个钎焊过程。

钎焊与熔焊之间既有共同之处，但也存在本质的差别。钎焊时虽有钎料熔化但母材保持固态，钎料的熔点低于母材熔点，熔化的钎料依靠润湿和毛细作用吸入并保持在母材间隙内，依靠液态钎料与固态母材间的相互扩散形成金属结合。钎焊关键是如何获得一个优质接头。这样的接头只有在液态钎料充分地流入并致密地填满全部钎缝间隙，又能与钎焊金属很好地相互作用的前提下才可能获得。

2. 钎料和钎剂

（1）钎料　钎料是钎焊时用作形成钎缝的填充金属。

按钎料熔点的不同，钎料可以分为软钎料（熔点低于450℃）和硬钎料（熔点高于450℃）两大类。

软钎料包括锡基、铅基、铋基、铟基、锌基、镉基等，其中锡铅钎料是应用最广的一类软钎料。

硬钎料包括铝基、银基、铜基、镁基、锰基、镍基、金基、钯基、钼基、钛基等，其中银基钎料是应用最广的一类硬钎料。

（2）钎剂　钎剂是钎焊时使用的熔剂。它的作用是清除钎料和焊件表面的氧化物，并保护焊件和液态钎料在钎焊过程中免于氧化，改善液态金属对焊件的润湿性。

从不同角度出发，可将钎剂分为多种类型，如按使用温度不同，可分为软钎剂和硬钎剂；按用途不同，可分为普通钎剂和专用钎剂。此外，考虑到作用状态的特征不同，还可分出一类气体钎剂。

3. 钎焊的分类及特点

钎焊可按以下方法进行分类。

（1）按钎焊温度的高低分类　钎焊通常分为低温钎焊（450℃以下）、中温钎焊（450～950℃）及高温钎焊（950℃以上），也可将450℃以下的钎焊称为软钎焊，450℃以上的钎焊称为硬钎焊。

（2）按加热方法不同分类　钎焊还可分为烙铁钎焊、火焰钎焊、炉中钎焊、电阻钎焊、感应钎焊及浸渍钎焊等。近年来，在钎焊蜂窝形零件时，已采用了新的加热技术，如石英加热钎焊、红外线加热钎焊以及保证钎焊零件外形精度的陶瓷膜钎焊等。

（3）按钎焊的反应特点分类　钎焊又可分为毛细钎焊、大间隙钎焊及反应钎焊等。

同熔焊方法相比，钎焊具有以下优点。

1）钎焊接头平整光滑，外观美观。

2）焊件变形较小，尤其是对焊件采用整体均匀加热的钎焊方法。

3）钎焊加热温度较低、对母材组织性能影响较小。

4）某些钎焊方法一次可焊成几十条或成百条焊缝，生产率高。

5）可以实现异种金属或合金，以及金属与非金属的连接。

但是，钎焊也有其自身的缺点，如钎焊接头强度较低，耐热能力较差，装配要求较高等。

4.3　常用金属材料的焊接

金属材料在焊接过程中要经过一系列复杂的物理、化学过程，在接头区内可能产生缺陷，使接头失去连续性，或降低了接头区金属固有的基本性能，影响焊接结构的使用寿命，严重者可导致焊接事故发生。因此研究和确定金属的焊接性，对于分析和解决可能产生的问题，选择焊接材料，合理选定焊接工艺等具有十分重要的意义。此外，随着科学技术的不断进步，生产中的各种设备日益朝着高温、高压、大型化和大容量的方向发展，所以生产实践中应该不断提出具有特殊性能材料焊接的新课题。

4.3.1　金属材料的焊接性

1. 焊接性的概念

金属材料的焊接性是指被焊金属材料在一定工艺条件下获得优质焊接接头的能力，即金属材料对焊接加工的适应性，或是指获得优质焊接接头所采取工艺措施的难易程度。

焊接性包括两方面的内容：一是使用焊接性，即在一定的焊接工艺下，焊接接头在使用中的可靠性，包括接头的力学性能及其他特殊性能，如耐蚀性、耐热性等；二是工艺焊接性，即在一定焊接工艺下，接头产生工艺缺陷的趋势，尤其是出现各种焊接裂纹的可能性。

除此之外，金属材料焊接性的内容还有其他方面。对于同一种金属材料，采用不同的焊接材料和焊接方法，并在不同的工作条件下，其焊接性也可能会有很大的区别。对于不同材料和不同工作条件下的焊件，金属的焊接性也不同。例如：焊接奥氏体不锈钢时，晶体间腐蚀和热裂纹是焊接性的主要内容；又如焊接普通低合金结构钢时，淬硬和冷裂纹是焊接的主要问题。

2. 影响金属材料焊接性的主要因素

金属材料焊接性的好坏主要取决于其化学成分，但也和焊接方法、焊接材料、焊接工艺及焊接结构的复杂程度有关。

（1）工艺因素　对于同一种金属材料，当采用不同的焊接工艺方法和工艺措施时，所表现的焊接性也不同。例如，铁合金对空气中的氧和氢较为敏感，在焊接时采用氢弧焊或真空电子束焊可以有效地防止氧和氢进入焊接区，焊接起来比较容易。

采取正确的工艺措施对防止接头缺陷并提高使用性能也有重要作用，如焊前预热和焊后缓冷等，此外合理安排焊接顺序能够减小应力及其变形。

（2）使用条件　焊接结构的使用条件是多样的。例如：在高温的工作环境下，会出现蠕变的情况；在具有腐蚀性的介质中工作时，就要求接头具有较高的耐蚀性等。使用条件越不利，焊接性越不能保证。

（3）材料因素　材料因素主要包括母材和使用的焊接材料，如采用气体保护焊工艺的保护气体和焊丝，埋弧焊时采用的焊丝和焊剂等。当母材和焊接材料选取不当时，就会造成焊缝金属的化学成分不合格，其力学性能及其他性能会降低，甚至会出现气孔和裂纹等现象，导致其综合性能变差。因此，正确选择母材和焊接材料是保证焊接性良好的重要基础。

（4）结构因素　由于焊接接头的结构设计会影响应力状态，因此也会对焊接性造成影响。为了获得较好的焊接性，应使焊接接头处于刚度较小的状态，这样能够自由收缩，也更有利于防止焊接裂纹的出现。由于截面突变、缺口等都会引起应力集中现象，因此要尽量避免。

4.3.2　碳素钢的焊接

1. 低碳钢的焊接

（1）焊接特点　由于低碳钢中含碳量较低（$w_C \leqslant 0.25\%$），其他合金元素也较少，因此其焊接性是最好的。焊接后接头中不会产生淬硬组织。当焊接材料选择适当，就能得到满意的焊接接头。对于低碳钢来说，几乎可以采取各种焊接方法进行焊接，均能获得良好的焊接质量。常用的焊接方法由气焊、埋弧焊、焊条电弧焊及电渣焊，其中应用最广的是焊条电弧焊。

（2）焊接材料 当采用不同的焊接方法时，所选用的焊接材料也有所不同。常用的焊接材料见表4-1。

表4-1 常用的焊接材料

焊接方法	焊接材料	应用情况
焊条电弧焊	4304（J422）、E4315（J427）	焊接强度等级较低的低碳钢或一般的低碳钢结构
	E5016（J506）	焊接强度等级较高的低碳钢或重要的低碳钢结构
埋弧焊	H08、HJ430、HJ431	焊接一般的结构
	H08MnA、HJ431	焊接重要的低碳钢结构
电渣焊	H10Mn2、H08Mn20、HJ431、HJ360	
CO_2 气体保护焊	H08Mn2Si	

（3）焊接工艺 低碳钢的焊接通常很少会遇到特殊困难，除电渣焊外，一般焊后不需要进行热处理。但当焊件的厚度较大或刚度较高，且对接头的性能要求较高时，则需要进行焊后热处理，不仅能改善局部组织和平衡接头各部分的性能，还能消除焊接应力。

2. 中碳钢的焊接

（1）焊接特点 中碳钢中的含碳量（质量分数）为 0.25%~0.6%，比低碳钢中的含碳量高。随着钢中含碳量的增加，材料的硬度和强度也会增加，但塑性和韧性会下降，因此其焊接性会随着含碳量的增加而降低。此外随着含碳量的增加，其淬硬倾向也会随之变大，热影响区内容易产生低塑性的马氏体组织。

（2）焊接材料 一般情况下，应尽量选用抗裂性能好的低氢型焊接材料。焊条电弧焊时，若没有要求焊缝与母材等强度，则选用强度等级比母材低一级的焊条，这样可以提高焊缝的塑性、抗裂性能和冲击韧度；若有强度要求，则选用强度级别相当的低氢型焊条。

焊接中碳钢时，也可以采用相应强度等级的碱性焊条。在不能进行预热处理的条件下，可采用不锈钢焊条。

（3）焊接工艺 一般情况下，中碳钢在焊接过程中要进行预热处理，预热温度由碳当量、结构刚度和工艺方法所决定。焊后需要进行热处理以消除应力，尤其是厚度或强度较大的焊件，若焊后不能进行热处理，则要采取保温或缓冷的措施，以减少裂纹的产生。

3. 高碳钢的焊接

（1）焊接特点 由于高碳钢的淬硬性较高，因此焊接时极易产生高碳马氏体，在焊缝和热影响区中容易产生裂纹，难以焊接。所以，一般不用高碳钢制造焊接结构，而是用于制造高硬度或耐磨的零部件，对它们的焊接多数是对破损件的焊补修复处理。高碳钢零部件的最终热处理通常采用淬火加低温回火，因此在焊接零部件之前应先进行退火，减少焊接裂纹，焊后再重新进行热处理。

（2）焊接材料 对于高碳钢来说，要求焊缝性能和母材相同是较困难的，因此一般不要求接头与母材等强度。当采用气体保护焊时，若对性能要求较高时采用与母材成分相近的焊丝，要求不高时则采用低碳钢焊丝。如果焊接时母材不允许焊前预热，为了防止热影响区冷裂纹，可选用奥氏不锈钢焊条，以获得塑性好、抗裂纹能力强的奥氏体组织。

（3）焊接工艺　由于高碳钢零件为了获得高硬度和耐磨性，材料本身都需要经过热处理，所以焊前应先进行退火，才能进行焊接。焊后焊件必须保温缓冷，并立即送入炉中进行消除应力的热处理。

4.3.3 合金结构钢的焊接

1. 合金结构钢的焊接性

合金结构钢分为机械制造用合金结构钢和低合金结构钢两大类。机械制造用合金结构钢（包括调质钢、渗碳钢等）一般都采用轧制或锻制的毛坯，用于焊接结构较少。如需焊接，因其焊接性与中碳钢相似，所以保证焊接质量的工艺措施与中碳钢基本相同。

低合金结构钢是焊接结构中最常用的钢种。它价格较低，综合力学性能良好，具有优良的焊接性。许多重要的产品，由于使用了低合金结构钢，不仅大量节约了钢材，减轻了重量，同时也大大提高了产品的质量和使用寿命。但其焊接性会随着强度等级的提高以及钢中合金元素含量的增加呈现下降趋势。例如：Q345 焊接性良好，焊接时一般不需要预热，仅在低温下焊接，在对大刚度、大厚度结构焊接时才进行预热；高强度等级的钢，如 Q420、Q460 等焊接性较差，易产生焊接缺陷，如粗晶区脆化、热裂纹等，在焊接这类钢时必须进行焊前预热，采用低氢型焊条，必要时进行焊后热处理或消氢处理。因此，低合金结构钢的焊接主要是针对低合金高强度结构钢的焊接。对于强度等级大于 500MPa 且厚度较大或结构刚度较大的焊件，焊接时就必须采用一定的工艺措施。低合金高强度结构钢焊接时常发生以下问题。

（1）热轧正火钢

1）热裂纹。一般情况下，热轧正火钢的热裂倾向小，但有时也会在焊缝中出现热裂纹。

2）粗晶区脆化。热影响区中被加热到1100℃以上的粗晶区是焊接接头的薄弱区。热轧正火钢焊接时，如热输入过大或过小都可能使粗晶区脆化。

3）层状撕裂。大型厚板焊接结构，如在钢材厚度方向承受较大的拉伸应力，可能沿钢材轧制方向发生阶梯状的层状撕裂。

（2）中碳调质钢

1）冷裂纹。中碳钢的淬硬倾向大，焊缝区易出现马氏体组织，增大了焊接接头的冷裂倾向。在焊接中常见的低合金钢中，中碳调质钢具有最大的冷裂纹敏感性。

2）焊接热影响区的脆化。中碳调质钢由于含碳量高、合金元素多，钢的淬硬倾向大，在淬火区产生大量脆硬的马氏体，导致严重脆化。

（3）低碳调质钢　在焊接热影响区，特别是焊接热影响区的粗晶区有产生冷裂纹和韧性下降的倾向，一般低碳调质钢产生热裂纹的倾向较小。

2. 低合金结构钢的焊接工艺

（1）预热　预热的目的是为了防止产生热裂纹、冷裂纹和热影响区淬硬性组织，并不是所有的材料都需要预热，对于具有良好焊接性的钢，一般不需要预热。例如，对于 Q390，当板厚小于 32mm 时一般不需要预热。

（2）焊后热处理　通常情况下，低合金结构钢不需要进行焊后热处理，只有在钢的强度等级较高、电渣焊接头等时才采用焊后热处理。但是，焊后热处理应注意不要超过母材的回火温度，避免影响母材的性能。对于有回火脆性的材料，应避开出现脆性的温度区间，以免脆化。对于含有一定量铜、钛、钒的低合金结构钢，应注意防止产生热裂纹。

（3）焊条、焊剂及焊丝的选择　焊条的强度选择应遵守"等强原则"来进行。例如，对于常见的热轧正火钢，屈服强度为343MPa，因此酸性焊条常选择 E5001、E5503、E5501，碱性焊条常选择 E5015、E5016 等。

（4）焊接方法　热轧正火钢主要有焊条电弧焊、埋弧焊、电渣焊、压焊等，低碳调质钢主要有焊条电弧焊、熔化极气体保护焊、埋弧焊等，中碳调质钢主要有埋弧焊、焊条电弧焊、点焊等。

4.3.4　铸铁的焊接

1. 铸铁的分类和性能

铸铁按照碳在组织中存在形式的不同，可分为灰铸铁、白口铸铁、可锻铸铁和球墨铸铁。

（1）灰铸铁　铸铁中碳的主要形式是片状石墨，其断口呈现暗灰色，可以把灰铸铁看作是钢的基体加上片状石墨组成。由于灰铸铁中石墨是以片状存在的，因此它具有良好的耐磨性、消振性和切削加工性，并具有较高的抗压强度，故在工业上应用极广。

（2）白口铸铁　白口铸铁中的碳都是以渗碳体的形式存在于金属中，其断面为银白色。它硬而脆、冷热加工和切削加工都很困难，所以在工业上很少应用。

（3）可锻铸铁　可锻铸铁中的石墨以团絮状分布，是由白口铸铁长期退火而形成的。可锻铸铁具有较高的抗拉强度和良好的塑性，但并不能锻造。可锻铸铁适宜制造薄壁和形状复杂、受冲击载荷的零件，如各种管接头、纺织机零件等。

（4）球墨铸铁　球墨铸铁中的石墨是以球状分布。球墨铸铁是在铁液中加入稀土金属、镁合金和硅铁等球化剂处理后使石墨球化而形成的。球墨铸铁的强度接近于碳素钢，具有良好的耐磨性和一定的塑性，并能通过热处理提高性能，因此，在工业上广泛应用。

2. 铸铁的补焊特点

（1）气孔　铸铁中碳的质量分数高，焊接时易生成一氧化碳、二氧化碳气体，由于冷却速度快，熔池中的气体来不及逸出而形成气孔。

（2）白口组织　焊接时熔池的冷却速度远大于铸件的冷却速度，不利于石墨化，因而在熔合区产生白口组织；而在正火区和过热区也因为冷却速度较快，使得奥氏体转化为马氏体组织。

防止产生白口组织的方法包括以下几种。

1）减慢焊缝的冷却速度。延长熔合区处于红热状态的时间，可使石墨能充分析出。通常采取将焊件预热到400℃（半热焊）左右或600~700℃（热焊）后进行焊接，也可在焊接后将焊件保温冷却，减慢焊缝的冷却速度，减少焊缝处的白口倾向。

2）改变焊缝化学成分。增加焊缝中石墨化元素的含量，可在一定条件下防止焊缝金属产生白口。例如，在焊条或焊丝中加入大量的碳、硅元素，以便在一定的焊接工艺条件配合下使焊缝更容易形成灰口组织。此外，还可采用非铸铁焊接材料来避免焊缝金属产生白口或其他脆硬组织的可能性。

（3）焊接裂纹　铸铁焊接裂纹主要是冷裂纹，这是因为石墨，尤其是片状石墨的存在，不仅会减小焊接接头的有效承载面积，而且容易产生应力集中，加上低温时铸铁强度低、塑性差，当应力超过铸铁的抗拉强度时，即产生焊接裂纹。

防止裂纹的方法包括以下两点：焊前预热和焊后缓冷。焊前将焊件整体或局部预热和焊后缓冷，不但能减小焊缝的白口倾向，而且还能减小焊接应力以防止焊件开裂。

采用电弧冷焊减小焊接应力的措施如下：选用塑性较好的焊接材料，如用铜、镍铜、高钒铜等作为填充金属，使焊缝金属可通过塑性变形来松弛应力，防止裂纹的产生；选用细直径焊条，采用小电流、断续焊（间歇焊）或分散焊（跳焊）的方法，可以减小焊缝处和基体金属的温度差，从而减小焊接应力。

3. 补焊方法

根据铸铁的补焊特点，铸铁的补焊方法主要是气焊和电弧焊，少数大件也可采用钎焊或电渣焊。根据焊件在焊接前是否预热，又可把焊条电弧焊分为冷焊法、半热焊法（预热温度在400℃以下）和热焊法（预热温度为600～700℃）。

（1）热焊法和半热焊法　热焊法是在焊接前将焊件全部或有缺陷的局部加热到600～700℃，进行补焊，并且要在焊接过程中保持一定温度，焊后要在炉中缓冷的焊接方法。热焊法主要适用于厚度大于10mm的焊件。

热焊法的焊件冷却缓慢，温度分布均匀，有利于消除白口组织，减小应力，防止产生裂纹。但热焊法成本高、工艺复杂、生产周期长并且劳动条件较差，因此应尽量少用。

热焊时有效减少了焊接接头的温差，而且铸铁在高温时塑性较好，加上焊后缓冷，可以使石墨化过程较充分地进行，有利于消除白口组织及防止马氏体淬硬组织的产生，从而有效地防止了焊接裂纹。

把预热温度为300～400℃的补焊，称为半热焊法。采用石墨化能力强的焊接材料，也可成功地进行补焊，但消除裂纹问题不如热焊法有效。

（2）冷焊法　冷焊法是指不对焊件预热或在低于400℃温度下预热，并且在焊接过程中也不辅助加热的焊接方法。常用焊条电弧焊进行铸铁的冷焊。

目前，冷焊法正在我国推广使用，并获得了迅速发展。但是冷焊法在焊接后因焊缝及热影响区的冷却速度很大，极易形成白口组织，此外因焊件受热不均匀，常形成较大内应力，会造成裂纹。

因此冷焊时要着重解决的问题是如何防止白口组织，一般是通过选用合适的焊条和采取合理的焊接工艺来防止白口：一是提高焊缝石墨化能力，这样可以有效防止白口组织；二是提高焊接热输入量，如采用大直径焊条并且大电流连续焊的工艺等，以减慢焊接冷却速度。

冷焊法生产率高，成本低，劳动条件好。冷焊法多应用于要求不高的铸件。

冷焊法常用的焊条有钢芯或铸铁芯铸铁焊条，适用于一般非加工面的补焊。冷焊焊条按焊接后焊缝的可加工性分为两类：一类用于焊后不需要机械加工的铸件；另一类则用于焊后需要机械加工的铸件。例如：镍基铸铁焊条主要适用于重要铸件加工面的补焊；而铜基铸铁焊条，则主要适用于焊后需要加工的铸铁件的补焊。

（3）气焊法　采用气焊工艺时，其火焰温度要比电弧焊的温度低得多，因此焊件的加热和冷却就比较缓慢，这也对防止铸铁在焊接过程中产生白口组织和裂纹都很有利。所以，用气焊补焊的零部件质量一般都比较好。这也是气焊成为补焊铸铁常用方法的原因。但是，与电弧焊相比较，气焊的生产率较低，成本较高，变形也较大，补焊大型铸件时也难以焊透，与此同时，气焊时的焊工劳动强度也是很大的。所以，目前很多企业和工厂已经在逐步采用电弧焊来替代气焊补焊铸铁件。但气焊铸件的质量较好，容易进行切线加工，所以在很多中、小型铸铁件中还是在较多地用气焊补焊。

4.3.5　铝及铝合金的焊接

1. 铝及铝合金的焊接特点

1）铝熔点低，高温时强度和塑性低，高温液态无显著颜色变化，焊接操作不慎时容易出现烧穿、焊缝反面出现焊瘤等缺陷。

2）铝极易氧化生成氧化铝薄膜，组织致密。焊接时，它对母材与母材之间，母材与填充金属之间的熔合起阻碍作用，另外由于氧化膜密度大（约为铝的1.4倍），不易浮出熔池而形成焊缝夹渣。

3）铝及铝合金液态可溶解大量氢，而固态时几乎不溶解氢，故在焊缝中易形成气孔。

2. 铝及铝合金在焊接时存在的主要问题

（1）氧化　铝和氧的化学结合力很强，在常温下，铝表面就能生成一层致密的氧化铝薄膜。虽然这层氧化铝薄膜比较致密，能够防止金属的继续氧化，对自然防腐有利，但是这层氧化膜的存在会给焊接带来困难，因为氧化膜的熔点可达2050℃（而铝只有600℃）。在焊接过程中，这层难熔的氧化膜容易在焊缝中造成夹渣；氧化膜不导电，影响焊接电弧的稳定性；同时氧化膜还吸附一定量的结晶水，使焊缝产生气孔。因此，焊前必须清除氧化膜。但在焊接过程中，铝会在高温下继续氧化，所以必须采取破坏和清除氧化膜的措施，如气焊时加气焊粉等。

（2）塌陷　铝及铝合金的熔点低，高温强度低，而且熔化时没有显著的颜色变化。因此，焊接时常因无法察觉到温度过高而导致塌陷。为了防止塌陷，可在焊件坡口下面放置垫板，并控制好焊接参数。

（3）接头不等强　铝及铝合金焊接时，由于热影响区受热而发生软化，强度降低而使焊接接头和母材不能达到等强度。为了减小接头不等强的影响，焊接时可采用小热输入焊接，或焊后热处理。

3. 焊接方法

由于铝及铝合金多用于化工设备上，要求焊接接头不但要有一定强度，而且要具有耐蚀性。目前，常用的焊接方法主要有气焊、钨极氩弧焊、熔化极氩弧焊等。其中氩弧焊是一种较好的方法，由于氩气的保护作用和氩离子对焊件表面氧化膜的阴极破碎作用，焊接质量优良。虽然气焊在诸多方面不如钨极氩弧焊，但由于其使用设备简单、方便，所以气焊主要用于薄件及性能要求不高的结构。此外，还有等离子弧焊、真空电子束焊、电阻焊、钎焊、激光焊、脉冲焊等方法。

（1）气焊　气焊由于设备简单，使用灵活且性价比高，故常用于焊接铝和铝合金构件，并特别适用于薄板（0.5~2.0mm）构件的焊接和铸铝件的补焊。但其缺点是热量分散，热影响区大，生产率低，焊件变形大且接头质量较差。气焊铝时采用正常焰，氧化焰会使熔池氧化严重，碳化焰会使焊缝出现气孔。焊嘴大小应根据焊件厚度来选择，焊接薄铝件时为防止焊穿，应选择比焊接碳素钢时小一些的焊嘴。大厚度的焊件由于散热快，要选择比焊接碳素钢大一点的焊嘴。此外，铝和铝合金在气焊时必须使用熔剂，其目的是溶解和消除覆盖在熔池表面的氧化膜并在熔池表面形成一层较薄的熔渣，保护熔池金属不被氧化，排除熔池中的气体、氧化物及其他夹杂物，改善熔池的流动性。目前常用的熔剂为"气剂401"，白色粉末状混合物，极易吸潮和氧化，使用时用水调成糊状涂抹于焊丝和焊件表面。

（2）钨极氩弧焊和熔化极氩弧焊　钨极氩弧焊一般常用于焊接薄板，具有电弧稳定、成形美观、焊件变形小等优点，在焊接尺寸较精密的小零件时更为合适。由于受到钨极允许电流密度的限制，它的熔透能力较小，一般适用于厚度小于6mm的厚板。采用钨极氩弧焊时电源应采用交流电源，这样既对熔池表面铝的氧化膜有阴极破碎作用，又可采用较高的电流密度。

熔化极氩弧焊适用于焊接厚度为8mm及以上的铝和铝合金板材，可采用较大的电流密度和高的焊接速度，因此生产率高。焊件越厚，生产率提高越显著。熔化极氩弧焊采用的是直流反接电源，焊接时电弧比较稳定，电弧的自身调节作用强，焊接电流应尽量选大些，以达到射流过渡。焊接电弧应适中，过短会引起严重飞溅，过长会导致电弧漂移和氩气的保护作用变差。

4. 焊前准备和焊后清理

焊前准备主要是清除焊件及焊丝表面的油污和氧化膜并加垫板和预热。

焊后的焊渣会在空气和水分的参与下腐蚀焊件，因此必须要清除留在焊缝及邻近区的焊渣，这也是焊后清理的目的。

4.3.6　铜及铜合金的焊接

1. 铜及铜合金常用焊接方法

（1）钨极氩弧焊　它适用于焊接纯铜、黄铜和青铜，能获得良好的焊接质量。采用钨极氩弧焊来焊接纯铜，可以获得高质量的焊接接头，并有利于减小焊件变形。焊件边缘和焊丝表面的氧化膜、油等脏物，必须在焊前用机械法或化学法清除干净，避免引起气孔、夹渣等缺陷。根据板厚大小的情况，焊前可不开坡口，或开V形坡口及X形坡口，并进行装配。焊接黄铜时和焊接纯铜相似，但是由于黄铜的导热性差、熔点比纯铜低，以及含有容易蒸发的元素锌等，所以在填充焊丝和焊接规范等方面有所不同，一般都采用QSi3-1青铜焊丝。采用交流焊接电源时，锌的蒸发较少，焊件通常不预热，但对于板厚大于12mm的焊件和焊接边缘厚度相差较大的接头仍需预热。焊接速度尽可能快些，板厚小于5mm的接头最好一次性焊成。青铜中锡青铜的钨极氩弧焊工艺与纯铜基本相同，采用直流电源正接。而对于铝青铜的钨极氩弧焊则采用与焊件相同的材料作为焊丝，用交流电源焊接，以清除熔池表面铝的氧化膜，焊接规范与铝合金钨极氩弧焊相同。

（2）气焊　它适用于焊接黄铜，但焊接纯铜和青铜时焊接性较差。由于气焊温度较低，锌的蒸发较少，焊接时采用轻微的氧化焰和含硅焊丝，配合焊剂，可使熔池表面形成一层致密的氧化硅薄膜，保护效果好，焊接质量高；在焊接纯铜时为了防止热量散失，焊件最好放在绝热材料（如石棉板）的衬垫上焊接。由于高温的铜液容易吸收气体，而且热影响区晶粒容易长大、变脆，所以焊接的次数越少越好，最好进行单道焊。而青铜的气焊主要是用于焊补铸件缺陷和损坏的机件。

（3）焊条电弧焊　焊接黄铜时，一般不用黄铜芯的焊条，因为它的工艺性能差，在焊接时会产生锌的大量蒸发和随之引起的严重飞溅，因此通常情况下会采用青铜芯的焊条，如铜237和铜227。对焊补要求不高的黄铜铸件可以采用纯铜焊条，如铜107。而对于纯铜来讲，焊条一般选用铜107或铜227，其中铜107的焊条芯是纯铜的，而铜227的焊条芯是磷青铜，焊条药皮都是低氢型的。

2. 铜及铜合金在焊接时存在的主要问题及解决措施

（1）铜的氧化 铜在常温下不容易被氧化，但是其氧化能力会随着温度的升高而增大。氧化的结果是生成氧化亚铜（Cu_2O）。焊缝金属结晶时，氧化亚铜和铜形成低熔点（1064℃）的共晶，分布在铜的晶界上，大大降低了焊接接头的力学性能。因此，铜焊接接头的性能一般低于焊件。

（2）热裂纹 铜及铜合金焊接时，在焊缝及熔合区易产生热裂纹。形成热裂纹的原因主要有以下几个方面。

铜及铜合金的线膨胀系数几乎比低碳钢大50%以上，由液态转变到固态时的收缩率也较大，对于刚性大的焊件，焊接时会产生较大的内应力。

熔池结晶过程中，在晶界易形成低熔点的氧化亚铜 – 铜的共晶物（$Cu_2O + Cu$）。

凝固金属中的过饱和氢原子向铜及铜合金的显微缺陷中扩散，或它们与偏析物（如Cu_2O）反应生成H_2O，致使金属中存在很大的压力。

焊件中的铋、铝等低熔点杂质在晶界上形成偏析。

为了防止热裂纹的产生，必须严格限制焊件和焊接材料的氧、铅、硫等有害元素的含量。焊接时加强对熔池的保护，采取减少焊接应力的工艺措施。例如，选用热量集中的热源、焊前预热、选择合理的焊接顺序、焊后缓冷等。

（3）接头性能低 焊接铜及铜合金时，由于存在合金元素的氧化及蒸发、有害杂质的侵入、焊缝金属和热影响区组织粗大问题，再加上一些焊接缺陷等问题，接头的强度、塑性、导电性、耐蚀性等往往低于母材。常采用的改善和防止办法是选择合适的焊接材料，严格控制工艺参数，有可能时要进行焊后热处理。

（4）难熔合 铜及铜合金的导热性比钢好得多，而且随着温度的升高，差距还要增大。大量的热被传导出去，焊件难以局部熔化，必须采用功率大、热量集中的热源，有时还要预热。热影响区很宽。

3. 产生上述问题的原因

（1）导热性强 与低碳钢的导热系数相比，纯铜的导热系数比低碳钢大了约8倍，因此焊接时需采用较强的热源，较大型的焊件必须预热。

（2）高温力学性能差 纯铜及其他某些铜合金（如锡青铜）在高温下强度及塑性会下降，焊接时在近缝区较容易形成裂纹。

（3）合金元素的氧化 铜合金中的合金元素容易氧化，这样会使得有用的合金元素被破坏。

（4）合金元素的偏析 青铜中锡元素的存在会使得母材产生较为严重的偏析现象，即锡元素在青铜中分布不均匀。锡的熔点很低，焊接过程中在锡元素聚集的地方受热后便易熔化，而在焊件表面析出，形成接头的渗漏现象。

（5）热胀冷缩性大 铜及铜合金的线膨胀系数几乎比低碳钢大了50%以上。从液态转变为固态的收缩率也较大，因此焊件焊接后易产生严重的变形，而对于刚度大、强度高的焊件则因其内应力增大，也容易产生裂纹。

（6）氢气溶入量大　铜在液态溶解大量的氢气，在凝固和冷却的过程中，溶解度大大降低。如果过剩的氢元素来不及排出，就会形成气孔，并且会促使裂纹的生成。

4.4　焊接件的结构工艺性

合理、正确的焊接结构设计是保证良好焊接质量和结构使用安全的重要前提。对焊接结构设计的总体要求是结构的整体或各个部分在其使用过程中不发生失效，其中包括弹性变形、塑性变形及断裂等，并达到所要求的使用性能。

4.4.1　焊接结构工艺设计的内容

1. 焊接材料的选择

在满足结构使用性能要求的前提下，应尽可能选用焊接性良好的材料来制造焊接结构件。一般低碳钢和低合金结构钢都具有良好的焊接性，应优先选用。

焊接结构应尽量选用同种金属材料制作。异种金属材料焊接时，往往由于两者物理性能、化学成分不同，焊在一起有一定困难，需要通过焊接性试验确定。

2. 焊接方法的选择

各种焊接方法都有其各自特点及适用范围，选择焊接方法时要根据焊件的结构形状及材质、焊接质量要求、生产批量和现场设备等，在综合分析焊件质量、经济性和工艺可能性之后，确定最适宜的焊接方法。

选择焊接方法时应依据下列原则。

1）焊接接头使用性能及质量要符合技术要求。选择焊接方法时既要考虑焊件能否达到力学性能要求，又要考虑接头质量能否符合技术要求。如点焊、缝焊都适用于薄板轻型结构焊接，但有密封要求的焊缝只能采用缝焊。再如氩弧焊和气焊虽都能焊接铝材容器，但接头质量要求高时，应采用氩弧焊。又如焊接低碳钢薄板，若要求焊接变形小时，应选用 CO_2 气体保护焊或点（缝）焊，而不宜选用气焊。

2）提高生产率，降低成本。若板材为中等厚度时，选择焊条电弧焊、埋弧焊和气体保护焊均可。如果是平焊长直焊缝或大直径环焊缝，批量生产，应选用埋弧焊。如果是位于不同空间位置的短曲焊缝，单件或小批量生产，采用焊条电弧焊为好。氩弧焊几乎可以焊接各种金属及合金，但成本较高，所以主要用于焊接铝、镁、钛合金结构及不锈钢等重要焊接结构。焊接铝合金件时，若板厚大于10mm，采用熔化极氩弧焊为好；若板厚小于6mm，采用钨极氩弧焊适宜；若是板厚大于40mm钢材直立焊缝，采用电渣焊最适宜。

3. 焊接参数的制定

焊条电弧焊的焊接参数主要包括焊条直径、焊接电流、电弧电压、焊接速度及层数等。

埋弧焊焊接参数主要包括电弧电压、焊接电流、焊丝直径、焊接速度和焊丝伸出长度等。

CO_2 气体保护焊的焊接参数主要包括电弧电压、焊接电流、焊接速度、气体流量及焊丝直径等。

氩弧焊、熔化极氩弧焊的焊接参数主要包括焊接电流、电弧电压、焊接速度及氩气流量等。

4. 焊接接头设计

焊接接头设计主要包括焊接接头形式的设计、坡口形式的设计以及焊缝的布置等。根据焊接结构的性能要求，提出若干种整体结构设计方案，进行分析对比，确定最优方案。设计时应熟悉有关产品结构的国家技术标准与规程，合理选择结构形式和所用材料，确定接头形式和焊接方法。对焊接接头设计的基本要求是：首先要保证所设计的焊接接头能够满足使用要求，使结构具有所设计的功能；其次是要保证焊接结构服役时的安全性和可靠性。此外，还要考虑产品制造的工艺性和经济性，并兼顾产品的美观性。

总的来说，焊接结构工艺设计中还应考虑制造单位的质量管理水平、产品检验技术等有关问题，以便设计出制造方便、质量优良、成本低廉的焊接结构。合理、正确的焊接结构设计是保证良好的焊接质量和结构使用安全的重要前提。

4.4.2　焊接结构材料的选择

1. 焊接结构材料的选择原则

正确选择结构材料是保证焊接结构的使用性能和工艺性能的前提，选材时应考虑以下问题。

1）在满足使用性能要求的前提下，优先选用焊接性好的材料尽可能避免选用异种材料或不同成分的材料。如前所述，钢中碳和合金元素的含量，尤其是碳的质量分数高低是钢焊接性好坏的决定因素，如碳的质量分数小于 0.25% 的碳素钢和碳当量小于 0.4% 的合金钢焊接性良好，应优先选择。由于结构对强度和硬度要求较高，必须采用较高的碳或合金元素含量时，应在设计和工艺中采取必要的措施，以保证焊接质量。

2）选择结构材料应考虑材料的冶金质量。材料的冶金质量包括冶炼时的脱氧程度，杂质的数量、大小和分布状况等。镇静钢脱氧完全、组织致密，是重要结构的首选钢材。沸腾钢碳的质量分数高，冲击强度较低，性能不均匀，焊接时易产生裂纹，只能用于一般焊接结构。

3）优先选用型材，如角钢、槽钢、工字钢等。焊接结构应尽量采用角钢、槽钢、工字钢和钢管等型材，这样可以减少焊缝数量，简化焊接工艺，增加结构件的强度和刚性。对于形状比较复杂或大型结构可采用铸钢件、锻件或冲压件焊接而成。

4）异种金属焊接结构的选材。异种金属焊接时，无论从焊接原理还是操作技术上都比同种金属焊接复杂得多。一般来说，两种金属化学成分和物理性能相近时，焊接性较好，反之焊接性较差。因此选材时应尽可能选成分和性能相近的材料。但异种材料焊接往往因性能要求不同而选用将两种材料拼焊在一起的复合结构，在这种情况下，必须选择成分或性能差别较大的两种材料，这时只能通过采取合理的焊接结构设计和焊接工艺来保证焊接质量，如焊前预热、焊后热处理、合理选择焊接材料和焊接方法等。

表 4-2 列出了常用金属材料的焊接性，可供焊接材料选用时参考。

2. 焊接结构材料的选择示例

（1）按焊件力学性能选材　结构钢焊件主要根据焊缝金属强度、塑性和韧性等力学性能要求选择相应焊接材料。对于低碳钢和低合金结构钢焊件，为保证焊缝与母材力学性能相等，应按"等强"原则，选择与母材相同强度等级的焊接材料，如 Q235A 和 20 钢等；对于一般结构件，可选用 E4303、E5015 焊条或 H08A、H08MnA 焊丝配 HJ431 焊剂。

材料成型工艺基础（慕课版）

表 4-2　常用金属材料的焊接性

材料	焊接方法										
	气焊	焊条电弧焊	埋弧焊	CO₂气体保护焊	氩弧焊	电子束焊	电渣焊	点焊	对焊	摩擦焊	钎焊
低碳钢	A	A	A	A	A	A	A	A	A	A	A
中碳钢	A	A	B	B	A	A	A	B	A	A	A
低合金钢	B	A	A	A	A	A	A	A	A	A	A
不锈钢	A	A	B	B	A	A	B	A	A	A	A
耐热钢	B	A	B	C	A	A	D	B	C	D	A
铸钢	A	A	A	A	A	A	A	(—)	B	B	B
铸铁	B	B	C	C	B	(—)	B	(—)	D	D	B
铜及铜合金	B	B	C	C	A	B	D	D	D	A	A
铝及铝合金	B	C	C	D	A	A	D	A	A	B	C
钛及钛合金	D	D	D	D	A	A	D	B	C	D	B

注：A—焊接性良好；B—焊接性较好；C—焊接性较差；D—焊接性不好；（—）很少采用。

低合金中强钢焊件［如 Q390（15MnTi）和 Q420（15MnVN）等］，要求选用相应强度等级的碱性低氢型焊条 E5515、E5516 或高碱度焊剂 HJ350 配 H08Mn2SiA、H08MnMoA 焊丝，并烘干焊条和焊剂、清理焊件，调整焊接参数以控制热影响区冷却速度，焊前预热（100～150℃），焊后及时加热（200～350℃），保温 2～6h 进行消氢、消应力处理。

中碳钢和受力复杂的低合金高强钢焊件（如 45 和 25CrMnSi、14MnMoVB 等），要求选用塑性好的碱性低氢型焊条 E6016 - D₁，或高碱度焊剂 HJ250 配 H08Mn2MoVA 焊丝，以便获得塑性好、冲击韧度高、低温性能好、抗裂能力强的焊缝。

铸铁件补焊可选用塑性和抗裂性好的纯镍或镍合金基焊芯铸铁焊条，以防止焊缝白口组织和裂纹并便于机加工，如灰铸铁薄壁件加工面选用 JBTZNi - 8（Z308）焊条，而其他重要面及球墨铸铁选用 JBTZNiFe - 8（Z408）焊条。

（2）按焊件化学性能选材　不锈钢、耐热钢和有色金属材料的焊接，应根据焊件的化学成分选择焊接材料。

1）不锈钢件焊接。根据不锈钢件的工作温度及腐蚀介质，应选用与焊件成分相近的焊接材料。耐蚀性要求不高的 18 - 8 型不锈钢，可选用 E0 - 19 - 10 - 16（A102）或 E0 - 19 - 10 - 15（A107）焊条。耐蚀性要求较高且工作温度低于 300℃ 的 18 - 8 型不锈钢，可选取 E0 - 19 - 10Nb - 16（A132）或 E0 - 19 - 10Nb - 15（A137）焊条。

有抗硫酸、有机酸等腐蚀要求的 18 - 12 - Mo2 型不锈钢焊接，可选用 E0 - 18 - 12Mo2 - 16（A212）或 E00 - 18 - 12Mo - 16（A022）焊条。然而，高温抗氧化性好的 25 - 13、25 - 20 型不锈钢，可选用 E1 - 23 - 13 - 16（A302）或 E1 - 23 - 13 - 15（A307）焊条。

有耐磨和耐蚀性要求的马氏体不锈钢焊接，可选用 E2 - 26 - 21 - 16（A402）或 E2 - 26 - 21 - 15（A407）焊条，并随焊接方法选用相应成分的焊丝，如 18 - 8 型不锈钢埋弧焊，可选用 H0Cr22Ni10 焊丝配 HJ260 碱性低氢型焊剂，氩弧焊可选用 H0Cr19NiTi 焊丝。

2）耐热钢件焊接。在高温（＜600℃）和轻腐蚀介质中工作的珠光体耐热钢（15CrMo

和 2.25Cr－1Mo）焊接，应选用 E5515－B2（R307）、E6000－3（R400）和 E6015－B3 焊条，或相应成分铬钼钢焊丝配 HJ251 焊剂。氩弧焊时，应选用保证焊缝成分与焊件成分相同类型的焊丝。焊前预热（250～350℃），焊后在 720℃左右回火。

3）有色金属件焊接。焊条电弧焊焊接铜及铜合金时均选用低氢型焊条，纯铜选用 TCu 焊条、铜硅合金选用 TCuSi 焊条、铜铝合金选用 TCuAl 焊条。氩弧焊时，纯铜选用 HS201 焊丝，黄铜选用 HS221 或 HS224 焊丝。

焊条电弧焊焊接铝及铝合金时均选用盐基型焊条，纯铝选用 TAl 焊条、铝锰合金选用 TAlMn 焊条。氩弧焊时，纯铝焊接选用 HS301 焊丝，铝锰合金 3A21 焊接选用 HS321 焊丝，铝镁合金 5A05 焊接选用 HS331 焊丝，硬铝 2A06 和锻铝 6A02 焊接选用 HS311 焊丝。

若焊件材料含 S、P 等杂质量较高时，也同样必须选用抗裂性较好的碱性低氢型焊条。

（3）按焊件使用性能及条件选材 当焊件在动载荷、冲击载荷或高温、高压等恶劣条件下工作时，均对焊接材料的冲击韧度及塑性等要求很严格。对于这些重要结构的焊接，均应选用冲击韧度、断后伸长率、强度等较高的碱性低氢型焊条或焊剂。

例如，20、25 等优质低碳钢，对于工作条件一般的焊接结构，可选用 E4303 和 E4301 等酸性焊条，而对于工作中受冲击、振动的重要焊接结构，则应选用 E4316、E4315 和 E5016 等碱性低氢型焊条。当焊件在腐蚀性介质中工作时，应根据介质种类、浓度、温度等，选择相应耐蚀性焊接材料。

4.4.3 焊接方法和参数的选择

1. 焊接方法选择原则

（1）低碳钢和低合金钢焊接方法 低碳钢和低合金高强度结构钢的焊接性良好，一般各种焊接方法都是适用的。例如，焊件板厚为中等厚度（10～20mm），则采用焊条电弧焊、埋弧焊、气体保护焊均可施焊，但氩弧焊成本较高，一般情况下不宜采用氩弧焊；若焊件为长直焊缝或圆周焊缝，生产批量也较大时，可选用埋弧焊；若焊件为单件生产或焊缝短而处于不同空间位置时，则采用焊条电弧焊最为方便；若焊件是薄板轻型结构无密封要求时，则采用点焊生产率较高；若要求密封性时，可考虑采用缝焊；若焊件为 35mm 以上厚板重要结构，条件允许时应采用电渣焊。

（2）合金钢、不锈钢和有色金属焊接方法 焊接合金钢、不锈钢等重要焊件时，应采用氩弧焊以保证焊接质量。不熔化极氩弧焊，因电极所能通过的电流有限，故只适用于焊接厚度 6mm 以下的焊件。熔化极氩弧焊以连续送进的焊丝作为电极，可以用较大的电流焊接厚度 25mm 以下的焊件。

焊接铝合金构件时，由于铝合金焊接性不好，最好采用氩弧焊以保证接头质量；若铝合金焊接为单件生产，现场又无氩弧焊设备，可以考虑采用气焊。

（3）稀有金属和高熔点金属焊接方法 焊接稀有金属和高熔点金属的特殊构件时，需要采用等离子弧焊、真空电子束焊或脉冲氩弧焊；如果是微型箔件，则应选用微束等离子弧焊或脉冲激光点焊。

2. 焊接参数的选择

（1）焊条电弧焊焊接参数的选择 焊条电弧焊焊接参数主要包括焊条直径、焊接电流、电弧电压、焊接速度及层数。

焊条直径主要根据焊件厚度、接头形式、焊缝位置及焊接层数等选择。焊件厚度越大，要求焊缝尺寸也越大，则需选用直径大一些的焊条，可按表4-3选择。

表4-3　焊条直径的选择　　　　　　　　　　　　　（单位：mm）

焊件厚度	2	3	4~7	8~12	>12
焊条直径	1.6、2.0	2.5、3.2	3.2、4.0	4.0、5.0	4.0、5.8

在厚板对接多层焊时，底层焊缝所用焊条直径一般不超过4mm，之后几层可适当选用大直径焊条，角接和搭接可选用比对接稍大直径的焊条。立焊、横焊及仰焊时，焊条直径一般不超过4mm，以免熔池过大、金属液向下流，使焊缝成形变差。

焊接电流根据焊条直径选取，平焊低碳钢时可根据焊条直径 d（mm），按 $I = (30 \sim 60)d$ 确定，初步确定焊接电流 I（A）后还要考虑焊件厚度、焊缝位置、接头形式、施焊环境温度等因素，一般通过试焊或经验确定。当然，过大的焊接电流易使药皮失效或烧穿焊件，太小则会焊不透，且生产率低。

焊接速度是指单位时间内完成的焊缝长度，一般在保证焊透的前提下尽可能增大焊接速度。

电弧长度是指焊芯端部与熔池之间的距离。电弧过长，燃烧不稳定且易产生缺陷。因此，操作时应尽量用短弧，一般电弧长度不能超过所选焊条直径。

（2）埋弧焊焊接参数的选择　埋弧焊焊接参数主要包括电弧电压、焊接电流、焊丝直径、焊接速度和焊丝伸出长度等，选择这些焊接参数的原则是电弧稳定、焊缝形状和尺寸符合要求、表面成形好无缺陷。通常，焊接电流增大，可使焊缝熔深和余高显著增加。

但是，电弧电压升高却使焊缝熔宽增加，熔深和余高略有减小，并出现未焊透和咬边等。同时焊接速度增大，会使弧热减小，熔深、余高及焊缝宽度均减小，并会造成未焊透及边缘未焊合等。焊丝直径增大，电弧热增加，缝宽增加而熔深稍微减小。

因此，应正确选择焊接参数，若采用Ⅰ形坡口对接、单面焊双面成形工艺，其焊接参数可参考表4-4选择，至于双面焊、T形接头及角焊缝"水平"位置焊接参数可查阅有关专业手册选择。

表4-4　在焊剂垫上对接接头单面埋弧焊焊接的焊接参数

板厚/mm	装配间隙/mm	焊接电流/A	电弧电压/V		焊接速度/(cm/min)
			交流	直流	
10	3~4	700~750	34~36	32~34	50
12	4~5	750~800	36~40	34~36	45
14	4~5	850~900	36~40	34~36	42

注：焊丝直径均为5mm。

（3）气体保护焊焊接参数的选择

1）CO_2 气体保护焊焊接参数的选择。CO_2 气体保护焊的保护介质来源丰富、价格低廉，电流密度大，生产率高，广泛应用于中等厚度以下的低碳钢和低合金钢焊接。它的主要焊接参数有电弧电压、焊接电流、焊接速度、气体流量及焊丝直径等，见表4-5。

表4-5　钢的 CO_2 气体保护焊对接平焊焊接参数

板厚/mm	装配间隙/mm	焊丝直径/mm	焊丝伸出长度/mm	焊接电流/A	电弧电压/V	焊接速度/(cm/min)	气体流量/(cm³/min)	备注
1~1.5	0.3~0.5	0.8~1.0	6~12	35~70	18~21	42~50	7~8	单面焊，双面成形，反面放铜垫
2~3	0.5~0.8	1.2	12~14	95~105	21~22	50	8	
4~6	0.8~1	1.2	12~15	110~150	21~24	50~75	8~15	
9~12	1~1.5	1.6	15~20	230~340	24~33.5	75~95	20	—

2）氩弧焊焊接参数的选择。熔化极氩弧焊主要焊接参数有焊接电流、电弧电压、焊接速度及氩气流量等。在不同位置焊接不同厚度的铝及铝合金板时，选用的焊接电流及焊接速度范围不同，如图4-27所示。

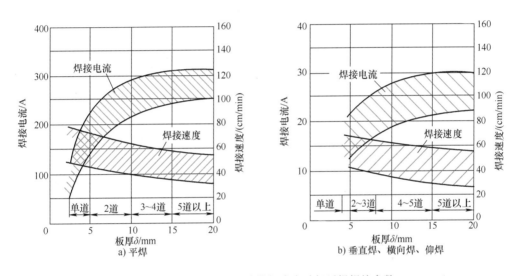

图4-27　铝及铝合金板熔化极半自动氩弧焊焊接参数

通常，焊接电流和电弧电压的选择最为关键，其可决定电弧形态及熔滴过渡形式。例如，焊接铝及铝合金时，电弧电压一般选得低一些，可使熔滴呈"亚射流过渡"，金属飞溅少、焊缝成形好，焊接缺陷也较少。

同时，为了保证充足的氩气流量，氩弧焊焊枪喷嘴口径一般选为20mm左右，并将氩气流量控制在30~60L/min范围内，且将电源选为直流反接，不仅会使电弧稳定、减少飞溅，而且还可清除铝焊缝表面的氧化膜。

3. 焊接热处理工艺规范

（1）焊前预热温度　碳素钢和低合金钢焊前预热温度，通常按钢的碳当量范围确定。当碳当量小于0.40%时，焊前不预热；当碳当量为0.40%~0.60%时，焊前可在100~200℃预热；当碳当量大于0.60%时，焊前则在200~370℃预热。

（2）焊后热处理　常用金属材料焊后均需消除应力热处理。各种金属材料焊后消除应力热处理温度见表4-6；而珠光体耐热钢则需进行高温回火热处理，并且材料成分不同，焊后回火温度范围也不同，见表4-7。

材料成型工艺基础（慕课版）

表4-6　各种金属材料焊后消除应力热处理温度

材料	碳素钢及中碳低合金钢	奥氏体钢	铝合金	镁合金	钛合金	铌合金	铸铁
温度/℃	580～680	850～1050	250～300	250～300	550～600	1100～1200	600～650

注：含钒低合金钢在600～620℃回火后塑性、韧性下降，热处理温度宜选在550～560℃。

表4-7　珠光体耐热钢焊前预热和焊后回火温度

材料牌号	16MnR	12CrMo	15CrMo	20CrMo	12Cr1MoV	10CrMo910
焊前预热温度/℃	200～250	200～250	200～250	200～350	200～250	200～300
焊后回火温度/℃	690～710	680～720	680～720	650～680	740～750	700～775

4.4.4　焊接接头设计

1. 焊接接头的设计原则

焊接接头的形式多种多样，在设计时总能找到合适的接头形式以满足对焊接结构所提出的技术要求。在考虑焊接接头的承载能力时，应注意焊接接头与其他连接接头（如铆接或螺栓联接接头）的本质区别，对于铆接结构或螺栓联接结构来说，铆钉或螺栓实际上仅仅是一个联接元件，可以根据平衡条件求出在元件上的作用力，根据这种作用力就可以求出所需要的尺寸。与铆钉不同，焊接接头是结构的一个组成部分，它同样也承受所有外载荷或内应力对母材所引起的弹性和塑性变形。事实上，焊接接头具有两方面的作用，一是作为连接元件，二是同时作为结构的组成部分。然而，现实的情况是，焊接接头的这种特性常常被设计人员所遗忘或忽视，习惯性地照搬已有的类似结构或在错误的条件下进行自以为正确的计算。

进行焊接接头设计时，首先要明确掌握焊接接头所要承受的载荷情况，包括载荷的大小和载荷的性质，如是承受动载荷还是静载荷，是承受简单应力还是复杂应力等；其次，要准确地了解焊接接头在制造完成后所具有的承载能力，这是保证所设计的焊接接头能够满足焊接结构所提出的技术要求的先决条件。

焊接接头的承载能力与焊接工艺方法和焊缝质量密切相关，因此焊接接头的设计和计算并不只是力学问题，还是一个工艺问题。对焊接工艺的不了解和对焊接接头特点和能力的不熟悉，使得一些设计人员对焊接接头仍然不够信任，并倾向于认为采用越多、越长、越厚的焊缝才能提高结构的安全性。这样做的结果是一方面会造成不必要的材料消耗和浪费，另一方面是并不能确保结构的安全性。对于焊接结构设计师来说，由于焊接接头形式的多样性，有更多的方案可供选择，因而，其犯错误的机会也就更多一些。而熟悉和掌握有关焊接工艺方面的知识，对其做出正确的和最优的设计方案是极具帮助性的。每个设计师都应掌握一些必要的焊接工艺知识，或者在设计部门中都有一些通晓焊接工艺的设计人员来辅助主设计师完成各类结构的焊接设计任务。

对焊接接头设计的基本要求是，首先要保证所设计的焊接接头能够满足使用要求，使结构具有所设计的功能；其次是要保证焊接结构服役时的安全性和可靠性。此外，还要考虑产品制造的工艺性和经济性，并兼顾产品的美观性。

在保证焊接质量的前提下，接头设计应遵循以下原则。

1）接头形式应尽量简单，焊缝填充金属要尽可能少。

2）接头不应设在最大应力可能作用的截面上。

3）合理选择和设计接头的坡口形状和尺寸，如坡口角度、钝边高度、根部间隙等，使之有利于坡口的加工和焊透性。

4）按等强度要求，焊接接头的强度应不低于母材抗拉强度的下限值。

5）焊缝要避免密集和交叉布置，以减少过热、应力集中、变形和其他缺陷。

6）焊缝外形应连续、圆滑，以减少应力集中。

7）接头设计应便于制造和检验。

2. 焊接接头形式设计

常见的焊接接头形式有对接接头、搭接接头、角接接头和T形接头等，如图4-28所示。

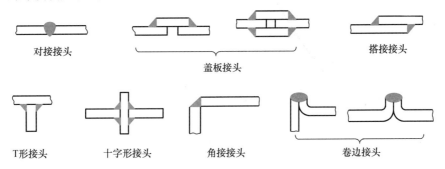

图 4-28 焊接接头形式

（1）对接接头的选用 对接接头应力分布均匀，节省材料，易于保证质量，是焊接结构中应用较多的一种，但对下料尺寸和焊前定位装配尺寸要求精度高。对于熔焊成形的重要受力焊缝，更应该尽量选用。例如，锅炉、压力容器、飞机船体等结构的受力焊缝，常采用对接接头。

如图4-29a所示，蒸压釜封头采用对接接头时，虽然机械加工费时费工，但接头部位容易焊透，便于保证焊接质量，且易于用射线探伤照相法检查是否存在未焊透、裂纹、夹渣、气孔等焊接缺陷，是正确的接头设计方案。

射线探伤

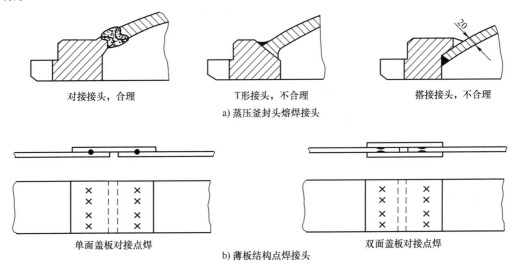

对接接头，合理　　　　T形接头，不合理　　　　搭接接头，不合理

a) 蒸压釜封头熔焊接头

单面盖板对接点焊　　　　b) 薄板结构点焊接头　　　　双面盖板对接点焊

图 4-29 熔焊与点焊的对接接头形式

然而，若采用图 4-29a 所示的 T 形接头和搭接接头，虽然机械加工较简单，但接头处均不易焊透，且应力集中较大，还不易用射线探伤检查焊接质量。因此采用这两种接头形式不合理，不能确保接头的焊接质量。

　　角接接头与 T 形接头受力情况比对接接头复杂，但接头成直角或一定角度连接时，对于熔焊重要受力构件，则必须采用这两类接头形式。若采用气焊同种金属结构时，一般也多采用对接接头和角接接头形式。

　　此外，对于电阻对焊的接头，由于受焊件尺寸和截面的限制，也只好采用对接接头，但对于电阻点焊和缝焊薄板结构，若采用对接接头时，则必须增设垫板辅助施焊，如图 4-29b所示。

　　（2）搭接接头的选用　搭接接头不在同一平面，接头处部分相叠，应力分布不均匀，会产生附加弯曲应力，降低了疲劳强度，且耗费材料，但对下料尺寸和焊前定位装配尺寸要求精度不高，且接头结合面大，增加承载能力，所以薄板及细杆焊件如厂房金属屋架、桥梁、起重机吊臂等结构常用搭接接头。点焊、缝焊焊件的接头多为搭接，钎焊也多采用搭接接头，以增加结合面。

　　（3）角接接头的选用　角接接头和 T 形接头根部易出现未焊透，引起应力集中，因此接头处常开坡口，以保证焊接质量。角接接头多用于箱式结构。

　　（4）卷边接头的选用　薄板气焊或钨极氩弧焊时为避免接头烧穿又节省填充焊丝，可采用卷边接头。

　　（5）T 形接头的选用　T 形接头（或十字形接头）是将相互垂直的焊件用（角）焊缝连接起来的接头。这种接头种类较多，能承受各种方向的外力和力矩。但这类接头应避免采用单面角焊缝，因为接头根部有较深的缺口，其承载能力低。

3. 坡口形式设计

　　焊缝开坡口的目的是使其根部焊透，同时也使焊缝成形美观，此外通过控制坡口大小，能调节焊缝中母材金属与填充金属的比例，使焊缝金属达到所需要的化学成分。焊条电弧焊的对接接头、角接接头和 T 形接头中各种形式的坡口，其选择主要依据是焊件板材厚度。

　　坡口的常用加工方法有气割、切削加工（车或刨）和碳弧气刨等。

　　1）对接接头坡口形式。对接接头坡口形式有 I 形坡口（即不开坡口）、Y 形坡口、双 Y 形坡口、带钝边 U 形坡口，带钝边双 U 形坡口、单边 V 形坡口、双 V 形坡口、带钝边 J 形坡口、带钝边双 J 形坡口等。

　　2）角接接头坡口形式。角接接头坡口形式有 I 形坡口、错边 I 形坡口、Y 形坡口、带钝边单边 V 形坡口、带钝边双 V 形坡口等。

　　3）T 形接头坡口形式。T 形接头坡口形式有 I 形坡口、带钝边单边 V 形坡口、带钝边双 V 形坡口等。

　　焊条电弧焊常见的坡口形式如图 4-30 所示。

　　焊条电弧焊板厚小于 6mm 时，一般采用 I 形坡口；但重要结构件板厚大于 3mm 就需开坡口，以保证焊接质量。板厚在 6 ~ 26mm 之间可采用 Y 形坡口，这种坡口加工简单，但焊后角变形大。板厚在 12 ~ 60mm 之间可采用双 Y 形坡口。同等板厚情况下，双 Y 形坡口比 Y 形坡口需要的填充金属量约少 1/2，且焊后角变形小，但需双面焊。带钝边 U 形坡口比 Y 形坡口省焊条，但坡口加工较麻烦，需要切削加工。

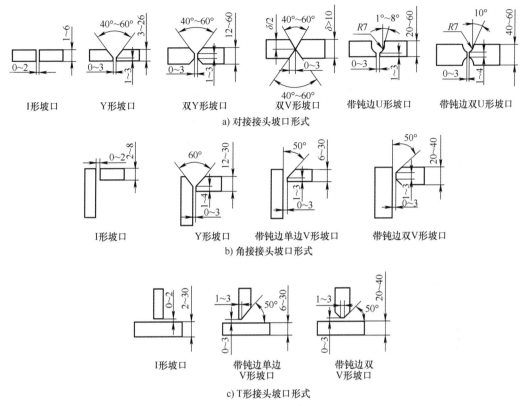

a) 对接接头坡口形式

I形坡口　　Y形坡口　　双Y形坡口　　双V形坡口　　带钝边U形坡口　　带钝边双U形坡口

b) 角接接头坡口形式

I形坡口　　Y形坡口　　带钝边单边V形坡口　　带钝边双V形坡口

c) T形接头坡口形式

I形坡口　　带钝边单边
V形坡口　　带钝边双
V形坡口

图 4-30　焊条电弧焊常见的坡口形式

埋弧焊焊接较厚板采用I形坡口时，为使焊剂与焊件贴合，接缝处可留一定间隙。坡口形式的选择既取决于板材厚度，也要考虑加工方法和焊接工艺性。例如，要求焊透的受力焊缝，能双面焊尽量采用双面焊，以保证接头焊透、变形小，但生产率下降。若不能双面焊时才开单面坡口进行焊接。

对于不同厚度的板材，为保证焊接接头两侧加热均匀，接头两侧板厚截面应尽量相同或相近，如图4-31所示。不同厚度钢板对接时允许厚度差见表4-8。

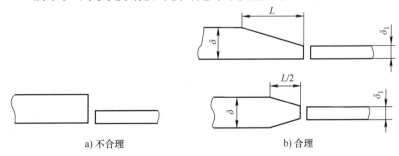

a) 不合理　　　　　　　　　　　　　b) 合理

图 4-31　不同厚度板的对接

表 4-8　不同厚度钢板对接时允许厚度差

较薄板的厚度 δ_1/mm	2~5	5~9	9~12	>12
允许厚度差$(\delta-\delta_1)$/mm	1	2	3	4

4. 焊缝布置

焊接结构中的焊缝布置对保证焊接质量、提高生产率影响很大。合理布置焊缝，可以有效地防止和减少焊接应力与变形，并能提高结构的强度。布置焊缝时应注意以下问题。

1）焊缝位置应考虑焊接操作方便。焊缝要便于焊接，并能确保质量。按施焊时焊缝所处的位置不同，焊缝可分为平焊缝、立焊缝、横焊缝和仰焊缝四种形式。其中平焊缝施焊操作最方便、焊接质量最容易保证，因此在布置焊缝时应尽量使焊缝能在水平位置进行焊接。其次焊缝位置应有足够的操作空间，焊接时尽量少翻转，以提高生产率。图 4-32 所示为几种典型的焊缝布置方法。

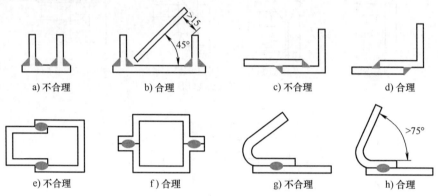

图 4-32 几种典型的焊缝布置方法

2）避免焊缝过于密集或交叉。焊缝过于密集或交叉，会使焊接热影响区的金属组织严重过热，力学性能下降，甚至出现裂纹。一般焊缝间距要大于 3 倍或 5 倍的板厚且不小于100mm，角处应平缓过渡，如图 4-33 所示。

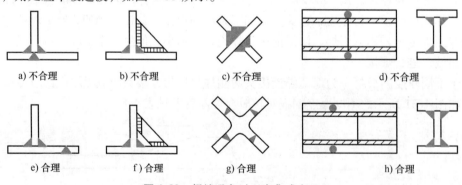

图 4-33 焊缝避免过于密集或交叉

3）焊缝布置尽可能对称。如果焊缝布置不对称，焊接收缩时，会造成较大的弯曲变形。焊缝的对称布置可以使各条焊缝的焊接变形相抵消，对减小梁柱结构的焊接变形有明显的效果，如图 4-34 所示。

4）焊缝应尽可能避开最大应力和应力集中的位置。对于受力较大的结构，在最大应力和应力集中的位置不应该设置焊缝，如图 4-35 所示。例如：焊接大跨度的钢梁，如果原材料长度不够，则宁可增加一条焊缝，以便使焊缝避开最大应力的地方；压力容器的封头，焊缝不能布置在应力集中的转角位置。

5）焊缝应远离机械加工表面或已加工表面，如图 4-36 所示。焊接结构整体有较高精度

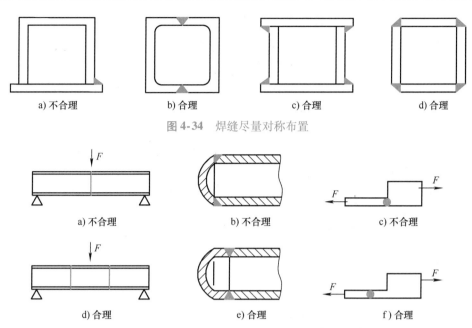

a) 不合理　　　b) 合理　　　c) 合理　　　d) 合理

图4-34　焊缝尽量对称布置

a) 不合理　　　b) 不合理　　　c) 不合理

d) 合理　　　e) 合理　　　f) 合理

图4-35　焊缝应尽可能避开最大应力和应力集中的位置

要求时，如某些机床结构，应在全部焊成之后进行消除应力退火，最后进行机械加工，以免受焊接变形的影响。有些结构上只是某些零件需要机械加工，如管配件，传动支架等，一般需先加工再焊接，则焊缝应离已加工的表面尽可能远一点。

在表面粗糙度值要求较小的加工表面上，不要设置焊缝，因焊缝中可能存在某些缺陷，且焊缝的组织与母材有明显的差别，加工后达不到表面粗糙度的要求。

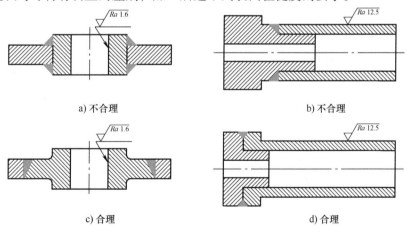

a) 不合理　　　　　　　　　　　b) 不合理

c) 合理　　　　　　　　　　　d) 合理

图4-36　焊缝远离机械加工表面

工程实例——金属超薄板光纤激光焊接

金属超薄板的焊接是生产燃料电池的一项关键工艺，而传统焊接技术无法达到高质量和高效率的焊接。采用光纤激光进行燃料电池金属超薄板的焊接具有光束质量好、功率密度高的特点。同时，由于光纤激光波长较短，使得焊接材料更易吸收激光能量。光纤激光具有小光斑直径和集中热输入量的特点，形成的焊缝宽度窄、变形小，可以广泛适用于燃料电池金属超薄板和其他细微尺寸零件的连接工艺中。

目前对于厚度在 0.2mm 以下的 304 不锈钢超薄板，通常采用电阻点焊和脉冲激光进行焊接。但是电阻点焊一般情况下采用搭接接头，会破坏器件的外观。同时电阻点焊和脉冲激光焊的焊接速度都很低，生产率不能达到令人满意的要求，是其应用于规模化生产的障碍。

光纤激光焊接能够极大提高焊接速度，改善焊缝质量，提升生产率。但由于焊接材料非常薄，对于焊接热输入量十分敏感，微量材料汽化就会造成烧穿。使用光纤激光对 304 不锈钢超薄板进行焊接的过程中经常遇到材料过量汽化、焊缝烧穿等问题。因此采用合理配合的焊接参数是得到连续、稳定、无烧穿焊缝的关键所在。目前金属超薄板焊接工艺的研究集中于脉冲激光，而针对光纤激光焊接的工艺研究报道比较少。

下面采用光纤激光，针对厚度为 0.1mm 的 304 不锈钢超薄板，进行不同焊接参数的搭接焊实验研究，观察在不同焊接参数下焊缝的成形，探究焊接参数对焊缝成形的影响规律。

1. 实验条件及方法

实验用的材料是板厚为 0.1mm 的 304 不锈钢超薄板，采用线切割加工成 70mm × 30mm 的长方形试样。焊接前采用酒精等清洁剂洗净表面油污并吹干。304 不锈钢的化学成分见表 4-9。

表 4-9 304 不锈钢的化学成分

元素	C	Si	Mn	Ni	Cr	P	S
质量分数（%）	0.07	1	2	8 ~ 11	17 ~ 19	0.035	0.03

激光器采用德国 IPG 公司的 YLR – 1500 掺镱光纤激光器，激光波长为 1070nm。该激光器可以输出最大平均功率为 1500W 的连续激光。激光通过光纤传输，焊接聚焦镜片的焦距为 200mm。焊接时采用侧吹氩气作为焊接保护气，气流方向和焊接方向相反，保护气气压为 0.2MPa。将焊接试样采用搭接的方式进行光纤激光焊接。激光输出模式为连续输出。采用单因素法，分别通过改变焊接功率、焊接速度和离焦量，进行不同焊接参数下的焊接实验。然后将焊接后的试样沿焊缝截面切开，通过打磨、腐蚀制成金相试样，在显微镜下观察不同焊接参数下的焊缝截面，并且采用显微镜对焊缝截面的关键特征参数进行测量（焊缝正面宽度 W 和下层板熔深 H）。通过考察关键特征参数 W 和 H 的变化来表征不同焊接参数对焊缝成形的影响。焊缝关键特征参数的提取和测量如图 4-37 所示。

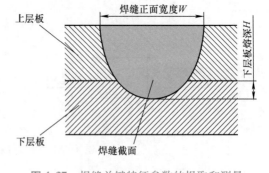

图 4-37 焊缝关键特征参数的提取和测量

2. 实验结果分析

（1）焊接功率的影响 焊接功率对于焊缝成形具有非常直接的影响，由于所焊接的板材非常薄，其热容量小，过高的功率输入容易造成材料过量汽化和焊缝烧穿；而过小的功率输入不能形成有效连接的焊缝。因此，要通过实验得到稳定的焊接功率区间。

在焊接速度一定的情况下（50mm/s），保持离焦量为零，在40～160W的范围内改变焊接功率，间隔为10W，得到13组焊接试样。通过观察焊缝截面金相图，研究焊接功率的变化对焊缝成形质量的影响。

通过测量焊缝截面的关键特征参数，即焊缝正面宽度W和下层板熔深H，探究焊接功率对焊缝成形的影响。焊接速度保持50mm/s不变，W和H随焊接功率变化的趋势如图4-38所示：

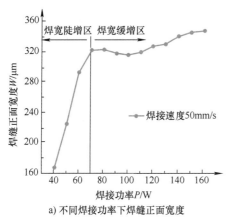

a) 不同焊接功率下焊缝正面宽度

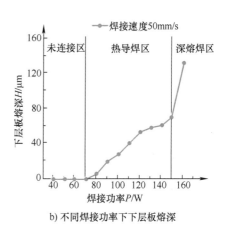

b) 不同焊接功率下下层板熔深

图 4-38　不同焊接功率对焊缝截面特征参数的影响

当焊接功率在40～70W的区间内，由于焊接热输入量较小，仅能熔化上层板部分区域，下层板熔深H为零，因此不能形成稳定连接的焊缝。同时，较小的热输入量造成上层板只能形成较小的熔化区域，表现为小焊接功率时焊缝正面宽度W的变化：初始在焊接功率为40W时焊缝正面宽度W非常小，在焊接功率为50～70W时，焊缝正面宽度W出现阶跃式地上升。焊接功率达到80～150W时，焊缝开始达到下层板，在下层板形成稳定的焊缝结构，外观类似于"水滴状"。而且随着焊接功率的增加，下层板的焊缝也越来越粗大，"水滴"开始向下发展，但还没有穿透整块下层板。如图4-38b所示，下层板熔深H表现为随着焊接功率的增加而稳定、渐进式地增加。焊缝正面宽度W在80～150W的焊接功率范围内，并没有剧烈增加。其中，在80～100W时，焊缝正面宽度W出现了小幅下降，这是由于当焊缝初始进入下层板时，下层板金属的熔化需要吸收更多的焊接输入热能，从而减轻上层板的热量堆积，造成上层板的焊缝正面宽度W略有下降；在110～150W时，随着焊接热输入量的进一步增加，焊缝正面宽度W又开始出现上升趋势，但上升缓慢。当焊接功率达到160W时，焊缝完全穿透整块下层板，在下层板的背面出现焊缝。焊接功率在160W时，下层板的焊缝形态表现为"钉头状"，与130W时的"水滴状"截然不同。160W时的下层板熔深H相较于之前较小功率时发生了一个陡变。熔深突然增加和焊缝形态的转变，说明激光焊接的模式由热导焊转变为深熔焊。

在厚板的激光焊接中，$10W/cm^2$的功率密度可以在极短的时间内使金属汽化，从而在液态熔池内形成匙孔，光束直接进入匙孔内部，通过匙孔的传热获得较大的焊接熔深。在超薄板焊接中，较高的功率也会使金属材料出现汽化，在熔池中形成匙孔，从而激光束的能量在材料表面以下被液态熔池吸收，形成具有深熔焊特点的焊缝结构形貌。

（2）焊接速度的影响　合适的焊接速度和焊接功率相匹配，才能得到稳定牢固的焊缝。相比于脉冲激光焊，连续激光焊的焊接速度更快，具有更高的生产率。但是过快的焊接速度不利于焊缝的成形，容易造成虚焊。

分别在140W和160W两个焊接功率下，保持离焦量为零，在焊接速度为50～70mm/s，间隔为5mm/s的范围内改变焊接速度，进行焊接实验。

同样，测量焊缝截面的特征参数，即焊缝正面宽度W和下层板熔深H，研究焊接速度对焊缝成形的影响。焊接功率为140W和160W时，W和H随焊接速度的变化趋势，如图4-39所示。从图4-39b中可以看到，随着焊接速度的增加，下层板熔深H逐渐减小。这是由于焊接速度的增加会降低母材表面单位长度下的热输入量，造成熔深减小。当功率为140W、焊接速度达到70mm/s时，下层板熔深H仅有9.23μm，焊缝连接开始变得不稳定，并出现虚焊的现象。如图4-39b所示，焊接速度的增加造成下层板熔深H减小的现象，在较高的功率水平下（160W）更为明显：在55～65mm/s的焊接速度区间内，下层板熔深H出现了陡降。这是由于较快的焊接速度造成热输入量减少不足以使母材急剧汽化，焊接熔池未能产生匙孔，焊接模式从深熔焊弱化为热导焊。如图4-39a所示，焊接速度的上升会逐步减少焊缝正面宽度W，在140W和160W两种功率水平下，焊缝正面宽度W都表现为线性减少，没有发生陡降。

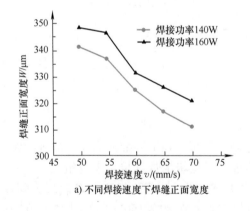

a）不同焊接速度下焊缝正面宽度

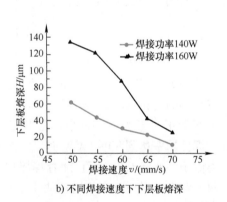

b）不同焊接速度下下层板熔深

图4-39　不同焊接速度对焊缝截面特征的影响

脉冲激光焊接的焊接速度通常仅为0.3～1.5mm/s，而对于连续激光焊接，焊接速度可选择的范围达到50～60mm/s。相比焊接速度，连续激光焊具有非常大的优势。

（3）离焦量的影响　激光焊接通常需要一定的离焦量，因为激光焦点处光斑中心的功率密度过高，容易蒸发成孔。离开激光焦点的各平面上，功率密度分布相对均匀。离焦方式有两种，即正离焦与负离焦。焦平面位于焊件上方为正离焦，反之为负离焦。按几何光学理论，当正负离焦平面与焊接平面距离相等时，所对应平面上功率密度近似相同，但实际上所获得的熔池形状不同。负离焦时，可获得更大的熔深，这与熔池的形成过程有关。实验表明，激光加热50～200μs时，材料开始熔化，形成液态金属并出现部分汽化，形成高压蒸气，并以极高的速度喷射，发出耀眼的白光。与此同时，高浓度气体使液态金属运动至熔池边缘，在熔池中心形成凹陷。当负离焦时，材料内部功率密度比表面还高，易形成更强的熔化、汽化，使光量向材料更深处传递。所以在实际应用中，当要求熔深较大时，采用负离焦；焊接薄材料时，宜用正离焦。

3. 结论

以上分析了采用波长为1070nm的光纤激光对厚度为0.1mm的304不锈钢超薄板进行连续激光搭接焊，研究了焊接功率、焊接速度和离焦量对焊缝质量的影响规律，得到的主要结论如下。

1）随着焊接功率的增加，焊缝的熔深和熔宽会逐步增加。当焊接功率达到160W时，超薄板金属表面汽化加剧，熔池出现小孔，出现超薄板的深熔焊，造成下层板熔深的陡然增加。

2）焊接功率在120~160W之间，对于不锈钢超薄板，连续激光焊的焊接速度可以达到50~60mm/s，相对于脉冲激光焊接，在焊接速度上具有十分明显的优势。

3）采用负离焦，能够明显增加熔深。不锈钢超薄板适宜采用正离焦进行激光焊接。

拓展资料——电子束焊技术

电子束焊因具有不用焊条、不易氧化、工艺重复性好及热变形量小的优点而广泛应用于航空航天、原子能、国防及军工、汽车和电气电工仪表等众多行业。电子束焊的基本原理是电子枪中的阴极由于直接或间接加热而发射电子，该电子在高压静电场的加速下再通过电磁场的聚焦就可以形成能量密度极高的电子束，用此电子束去轰击焊件，巨大的动能转化为热能，使焊接处焊件熔化，形成熔池，从而实现对焊件的焊接。

根据电子束焊的基本原理，西方国家在20世纪70年代末期研究开发出双金属锯带电子束焊新工艺生产线，代替传统的普通高速钢锯带生产工艺，从而大量节省了高速钢，并提高了锯带的使用寿命。双金属锯带就是把具有弹性性能好的弹簧钢和切削能力强的高速钢通过电子束焊方法而获得的一种新型锯带。我国在20世纪80年代后期相继从德国引进若干条生产线以满足国内市场高速发展的需要，但还不能完全满足其市场要求。

由于电子束焊包含了机械、真空、高电压和电磁场理论、电子光学、自动控制和计算机等多学科技术，对国内一般厂商来说技术难度较大，而引进费用又昂贵，为此桂林电气科学研究所结合国外技术及多年从事电子束技术研究开发的经验，研制成功了我国第一台国产双金属锯带焊接设备。其中高压电源是双金属锯带焊接设备的关键技术之一，它主要为电子枪提供加速电压，其性能好坏直接决定电子束焊工艺和焊接质量。为此许多电子束焊机制造商及研究机构均对高压电源的可靠性、高压保护、高压打火对焊件的影响进行了研究，并相应制造出具有较高性能的高压电源，以满足不同的电子束焊机的需要。由于双金属焊接要求平行焊缝，要用高压电子束焊机（100kV以上）焊接双金属锯带，为此开展高压电源的开发和研究工作是非常必要的。电子束焊机如图4-40所示。

图 4-40　电子束焊机

本章小结

本章介绍了金属材料焊接成形的理论基础和一些常用的焊接方法、焊接材料、焊接的结构工艺性。在学习过程中，要重点掌握以下几点。

1）焊接广泛应用于金属结构制造中，根据工艺特点不同，焊接分为熔焊、压焊和钎焊三大类，对于它们的特点和一些操作技能要进行重点学习。

2）焊接材料直接影响焊接结构的焊接质量，应该综合考虑焊接结构、焊接工艺、焊接设备、环境因素等，合理选用焊条、焊丝、焊剂等。

3）金属焊接工艺设计包括焊接材料的选择、焊接方法的选择、焊接参数的制定、焊接接头的设计等内容。

4）了解工程实例中的金属超薄板光纤激光焊接技术。

习　题

4.1　减小焊接应力的工艺措施有哪些？如何消除焊接应力？

4.2　试分析焊接工人在焊接厚焊件时，为什么有时用圆头小锤对处于红热状态的焊缝进行敲击？

4.3　焊接热影响区的宽窄对焊接接头的性能有什么影响？如何减少和消除焊接热影响区？

4.4　钎焊与熔焊相比，其焊接过程的实质有什么不同？

4.5　钎焊时所用熔剂的作用是什么？

4.6　简述熔焊冶金过程的特点及保证焊接质量的措施。

4.7　常用的焊接方法有哪几大类？

4.8　改善热影响区性能的方法有什么？

4.9　什么是焊接？与其他连接方法相比，焊接的优越性表现在哪些方面？

— 176 —

4.10 焊接接头由哪几部分组成？各部分的组织和性能如何？

4.11 当今学术界，焊接成形的新技术主要研究方向是哪些？

4.12 不锈钢焊接可以使用哪些焊接方法？优先使用哪些焊接方法？

4.13 常见焊接变形的形式有哪些？

4.14 焊接时，减少内应力最有效的方法是焊前和焊后分别做什么？

4.15 由于电弧焊的冶金过程特点，为了保证焊缝质量，在焊接过程中，应采取哪些措施？

第5章

非金属材料成型

章前导读

在整个 20 世纪，金属材料在工程领域占据统治地位，如农业机械、化工机械、纺织机械、交通设备、电工设备、机床等，其中所使用的钢铁材料约占 90%，有色金属约占 5%。但随着近年来科学技术的快速发展，金属材料难以满足低密度、耐高温、耐强腐蚀、电绝缘和减振消声等特殊性能的要求，非金属材料在这些方面却有各自的优势。有关专家预测，很多传统上由金属制造的零部件将会被工程塑料、工程陶瓷等非金属材料所取代。由于非金属材料原料充足，可以设计、制造出很多新产品，其在工业领域的应用前景十分广阔。此外，近年来单一材料已经难以满足零部件在高韧性、稳定性、耐蚀性、经济性等多方面的要求，从而出现了复合材料。复合材料因其优异的性能而得到了迅速发展。严格地说，复合材料并不完全属于非金属材料，但它的成型与非金属材料成型有密切联系，所以常把它归于非金属材料成型。粉末冶金是制备高精度、复杂结构金属制品的主要成形工艺，因其生产工艺与陶瓷的生产工艺相类似，因此也常将它归于非金属材料成型。

与金属材料成形相比，非金属材料成型有以下特点。

1）非金属材料既可以液态成型，也可以固态成型，成型方法灵活多样，可以制备成形状复杂的零部件。例如：塑料可以采用挤出、注射、压制成型，还可以使用浇注和黏接等方法成型；陶瓷可以采用注浆法成型，也可以使用注射、压注等方法成型。

2）非金属材料的成型温度通常较低，成型工艺较简便。

3）非金属材料的成型过程一般与材料的生产工艺结合。例如，陶瓷应先成型再烧结；复合材料常是将固态的增强体与呈黏流态的基体材料同时成型。

本章分为四部分，分别介绍非金属材料中的高分子材料、陶瓷材料、复合材料，以及粉末冶金的成型工艺。

5.1 高分子材料成型

高分子材料又称为聚合物，品种繁多，原料来源丰富，成本较低，可塑性强，又有重量轻、比强度高、易于改性等优点，应用范围非常广泛。高分子材料按照其性质可以分为塑料、橡胶、纤维、黏合剂和涂料等。本节主要介绍塑料和橡胶两种典型高分子材料的成型技术。

5.1.1 高分子材料的成型工艺特性

1. 变形与温度的关系

高分子材料在一定的压力下，随着加工温度的变化，表现出不同的力学状态。随着加工温度的逐渐提高，高分子材料将经历玻璃态、高弹态和黏流态直至发生分解，通常将上述状态转变称为聚集态转变。处于不同聚集态的高分子物料会表现出一些独特的性能，这些性能决定了高分子材料对成型技术的适应性，并使高分子材料在成型过程中表现出不同的力学行为。

对于热塑性高分子材料，在温度较低时，材料处于玻璃态，为坚硬的固体，具有良好的机械强度，能够承受一定载荷。在外力作用下，玻璃态高分子材料具有一定的变形能力，变形具有可塑性，但变形量较小。因此，玻璃态高分子材料不适宜进行大变形加工，但可以通过机械加工获得所需的制品尺寸和形状。随着温度升高，高分子链可获得足够的热运动能量，材料的弹性模量迅速降低，变形能力显著增强（弹性变形量可达 100%～1000%），此时高分子材料处于高弹态，具有类橡胶特性。当温度足够高，高分子链的能量增大到可以使整个分子链开始运动，分子链间的结合力大为减弱，此时高分子材料处于黏流态，通常又将处于这种状态的高分子材料称为熔体。常温下呈黏流态的高分子材料通常被用作胶黏剂或涂料。处于黏流态的高分子熔体，在外力作用下可发生宏观流动，产生不可逆变形，冷却后，高分子材料能够将变形永久保持下来。因此，黏流态是高分子材料加工成型的主要工艺状态，即可以通过注射、挤出、压制、吹制、熔融纺丝等方法，将其加工成各种形状的制品。

对于热固性高分子材料，材料在成型过程中会发生交联反应，分子将由线型结构转变为体型结构，其具体过程是，处于稳定态的热固性高分子原料，初始阶段加热后材料由稳定态逐步熔融呈塑化态，这时材料的流动性很好，可以较快地充填至型腔各处，同时线型高分子的主链间形成化学键结合（即交联），分子链逐渐呈网状的体型结构，高分子原料逐渐转变为既不熔融也不溶解、形状固定的塑料制件。图 5-1 所示为热固性塑料受热后流动性的变化曲线。

2. 流变性能

流变学是研究高分子材料流动和变形能力的科学，其主要研究内容是探索高分子材料在外界应力作用下产生弹性、塑性、黏性变形的行为及这些行为与各参数之间的关系。高分子材料的加工成型，包括塑料注射成型、橡胶压延成型、纺丝等，均是依靠外力作用下的流动和变形来实现高分子材料从原料到制品间的转换。因此，深刻了解高分子材料在加工过程中的流变行为及规律，对分析和处理成型过程中的工艺问题、合理选择加工工艺、优化成型设备设计、获得性能良好的制品等均具有极其重要的意义。

高分子熔体是一种兼具黏性和弹性的流体，其中黏度是决定其在加工过程中行为的最常用的材料流变特性参数。一般来说，高分子熔体的黏度随成型温度和剪切应力的增加而降低。由于高分子链化学结构的复杂性，其熔体主要表现出两种重要的流变现象：非牛顿黏度和弹性效应。

1）非牛顿黏度。牛顿流体在流动变形过程中的剪切应力与应变速率成正比，比例常数

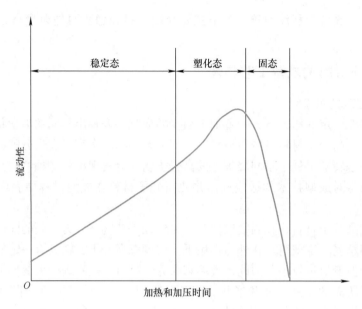

图 5-1　热固性塑料受热后流动性的变化曲线

为流体的牛顿黏度，它仅与温度有关。然而，大多数聚合物熔体的黏度除了与温度有关外，还与剪切速率有关，一般表现为剪切变稀现象，称为非牛顿流体。聚合物熔体的剪切变稀现象主要表现为高剪切速率下黏度的降低。该现象产生的主要原因是聚合物熔体在高速剪切变形下，分子链被拉长进而发生解缠结，使它们能够更容易地滑过彼此，从而降低熔体的黏度。目前已提出多种模型来描述聚合物熔体的黏度变化行为。

2）弹性效应。聚合物熔体在拉伸、剪切或者混合变形过程中，分子链会发生拉伸和解缠结。随着变形过程的进行，聚合物分子链试图恢复其初始状态。如果在短时间内保持变形，分子链可能回到初始位置，熔体的形状完全恢复到初始形状，分子链记住了它们的初始位置。然而，如果剪切或拉伸持续很长时间，熔体就无法恢复其初始状态，实质上是忘记了它们的初始位置。分子链完全放松并适应其新的变形状态所需的时间称为松弛时间。

用来估计聚合物熔体在流动过程中弹性效应的重要参数是德博拉数，它是在观察条件下，材料力学响应的松弛时间和特征工艺时间之间的比值。例如，在挤压模具中，特征工艺时间可以由流动方向上的特征模具尺寸与通过模具的平均速度的比值来定义。黏性流体的德博拉数为 0，弹性固体的德博拉数为 ∞。当德博拉数大于 1 时，聚合物在过程中没有足够的时间放松，可能导致挤出物尺寸偏差或不规则，如挤出物胀大、鲨鱼皮，甚至熔化断裂。

虽然影响聚合物熔体挤出胀大现象的因素很多，但流体的形状记忆效应和法向应力效应是最为显著的。此外，边界条件的突变，如挤出物与模具的分离点，也会对挤出物的膨胀或截面减少起到作用。在实际生产中，聚合物熔体形状记忆对熔体的离模膨胀的影响可以通过延长模具的长度来缓解，如图 5-2 所示。一个较长的模具可以将聚合物熔体从管汇中分离出来，使熔体有足够的时间缓解其形状记忆效应。

当聚合物熔体从挤出机口模、注射机喷嘴或毛细管流变仪中流出时，熔体流柱除了具有离模膨胀现象外，也可观察到在熔体流出速率较高时，高分子熔体来不及发生松弛，流柱表面开始出现失去光泽变得粗糙、形状明显扭曲等现象。这种现象通常称为鲨鱼皮现象，如

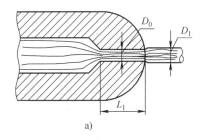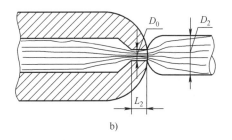

图5-2 聚合物熔体的挤出胀大现象

图5-3a所示。熔体在如此高速的挤压下和内模壁发生间歇性分离也是可能的，这种现象称为黏滑效应或喷流，如图5-3b所示。产生该现象的主要原因是熔体和模具壁之间的高剪切应力。通常当剪切应力接近0.1MPa的临界值时会出现这种现象。当剪切速率进一步提高时，如图5-3c所示，聚合物熔体开始出现螺旋几何形状。当熔体流柱形状扭曲更加严重时，不稳定流动所引起的破坏开始进入流柱内部，出现如图5-3d所示的熔体破裂现象。据报道，聚合物熔体发生破裂现象的临界剪切应力与熔体温度无关，而与其平均分子质量成反比。

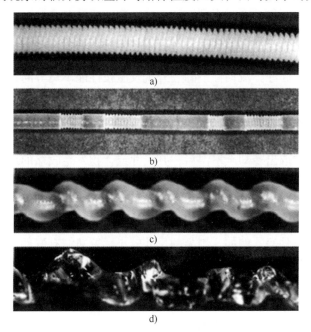

图5-3 熔体不同形貌

总之，德博拉数和在加工过程中施加在材料上的变形大小决定了如何最准确地对聚合物熔体系统进行建模。在较小的德博拉数下，聚合物可以被模拟为牛顿流体，在很高的德博拉数下，可以被模拟为胡克固体。黏弹性区域分为小变形时的线性黏弹性区域和大变形时的非线性黏弹性区域。

除多数热塑性聚合物外，橡胶等热固性聚合物和填充聚合物体系也是当前材料成型所常用的材料类型。热固性聚合物的黏度随着反应过程中相对分子质量的增加而增加，黏度大小依赖于体系的反应程度。填充聚合物体系中悬浮在熔体中的增强或功能性颗粒，也能直接影响制品的性能和聚合物在加工过程中的黏度，目前也已有多种模型来估算该填充体系的黏度。

3. 热性能

各种聚合物材料有不同的比热容、热传导率、热扩散系数等热性能。比热容高的聚合物在塑化时需要热量大，应选用塑化能力大的注射机。热传导率低的聚合物材料，冷却速度慢，在成型过程中必须要加强模具冷却效果。热流道模具适用于比热容低、热传导率高的塑料。比热容高、热传导率低的塑料则不利于高速成型。

各种塑料按其品种特性及塑件形状要求，必须保持适当的冷却速度，所以模具必须按成型要求设置加热和冷却系统，以保持一定模温。模具温度过高时，制件脱模后容易变形，结晶度较低，需要借助于冷却系统调节模具温度。模具温度过低时，熔体流动性较差，此时制件内外冷却不均，易产生较大的内应力，此时应设加热系统，提高模具温度。对流动性好、成型面积大、料温不均匀的情况则应按照制件的材料和结构特性，有时需加热或冷却交替使用，或局部加热与冷却并用，为此模具应设有相应的冷却或加热系统。

4. 吸湿性

吸湿性是指聚合物（包含其中的各种添加剂）对水分的敏感程度。聚合物在成型中会添加增塑剂、润滑剂、着色剂、发泡剂等各种添加剂，使其对水分有不同的亲疏程度，所以聚合物大致可以分为吸湿黏附水分、不吸水也不易黏附水分两种。加工成型过程中，聚合物物料必须控制在允许的范围内，否则物料中的水分会在高温高压加工条件下变成气体或发生水解作用，使制品产生起泡、流动性下降、外观及服役性能不良等问题。因此，吸湿性聚合物，如聚酰胺等，必须按要求采用适当的加热方法及规范进行干燥，在成型过程中还需用红外线照射以防止再吸湿。

5. 收缩性

塑料制品从模具中取出冷却至室温后，其尺寸或体积发生收缩的现象称为收缩性。收缩性的大小以单位长度制品的收缩量的百分数来表示，称为收缩率。造成制品收缩的主要原因是聚合物材料的热胀冷缩、从黏流态转变为玻璃态的状态变化、脱模时的弹性恢复和脱模后制品内部残余应力的缓慢释放等。影响制品收缩的因素主要包括聚合物种类、制品的结构、模具结构和成型工艺条件等。例如，制品的尺寸较小、壁薄、有嵌件或有较多型孔等，其收缩率较小。成型温度越高，则热胀冷缩效应越大，收缩率也越大。成型压力越大，制品的弹性恢复也越大，其收缩性越小。成型时间越长，制品冷却时间越长，其收缩率越小，但过长的冷却时间对提高生产率不利。此外，模具的分型面、浇口形式及尺寸等因素直接影响聚合物流动方向、密度分布、保压补缩作用及成型时间等。当浇口的截面较小时，浇口部分会过早凝结硬化，型腔内的塑料收缩后得不到及时补充，故收缩较大。而采用大截面的浇口，就可减少收缩。因此，在设计模具时，应根据以上因素综合考虑选取塑料的收缩率，以保证所生产出的塑料制品尺寸符合设计要求。

5.1.2 塑料的成型方法

塑料制品的成型过程通常包含以下一个或几个步骤。

（1）一次成型 一次成型是指将塑料原材料转变成具有一定形状和尺寸制品或半成品的各种成型方法，如挤出成型、注射成型、压制成型、浇注成型等。

（2）二次成型 二次成型是指在改变一次成型所得半成品形状和尺寸的同时，又不破坏其整体性能的成型方法，如中空吹塑成型、热成型等。

（3）材料的裁剪加工　这种类型的操作包括使用机加工、冲压、激光、钻孔等工艺去除制品的废边、抛光增亮制品表面等。

（4）材料的连接加工　将两个或多个部件通过机械连接或热熔焊等方式进行连接组装。

塑料成型是将原料在一定温度和压力下塑制成具有一定形状制品的工艺过程。成型是聚合物制品生产过程中的主要工序，所有塑料制品的生产必须经过一次成型，是否经过二次成型则视产品的具体情况而定。据统计，挤出制品约占塑料制品总产量的50%，注射制品约占塑料制品总产量的30%，因此本节将重点介绍挤出成型和注射成型这两种常用的塑料成型方法。

1. 挤出成型

（1）挤出成型的原理、特点及应用　挤出成型又称为挤塑成型，是目前热塑性塑料制品最主要的成型加工技术之一。挤出成型的基本原理是：塑料从料斗中加入到挤出机螺杆的加料段螺槽后，在压力作用下被向前输送（固体输送阶段），然后在料筒的外加热和内摩擦热的作用下逐渐熔融（固体熔融阶段），再通过螺杆的计量段实现熔体均匀化后（熔体均匀化阶段）通过挤出机的口模成为具有恒定截面形状的塑性连续体，最后经过适当处理（冷却或交联）使连续体失去塑性而成为具有固定截面形状和尺寸要求的塑料制品。

由挤出成型原理不难看出，挤出成型加工是一种高效连续化作业过程，其制品的制备是在一条生产线中完成的。与其他成型方法相比，挤出成型具有以下主要特点：挤出过程是连续的，可以生产任意长度的塑料制品；模具结构简单、设备成本低、产品尺寸稳定；生产率高、适应性强、产品成本低；浇口、浇道和飞边等废料损耗少等。

通过改变挤出机料筒、螺杆、口模、辅机等设备的结构和控制系统，挤出成型已广泛应用于机械制造、石油化工、日用品、农业、建筑业等多个领域。一方面，通过挤出机制备连续等截面制品是挤出成型的最主要用途，塑料带、塑料棒、塑料管、塑料片、塑料板、塑料丝、塑料膜、塑料型材、塑料发泡制品、塑料中空产品、塑料电线电缆等制品均是依靠挤出成型加工技术而制备出来的。通过口模的旋转变化或挤出物处于熔融状态时进一步加工，也能够挤出成型连续变截面制品，如塑料波纹管、塑料网、塑料草坪、变截面塑料绳、塑料竹子等特殊产品。将不同挤出机的熔融物料通过同一口模共挤出或者将金属型材引入挤出口模，还可以得到不同颜色、多层复合挤出制品，如带有不同颜色的塑料管、多层塑料管、铝塑复合管、铝塑复合板、复合中空吹塑汽车油箱等。另一方面，将以聚合物为主体的原料与其他添加剂（如阻燃剂、增塑剂、增韧剂、颜料、填料、纤维）混合为目的挤出称为挤出造粒。它的优点是能够将塑料中的各组分通过熔融过程达到均匀分散和混合，为后续其他加工提供成型用颗粒原料。这是树脂合成工业最后一道工艺，更是改性塑料工业最主要的工艺手段，这一工艺手段目前主要采用双螺杆挤出机实现。

（2）挤出设备　挤出设备是挤出成型加工的重要组成部分，包括挤出机、定型装置、冷却装置、牵引装置、切割或卷取装置等。以塑料管材挤出为例，其组成如图5-4所示。

1）挤出机。挤出机是挤出设备的核心，承担聚合物物料的熔融塑化、固体输送、熔体均匀化及驱使熔体从口模中挤出的作用。螺杆是挤出机的核心部件，需要根据生产需要，从螺杆直径、螺杆长径比、螺槽深度和熔融段、输送段及均匀化段的长度等方面选取适当结构的螺杆。常规全螺纹三段式螺杆结构如图5-5所示。

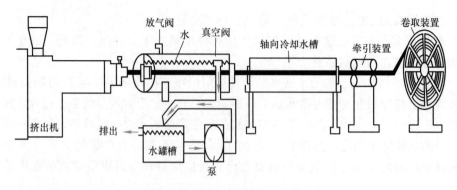

图 5-4 单螺旋挤出机结构示意图

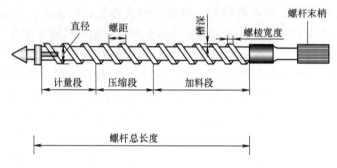

图 5-5 常规全螺纹三段式螺杆结构

2）口模。熔体从口模中挤出，口模决定了制品的初始形状和尺寸。

3）定型装置。通常采用冷却和加压的方法，将从口模挤出熔体的初始形状固定下来，并对其进行修整，得到更加精确的截面尺寸和表面质量，达到定型的目的。

4）冷却装置。将由定型装置所得制品进一步冷却，以获得最终产品的形状和尺寸。

5）牵引装置。均匀牵引制品，保障挤出过程连续稳定进行，同时可以增加制品在牵引方向上的取向性。

6）切割或卷取装置。通过切割装置将硬质制品切割成所需长度和宽度，通过卷取装置将软质制品卷取成卷。

（3）挤出成型工艺过程 挤出成型工艺过程包括物料的干燥、成型过程、制品的定型、制品的牵引与卷取（或切割），有时还包括制品的后处理等。

1）物料的干燥。物料中的水分会使制品出现气泡、表面晦暗，还会降低制品的物理和力学性能等，因此挤出成型前应对物料进行预热和干燥处理。通常，应控制物料中水的质量分数在 0.5% 以下。

2）成型过程。当挤出机加热到预定温度后即可开动螺杆，加料。开始挤出的制品外观和质量都很差，应根据物料特性、口模结构特点等及时调整工艺参数，直到制品质量达到要求后即可正常生产。

3）制品的定型。塑料在离开口模后仍处于高温熔融状态，具有较强的塑性变形能力，需要立即进行定型。不同的制品具有不同的定型方法，多数情况下定型与冷却是同时进行的。在挤出管材和各种型材时需要有定型工艺，挤出薄膜、单丝、线缆包覆物时，则不必定型，只冷却即可。

4）制品的牵引。常用的牵引挤出管材设备有滚轮式和履带式两种。牵引时要求牵引速度和挤出速度相匹配，均匀稳定。一般应使牵引速度稍大于挤出速度，以消除物料离模膨胀所引起的尺寸变化，并对制品进行适当拉伸。

（4）挤出成型的工艺条件　在挤出成型工艺中，主要的工艺条件有温度、压力、挤出速度及牵引速度等。

1）温度。温度是保证挤出过程顺利进行的重要工艺条件之一。挤出过程是从固体粉状或颗粒状开始，高温的制品从口模中挤出，经历了复杂的温度变化过程。挤出成型温度是指塑料熔体的温度，该温度主要取决于所设置的料筒和螺杆温度，同时物料在料筒内输送过程中产生的摩擦热也会影响熔体的温度，通常以设定的螺杆温度表示挤出成型的温度。

为了使塑料在料筒中熔融、输送、均匀化和挤出过程顺利进行，需要通过挤出机的加热系统调整好挤出机各段温度。挤出温度的设定一般为"马鞍型"，加料段温度较高，压缩和熔融段温度略低于加料段，熔体输送段温度略微提高，而挤出段温度一般设置为最高，以保证产品表面的光亮度，这种温度设定方式可以兼顾物料的均匀塑化和有效输送。

2）压力。压力也是挤出成型的重要工艺条件之一，是得到均匀密实的熔体并最终得到高质量制品的重要条件。成型过程中压力的波动会影响型材的质量。生产中一般要通过设计合理的螺杆、料筒、过滤网等结构，合理控制螺杆转速，减少成型过程中压力的突变。

3）挤出速度。挤出速度是指在单位时间内由挤出机机头和口模中挤出塑化好的物料量或塑件长度，代表着挤出机的生产能力。影响挤出速度的因素很多，包括机头、螺杆和料筒的结构、螺杆转速、加热冷却系统结构和物料的工艺特性等。理论和实践均表明，挤出速度随螺杆直径、螺旋槽深度、均匀化段长度和螺杆转速的增大而增大，随螺杆与料筒间隙的增大而增大。在挤出机的结构、物料类型、制品结构确定的情况下，挤出速度仅与螺杆转速有关，因此，调整螺杆转速是控制挤出速度的主要措施。

4）牵引速度。牵引装置是保障挤出成型连续化生产的必备装置，在通常情况下，牵引速度须与挤出速度相当，两者之间的比值称为牵引比，其值必须大于1。从口模中挤出的高温塑件，在牵引力作用下会产生拉伸取向。一般情况下，塑件的拉伸取向程度越高，其沿取向方向的拉伸强度也越大，但冷却后长度收缩也大。调整螺杆几何结构和转速是控制挤出速度的主要措施。

2. 注射成型

（1）注射成型的原理、特点及应用　将塑料从注射机的料斗送进加热的料筒，经加热熔化呈流动状态后，由柱塞或螺杆推动，使熔体通过料筒前端的喷嘴注入闭合模具型腔中，充满模具型腔的熔料在受压的情况下，经冷却固化，开模取得制品，在操作上即完成了一个成型周期。

与其他塑料成型方法相比，注射成型技术具有一些明显的优点：第一，成型周期短，成型物料的熔融塑化和流动造型是分别在料筒和模具型腔中进行的，熔体在模具内能够较快冷凝固化，利于缩短制品的成型周期；第二，生产率高，可以实现高度机械自动化生产，成型过程中的合模、加料、塑化、注射、保压、开模和制品顶出等操作均是由注射机的程序控制，适用于制品的大批量制造；第三，制品尺寸精度高，批次间差异小；第四，可以生产具有复杂结构、薄壁和带有金属嵌件的塑料制品。注射成型技术也存在一些不足之处：第一，受制于冷却条件，难以制备厚度变化较大的塑料制品；第二，注射机和模具的造价较高，成型设备的初始投资较大，因此不适用于小批量塑料制品的制备。

目前，注射成型制品约占全部塑料制品的30%。此外，随着气体辅助注射成型、反应注射成型、多色注射成型及精密注射成型等新型技术的发展，注射成型技术可成型制品的品种之多和花样之繁是其他塑料成型技术都无法比拟的。

（2）注射成型设备　注射机和模具是注射成型的主要设备。其中，注射机有柱塞式和螺杆式两种类型。螺杆式注射机具有加热均匀、塑化效果好、注射量大等优点，特别适合大中型塑料制品以及流动性差的塑料的生产，是目前最常用的注射机类型。图5-6所示为卧式螺杆式注射机。注射系统与合模系统是构成注射机的主要组成部分。注射系统的主要作用是熔融塑化物料，并将其注射入模具型腔内，其包括注射机上直接与物料和熔体接触的零部件，包括加料装置、料筒、螺杆、喷嘴等。合模系统是注射机实现开、闭模具动作的装置，常见的为有曲臂的机械液压式装置。

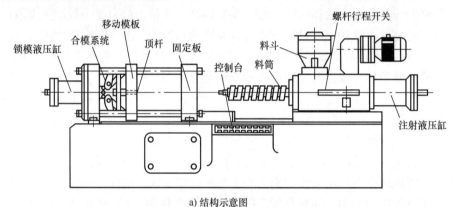

a) 结构示意图

b) 实物图片

图5-6　卧式螺杆式注射机

模具是塑料成型的重要工装，决定了制品的几何结构及服役性能。按成型工艺分，模具可分为注射模、压塑模、挤出模和压注模等。注射成型工艺中所使用的模具为注射模，其结构形式多种多样，包括单分型面、双分型面、带活动镶块、侧向分型抽芯注射模等。注射模的基本结构都是由动模和定模两大部分组成的，如图5-7所示。定模部分安装在注射机的固定模板上，而动模部分则安装在注射机的移动模板上，会随着注射机上的合模系统运动。注射成型时，动模和定模由导向机构导向而闭合，高温塑料熔体从注射机喷嘴经模具浇注系统进入型腔，其在模具型腔内冷却定型后开模，动模与定模分开，塑件一般留在动模上，然后由模具推出机构将其推出。

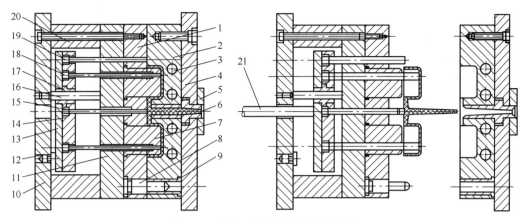

图 5-7 单分型面注射模结构示意图

1—动模板 2—凹模 3—冷却水道 4—定模座板 5—定位环 6—浇口套 7—凸模
8—导柱 9—导套 10—动模座板 11—支承板 12—限位销 13—推板 14—推杆固定板
15—拉料杆 16—推板导柱 17—推板导套 18—推杆 19—复位杆 20—垫块 21—顶杆

根据注射模中各部件所起的作用，可将其分为以下几个主要部分。

1）成型部件（如图 5-7 所示的 2、7）成型部件主要由凹模和凸模组成，是形成制品几何形状和尺寸的部件，凹模形成制品的外表面，凸模形成制品的内表面。

2）浇注系统。浇注系统又称为流道系统，是将塑料熔体从注射机喷嘴引导至模具型腔的通道，通常由主流道、分流道、浇口和冷料穴等部分组成。

3）导向机构（如图 5-7 所示的 8、9、16、17）确保动模与定模或其他零件能准确对合的机构。

4）推出机构。确保开模后，塑料制品及其流道内的凝料推出或拉出的机构。

5）排气系统。一般在分型面处开设排气沟槽，将成型过程中模腔内的气体排出。

6）侧向分型与抽芯机构。制备带有侧凹或侧孔的塑料制品，该类制品在被推出之前必须先进行侧向分型，抽出侧芯后方能顺利脱模。

7）加热与冷却系统。为满足注射工艺对模具温度的要求，需要有加热与冷却系统对模具温度进行调节。

注射模具对物料的适应性强，制品内部和外观质量良好，且可生产各类质量和形状复杂的零件，然而注射模具结构一般比较复杂，制造周期长，成本较高。

（3）注射成型工艺过程 注射成型工艺过程包括成型前准备、成型过程、制品后处理三个主要部分，如图 5-8 所示。

1）成型前准备。注射成型前需要对物料进行检查和干燥，清洗料筒，对模具型腔和型芯涂脱模剂，方便制品脱模。一般情况下，在成型前还需要对模具进行预热。成型带有金属嵌件的塑料制品时，有时还需对嵌件进行预热，以减少高温塑料熔体和嵌件间的温度差。

2）成型过程。成型过程一般包括加料、塑化、注射、保压、冷却和脱模等步骤。注射成型初始阶段需将塑料加入料斗中，然后通过螺杆或柱塞输送到加热的料筒中塑化。随着塑化过程的进行，物料由松散的粉状或粒状转变成连续熔体，逐渐被输送到料筒前端的喷嘴附近。当料筒前端堆积的熔体对螺杆产生足够的压力（称为螺杆的背压）时，熔体在注射压力

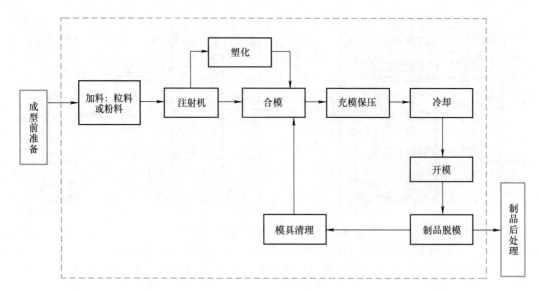

图 5-8　注射成型工艺过程

作用下经过喷嘴和模具的浇注系统注入并充满温度较低的闭合模具型腔中，这个阶段称为充模阶段。熔体进入模具型腔后，开始冷却收缩，此时须进行一定时间的保压，以迫使浇口附近的熔体能够不断补充进入模具中，保证模具内的塑料能够成型出形状完整且致密的制品，这个阶段称为保压阶段。当制品固化后，可以结束保压，打开合模系统，在顶出机构的作用下，即可顶出制品，实现脱模。

3）制品后处理。成型后的制品有时还需要进行后处理，以消除制品内应力，提高其尺寸稳定性和服役性能。后处理常用的方法主要包括退火热处理和调湿处理。

注射成型过程中，塑料在料筒内可能塑化不均匀，或者在模具型腔内冷却速度不一致，制品在冷却过程中会产生不均匀的结晶、取向和收缩，导致制品中存在内应力，这对于厚壁制品和带有金属嵌件的制品更为突出。制品内部的应力会严重影响其力学性能，表面会出现微细裂纹，甚至变形和开裂。一般情况下，可以通过退火热处理去除制品内应力。退火热处理的过程一般是使制品在一定温度（一般为制品使用温度以上 $10 \sim 20℃$）的加热液体介质（如热水、热油等）或热空气循环烘箱中静置一段时间，然后缓慢冷却。

对于聚酰胺之类吸湿性强的注射制品，在空气中使用或存放的过程中会因吸湿而明显膨胀，但这种吸湿膨胀过程需要很长的时间才能达到平衡。为了保证制品的尺寸稳定性，需要对其进行调湿处理。调湿处理是使制品在一定的湿度环境中预先吸收一定的水分，使制品尺寸稳定，以避免制品在使用过程中发生更大的变形。例如，将刚脱模的制品放在热水或油中处理，这样既可以隔绝空气，进行无氧化退火，又可以使制品快速达到吸湿平衡状态，使制品尺寸稳定，改善制品的性能。

（4）注射成型工艺条件　在注射成型中，影响制品质量的因素有很多，但在物料、注射机和模具结构确定之后，注射成型工艺条件的设定便是保证成型过程顺利进行和制品质量的关键。注射成型最重要的工艺条件包括温度、压力和成型时间。

1）温度。在注射成型中需要控制的温度有料筒温度、喷嘴温度和模具温度。料筒温度和喷嘴温度主要影响塑料的塑化和熔融流动，而模具温度主要影响塑料制品的定型和冷却固化。

① 料筒温度。料筒温度首先取决于塑料的热变形温度，既需要保证物料充分熔融，成型过程顺利进行，又不引起物料的局部热降解。此外，对于薄壁制品，其模具型腔狭窄，熔体的充模阻力较大，冷却速度快，此时应选择较高的料筒温度，以提高熔体流动性。同时，对于带有嵌件或形状复杂的制品，熔体流程曲折较多，料筒温度也应取高一些。相反，对于厚壁制品，料筒温度可取低一些。

② 喷嘴温度。喷嘴温度通常略低于料筒最高温度，以防止熔料在喷嘴处产生"流涎"现象，但温度也不应过低，防止塑料在喷嘴处凝固，堵塞喷嘴，或将凝料注入型腔内影响制品的质量。

③ 模具温度。模具温度是指和制品接触的模具型腔表壁温度，它决定了高温熔体的充型能力、制品的冷却速度和成型后制品的内外质量等。模具温度一般是由通入定温的冷却或加热介质进行控制的。

模具温度的选择主要取决于加工物料的工艺特性、制品的几何尺寸以及性能要求等。例如：对于结晶型塑料，缓慢或中速冷却利于其结晶，能提高制品的密度、强度、耐磨性等性能，因此可以适当提高模具温度；而对于非结晶型塑料的成型，可采用急冷方式，设置较低的模具温度，缩短冷却时间，提高生产率。

2）压力。注射成型过程中的压力通常包含背压（塑化压力）和注射压力。

① 背压。采用螺杆式注射机时，塑料进入料筒内逐渐熔融塑化，由螺杆将熔体不断推入料筒前端的计量室内，随着螺杆前端熔体量的增加，逐渐形成一个压力，推动螺杆向后退。为了确保熔料均匀压实、防止螺杆快速后退，需要给螺杆提供一个反方向的压力，这个反方向阻止螺杆后退的压力称为背压，也称为塑化压力。背压的大小可以由液压系统中的溢流阀来调节。

背压的大小会影响塑料的塑化过程、塑化效果和塑化能力。在其他条件相同的情况下，提高背压，会提高熔体温度及温度的均匀性，有利于物料的均匀混合和排除熔体中的气体。但背压过大，会降低塑化速率，延长成型周期，甚至会导致塑料发生降解。因此在保证制品质量的前提下，背压越低越好，一般为6MPa左右，通常不超过20MPa。

② 注射压力。注射压力是指柱塞或螺杆顶部对熔体所施加的压力，其作用一方面是保证熔体的充模速度，克服熔体流动充模过程中的流动阻力，另一方面在熔体充满型腔后对熔体进行压实和防止其倒流。

注射压力的设定主要取决于注射机的类型、塑料类型、制品的形状结构、模具的温度、浇注系统的结构和尺寸等。例如：对于黏度较高的塑料，注射压力较高；料筒和模具温度较高时，注射压力较低；对于薄壁、面积大、形状复杂的制品，注射压力应较高；而对于模具结构简单、浇口尺寸较大的制品，注射压力较低；一般情况下，柱塞式注射机的注射压力大于螺杆式注射机。影响注射压力的因素较多，关系较复杂，因此在生产前需要从较低注射压力开始试模，随后根据制品的质量调整参数，保障产品质量。

熔体充满模具型腔后，还需要一定时间的保压。在生产中，保压的压力等于或小于注射压力。保压时压力高，可得到密度较高、收缩率小、力学性能较好的制品，但脱模后的制品内残余应力较大，可能会造成脱模困难等问题。

3）成型时间。注射成型时间是指完成一次成型工艺过程所需要的时间。它包含注射过程中的充模时间及保压时间，合模后的冷却时间，开模、脱模、喷涂脱模剂、安放嵌件和再次合模的时间。注射成型时间直接影响工艺的生产率和设备利用率。

在整个成型过程中，注射时间和冷却时间最为重要。它们既是成型周期的主要组成部分，又对制品的质量有决定性的影响。注射时间中的充模时间与充模速率成反比，而充模速率取决于注射速率。为保证制品质量，应正确控制充模速率。对于熔体黏度高、玻璃化温度高、冷却速率快的制品、玻璃纤维增强制品、低发泡制品应采用快速注射。生产中，充模时间一般不超过 10s。

注射时间中的保压时间，在整个注射时间内所占的比例较大，一般为 20 ~ 120s（厚壁制品可达 5 ~ 10min）。保压时间的长短由制品的结构尺寸、料温、主流道及浇口大小决定。在工艺条件正常、主流道及浇口尺寸合理的情况下，最佳的保压时间通常是制品收缩率波动范围最小时的时间。

冷却时间主要由制品的壁厚、模具的温度、塑料的热性能以及结晶性能决定。冷却时间的长短应以保证制品脱模时不引起变形为原则，一般为 30 ~ 120s。冷却时间过长，不仅延长了成型周期，降低了生产率，对复杂制品有时还会造成脱模困难。

成型过程中的其他时间与生产自动化程度和生产组织管理有关，应尽量减少这些时间，以缩短成型周期，提高劳动生产率。

5.1.3 橡胶的成型方法

1. 橡胶的组成和分类

橡胶是高弹性高分子化合物的总称，具有极高的弹性、可挠性和伸长率，弹性模量仅为软质塑料的 3% 左右。因而橡胶不需要很大的外力就能产生相当大的变形，具有很好的柔性。此外，橡胶还具有良好的耐磨性、电绝缘性、耐蚀性以及与其他物质的黏结性等，同时还可以隔音吸振，是一种重要的工业材料。

橡胶的主要成分是生胶，即天然橡胶或合成橡胶。生胶具有很高的弹性，但分子链间相互作用力较弱、强度低、稳定性差，因此在生产过程中必须添加各种配合剂进行成型加工。橡胶中添加剂的品种繁多，功能各异，主要有以下几类。

（1）硫化剂　硫化剂是在一定条件下能使橡胶发生交联的添加剂。橡胶的交联过程称为"硫化"。未经硫化的橡胶称为生胶。生胶是线型高分子聚合物，随着温度的升高，其永久变形量显著增大，同时表现出强度低、抗撕裂性差、不耐溶剂、弹性不足等缺陷。经硫化后，生胶的线型分子发生交联，成为比较稀疏的三维网状结构，可显著改善材料的抗拉强度、弹性、抗永久变形性、对溶剂的稳定性等一系列性能。橡胶品种不同，所用硫化剂也不同，常用的硫化剂如下。

1）硫黄。硫黄价廉易得，是工业中用量最大的硫化剂，通常用于天然橡胶、丁苯橡胶、丁腈橡胶等的硫化。橡胶工业中使用的硫黄有硫黄粉、不溶性硫黄、胶体硫黄、沉淀硫黄等。

2）非硫类硫化剂。非硫类硫化剂品种很多，使用较多的主要有金属氧化物、有机过氧化物及树脂类等。金属氧化物主要用于氯丁橡胶的硫化，有机过氧化物主要用于硅橡胶、乙丙橡胶的硫化，树脂类硫化剂则常用于丁基橡胶的硫化。

（2）硫化促进剂　硫化促进剂是指那些能加快硫化反应速度、缩短硫化时间、降低硫化反应温度、减少硫化剂用量、同时能改善体系物理性能和力学性能的添加剂。硫化促进剂有两类：无机硫化促进剂和有机硫化促进剂。通常，有机硫化促进剂的效果更优异，应用范围更广。

（3）填充剂　为提高橡胶制品的品质和降低成本，成型过程中常需要加入填充剂。一般情况下，添加填充剂的主要目的是改善制品性能，包括耐磨性、抗撕裂强度、抗拉强度、抗挠曲疲劳性能等，称此类填充剂为补强剂或增强填料。其他无补强作用或补强作用甚小的则称为一般填充剂。常用的填充剂如下。

1）炭黑。炭黑是应用广泛的增强填料。在橡胶工业中，炭黑的用量仅次于橡胶。炭黑不仅能改善橡胶的使用性能，而且能改善橡胶的加工工艺性能。

2）白炭黑。白炭黑是优良的白色补强剂，其补强效果仅次于炭黑。白炭黑的主要组成部分是水合二氧化硅。它广泛用于各种橡胶制品，特别是硅橡胶制品及浅色和白色橡胶制品。

此外，橡胶工业中还常使用碳酸钙、膨润土、碳酸镁等作为填充剂，但补强效果仍有待提高。

（4）防老化剂　生胶或硫化后的橡胶在长期储存和使用过程中，会因环境中热量、臭氧、氧气、变价金属离子、外界应力、光、高能辐射、化学物质等作用而发生脆、黏、龟裂等现象，称为橡胶的老化。防老化剂的加入能够延缓或抑制老化现象，延长橡胶的使用寿命。常用的防老化剂有苯胺等。

（5）软化剂　软化剂能够增加橡胶的塑性，降低加工时橡胶的黏度，改善其加工性能，同时还能提高制品的耐寒性。常用的软化剂有硬脂酸、精制蜡、凡士林及一些油脂类。

此外，在橡胶工业中还常加入一些其他的添加剂，如硫化活性剂、防焦剂、着色剂、发泡剂、隔离剂等，使用时可查阅相关操作手册。

橡胶的品种很多，按照生胶的来源，橡胶可分为天然橡胶和合成橡胶。天然橡胶的生胶是由橡胶树的胶乳经凝固、干燥和加压后制成的；而合成橡胶则是采用人工合成的高分子化合物作为主要成分化合而成，其品种较多，主要有丁苯橡胶、丁腈橡胶、氯丁橡胶、氟橡胶、聚氨酯橡胶等。按照使用用途，橡胶又可分成通用橡胶和特种橡胶。通用橡胶用量较大，主要用于生产常见的工业用品（如轮胎、胶带、胶管、胶辊、橡胶密封制品、橡胶减振装置等）、日常生活用品（如胶鞋、橡皮等）和一些医疗卫生用品，主要品种有丁苯橡胶、氯丁橡胶、乙丙橡胶等。特种橡胶主要用来制造在特殊条件下（如高温、低温、辐射、酸、碱、油等）使用的橡胶制品，主要品种有丁腈橡胶、硅橡胶、氟橡胶等。

2. 橡胶制品的成型加工过程

一般来说，橡胶制品的成型加工需要经过生胶的塑炼、胶体的混炼、橡胶的成型三个阶段。

（1）生胶的塑炼　生胶在常温下黏度很高，难以进行切割和进一步加工，在冬季，生胶还会硬化和结晶，给生产带来极大的困难。因此，在生产前必须对生胶进行机械加工，使其由强而韧的弹性状态转变为柔软可塑的状态，使其获得必要的成型加工性能，该过程称为生胶的塑炼。

塑炼的方法主要是机械塑炼法，通过开放式炼胶机、密闭式炼胶机或螺杆式塑炼机（也称为压出机）的机械破坏作用，使橡胶分子链断裂，以降低生胶的弹性，获得一定的可塑性。有时在生胶塑炼过程中会加入塑解剂，促使橡胶大分子降解，增加塑炼效果，称为化学塑炼。

1）开放式炼胶机。开放式炼胶机简称为开炼机，其结构和实物图片如图 5-9 所示，由一对做相向旋转的辊筒，借助物料与辊筒的摩擦力，将物料拉入辊隙，在剪切、挤压力及辊筒加热的混合作用下，使各组分得到良好的分散和充分的塑化。生胶在开炼机上塑炼时，由于受到胶料和辊筒表面之间摩擦力的作用，胶料被带入两辊筒的间隙之中，因两个辊筒的速度不同而产生的速度梯度作用，使胶料受到强烈的摩擦剪切，最后使生胶在周围氧气或塑解剂的作用下生成相对分子质量较小的稳定分子，分子链断裂，可塑性得到提高。开炼机塑炼的工艺控制因素主要有辊温和塑炼时间、辊距和速比、化学塑解剂、装胶量等。

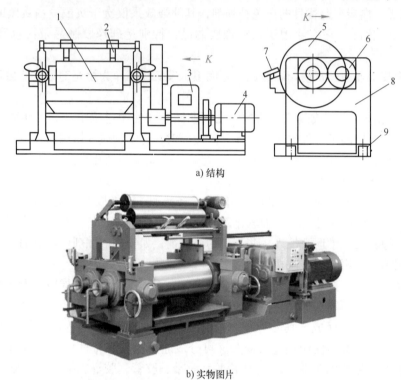

a) 结构

b) 实物图片

图 5-9 开炼机结构和实物图片

1—辊筒　2—挡泥板　3—减速器　4—电动机　5—大齿轮　6—速比齿轮　7—调距手轮　8—机架　9—底座

2）密闭式炼胶机。密闭式炼胶机简称为密炼机，其结构和实物图片如图 5-10 所示，主要部件是一对转子和一个密炼室。转子的横截面呈梨形，并以螺旋的方式沿轴向排列，两个转子的转动方向相反，转速也略有差别。塑炼时，先将生胶由料斗加入密炼室，上顶栓将密炼室封闭，并对胶料施加一定压力，此时转子之间以及转子与内壁之间的间隙很小，胶料在反复通过这些间隙时受到强烈的滚轧和挤压作用，逐渐趋于软化和塑化。密炼机塑炼过程中主要的控制因素有塑炼温度和时间、化学塑解剂、转子速度、装胶量及上顶栓压力等。

与开炼机相比，密炼机具有工作密封性好、混炼周期短、生产率高、安全性能好等优点，工作条件和胶料质量大为改善。但密炼机是在密闭条件下工作，散热条件差，工作温度比开炼机高出许多，即使在冷却条件下，密炼温度也为 120 ~ 140℃，甚至可达 160℃。生胶在密炼机中受到高温和强烈的机械剪切作用，产生剧烈氧化，短时间内即可获得所需的可塑

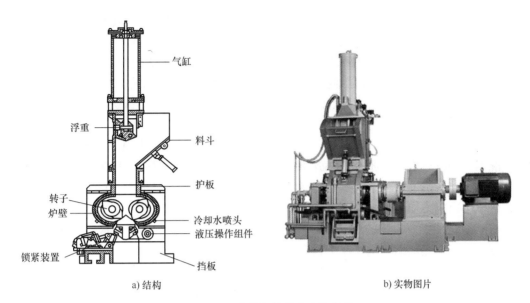

图 5-10　密炼机结构和实物图片

度。这种方法生产能力大、粉尘污染小、劳动强度低、能量消耗少，适用于耗胶量大、胶种变化少的生产部门。

3）螺杆式塑炼机。螺杆式塑炼机塑炼的特点是可在高温下连续塑炼。螺杆式塑炼机的工作原理与塑料挤出机类似，因为负荷较大，所以有较大的驱动功率，螺杆长径比也较小。螺距由大到小，以保证吃料、送料、初步加热和塑炼的需要。螺杆式塑炼机适合于机械化、自动化生产，但由于生胶塑炼质量较差、可塑性不够稳定等问题，其使用受到一定的限制，远不如开炼机、密炼机应用广泛。

（2）胶体的混炼　混炼是橡胶加工过程中最易影响质量的工序之一，是将各种添加剂加入经过塑炼的生胶中，并将其混合均匀的过程。混炼一方面要求胶料中的添加剂应达到保证制品物理、力学性能的最低分散程度，同时还应使胶料具有后续加工所需要的最低可塑度。混炼所得的胶坯称为混炼胶，混炼加工仍然常使用开炼机和密炼机进行。

在开炼机上的混炼加工与塑炼加工类似，一般的加料顺序为生胶→固体软化剂→促进剂、活化剂、防老化剂→补强填充剂→液体软化剂→硫黄及超促进剂。加料顺序不当，会影响添加剂分散的均匀性，有时甚至会造成胶料烧焦、脱辊、过炼等现象，使操作难以进行，胶料性能降低。混炼时，辊筒的间距不能过小，辊距太小时胶料不能及时通过辊隙，会使混炼效果降低，一般设定为 4～8mm。混炼时，辊温一般为 50～60℃，合成橡胶辊温适当要低些，一般在 40℃以下。混炼时间一般为 20～30min，合成橡胶混炼时间较长。用于混炼的开炼机辊筒速比一般为 1∶(1.1～1.2)。

在密炼机上的混炼可以采用一段混炼和分段混炼两种方法。一段混炼法适用于天然橡胶或掺有合成橡胶的质量分数不超过 50% 的胶料。一段混炼操作中常采用分批逐步加料的方法。通常的加料顺序为生胶→固体软化剂→防老化剂、促进剂、活化剂→补强填充剂→液体软化剂→从密炼机中排出胶料到压片机上再加硫黄和超促进剂。分段混炼即胶料的混炼分几次进行，在两次混炼之间，胶料必须经过压片冷却和停放，然后才能进行下一次混炼，通常经过两次混炼即可制得合格的胶料。第一次混炼像一段混炼一样，只是不加入硫黄和活性大的促进剂。制得一次混炼胶后，将胶料由密炼机排出到压片机上，出片、冷却、停放 8h 以上，再进行第二次混炼加工。混炼均匀后排料到压片机上，加入硫化剂，翻炼均匀后下片。分段混炼法每次混炼时间短，混炼温度较低，添加剂分散更均匀，胶料质量更高。

无论是开炼机混炼还是密炼机混炼，经出片或造粒的胶料均应立即进行强制冷却以防止出现烧焦或冷后喷霜。通常的冷却方法是将胶片浸入液体隔离剂（如陶土悬浮液）中，也可将隔离剂喷洒在胶片或粒料上用冷风吹干。液体隔离剂既起冷却作用，又能防止胶料互相黏结。混炼好的胶料冷却后还需要停放 8h 以上，一方面让添加剂继续扩散，均匀分散；另一方面使橡胶与炭黑进一步结合，提高炭黑的补强效果，同时也使胶料松弛混炼时受到的机械应力，减小内应力作用和胶料收缩率。

（3）橡胶的成型　橡胶的成型是以生胶和各种添加剂混合制得的胶料为原料，通过各种成型方法，经加热加压硫化处理得到橡胶制品的工艺过程。常用的橡胶成型方法有压延成型、模压成型和注射成型等。

1）压延成型。压延成型是利用压延机两辊筒之间的挤压力，使胶料产生塑性流动和延展，从而将其制成具有一定尺寸的片状或薄膜状橡胶制品的成型工艺。如果将帘布、帆布等纺织物和片状胶料一起通过压延机辊筒，则可完成胶料的贴合，制得两者紧密贴合的胶布。如果在压延机辊筒上刻有一定的图案，也可以通过压延制得具有相应花纹、断面形状的半成品。图 5-11 所示为压延机的结构图。它主要由机座、传动装置、辊筒、辊距调节装置、轴交叉调节装置及其机架组成。压延成型是一个连续的生产过程，具有生产率高、制品厚度尺寸精确、表面光滑、内部紧实等特点，主要用于制造胶片和胶布等。

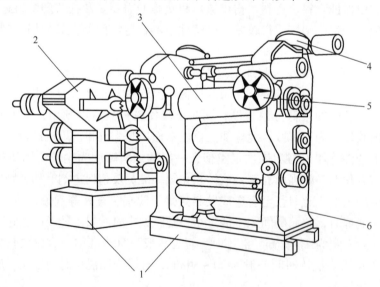

图 5-11　压延机的结构图

1—机座　2—传动装置　3—辊筒　4—辊距调节装置　5—轴交叉调节装置　6—机架

2）模压成型。胶料的模压成型是将混炼后的胶料置入模具中，在加热加压的条件下，使胶料呈现塑性流动充满型腔，经一定的持续加温时间后完成硫化，再经脱模和修边后得到制品的成型方法。模压成型的主要设备是平板硫化机和橡胶压制模具。平板硫化机的平板内部开有互通管道以通入加热介质加热平板，被加热的平板将热量传递给模具，进而进行制品的成型。模压成型所使用的模具一般为填压模，模具的结构、精度、型腔的表面形貌等均能直接影响橡胶制品的尺寸精度和表面质量。平板硫化机如图 5-12 所示。

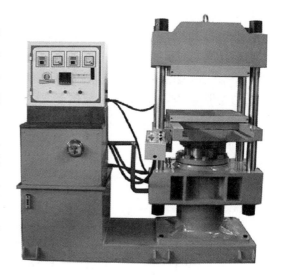

图 5-12 平板硫化机

模压成型前需要进行一系列的准备工作，如图 5-13 所示。生胶经过塑炼、混炼工艺操作后再经过 24h 停放，然后经压延机、开炼机等压制成所要求尺寸的胶片，用圆盘刀或压力机裁成半成品，也可用螺杆压出机压出一定规格的胶管，再裁切成一定重量的胶圈，用于较小规格的密封圈、垫片、油封等的生产。所制备的胶料半成品的大小和形状应根据型腔而定，半成品的重量应超出成品净重的 5% ~ 10%，一定的过量不但可以保证胶料充满型腔，而且可以在成型过程中排除型腔内的气体和保持足够的压力。

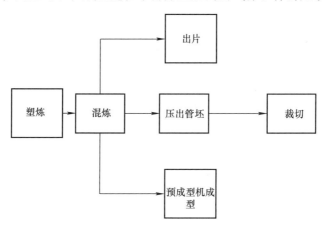

图 5-13 橡胶模压成型的准备工作

橡胶制品的模压成型过程包括加料、闭模、硫化、脱模及模具的清理等操作步骤，其中最重要的是硫化过程。硫化过程的实质是橡胶线型分子链之间化学交联形成网络结构的过程。随着交联度的增大，橡胶的定伸强度、硬度逐渐增大。抗拉强度先是随着交联程度的上升而逐渐上升，当达到一定值后，如果继续交联，抗拉强度会急剧下降。拉断伸长率随着交联度的提高而降低，并逐渐趋于很小的值。在一定交联范围内，硫化胶的弹性增大，当交联度过大时，由于橡胶分子的活动受到影响，弹性反而降低。因此，要想获得最佳的综合平衡性能，必须控制交联度（即硫化程度）。模压成型过程中控制硫化程度的关键因素是硫化温度、时间和压力。

模压成型是橡胶制品生产中应用最早的成型方法。它具有模具结构简单、操作方便、通用性强，设备成本较低，制品的致密性好等特点，适宜制作各种橡胶制品、橡胶与金属或织物的复合制品，在橡胶制品的生产中仍占有较大比例。

3）注射成型。橡胶注射成型与塑料注射成型相似，是将混炼好的胶料通过加料装置加入料筒塑化后，在螺杆或柱塞的推动下，通过喷嘴注入闭合的模具型腔内，在模具的加热加压条件下硫化定型的成型工艺。注射成型所用的设备为橡胶注射机，结构如图 5-14 所示，工作压力一般为 100～140MPa，硫化定型温度为 140～185℃。橡胶注射成型的主要步骤为：喂料塑化、注射保压和硫化出模。

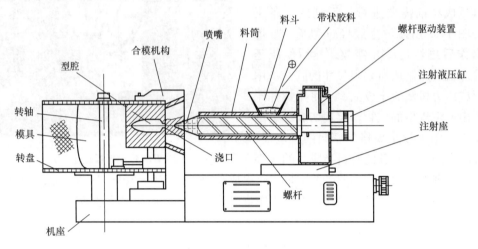

图 5-14　橡胶注射机的结构

① 喂料塑化。先将预先混炼好的胶料（通常加工成带状或粒状）从料斗喂入料筒，在螺杆的作用下，胶料沿螺槽被推向料筒前端，在螺杆前端建立压力，迫使螺杆后退。而胶料在沿螺槽前进时，受到激烈的搅拌和变形，加上料筒外部的加热温度很快升高，可塑性增加。由于螺杆受到来自注射液压缸的背压作用，且螺杆本身具有一定的压缩比，胶料受到强大的挤压作用而排出残留的空气，从而变得十分致密。

② 注射保压。当螺杆后退到一定的位置，螺杆前端储存了足以注射的胶量时，注射座带动注射机构前移，料筒前端的喷嘴与模具浇口接触，在注射液压缸的推动下，螺杆前移进行注射。胶料经喷嘴进入型腔，模具型腔充满胶料后注射完毕，继续保压一段时间，以保证胶料的密实、均匀。

③ 硫化出模。在保压过程中，胶料在高温下渐渐转入硫化阶段。这时注射座后移，螺杆又开始旋转进料，开始新一轮塑化。此时转盘转动一个工位，将已注满胶料的模具移出夹紧机构，继续硫化，直至出模。同时，另一副模具转入夹紧机构，准备进入另一次注射。如此循环生产。

（4）橡胶注射机　同塑料注射机一样，橡胶注射机也具有注射机构、合模机构、液压和控制系统，注射模具的结构也十分相似。两者显著不同的是橡胶注射时首先考虑的不是加温流动，而是防止胶料温度过高，发生烧焦的问题。橡胶注射成型的主要工艺条件有料筒温度、注射温度、模具温度、注射压力、螺杆的转速和背压等。

① 料筒温度。胶料在料筒内受热、塑化，变得具有流动性。胶料的黏度下降、流动性增大时，注射过程才易进行。因此，在一定的温度范围内提高料筒的温度，可以使注射温度提高，缩短注射时间和硫化时间，提高硫化胶的硬度或定伸强度。但过高的温度会使胶料的

硫化速度加快并出现烧焦现象，这时胶料黏度会大大增加，并堵塞注射喷嘴，迫使注射中断。

② 注射温度。胶料通过注射机喷嘴后的温度为注射温度，这时胶料温度的热源主要有两个，一是料筒加热传递的温度，另一个则是胶料通过窄小喷嘴时的剪切摩擦热。所以，提高螺杆转速、背压、注射压力，以及增加喷嘴直径，都可提高注射温度。

③ 模具温度。模具温度也就是硫化温度。模具温度高，硫化时间就短，利于提高生产率。在模压成型时，由于胶料加入模具时处于较低的温度，且胶料是热的不良导体，模温高使得制品外部过硫，而内部欠硫，使模具温度的提高受到限制。

④ 注射压力。注射压力是指注射时螺杆或柱塞施于胶料单位面积上的力。注射压力大，有利于克服胶料熔体的流动阻力，使胶料充满型腔；还使胶料通过喷嘴时的速度提高，剪切摩擦所产生的热量也大，这对充模和加快硫化都有好处。

⑤ 螺杆的转速和背压。螺杆的转速和背压对胶料的塑化及其在料筒前端建立压力有一定影响。随着螺杆转速的提高，胶料受到的剪切力、摩擦力增大，所产生的热量也越大，塑化效果也越好。当螺杆转速超过一定范围，由于螺杆的推进，胶料在料筒内受热塑化时间变短，塑化效果反而下降。所以，螺杆转速一般不超过 100r/min。背压越大，螺杆旋转时消耗的功率大，剪切摩擦热就越大。背压一般设定为 22MPa 以内。

在成型过程中除上述工艺控制因素之外，还应合理掌握硫化时间，以得到高质量的硫化橡胶制品。完成硫化以后，开启模具，取出制品，经过修边工序修整注射时产生的飞边。最后经过产品质检合格后，即可包装、入库、出厂。

橡胶注射成型的特点是硫化周期短，硫化时制品表面和内部温差小，因此硫化质量均匀且制品尺寸较精确，生产率高，可以一次成型外形复杂、带有嵌件的橡胶制品，适用于大批量生产。

5.2 陶瓷材料成型

陶瓷材料是指用天然或合成化合物经过成型和高温烧结制成的一类无机非金属材料。它具有高熔点、高硬度、高耐磨性、耐氧化等优点，可用作结构材料、刀具材料。由于陶瓷还具有某些特殊的性能，又可作为功能材料。本节主要介绍陶瓷制品的生产过程以及成型方法。

多元的陶瓷

5.2.1 陶瓷制品的生产过程

在常温下，陶瓷的硬度、熔点很高，几乎没有塑性，所以一般的加工方法不可能使陶瓷成型。目前，陶瓷制品的生产过程一般步骤是先进行粉末的制备，然后将粉末成型为坯体，最后是坯体的烧结，得到高质量的陶瓷制品，即粉末制备、成型、坯体干燥、烧结四个生产步骤。

1. 粉末的制备

粉末的质量对陶瓷制品的质量影响很大。高质量的粉末应具备的特征有：粒度均匀，平均粒度小；颗粒外形圆整；颗粒聚集倾向小；纯度高，成分均匀。粒度的大小基本上决定了陶瓷制品的应用范围，民用、建筑等行业用的粉末粒径大于 1mm，冶金、军工等行业为 1～

40mm。最近开发出来的纳米粉末，粒径在几纳米到几十纳米之间，用于高性能、高成型精度陶瓷制品的制备。

陶瓷粉末的制备方法一般可分为粉碎法和合成法两类。粉碎法由粗颗粒来获得细粉，通过利用球磨机中磨球的高速撞击使物料粉碎，现在发展了气流粉碎。该种成型方法所制备的颗粒形状不规则，易发生聚集成团混入杂质，且不易获得粒径小于1mm的微细颗粒。合成法是由离子、原子、分子通过成核、长大、聚集、后处理来获得微细颗粒的方法。这种方法所制得的粉末纯度和粒度可控，均匀性好，颗粒微细，是制备微细颗粒的常用方法。

2. 成型

成型是陶瓷生产过程中的一个重要步骤，是将制备好的坯料用不同成型方法制成具有一定形状和规格的坯体（生坯）的过程。成型技术与方法对陶瓷制品的性能具有重要意义。由于陶瓷制品品种繁多，性能要求、形状规格、大小厚薄不一，产量不同，所用材料性能各异，因此采用的成型方法各种各样，应经综合分析后确定。

3. 坯体干燥

陶瓷成型过程中采用注浆法成型的泥浆，含水率在30%～35%，呈流动状态；可塑性成型的泥料，含水率在15%～27%，呈可塑状态；即使干压或半干压的制品，其含水率也在1%～8%。这既不利于坯体的搬运，也不利于吸附釉层，更不能直接烧成。因此干燥的作用就是将坯体中所含的大部分机械结合水（自由水）排出，同时赋予坯体一定的干燥强度，使坯体能够有一定的强度以适应运输、修坯、黏接及施釉等加工工序的要求，同时避免了在烧成时由于水分大量汽化而带来的能量损失及其体积膨胀所导致的坯体破坏。

陶瓷坯体的干燥，古老的方法是采用自然干燥。它是借助大气的温度和空气的流动来排出水分，但是干燥速度慢、干燥时间长，不利于大规模生产，现已逐渐被淘汰。为了适应快速干燥，近年来发展出了热空气干燥、工频电干燥、微波干燥、红外干燥等多种新型干燥技术。在干燥过程中，坯体内自由水分逐渐得到排出，颗粒表面的水膜不断变薄而逐渐靠拢，坯体发生收缩。在整个坯体收缩过程中，因坯料的颗粒具有一定的取向性，导致了干燥收缩的各向异性，这种各向异性导致了坯体内外层及各部分收缩率的差异，从而产生了内应力，当内应力大于塑性状态坯体的屈服值时，坯体发生变形，若内应力过大，超过其弹性状态坯体的强度时，会导致开裂。因此，在陶瓷干燥过程中应根据坯体的形状、厚度、含水率等，通过调节干燥介质温度、湿度、流速和流量等来控制干燥速度，实现无缺陷坯体的制备。

4. 烧结

成型后的坯料含有大量的气孔，并且颗粒之间主要是点接触，并没有形成足够的连接，不具备陶瓷应有的力学性能、物理化学性能，必须通过烧结来改变显微组织获得预期的性能。烧结就是使成型后的坯料在高温下致密化和强化的过程，烧结过程示意图如图5-15所示。在烧结前，颗粒之间接触少，间隙较大。由于细小颗粒有大量的表面，存在非常高的表面能，粉末体系具有降低其表面能的趋势。随着温度的升高，颗粒间直接接触的部分通过原子扩散黏结在一起，形成烧结颈。随着烧结过程的进行，物质向烧结颈部位大量迁移，烧结颈长大，颗粒间形成交叉的晶界网络，同时气孔不断缩小并且形状变得较为圆滑。当温度继续升高，随时间的延长，小的空隙可能消失，大的空隙也变成球形，结果总体积收缩，密度提高，并且颗粒间的晶界减少，结合力增强，机械强度提高，最后成为坚硬的烧结体。

烧结过程是在称为"窑炉"的专门热工设备中实现的，成功的烧结过程必须在合理的

a) 初始点接触　　　　b) 烧结颈长大　　　　c) 孔隙形状改变　　　　d) 空隙球化

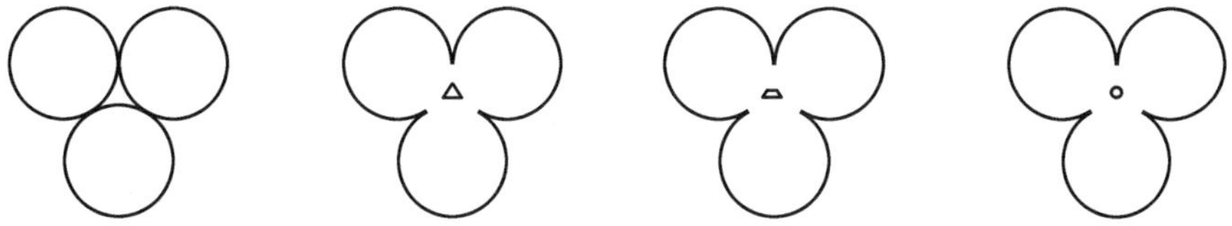

图 5-15　烧结过程示意图

烧结制度下进行。陶瓷的质量一方面与烧结的温度制度有关，包括预热、高温烧成和冷却全过程的温度及时间；另一方面与烧结气氛有关，在烧结的各个阶段，窑内接触制品表面的高温气体中 O_2 等氧化气氛与 CO 等还原气氛的比例；此外，还与烧结压力制度有关，在主要由气体进行传热的窑炉中（如常用的使用固体、液体、气体燃料的窑炉，不包括电炉），压力制度是保证温度制度及气氛制度实现的条件。

　　根据烧结环境和压力的不同，可将陶瓷的烧结方法分为常压烧结、热压烧结、气氛烧结三类。常压烧结是在接近常压的大气中进行的，工艺简单，窑内气体压力分布对产品的物理化学反应直接影响较小，因而制品中气孔较多、机械强度较低，常用于普通陶瓷的烧结。热压烧结是利用耐高温模具，在烧结过程中施加一定压力（通常为 10~40MPa），促使材料在较低温度下加速流动、重排与致密化。采用热压烧结方法一般比常压烧结温度至少低 100℃左右。热压烧结制品密度高、性能优良，适合于生产形状简单的陶瓷制品，如陶瓷车刀，抗弯强度可达 700MPa。气氛烧结是为防止非氧化物陶瓷（如碳化硅、碳化钛等）在空气中氧化，在烧结炉内通入一定气体，达到所需气氛条件时进行烧结。

　　5. 后续加工

　　坯体经烧结后，还可根据需要进行后续精密加工，使之符合表面粗糙度、形状尺寸等精度要求，如磨削加工、研磨与抛光、超声波加工、激光加工，甚至切削加工等。切削加工是采用金刚石刀具在超高精度机床上进行的，目前在陶瓷加工中仅有少量应用。

5.2.2　陶瓷制品的成型方法

　　陶瓷制品种类的多样化决定了成型方法的多样化。从工艺上讲，除手工成型外，根据坯料的性能和含水率的不同，传统陶瓷的成型方法可分为三类：注浆成型、可塑成型和压制成型。新型陶瓷成型方法还有热压铸成型、注凝成型、注塑成型和流延成型等多种。在实际生产过程中，应以下列几个方面为依据，确定工艺路线，选择合适的成型方法。

　　（1）制品的形状、大小和厚薄等　一般形状复杂或较大、尺寸精度要求不高、薄胎、厚壁产品可采用注浆成型，而具有简单回转体的产品可采用可塑法中的旋压成型或滚压成型，具有规则几何形状的制品则可采用压制成型。

　　（2）坯料的性能　可塑性好的坯料适用于可塑成型，可塑性较差的坯料可用注浆或干压成型。

　　（3）制品的产量和质量要求　产量高的制品可采用可塑法中的机械成型，产量低的制品可采用注浆成型，质量要求高的制品可采用干压法中的等静压成型。

　　除以上几个方面外，还应综合考虑成型方法的经济效益、设备条件、生产周期及劳动强度等多方面因素，保证所选择成型方法是满足产品产量和质量要求的最优方法。综上，粉末坯体的成型方法较多，以下主要介绍可塑成型、注浆成型和压制成型。

1. 可塑成型

可塑成型是利用模具或刀具等工艺装备运动所造成的压力、剪力或挤压力等外力，对具有可塑性的坯料进行加工，迫使坯料在外力作用下发生可塑变形而制作坯体的成型方法。可塑成型所用坯料制备比较方便，加工所用外力不大，对模具强度要求不高，操作流程简单，是目前陶瓷制品最常用的成型方法。然而，可塑成型也存在一些缺点，主要是所用泥料含水率高，干燥热耗大，易出现变形、开裂等缺陷。

可塑成型一般要求可塑坯料具有较高的屈服值和较大的延伸变形量（屈服值至破裂点这一段），较高的屈服值能保证成型时坯料具有足够的稳定性和可塑性，而延伸变形量越大，坯料越易被塑成各种形状而不开裂，成型性能越好。屈服值和延伸变形量是相互矛盾的一对关联量，改变泥料的含水率，可以提高其中一个特性参数，但同时会降低另一个特性参数。因此，一般可以近似地用屈服值×延伸变形量来评价泥料的成型性能，即"可塑性指标"。对于一定组成的泥料，可塑性指标达到最大值时，意味着该泥料具有最佳的塑性成型能力。

可塑成型主要包括旋压成型、滚压成型、塑压成型、挤压成型等。

（1）旋压成型 旋压成型又称为刀压成型，是陶瓷的常用成型方法之一。它主要利用做旋转运动的石膏模与只能上下运动的样板刀来成型。旋压成型示意图如图5-16所示。成型时，将定量的坯料投入石膏模中，再将石膏模置于旋转模座上，然后徐徐压下样板刀，由于样板刀和石膏模之间的相对运转，使坯料在样板刀的挤压和刮削作用下的工作面均匀延展成坯件。多余的坯料贴附于样板刀的排泥板上，用手清除即可。显然，样板刀的工作弧线形状与石膏模工作面的形状构成了坯件的面，而样板刀口与石膏模工作面之间的距离决定了坯件的厚度。

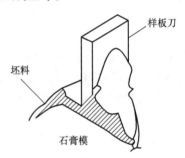

图5-16　旋压成型示意图

旋压成型的工艺要求与控制如下。

1）对坯料的要求。旋压成型对坯料的一般要求是坯料水分均匀、结构一致、可塑性好。由于是通过样板刀的挤压和刮削来成型，样板刀对于坯料的作用力相对较小，因此它要求坯料的屈服值相应低些，也即要求坯料的含水率稍高些，以求排泥阻力小，所以坯料的含水率稍高些，通常为21%～26%。另外，在"刮泥"成型时，与样板刀接触的坯体表面不光滑，可在坯面滴少量水，以达到"赶光"表面的目的。

2）对样板刀的要求。样板刀是旋压成型的主要工具。切削刃形状除与制品形状有关外，也与成型方法有关。样板刀工作端的刀口应稍钝，并具有一定角度，通常为15°～45°。角度过大，将增加成型阻力，易产生"跳刀"，使制品表面不光滑，且易变形；角度过小，则切削刃对坯料压力不足，坯件致密度不够。在使用过程中，切削刃的磨损将影响成型质量，因此应定期修磨切削刃。

3）对模型的要求。石膏模应外形圆整，厚薄均匀，干湿一致；工作表面应光润，无空洞，且无外来杂质。模型含水率为4%～14%，并根据模型质量和使用情况进行定期更换。

4）主轴转速。主轴转速是旋压成型过程中的重要工艺参数。它与制品的形状、尺寸及坯料的性能有关。一般来说，在成型深腔、直径小的制品及阴模成型时，主轴转速可稍高一些；反之，则其转速应相应减小。主轴转速高，有利于提高坯体表面的光滑度，但过高时容易引起"跳刀""飞坯"等不良问题。一般主轴转速应控制为 $320 \sim 600 r/min$。

旋压成型设备简单，适应性强，可以旋制大型深腔制品，但其成型时坯料含水率高，正压力小，致密度差，坯体不够均匀，易变形，生产率低；此外，旋压成型过程中操作人员的劳动强度大，劳动条件不理想，并需要一定的劳动技能。为提高产品质量和生产率，日用瓷生产中已广泛采用滚压成型代替旋压成型。

（2）滚压成型　滚压成型是由旋压成型演变过来的，两者的不同之处在于滚压成型将旋压成型过程中所使用的扁平样板刀改为回转型的滚压头。成型时，盛放坯料的石膏模和滚压头分别绕自己轴线以一定速度同方向旋转，滚压头在旋转的同时逐渐靠近石膏模，对坯料进行"滚"和"压"，使坯料均匀展开进行成型。滚压成型主要包括凸模滚压与凹模滚压，如图 5-17 所示。凸模滚压是利用滚压头来决定坯体的外表形状大小，其适用于扁平、宽口器皿和坯体内表面有花纹的制品成型。凹模滚压是利用滚压头来成型坯体的内表面，其适用成型直径较小而深凹的制品。

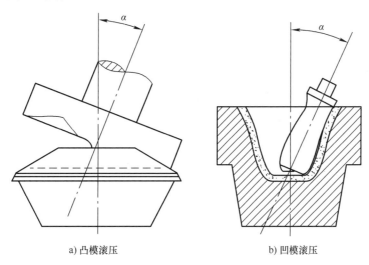

a) 凸模滚压　　　　　　　　b) 凹模滚压

图 5-17　滚压成型示意图

滚压成型的工艺要求与控制如下。

1）对坯料的要求。滚压成型坯料受到压延力作用，成型压力较大，成型速度较快，要求坯料可塑性好些、屈服值高些、延伸变形量大些、含水率小些。塑性坯料的延伸变形量是随着含水率的增加而变大的，若坯料可塑性太差，由于水分少，其延伸变形量也小，滚压时易开裂，模也易损坏。若用强可塑性坯料，由于其水分较高，其屈服值相应较低，滚压时易粘滚压头，坯体也易变形。因此，滚压成型要求坯料具有适当的可塑性，并要控制含水率。瓷厂生产时在确定坯料组成之后，一般通过控制含水率来调节坯料的可塑性以适应滚压的需要。所以滚压成型时应严格控制坯料的含水率。

2）对滚压头的设计要求。滚压成型是靠滚压头来施力的，因此滚压头的合理设计是滚压成型成功进行的关键问题之一。设计滚压头的主要工艺参数是滚压头的倾角，即滚压头的中心线与模型中心线之间的夹角，用 α 表示，如图 5-17 所示。滚压头倾角小，则滚压头直径和体积就大，滚压时坯料受压面积大，坯体较致密；但若滚压头倾角过小，则滚压时滚压头排泥困难，甚至出现空气排不出去的成型缺陷。在实际生产中，应根据制品大小、坯料性能、滚压头与主轴的转速等参数确定倾角 α 的大小，倾角 α 一般为 15°~30°。一般制品直径大，倾角可大些；制品直径小，倾角可小些；深形产品，可采用圆柱形滚压头（即无倾角）。

3）滚压过程控制。滚压成型时间很短，从滚压头开始压泥到脱离坯体，只要几秒钟至十几秒钟，而滚压的要求并不相同。滚压头开始接触坯料时，动作要轻，压泥速度要适当。动作太重或下压过快会压坏模型，甚至排不出空气而引起"鼓气"缺陷。对于成型某些大型制品，如 267cm（10.5in）平盘，为了便于布泥和缓冲压泥速度，可采用预压布泥，也可让滚压头下压时其倾角由小到大形成摆头式压泥。若滚压头下压太慢也不利，坯料易粘滚压头。当坯料被压至要求厚度后，坯体表面开始赶光，余泥断续排出，这时滚压头的动作要重而平稳，受压时间要适当（某些瓷厂为 2~3s）。最后是滚压头抬离坯体，要求缓慢减轻坯料所受的压力。若滚压头离坯面太快，容易出现"抬刀缕"，坯料中瘠性物质较多时，这种情况就不显著。

4）主轴和滚压头的转速和转速比的控制。主轴（石膏模轴）和滚压头的转速及其转速比直接关系到制品的质量和生产率，是滚压成型工艺中的一个重要参数。主轴转速高，成型效率就高，可提高产量，但过高的主轴转速容易引起"飞模"现象，要注意模型的固定问题。一般情况下，主轴转速在 300~800r/min，个别情况下可达 1000r/min 以上。主轴转速基本确定后，滚压头转速要与之相适应，一般是以主轴转速与滚压头转速的比例（转速比）作为一个重要的工艺参数来控制的。合适的转速比应通过实验来确定，其对成型质量的影响机理仍需在实践中进一步总结。

（3）塑压成型　塑压成型就是采用压制的方法迫使坯料在石膏模中发生形变，得到所需坯体。塑压成型的模具是实现制品加工的关键。塑压模结构示意图如图 5-18 所示。一方面，塑压模边沿应开设檐沟，檐沟区模具吻合处要留出如纸一样薄的孔隙，以容纳成型过程中的余泥，并使坯料的挤出受到阻力；另一方面，要实现坯体的多次脱模和塑压模的连续多次使用，需要在塑压模内预设排气束，以供在成型过程中吸出模内水分和吹入压缩空气方便脱模；最后，为提高塑压模的耐压强度，抵抗塑压过程中的液压冲击力，需在塑压模内预埋加强筋，模外套金属护套，增加其强度。

塑压成型过程如图 5-19 所示，操作步骤包括：将坯料切成所需厚度的泥饼，置于下模上（图 5-19a）；对模具上下抽真空，施压成型（图 5-19b）；从下模通入压缩空气，使成型好的坯体脱离下模，此时将液压装置返回至开启的工位，成型坯体被上模吸住（图 5-19c）；从上模通入压缩空气，坯体脱离上模，即完成坯体的脱模（图 5-19d）；最后将压缩空气同时通入上模和下模，使模内水分排出，即可进行下一个成型周期（图 5-19e）。

（4）挤压成型　挤压成型是采用真空炼泥机、螺旋或活塞式挤制机，将真空炼制的坯料放入挤制机中，挤制机一头对坯料施加压力，另一头装有挤嘴即成型模具，通过更换挤嘴，得到各种形状的坯体，典型结构示意图如图 5-20 所示。陶管、劈离砖、辊棒和热电偶套管等管状、棒状、断面和中孔一致的产品，均可采用挤压成型加工。坯体的外形由挤制机机头内部形状所决定，坯体的长度根据尺寸要求进行切割，由此挤压成型便于与前后工序联

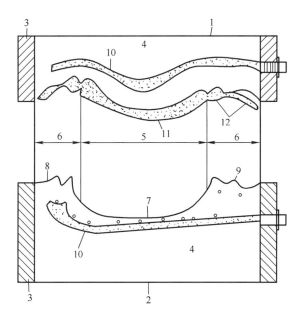

图 5-18　塑压模结构示意图

1—上模　2—下模　3—金属模板　4—石膏模　5—成型区　6—檐沟区
7—下模内表面　8—沟槽　9—沟槽凸边　10—排气束　11—坯体　12—余泥

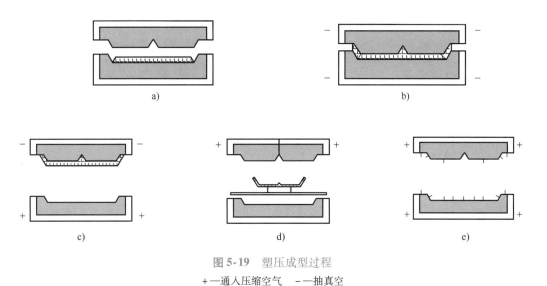

图 5-19　塑压成型过程

+—通入压缩空气　 —抽真空

动，实现自动化生产。

挤压成型时，应注意下列工艺问题：①坯料必须经过严格的真空处理，以除尽坯料中的气泡，若残存气泡，挤出时气泡易在坯体表面破裂，影响表面质量；②挤出力也应设置适当，若挤出力过小，坯料含水率较高时才能挤出，这样所成型的坯体强度低、收缩大，而若挤出力过大，则摩擦阻力大，设备负荷加重；③成型过程中的挤出速率主要取决于主轴转速和加料快慢，当挤出力固定后，出坯过快，坯料的弹性滞后释放，容易引起坯体变形；④管状制品的壁厚须能承受本身的重力作用和适应工艺要求，管壁过薄，则容易软塌，使管状制品变形成椭圆。此外，承接坯体的托板必须平直光滑，以免引起坯体的弯曲变形，尤其是长制品。

2. 注浆成型

注浆成型是在石膏模中进行的。石膏模多孔且吸水性强，能很快吸收坯料的水分，达到成型的目的。注浆成型过程一般包含三个阶段。

从泥浆注入石膏模吸入开始到形成薄泥层为第一阶段。此阶段的动力是石膏模的毛细管力，即在毛细管力的作用下开始吸水，使靠近模壁的泥浆中的水、溶于水中的溶质及小于微米级的坯料颗粒被吸入模的毛细管中。由于水分被吸走，使浆中的颗粒互相靠近，靠石膏模对颗粒、颗粒对颗粒的范德华吸附力而贴近石膏模壁，形成最初的薄泥层。

形成薄泥层后，泥层逐渐增厚，直到形成注件为第二阶段。在此阶段中，石膏模的毛细管力继续吸水，薄泥层继续脱水，同时，泥浆内水分向薄泥层扩散，通过薄泥层被吸入石膏模的毛细孔中，其扩散动力为薄泥层

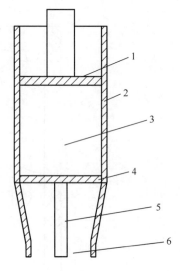

图 5-20 立式挤制机结构示意图
1—活塞 2—挤压筒 3—坯料
4—型环 5—型芯 6—挤嘴

两侧的水分浓度差和压力差。泥层犹如一个滤网，随着泥层逐渐增厚，水分扩散的阻力也逐渐增大。当泥层厚度达到注件要求时，把余浆倒出，形成雏坯。

从雏坯形成后到脱模为收缩脱模阶段，也称为坯体巩固阶段。雏坯成型以后，并不能立即脱模，而必须在模内继续放置，使坯体水分含量进一步降低。在这一过程中，由于模型继续吸水及坯体表面水分蒸发，坯体水分不断减少，伴有一定的干燥收缩。当水分降低到某一点时，坯体内水分减少的速度会急剧变小，此时由于坯体的收缩且有了一定强度，便可进行脱模操作。

注浆成型适用于各种陶瓷制品的制造，凡是形状复杂、不规则的、壁薄的、体积较大且尺寸要求不严的器物都可用注浆法成型，如日用陶瓷中的花瓶、汤碗、椭圆形盘、茶壶、杯把、壶嘴等。注浆成型后的坯体结构较一致，但其含水率大而且不均匀，后期的干燥收缩和烧成收缩较大。由于注浆成型方法的适应性大，只要有多孔性模型（一般为石膏模）就可以生产，不需要专用设备（也可以有机械化专用设备），也不拘于生产量的大小，投产容易，上马快，故在陶瓷生产中获得普遍使用。但是注浆工艺生产周期长，手工操作多，占地面积大，石膏模用量大，这些是注浆成型工艺上的不足并有待改善的问题。随着注浆成型机械化、连续化、自动化的发展，有些问题可以逐步得到解决，使注浆成型更适宜于现代化生产。

注浆成型有两种基本方法，即单面注浆及双面注浆。为了强化注浆过程，生产中还使用压力注浆、离心注浆和真空注浆等。

（1）单面注浆　单面注浆所用的石膏模是空心的（即无模芯），泥浆注满型腔经过一定时间后，石膏模腔内部黏附一定厚度的坯体，将多余的泥浆倒出，坯体形状便在模内形成。图 5-21 所示为单面注浆的操作过程示意图。模型工作面的形状决定坯件的外形，坯体厚度取决于吸浆时间、模型的湿度和温度、坯料的性质等。单面注浆适用于小型薄壁的产品，如

壶、罐、瓶等空心器皿及艺术陶瓷制品。

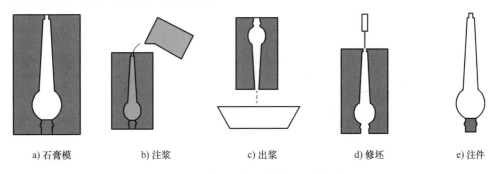

| a) 石膏模 | b) 注浆 | c) 出浆 | d) 修坯 | e) 注件 |

图 5-21　单面注浆的操作过程示意图

单面注浆用的泥浆，其相对密度一般都比双面注浆时要小些，为 1.65～1.80。泥浆的稳定性要求高，含水率一般为 31%～34%。在注浆操作时，首先应将模型工作面清扫干净，不得留有干泥或灰尘。装配好的模型如有较大缝隙，应用软泥将合缝处的缝隙堵死，以免漏浆。模型的含水率应保持在 5% 左右。适当加热模型可以加快水分的扩散，对吸浆有利，但有一个限度，否则适得其反。进浆时，浇注速度和泥浆压力不宜过大，以免注件表面产生缺陷，并应使模型中的空气随泥的注入而排走。适合脱模的坯体含水率由实际情况来定，一般在 18% 左右。

（2）双面注浆　双面注浆是将泥浆注入两石膏模面之间（模型与模芯）的空穴中，泥浆被模型与模芯的工作面两面吸水，由于泥浆中的水分不断被吸收而形成坯泥，注入的泥浆量就会不断减少，因此，注浆时必须陆续补充泥浆，直到空穴中的泥浆全部变成坯体为止。显然，坯体厚度由模型与模芯之间的空穴尺寸来决定，因此，它没有多余的泥浆被倒出。图 5-22 所示为双面注浆的操作过程示意图。

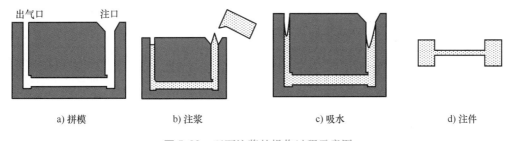

| a) 拼模 | b) 注浆 | c) 吸水 | d) 注件 |

图 5-22　双面注浆的操作过程示意图

双面注浆用的泥浆一般比单面注浆用的泥浆有较高的密度（在 1.7g/cm³ 以上），稠化度也可较高，细度也可以粗些。双面注浆可以缩短坯体的形成过程，制品的壁可以厚些，可以制造两面有花纹、尺寸大、外形比较复杂的制品。但是，双面注浆的模型比较复杂，而且与单面注浆一样，注件的均匀性并不理想，通常远离模面处致密度较小。在双面注浆成型过程中，为得到致密的坯体，当泥浆注入模型后，必须振荡几下，使泥浆填充到模型空穴处，同时使泥浆内气泡逸出，直至泥浆注满为止。

（3）压力注浆　压力注浆是采用加大泥浆压力的方法，来加速水分扩散，从而加快吸浆速度。一般加压的方法是利用提高盛浆桶的位置来加大泥浆压力，也可用压缩空气将泥浆压入模型。压力注浆时泥浆压力应根据制品的大小和厚薄而定，一般控制在 400 ~ 800mmHg，最小不能低于 300mmHg。采用压力注浆时，要注意加固和密合模型，否则容易发生烂模和跑浆。

根据压力的大小可将压力注浆分为微压注浆、中压注浆和高压注浆。目前，许多企业采用的新型高压压力注浆系统，可以用来注制多模块成型的复杂形状制品，图 5-23 所示为高压注浆的成型原理。如采用两块模型注制洗面器改变了过去传统的单排注浆成型法，生产率可提高 30% 以上。高压注浆模型均采用新型树脂材料取代石膏，可以实现快速蒸发排水，快速起模，并大大延长使用寿命。

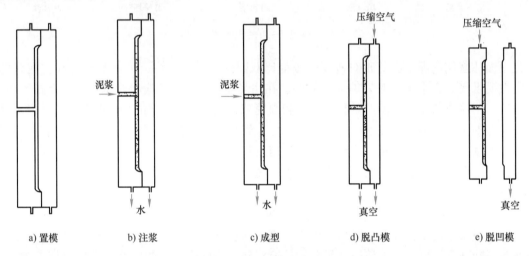

图 5-23　高压注浆的成型原理

3. 压制成型

压制成型可分为干压成型和等静压成型。坯料含水率为 3% ~ 7% 时为干压成型；粉料含水率可在 3% 以下时为等静压成型。压制成型的优点是生产过程简单，坯料收缩小，致密度高，产品尺寸精确，且对坯料的可塑性要求不高；缺点是对形状复杂的制品难以成型，多用来成型扁平状制品。随着等静压工艺的发展，使得许多复杂形状的制品也可以进行压制成型。

（1）干压成型　干压成型就是利用压力将置于模具内的粉料压紧至结构紧密，成为具有一定形状和尺寸坯体的成型方法。干压成型过程中粉料经历复杂的致密化过程。

1）密度的变化。在干压成型过程中，随着压力增加，松散的粉料迅速形成坯体。加压开始后（第 1 阶段），颗粒滑移、重新排列，将空气排出，坯体的密度急剧增加；压力继续增加（第 2 阶段），颗粒接触点发生局部变形和断裂，坯体密度增加缓慢；当压力超过一定数值（粉料的极限变形应力）后（第 3 阶段），再次引起颗粒滑移和重排，坯体密度又迅速增大，其密度变化如图 5-24 所示。压制塑性粉料时，上述过程难以明显区分，脆性材料才有明显的密度缓慢增加阶段。

2）强度的变化。随着成型压力的增加，坯体强度分阶段以不同的速度增大。压力较低时（第 1 阶段），虽由于粉料颗粒位移而填充空隙，但颗粒间接触面积较小，所以强度并不大；成型压力增大后（第 2 阶段），不仅颗粒位移和填充空隙继续进行，而且颗粒发生弹性－塑性变形或者断裂，颗粒间接触面积增大，强度直线提高；压力继续增大（第3阶段），坯体密度和空隙变化不明显，强度变化也较平坦，其强度变化如图5-25所示。

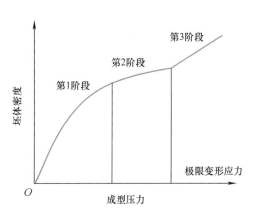

图 5-24　坯体密度随成型压力的变化

图 5-25　坯体强度随成型压力的变化

3）坯体中的压力分布。干压成型遇到的一个问题是坯体中压力分布不均匀，即不同部位受到的压力不等，导致坯体各部分密度出现差别。这种现象产生的原因是颗粒移动和重新排列时，颗粒之间产生内摩擦力，颗粒与模壁之间产生外摩擦力。坯体中离开加压面的距离越大，则受到的压力越小。图5-26所示为单面加压时坯体内部的压力分布情况示意图。压力分布状况与坯体厚度（H）及直径（D）的比值有关。H/D比值越大，压力分布则越不均匀，因此厚而小（高而细）的产品不宜用压制法成型，而较薄的墙地砖则可用单面加压方式压制。

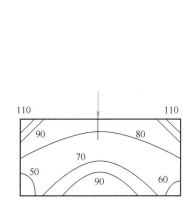
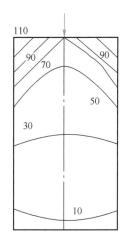

图 5-26　单面加压时坯体内部的压力分布情况示意图

干压成型的工艺要求与控制如下：

1）对粉料的要求。干压坯料的颗粒细度直接影响坯体的致密度、收缩率和强度。干压料中团粒占30%～50%，其余是少量的水和空气。团粒是由几十个甚至更多的坯料细颗粒、水和空气所组成的集合体，团粒大小要求在0.25～3mm，团粒大小要适合坯件的大小，最大团粒不可超过坯体厚度的1/7。团粒形状最好接近圆球状。

2）成型压力。成型压力是影响坯体质量的一个重要因素，只有压模的压力大于颗粒的变形抗力、受压空气的阻力、粉料颗粒之间的摩擦力时，粉料的颗粒才开始移动、变形、互相靠拢，坯料被压紧。同时，由于压力的不等强传递过程，致使压力随着离压模面距离的增大而递减，所以离开压模面越远的粉料层受到的压力越小，结构越疏松。但成型过程中过大地增大压力，易引起残余空气的膨胀而使坯体开裂，另外固体颗粒过大的弹性变形也会使坯体产生裂纹。总的来说，合适的成型压力取决于坯体的形状、厚度、粉料的特性及对坯体致密度的要求。一般来说，坯体厚、质量要求高、坯料流动性小、含水率低、形状复杂，则压制压力要大。

3）加压方式。单面加压时，坯体中压力分布是不均匀的（图 5-27a），不但有低压区，还有死角。为了使坯体的致密度完全一致，宜采用双面加压。双面同时加压时，可使底部的低压区和死角消失，但坯体中部的密度较低（图 5-27b）。若双面先后加压，两次加压之间有间歇，有利于空气排出，使整个坯体压力与密度都较均匀（图 5-27c）。如果在粉料四周都施加压力（也就是等静压成型），则坯体密度最均匀（图 5-27d）。

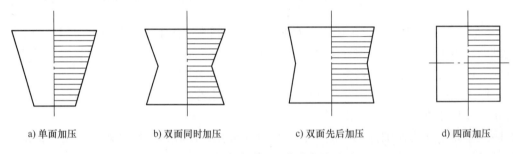

a) 单面加压　　　　b) 双面同时加压　　　　c) 双面先后加压　　　　d) 四面加压

图 5-27　加压方式和压力分布关系图

4）加压速度和时间。干压粉料中由于有较多的空气，在加压过程中，应该有充分的时间让空气排出，因此，加压速度不能太快。为了提高压力的均匀性，通常采用多次加压，开始稍加压然后压力加大，这样不致封闭空气排出的通路。最后一次提起上模时要轻些、缓些，防止残留的空气急剧膨胀产生裂纹，这就是工人师傅总结的"一轻、二重、慢提起"的操作方法。当坯体密度要求非常严格时，可在某一固定压力下多次加压，或多次换向加压。加压时同时振动粉料（即振动成型）效果更好。

干压成型的优点是工艺简单、操作方便、周期短、效率高、便于自动化生产。此外，干压成型还具有坯体密度大、尺寸精确、收缩小、强度高等特点。但干压成型对大型体生产有困难，模具磨损大、加工复杂、成本高，另外压力分布不均匀，坯体的密度不均匀，会在烧结中产生收缩不均、分层开裂等现象。干压成型也难于制造出形状复杂的零件。

（2）等静压成型　等静压成型又称为静水压成型。它是利用液体传递压强规律："加在密闭液体上的压强，能够大小不变地被液体向各个方向传递"的帕斯卡原理而成型的一种方法。也就是说，处于高压容器中的试样受到的压力如同处于同一深度的静水中所受到的压力情况，所以称为静水压成型或等静压成型。

等静压成型完全摒弃了传统的可塑性泥料机成型的方式，不用消耗石膏模，半成品不必经过干燥工序即可直接入窑烧成，从而简化了生产工序，提高了产品质量，在陶瓷科技界早已引起普遍关注。国外把这种成型方法称为"餐具生产的革命""成型技术的创举"。我国某些产瓷区已引进这项技术并取得良好的效果。

　　根据使用模具不同，等静压成型的工艺可分为湿袋等静压法和干袋等静压法。

　　1）湿袋等静压法。湿袋等静压所用弹性模是一只与施压容器无关的元件，成型过程如图 5-28 所示。成型过程中将弹性模中装满粉料，密封塞紧后放入高压容器中，模具与加压液体直接接触。该方法适用于小批量生产。

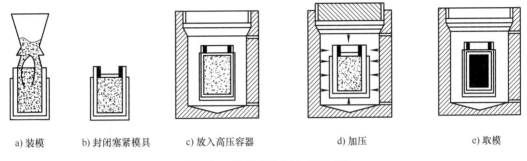

a) 装模　　　　b) 封闭塞紧模具　　　　c) 放入高压容器　　　　d) 加压　　　　e) 取模

图 5-28　湿袋等静压法成型过程

　　2）干袋等静压法。干袋等静压是在高压容器中封紧一个加压橡胶袋，将加料后的模具送入橡胶袋中加压，压成后从橡胶袋中退出脱模，成型过程如图 5-29 所示。该方法中成型模具不与施压液体直接接触，可以减少或者免去在高压容器中取放模的时间，能够加快成型过程，适用于日用陶瓷产品的压制成型。

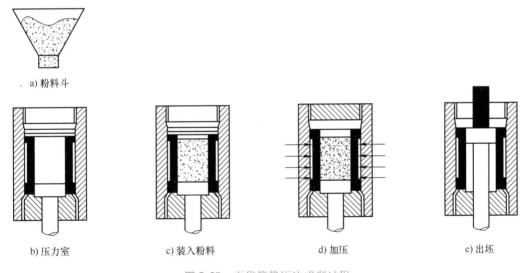

a) 粉料斗

b) 压力室　　　　c) 装入粉料　　　　d) 加压　　　　e) 出坯

图 5-29　干袋等静压法成型过程

　　等静压成型的工艺要求与控制如下：

　　1）颗粒形状。圆形/椭圆形颗粒间的吸附力和摩擦力小，所以在生产中常用喷雾干燥法制备等静压成型用的球状粉粒，成型过程中应调配粉料粒径，使其具有较高的堆积密度。一般情况下，供等静压成型的粉粒级配为：大于 0.5mm 含 5%，0.4~0.5mm 含 13%，0.315~0.4mm 含 34%，0.2~0.315mm 含 35%，0.1~0.2mm 含 10%，小于 0.1mm 含 3%。

　　2）粉料含水率。等静压成型用粉料含水率一般控制在 1%~3%，粉料含水过多或者过少均可能会引起制品出现分层现象。

3）成型压力。等静压成型坯体的强度随着压力的增加而提高，当达到一定值时，压力继续增加，强度的提高趋势逐渐减弱。因此，日用陶瓷制品等静压成型的压力一般在20MPa以上。

4）模具及弹性软模。等静压成型采用金属材料制成两块合拢的模具，在金属凸模表面覆盖有高弹性软模。成型时，将高流动性的粉料压入型腔内，模具互相靠拢对粉料施压。同时，金属凹模和软模之间型腔内液体的压力逐渐增加到所需值，通过弹性软模使型腔内的粉料压实为坯体。

金属凸模表面的模片厚度约为5mm，要求能承受高压的间断作用，并连续工作3万~5万次而不会损坏。因此，要求它不但具有韧性、耐压耐磨，而且质地密度要一致，才能保证制品的质量和器形符合要求。软模材料用聚氨基甲酸酯或氯丁二烯橡胶等制成。金属凸凹模通常用45钢锻后调质处理，再进行加工而成。

等静压成型与干压成型的主要区别如下：

1）干压只有一到两个受压面，而等静压则是多轴施压，即多方向加压多面受压，这样有利于把粉料压实到相当的密度。同时，粉料颗粒的直线位移小，消耗在粉料颗粒运动时的摩擦功相应小了，提高了压制效率。

2）与施压强度大致相同的其他压制成型相比，等静压可以得到较高的生坯密度，且在各个方向上都密实均匀，不因形状厚薄不同而有较大的变化。

3）由于等静压成型的压强方向性差异不大，粉料颗粒间和颗粒与模型间的摩擦作用显著地减少，故能够避免生坯中产生应力。

4）等静压成型所使用的粉料含水率很低（1%~3%），较少使用黏合剂或润滑剂，该特性有助于减少陶瓷成型过程中的干燥收缩和烧成收缩。

5）对制品的尺寸和尺寸之间的比例没有很大的限制，如等静压成型可以成型直径为500mm、长2.4m左右的黏土管道，且对制品形状的适应性也较宽。

6）等静压成型可以实现高温等静压，使成型与烧结合为一个工序。

等静压成型的制品具有组织结构均匀，密度高，烧结收缩率小，模具成本低，生产率高，可成型形状复杂的细长制品、大尺寸制品和精密尺寸制品等突出优点，是目前较为先进的一种成型工艺，开始逐步替代传统的成型方法，如用于生产火花塞、瓷球、柱塞、真空管壳等产品，显示出越来越广阔的应用前景。

5.3 复合材料成型

复合材料（Composite Materials）可定义为两种或两种以上成分不同、性质不同的材料复合而制成的一类新材料，其综合性能要优于各组分材料。与金属合金不同，每种组分材料均保持了其自身的物理、化学和力学特性。两种组分材料通常为增强纤维和基体。常用的增强纤维有玻璃纤维、芳纶纤维和碳纤维，可以是连续形式，也可以是非连续形式；基体材料可以是聚合物、金属或陶瓷，其中聚合物基复合材料是应用最广、用量最大的复合材料类型。因此，本节将重点介绍聚合物基复合材料的成型工艺特点及成型方法。

5.3.1 聚合物基复合材料的成型工艺特点

复合材料制品的成型方法较多，生产过程一般包括原材料制取、准备工序、成型工序、脱模、制品修整和检验等阶段。复合材料因其自身的结构特性，成型过程与常规材料具有一定的差异，主要呈现出以下特点。

1）材料性能具有可设计性。由于复合材料是由两种或两种以上不同性能的材料组成的，复合所形成新材料的性能主要取决于基体材料和增强材料的性能、分布、含量和结合形式等。因此，可以根据制品的结构形状及使用要求等，设计复合材料的组成、含量以及增强体的排列方式，并通过选择适宜的成型方法和工艺参数实现制品的制备。

2）复合材料成型时的界面作用。复合材料的界面是指复合材料的基体与增强材料之间化学成分有显著变化的、构成彼此结合的微小区域。界面层能够使增强材料与基体形成一个整体，并通过它传递应力。复合材料成型时，若增强材料与基体之间结合不良，界面不完整，就会降低复合材料的性能。影响界面形成的主要因素有基体与增强材料的相容性和浸渍性、成型方法及其工艺参数等。

3）材料制备与制品成型同时完成。复合材料的制备过程通常就是其制品的成型过程，特别对于形状复杂的大型制品可以实现一次整体成型，因而可以简化工艺、缩短生产周期、降低生产成本。复合材料成型的工艺过程直接影响制品的性能，因此，复合材料的成型工艺显得更加重要。

5.3.2 聚合物基复合材料的成型方法

聚合物基复合材料（Polymer – Matrix Composites，PMCs）是以聚合物为基体、以纤维为增强体复合而成的。按照聚合物基体的性质，可分为热塑性聚合物基复合材料和热固性聚合物基复合材料两类，其中以热固性聚合物基复合材料更为常见。目前，常用的热固性树脂有环氧树脂、双马树脂、不饱和聚酯树脂等；常用的热塑性树脂有聚乙烯树脂、聚醚醚酮树脂、聚酰亚胺树脂等。增强纤维主要有玻璃纤维、芳纶纤维、碳纤维等几种类型。

要想获得性能良好的聚合物基复合材料制品，需要依据制品产量、成本、性能、形状和尺寸大小等选择适当的成型方法和工艺参数。总体上看，聚合物基复合材料的成型与制造技术基本上可分为两大类，即湿法成型和干法成型。市场上，纤维增强聚合物基复合材料有一种将预先定量的未固化树脂预浸在纤维上的材料形式，称为预浸料。一般将使用预浸料加工成制品的成型方式称为干法成型，而将其他非预浸的成型方式称为湿法成型。

传统的湿法成型有手糊成型、喷射成型、纤维缠绕成型、拉挤成型等。为提高生产率、降低制造成本，现今发展了一类新型湿法成型工艺，包含液体树脂成型、树脂传递模塑成型、树脂膜浸渗成型等。干法成型主要包括热压罐成型、热膨胀加压成型及模压成型等。一般情况下，对于大尺寸、形状复杂、整体化程度高的制品，要采用热压罐法成型；而对于尺寸较小、精度要求较高的制品，则通常采用模压成型。由于成型技术的不断发展，每种方法均可能发展成湿法或干法成型，因此，本节将着重介绍各种类型成型方法，不再区分湿法与干法成型。

1. 手糊成型

手糊成型（Hand Lay – Up Molding）是指用手工铺层的纤维浸渍树脂，然后黏结一起固化的成型工艺。在成型过程中，首先在模具表面涂一层脱模剂，然后涂刷含有固化剂、促进剂的树脂混合物，再在其上铺贴一层按要求裁剪好的纤维织物，用刷子、压辊或刮刀挤压织物，使树脂均匀浸入织物中，并排出包埋在其中的气泡；随后再涂刷树脂混合料，铺贴第二层纤维织物，重复上述过程直至达到所需厚度。最后，在外界热力场作用下加热加压固化成型，经进一步的脱模、修整和检验，得到所需的制品。手糊成型工艺如图 5-30 所示。

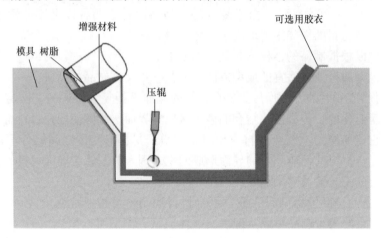

图 5-30　手糊成型工艺

手糊成型是复合材料制造中最早采用的一种成型方法，至今仍有一定规模的应用。手糊成型以手工操作为主，适用于小批量地生产热固性聚合物基复合材料制品。它的生产技术简单，不需要专用设备，操作简便，投资成本较低。此外，手糊成型能够制造大型和复杂结构制品，制品的可设计性强，可以在制品的不同部位任意增补增强材料。制品中树脂含量较高，耐蚀性强。然而，手糊成型依赖于手工操作，生产率低，工人的劳动强度大，劳动条件差，产品的质量不稳定，不适合需要批量生产的制品成型。由于手糊成型的上述特点，一般使用这种工艺成型一些要求不高的大型制品，如船体、储罐、大口径管道、汽车壳体、风机叶片等。

为了提高生产率，在手糊成型的基础上，发展出了喷射成型工艺。为了提高手糊成型制品的力学性能，发展了袋压成型工艺，该工艺通过在未固化的手糊成型制品上施加一定的压力，增加复合材料制品的密实度，从而提高制品的力学性能。

2. 喷射成型

喷射成型（Spray Lay – Up Molding）是一种半机械化手糊成型方法（图 5-31），成型过程中利用压缩空气将含有引发剂和促进剂的树脂分别由喷枪的一个喷嘴混合后喷出，同时利用切割器将连续的玻璃纤维等增强纤维切割为短纤维，并由喷枪的第二个喷嘴喷出，树脂和短纤维的混合物均匀沉积在模具上，经过辊压、排出气泡等步骤后，再继续喷射，直至达到制品所需厚度，最后经过压实后固化得到所需的复合材料制品。

喷射成型工艺的材料准备、模具等与手糊成型基本相同，设备简单，同时实现了半机械化操作，劳动强度低，生产率比手糊成型提高了 2～4 倍。喷射成型所得制品飞边少、无接缝，制品整体性好且其形状和尺寸大小受限制小，适用于成型大尺寸异形制品。然而喷射成型操作现场粉尘大，工作环境较差，制品的厚度和纤维含量都较难精确控制，孔隙率较高。

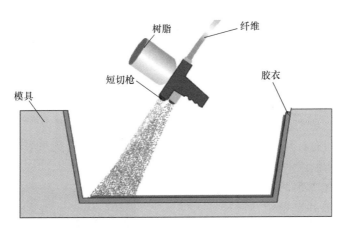

图 5-31 喷射成型工艺

此外，在喷射成型中因为使用了随机取向的短纤维，所得制品的力学性能要低得多，制品承载能力不高，一般不用该工艺制造承力结构。

利用喷射成型工艺可以制造大篷车车身、船体、舞台道具、广告模型、储藏箱、建筑构件、机器外罩、浴盆、安全帽等产品。

3. 纤维缠绕成型

纤维缠绕（Filament Winding）成型是一种复合材料连续成型的方法，适用于制造具有回转体形状的制品。它是在专门的缠绕机上，将浸渗树脂的连续纤维或者布带有规律、均匀地缠绕在一个转动的芯模上，然后送入固化炉固化，抽去芯模后即可得到所需制品。大部分纤维缠绕机有芯模转动和绕丝嘴平移。纤维缠绕成型工艺如图 5-32 所示。

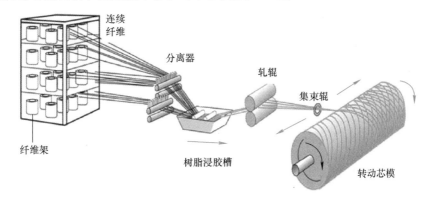

图 5-32 纤维缠绕成型工艺

利用连续纤维缠绕技术制造复合材料制品时，有两种不同的方式可供选择：一是将纤维或带状织物浸渍树脂后，直接缠绕在芯模上；二是先将纤维或带状织物缠好后，再浸渍树脂。目前普遍采用第一种工艺进行连续缠绕成型。纤维缠绕成型过程中，尽管大丝束可产生较大的缠绕带宽，从而提高缠绕效率，但制品力学性能常会随丝束增大而下降。为获取最佳的力学性能，缠绕过程中，丝束应避免加捻而使单丝保持平行。

在缠绕时，所使用的芯模应有足够的强度和刚度，能够承受成型加工过程中各种载荷

（缠绕张力、固化时的热应力、自重、制品重量等），满足制品的形状、尺寸和精度要求以及容易与固化制品分离等。在固化过程中，芯模须具备较好的热稳定性，并能够发生膨胀以对制品施压，同时也能在随后的冷却过程中收缩以助制品脱模。芯模应尽可能轻便。芯模越重，其相关操作越为困难，固化过程中的升温和冷却速率也越为缓慢。为使芯模能从制品中顺利取出，通常借助的方法有芯模的冷却收缩、使芯模带少许脱模斜度、采用水溶性芯模、可粉碎的石膏芯模、充气芯模等。对于复杂制品，还可采用能逐块从制品内部取出的分块芯模。常用的芯模材料有石膏、石蜡、金属或合金、塑料等，也可用水溶性高分子材料，如以聚烯醇作为黏结剂而制成的芯模。

大部分缠绕机（图 5-33）的运作状态类似于车床：芯模水平安放并以稳定速度旋转，供丝小车沿制品长度方向做往复运动，小车速度须与芯模旋转速度配合一致，以保证纤维带按正确的角度进行缠绕。其中，螺旋缠绕极具通用性，几乎可生产任意长度和直径的制品，是当今最常用的纤维缠绕工艺类型。在螺旋缠绕过程中，供丝小车以特定的速度做往复运动，以此生成所要求的螺旋缠绕角。做纤维带缠绕时，每一圈缠绕路径

图 5-33　大型纤维缠绕机

并非与上一圈毗邻，芯模表面须由多条不同的缠绕路径共同覆盖。由于这种交叉缠绕模式，覆盖芯模表面的每一个缠绕层实际上是由两个铺层构成的均衡叠层。

缠绕完毕的制品通常需要在烘箱内进一步固化，固化过程中，不使用真空袋或其他补充手段对制品施加压力。强制空气对流烘箱是最常用的固化设备。其他方法如微波固化等，虽有更快的固化速度，但设备成本也更为高昂。当制品被加热至固化温度时，芯模发生膨胀，因受到制品中纤维的约束而对制品形成压力，从而有助于压实叠层和减少制品内的孔隙含量。热压罐也可以作为缠绕制品的固化手段，但是热压罐所施加的压力可能引起制品内纤维发生屈曲，甚至褶皱。采用允许在制品表面滑动的薄均压板有可能减轻柱形制品表面的某些褶皱，但用后会在制品表面留下印记。因此，目前大部分缠绕制品选择在烘箱而非热压罐中进行固化。纤维缠绕工艺能够生产很大的制品，所受限制仅为已有缠绕机和固化烘箱的尺寸。

纤维缠绕成型是一种高效率的生产工艺，铺放效率通常可高达 45.3～181kg/h。该工艺可用于制品几乎所有的旋转体壳件，如筒、杆、球、锥等，制品的尺寸范围十分宽广，直径可小至 1in（25.4mm）以下（如高尔夫球杆），也可高达 20ft（6.1m），同时该工艺具有高度的重复性，可用于制造大型厚壁结构件。此外，纤维缠绕成型过程中，纤维能够按预定要求排列，排列的规整度和精度较高，成型过程中可以通过改变纤维排布方式、数量，实现等强度设计。因此，纤维缠绕成型能在较大程度上发挥增强纤维抗张性能优异的特点。然而，纤维缠绕成型工艺的主要缺陷是无法缠绕凹形曲面，因为缠绕张力作用下纤维会在凹陷表面形成架桥。纤维缠绕成型设备投资费用大，只有大批量生产时才可能降低成本。

基于纤维缠绕成型技术的上述特点，该成型方法适用于制备简单的旋转体，如筒、罐、管、球、锥等。例如，固体火箭发动机壳体、导弹放热层和发射筒、压力容器、大型储罐、各种管材等。近年来新发展起来的异形缠绕技术，可以实现复杂横截面形状的回转体或断面

呈矩形、方形以及不规则形状容器的成型，如飞机机身、机翼及汽车车身等非旋转体部件。

4. 拉挤成型

拉挤（Pultrusion）成型是一种成熟度较高的工艺，从 20 世纪 50 年代起就一直用于生产民用制品。在拉挤成型过程中，连续增强纤维被基体树脂浸渍并持续不断地固化成复合材料制品。目前拉挤工艺有不同的演变类型，但其基本成型原理如图 5-34 所示。拉挤成型的基本工序是将增强纤维从纤维架引出，经过集束辊合成一股，再进入树脂槽中浸胶，浸胶后的增强纤维首先被引入预成型模中，在模具中排列成制品形状，然后再被引入加热的恒定截面模具中，穿过该模具过程中对制品进行压实和固化，最后由牵引装置将制品拉出，通过切割锯将制品切至所要求的长度。

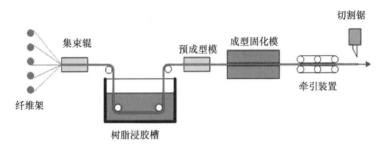

图 5-34 拉挤成型原理

在拉挤成型过程中，要求增强纤维的强度高、集束性好、不发生悬垂且容易被树脂胶液浸润。常用的增强纤维有玻璃纤维、芳香族聚酰胺纤维、碳纤维以及金属纤维等。用作基体材料的树脂以热固性树脂为主，要求树脂的黏度低和适用期长等，大量使用的基体材料有不饱和聚酯树脂和环氧树脂等。另外，以耐热性较好、熔体黏度较低的热塑性树脂为基体的拉挤成型工艺也取得了很大进展。拉挤成型的关键在于增强材料的浸渍，关键的工艺影响因素包括模具的设计、树脂的配方、对浸渍前后材料的牵引以及模具温度的控制等。

拉挤成型的主要优点是生产率高，易于实现自动化，生产过程中不需要或仅需要进行少量加工，树脂损耗少。制品中增强材料的含量一般为 40%～80%，能够充分发挥增强材料的作用，制品性能稳定可靠。制品的纵向和横向强度可任意调整，以适应不同制品的使用要求，其长度可根据需要定长切割。拉挤成型制备生产线的成本较高，无疑是一种更适合大批量生产的方法。此外，该方法要求制品必须为恒定截面；工艺准备和启动过程的劳动量很大；大部分增强纤维的取向为制品轴向，纤维取向的选择会受到一定限制。

拉挤成型制品包括各种横截面形状固定和长度不受限制的复合材料，包括杆棒、平板、管材、槽型材、工字型材、方形材等。拉挤成型制品的应用范围极为广泛，如绝缘梯子架、电绝缘杆、电缆管等电器材料，抽油杆、栏杆、管道、高速公路路标杆、支架、桁架梁等耐腐蚀结构，钓鱼竿、弓箭、撑竿跳的撑竿、高尔夫球杆、滑雪板等运动器材，汽车行李架、扶手栏杆、建材、温室棚架等。目前，玻璃纤维/聚酯材料在拉挤产品市场占有统治地位，但人们也开展了大量工作来将此工艺发展用于高性能的碳/环氧材料，以满足航空航天工业的需求，民用飞机地板梁就是一个潜在的应用对象。现今拉挤工艺能用于制造众多形状的结构件，包括采用芯模得到的中空型材。

5. 树脂传递模塑成型

树脂传递模塑成型（Resin Transfer Molding）是从湿法铺层和注塑工艺中演变来的一种复合材料工艺，是应用最广的液态成型工艺。树脂传递模塑成型技术是在压力条件下，将具有反应活性的低黏度树脂注入闭合模具中浸润干态纤维预制体，预制体中同时含有螺栓、螺母、聚氨酯泡沫等嵌件，同时排出型腔内气体，在完成浸润后，树脂在高温和压力条件下发生交联反应固化，最后将固化后的制品脱模并对其清理后得到复合材料制品。图 5-35 所示为树脂传递模塑成型的工艺过程，包括预制体制造、预制体组装合模、树脂在外界压力下注入、加热固化、最后脱模获得制品等过程。

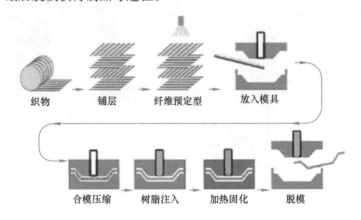

织物　　　铺层　　　纤维预定型　　　放入模具

合模压缩　　　树脂注入　　　加热固化　　　脱模

图 5-35　树脂传递模塑成型的工艺过程

树脂传递模塑成型是一种可用来制造高复杂度和高精度零件的复合材料制造工艺。树脂传递模塑成型的一个主要优点是减少零件数量。借助这一工艺，一些通常单独制造并通过紧固件或胶接相连的零件可合并为一个单独的整体成型件。树脂传递模塑成型的另一个优点在于其可以进行带嵌入物的制品成型，如在成型制品的内部嵌入夹芯块材。此外，树脂传递模塑成型适合于制造在不同表面均有严格尺寸要求的三维（3D）结构，只要成型模具表面具备足够低的粗糙度，制品表面的粗糙度即有可能达到极高水平。

与传统手糊成型、喷射成型、纤维缠绕成型、模压成型等工艺的纤维浸渍树脂过程相比，树脂传递模塑成型在纤维树脂浸渍完成后即可对模具加热进行固化，能够有效提高生产率和成型质量，成型过程自动化程度强。成型时所采用的增强预成型体与制品形状近似，可为连续纤维毡、短切纤维毡、纤维布及三维编织物等，增强材料选择范围宽泛。成型时还可以根据制品的性能来选择局部增强、混杂增强、择向增强及预埋夹心结构等，能够充分发挥复合材料性能的可设计性。树脂传递模塑成型工艺适合制造大尺寸、外形复杂、公差小、表面质量要求高的整体制品，适宜多品种、中批量、高质量复合材料制品的制造。树脂传递模塑成型的主要局限性在于对模具的制造需要高额的初始投入，所得制品纤维含量较低，一般在 50% 左右。在制备大面积、复杂构件时，树脂在型腔内的流动不均衡且难以有效控制，制品中存在孔隙率高、干纤维等问题。

近年来，又有许多树脂传递模塑成型的派生工艺得到发展，如树脂膜浸注（RFI）工艺、真空辅助树脂传递模塑成型（VARTM）工艺以及 Seeman 复合材料树脂浸注成型工艺（SCRIMP）等。所有这些工艺的目标是以较低的成本制造接近无余量成型的复合材料零件。

6. 真空辅助树脂模塑成型

在真空辅助树脂模塑成型工艺中，树脂的注入和固化均是通过真空压力实现的。相比于传统的树脂模塑成型工艺，该工艺的最大优点是模具成本和模具设计的复杂性均远低于传统树脂模塑成型工艺。此外，真空辅助树脂模塑成型无须采用热压罐，可用于制造特大型结构件。真空辅助树脂模塑成型工艺所采用的压力很低，可以在铺层中加入轻质泡沫塑料芯材。

图 5-36 所示为典型真空辅助树脂模塑成型的工艺装置，包括单面模具和真空袋。真空辅助树脂模塑成型通常在预成型体之上放置某种形式的多孔分流介质，以帮助树脂在预成型体中的流动和对预成型体的充分浸渍。这一多孔分流介质应为高渗透率材料，可容许树脂方便流过其中。使用多孔分流介质时，树脂一般均通过分流材料而流入预成型体。典型的分流材料包括尼龙网和聚丙烯针织物。由于树脂沿厚度向渗流，"跑道"现象和预成型体周边的树脂渗漏可有效避免。

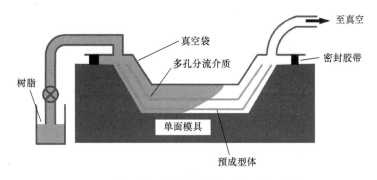

图 5-36　典型真空辅助树脂模塑成型的工艺装置

真空辅助树脂模塑成型工艺仅采用真空压力实现树脂的注入和固化，因此无须热压罐，能够制造特大型制品。通常所用的固化装置为烘箱和自带热源模具。固化成型过程中，一些制造商采用双真空袋来减少压实力的波动并提防主真空袋发生渗漏。同时，在两层真空袋之间常会放置一层透气材料，以有效排出渗漏处所入空气。可重复使用的真空袋还可进一步降低复杂形状制品的真空封装成本。

真空辅助树脂模塑成型需要树脂具备仅在真空压力下浸渍预成型体的流动性，因此该工艺所用树脂的黏度要低于传统树脂模塑成型工艺所用树脂，树脂的黏度一般在 100cps 以下。在树脂真空灌注前，常需进行真空脱气处理，以帮助驱除树脂混合时裹入的空气。一些树脂可在室温下浸注，而其他一些则需进行加热。应该确保树脂源和真空收集器远离被加热的模具，以方便树脂源的温度控制并减少树脂在收集器中发生放热反应。

由于真空辅助树脂模塑成型所用压力远小于常规树脂模塑成型工艺或热压罐工艺，要获得与高压工艺产品相同的高纤维体积含量，所面临的困难非常大。不过，此工艺的这一缺点可通过制造近乎无余量的预成型体加以克服。此外，真空辅助树脂模塑成型工艺无法达到如同常规树脂模塑成型工艺的制品尺寸精度，真空袋一侧成型的表面粗糙度无法达到硬模成型表面的水平。厚度控制一般取决于预成型体的铺叠、铺层的数量、纤维体积含量和工艺过程中的真空程度。在 NASA 的先进复合材料机翼项目中，研究人员对真空辅助树脂模塑成型工艺进行了评估。他们所做第一块机翼壁板构件的纤维体积含量要求较低（≥54%），故采用真空辅助树脂模塑成型对壁板进行浸注，然后在热压罐中完成加压固化，最终所获壁板

（图5-37）的纤维体积含量为57%，符合产品要求。

图 5-37　采用真空辅助树脂模塑成型制造的整体机翼壁板

真空辅助树脂模塑成型多年来常被用于制造玻璃纤维船壳，直到近年才逐渐得到航空航天工业的关注。它在低成本高性能复合材料方面已显现出极大的潜力。

7. 热压罐成型

热压罐成型（Autoclave Molding）是用真空袋密封复合材料预制件放入热压罐中，在加热加压的条件下进行固化成型制造复合材料制品的一种工艺方法，广泛应用于成型大型复合材料结构、蜂窝夹芯结构及复合材料胶接结构等。热压罐成型的工作原理是利用热压罐提供的均匀压力和温度，促使纤维预浸料中的树脂流动和浸润纤维，并充分压实，排除预制件中的孔隙，然后通过持续的温度使树脂固化制成复合材料制品。热压罐的工作示意图如图5-38所示。

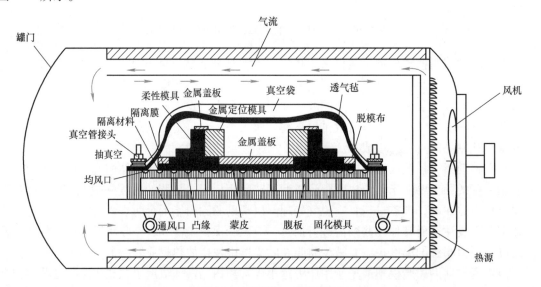

图 5-38　热压罐的工作示意图

热压罐成型过程中首先将预浸材料按一定排列顺序置于涂有脱模剂的模具上，铺放分离布和带孔的脱模薄膜，在脱模薄膜的上面铺放吸胶透气毡，再包覆耐高温的真空袋，并用密封条密封周边；然后，连续从真空袋内抽出空气并加热，使预浸材料的层间达到一定程度的真空度，达到要求温度后，向热压罐内充以压缩空气，给制品加压。热压罐成型工艺的主要设备是能承受所需温度和压力，并具有必要成型空间的热压罐，其主体是一个卧式的圆筒形罐体，同时配备有加温、加压、抽真空、冷却等辅助功能和控制系统，形成一个热压成型设备系统。由于无法直接观察到基体树脂的流变和固化行为，只能通过测定树脂在固化过程中的黏度、介电常数或反应热的变化，来确定加温和加压程序的实施。

热压罐成型有很多优点，如罐内压力均匀，采用压缩气体、惰性气体或混合气体向热压罐内充气加压使制品在均匀压力下固化成型；罐内温度均匀，加热或冷却气体在罐内高速循环，罐内各点气体温度基本一致，在模具结构合理的前提下，可以保证制品升温、降温过程中各点温差不大；制品质量稳定，热压罐制造的制品孔隙率低、树脂含量均匀；相对于模压等其他成型工艺，热压罐成型压力更高，可用来制备更为密实、纤维体积百分比更高和孔隙与气孔更少的制品，航空航天领域要求主承力的绝大多数复合材料构件都采用热压罐成型工艺。此外，热压罐成型所使用的模具相对简单，适合大面积复杂型面的蒙皮、壁板和壳体的成型，热压罐的成型压力与温度几乎能够满足所有复合材料的成型工艺要求。

热压罐成型的主要缺点是设备投资大，成本高。热压罐系统庞大，结构复杂，属于压力容器，投资建造一套大型的热压罐费用很高；由于每次固化都需要制备真空密封系统，将耗费大量价格昂贵的辅助材料，同时成型中还要耗费大量能源。

自从 20 世纪 40 年代以来，热压罐成型技术得到很大的发展，主要用来制造高端的航空航天复合材料结构件，如飞机机身、机翼、垂直尾翼、整流罩等。波音 787 飞机的复合材料用量占结构重量的 50%，其中碳纤维复合材料为 45%，玻璃纤维复合材料为 5%。从飞机表面看，除机翼、垂尾和平尾前缘为铝合金及发动机挂架为钢以外，波音 787 飞机的绝大部分表面均为复合材料，其主要复合材料构件均是采用热压罐成型技术制造。

8. 模压成型

模压成型（Compressing Molding）是将定量的树脂与增强材料的混合料放入金属模具中，通过加热、加压，使树脂塑化和熔融流动充满模具型腔，经固化后获得与型腔相同形状的复合材料制品。模压成型工艺过程如图 5-39 所示。

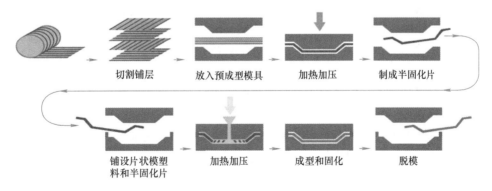

切割铺层　　放入预成型模具　　加热加压　　制成半固化片

铺设片状模塑料和半固化片　　加热加压　　成型和固化　　脱模

图 5-39　模压成型工艺过程

模压成型是一种可用于大批量生产的高压力工艺，适合于成型复杂的高强度纤维增强制品。无论是热固性还是热塑性树脂均可采用这种方法。模压成型通常采用对模，能够制造较大和具有复杂形状的制品，制品的表面粗糙度值极低，其尺寸也可得到良好的控制。模压成型具有生产率高、制品尺寸精确、质量好、表面光滑、自动化程度高等优点，对绝大多数结构复杂的制品可一次成型，无须二次加工。制品外观及尺寸的重复性好，容易实现机械化和自动化等。但模压成型的模具设计和制造过程较复杂，模具和设备的投资成本高，制品尺寸受设备规格限制，一般适用于中、小型制品的大批量生产。

近年来，随着专业化厂的建立，自动化和生产率的提高，模压成型制品成本不断降低，使用范围越来越广泛。模压制品主要用作结构件、连接件、防护件和电气绝缘件等，广泛应用于交通运输、电气、化工、建筑、机械等领域。由于模压制品质量可靠，在兵器、飞机、导弹、卫星上也都得到一定范围的应用。

5.3.3　复合材料的胶接

当厚度较薄的复合材料零件需要相互连接，而螺栓连接导致的高挤压应力无法被接受或机械紧固件带来的增重代价过于巨大时，胶接是一种适宜的选择。一般而言，具有明确载荷传递路径的薄结构是胶接的良好对象，而载荷传递路径复杂的厚结构则更适合于紧固件连接。胶接工艺过程中，固化后的复合材料制品或相互黏接，或与蜂窝芯材、泡沫塑料芯材、金属制品黏接。复合材料的高质量胶接能够显著降低其装配成本。

胶接是一种得到广泛应用的工业连接方法。在胶接过程中，某种聚合物材料（胶黏剂）被用于黏接两个分离的零件（被胶接件）。胶黏剂有多种类型，有些会发生固化反应，有些不发生固化反应，实际生产中以环氧树脂、丁腈酚醛、双马来酰亚胺的使用最为普遍。二次胶接工艺除用于连接大型复合材料结构外，还常被用于受损伤复合材料零件的修补。

为得到高质量的胶接结构，胶黏剂必须对表面形成浸润，而这取决于被胶接件表面的洁净程度、表面粗糙度、胶黏剂的黏度和表面张力。在通常情况下，要想获得最优的胶接接头，需关注以下几个方面：胶接表面必须洁净，其是成功胶接的基石之一；胶接表面应具有一定的粗糙度，便于液态胶黏剂的渗入和增大黏结面积；胶黏剂应具备一定的流动性且能够充分浸润胶接表面；被胶接件表面与胶黏剂之间能够形成相当的化学结合力。

胶接前对材料的表面处理，是胶接成功与否的基础。对二次胶接所用复合材料首先要考虑层压板自身的吸湿问题，吸入层压板的水分在高温固化过程中可扩散至层压板表面，导致弱黏接或在胶层中形成孔隙或空隙。在高升温速率的极端情况下，可导致复合材料层压板内部出现分层。较薄的复合材料层压板（厚度在 3.175mm 以下）可以在热风循环烘箱中以 120℃处理至少 4h 后，可以有效地去除水分。对于较厚的层压板，烘干工艺需按照实际被胶接件的厚度通过试验进行确定。烘干后，需对胶接表面进行处理，并尽快地进入实际胶接操作。使用剥离布是复合材料胶接前一种被广为接受的表面处理方法，此法在铺叠过程中将细密编织的尼龙或聚酯布用作复合材料的最外层，在胶接或喷漆之前再将此层撕落或剥离。它的原理是：撕剥操作使基体树脂的表面层发生破裂，为胶接工序预置了一个清洁、纯净、粗糙的胶接面。胶接面的粗糙度在一定程度上取决于剥离布的编织特性。一般情况下，使用剥离布已经足以对胶接面进行处理，但也有一些研究认为需要附加手工打磨或轻度喷砂等过程。手工打磨和轻度喷砂能够进一步增大胶接面的表面积，清除残留污渍和剥离布留下的树脂碎屑，但应避免靠近表面的增强纤维发生外露或断裂。

胶接工艺的基本步骤包括：配套存放所有参与胶接的零件；确认胶接面形状符合公差要求；对表面进行清洁处理，以促成高质量胶接效果；涂覆胶黏剂，对零件进行对合黏接，形成组件；对胶接面进行加热加压处理以促进胶黏剂的固化，并对胶接后的组件进行质量检测。胶接过程中一般应注意以下几个方面。

（1）胶接件的预装配 对含有多个零件的复杂组件，通常借助于预装配型架将不同的零件按其精确关系相互定位，显现出真实胶接组件结构。该预装配工序一方面能够保证胶黏剂的涂敷与胶接组件的黏合无间断进行，以免胶接件的污染；另一方面有助于提前确定潜在的失配部位。此外，预装配一般在清洗前进行，便于在必要情况下对零件进行再加工处理。

（2）预装配评估 对于复杂组件，通过在胶接界面铺放聚乙烯膜，或封装于塑料薄膜内的胶黏剂，来模拟胶层厚度的存在，然后对组件施加正常固化所需的热和压力，其后再将零件拆散，观察或测量聚乙烯膜或固化后胶黏剂的状态，以确定需要做哪些修整。常用的修整措施有打磨零件使其更为清洁，改变金属零件形状以缩小间隙，或在胶层特定位置添加胶黏剂等。

（3）胶黏剂的涂敷 常用的胶黏剂有液状、糊状或预制膜状等类型。进行涂敷时需要考虑胶黏剂的适用期，即从胶黏剂准备开始到被胶接件最终黏合为止的时间间隔。胶黏剂的适用期须与生产率相适应，如汽车和医疗器件等高效率的应用场合要求胶黏剂能够迅速地完成胶接前准备。需要注意的是，许多通过化学反应完成固化的双组分体系适用期有限，超出适用期后胶黏剂将变得过于黏稠而无法使用。

（4）胶层厚度控制 控制胶层厚度对于胶接强度至关重要。通过对所涂敷胶量与实际胶接条件（热和压力）下对接面之间的缝隙尺寸加以匹配，可以实现对胶层厚度的控制。对于液状和糊状胶，在胶黏剂中放置尼龙或聚酯纤维是一种常用的做法，可以避免在胶层中出现贫胶现象。在大多数情况下，胶层厚度的变化范围为 0.051 ~ 0.254mm。在胶接过程中，对于较小的缝隙（小于 0.508mm）时，可通过添加胶黏剂进行填补，但缝隙较大时则须对零件进行再加工或者配制硬垫片以使零件满足配合公差要求。

（5）胶接 在胶接过程中胶接面间需要设置适当的接触压力。该压力一方面促进胶黏剂的流动以充分浸润胶接表面；另一方面能够将多余的胶黏剂挤出，以使胶层达到期望的厚度，并（或）保证所有胶接面在固化过程中紧密贴合。被胶接件的位置在胶黏剂固化过程中须保持不变。任一被胶接件在胶黏剂凝胶前发生滑移均将导致代价不菲的返工作业，或整个组件都可能报废。在胶接固化过程中，胶黏剂的流动会在胶接边缘处形成如图 5-40 所示的胶瘤。实践表明，胶瘤的存在能够有效改善胶接强度，在组件胶接后的清理过程中不可将其去除。

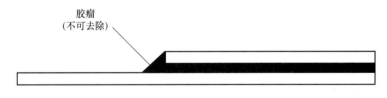

胶瘤
(不可去除)

图 5-40 胶接接头上的典型胶瘤

5.3.4 复合材料的装配

复合材料虽然可以通过共固化或胶接来将较多数量的零件集成为整体的组件，但装配仍在其全部的制造成本中占有显著比例。复合材料的装配成本可高达制品交货时所耗全部成本的 50%。装配包含了多道工序，属于较为复杂的劳动密集型过程。复合材料结构设计过程中应尽可能减少装配工作量。然而，复合材料零件之间及复合材料与金属结构之间的机械紧固连接需求在可预见的将来不会完全消失。

1. 制品边缘修整

大部分复合材料制品在固化后需要进行边缘修整。边缘修整通常可由人工采用高速切割锯进行，也可采用数控高压水切割设备自动进行。复合材料在修整过程中极易损伤普通的钢制切割刀片，因此常采用金刚砂轮锯片、碳化钙外形铣刀或金刚砂外形铣刀。典型的制品边缘修整操作如图 5-41 所示。制品在修整过程中常需要被玻璃纤维层压样板夹持在一起，以确保修整中走刀路径的准确性，同时对制品边缘提供支撑以免分层。修整过程中刀具的进给速率为 254 ~ 355.6mm/min，过快的进给速率可能会引起热量的增加，从而导致基体树脂发生过热和材料出现分层。

高压水切割也是复合材料常用的修整手段，切割过程中复合材料制品受力较小，不产生热量，因此加工过程中仅需要简单的夹具，且不需要担心基体树脂性能的退化。然而，高压水切割需要配置价格昂贵的大型数控机床，加工过程中产生的噪声较高，一般会超过100dB。高压水切割的进给速度需保持在相当低的水平，对于厚层压板尤其如此。过快的进给速度会出现如图 5-42 所示的"高压水滞后"现象，导致切割后制品边缘呈斜坡状。通常情况下，12.7mm 以下厚度碳纤维/环氧树脂复合材料边缘的典型切割进给速度为381mm/min，更厚的板材则须采用更低的进给速度。

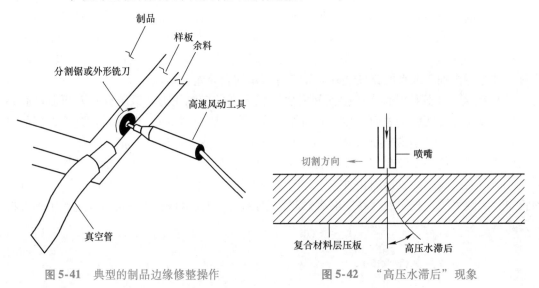

图 5-41　典型的制品边缘修整操作　　　　　图 5-42　"高压水滞后"现象

2. 钻孔

与普通金属相比，复合材料在钻孔过程中更易遭到损伤。复合材料中的增强纤维是通过相对脆弱的基体黏结到一起，在机械加工过程中极易发生分层、开裂、纤维拔出、基体破碎和过热损伤。因此，减少加工过程中的材料受力和热量生成极为重要。在金属材料加工过程中，操作所产生的碎屑能够带走大部分的加工热量，然而复合材料中的纤维导热系数极低，热量可以迅速聚集并引发树脂基体性能退化，导致材料开裂甚至分层等损伤的发生。一般情况下会使用较高的刀具转速、较低的进给速率和较小的切割深度来尽量减少复合材料的机械加工损伤。

复合材料在钻孔加工过程中，容易发生表面劈裂（图 5-43），尤其是单向层压板的表面。劈裂在钻头的进、出两面均可发生，当钻头从材料上表面进入时，会拉扯顶部铺层并对基体树脂形成剥离力。当钻头透出时，其冲击力同样在底表面铺层上产生剥离力。如果发生上表面劈裂，通常表明进给速度过快，而在钻头透出表面上的劈裂则表明进给力过高。在复合材料钻孔加工过程中，一般会在复合材料制品的上下表面各加一层固化织物，该方法可有效解决钻孔劈裂问题。

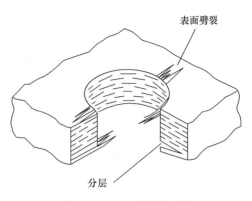

图 5-43　复合材料钻孔劈裂

环氧树脂基复合材料被加热至204℃以上即开始发生降解，因此尽可能减少钻孔时生成的热量十分重要。在确定钻孔工艺参数的试验中，经常采用热电偶和示温漆来监测热量的生成，通常钻孔工艺参数为转速 2000～3000r/min，进给速度为 0.051～0.102mm/r。复合材料在钻孔过程中因工艺参数或钻头形状选择不当，会造成纤维拔出和"后扩孔"两种缺陷。纤维拔出是孔壁上的某些铺层被小块拔出，形成不光滑孔壁。"后扩孔"是指钻孔产生的金属切屑在钻槽中移动时对较软的液体垫片和复合材料基体产生磨蚀，导致受蚀后孔径变大的现象。这两类缺陷可以通过调整钻头转速和进给速度、改变钻头形状等方式加以控制。

3. 紧固件安装

与钻孔相似，相比金属材料，紧固件在复合材料中的安装更为困难和更易导致损伤。图5-44所示为紧固件安装缺陷。在安装紧固件将两个零件连接在一起的过程中，未得到充垫的连接间隙可在复合材料蒙皮或复合材料骨架（或两者）上引起开裂。在油箱部位，设计密封槽能够有效避免油料渗漏，该部位所用紧固件须配以"O"形密封环来对渗漏进行进一步的防范。经验表明，这一部位较易发生层间开裂。此外，紧固件夹持力过大，会使其承受过大扭矩而引发材料发生开裂。如果沉头窝拐角半径过小而不能与紧固件拐角半径相配，

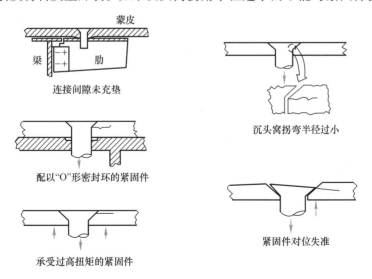

图 5-44　紧固件安装缺陷

紧固件会在该部位造成集中载荷，并引起开裂。紧固件如果对位失准，与孔及沉头窝的位置错移，同样会形成集中载荷和导致开裂。因此，在复合材料连接过程中，应密切注意紧固件的选择和安装设计，应选择大接触面积的紧固件来分散复合材料表面受到的夹持载荷，且应杜绝使用可对制品引发振动或冲击载荷的紧固件安装工艺。

就复合材料而言，机械紧固件材料的选择对于预防腐蚀问题极为重要。铝制紧固件和镀镉的钢制紧固件与碳纤维接触会发生电腐蚀，而钛合金因其较高的比强度和耐蚀性，通常是碳纤维复合材料所用紧固件的首选材料。如对强度有较高要求，可选用 A286 冷作不锈钢或 718 镍基合金。如因接头载荷极大而对强度有更高的要求时，可选用 MP35N 和 MP159 镍钴铬多相合金。应该指出，玻璃纤维和芳纶纤维为非导体，与金属紧固件接触不会发生电腐蚀问题。

为进一步保护装配好的复合材料组件，工业上还会对其进行密封和涂漆工艺处理。对复合材料的密封和涂漆工艺与金属材料所用工艺极为相似。事实上，复合材料自身并不易发生腐蚀，在一些场合，由于无须使用特殊的阻蚀化合物，工作可变得大为简便。此外，在得到适当表面处理的前提下，油漆对复合材料的黏附性可与金属材料相当，甚至高于对金属材料的黏附性。

5.4　粉末冶金成型

粉末冶金是用金属粉末或金属粉末与非金属粉末的混合物作为原料，经过成型和烧结制造出金属材料及制品的工艺过程。一些粉末冶金制品在烧结后还需进行精整、浸油、热处理等后处理工序。粉末冶金工艺过程与陶瓷的生产过程较为相似，因此又被称为金属陶瓷法。

粉末冶金是一项新兴的成型技术，但同时也是一项古老的技术。根据考古资料，远在纪元前 3000 年左右，埃及人就利用类似的方法在风箱中用碳还原氧化铁得到海绵铁，经高温锻造制成致密块，再锤打成铁的器件。在 3 世纪时，印度的铁匠也用此种方法制造了德里铁柱，重达 6.5t。在 19 世纪初，相继在俄罗斯和英国出现将铂粉经冷压、烧结，再进行热锻得致密铂，并加工成制品的工艺。上述前人的探索为现代粉末冶金成型方法打下了良好的基础，但并未将其规模化应用。直到 1909 年库利奇（W. D. Coolidge）将钨粉压制成型并在高温下烧结，然后再经过锻造和拉丝而制成钨丝，才使粉末冶金工艺得到了迅速发展。现代粉末冶金发展中有三个重要标志。

1）克服了难熔金属（如钨、钼等）熔铸过程中产生的困难。1909 年制造电灯钨丝（钨粉成型、烧结、再锻打拉丝）的方法为粉末冶金工业迈出了第一步，从而推动了粉末冶金的发展。1923 年又成功地制造了硬质合金，硬质合金的出现被誉为机械加工工业中的革命。

2）20 世纪 30 年代用粉末冶金方法制取多孔含油轴承取得成功，这种轴承很快在汽车、纺织、航空等工业上得到了广泛的应用。继而，又成功将其发展到生产铁基机械零件上，发挥了粉末冶金无切屑、少切屑工艺的特点。

3）向更高级的新材料新工艺发展。20 世纪 40 年代，新型材料如金属陶瓷、弥散强化材料等不断出现。20 世纪 60 年代末到 70 年代初，粉末高速钢、粉末超合金相继出现，粉末冶金锻造已能制造高强度零件。

我国的粉末冶金工业从 1958 年以来得到迅速发展，目前硬质合金产品的生产规模也已居于世界前沿，该成型方法在我国农业、工业、国防等领域发挥了重大作用，做出了较大贡献。

5.4.1 粉末冶金成型工艺的特点

和金属的熔炼及铸造方法有本质的不同，粉末冶金成型过程中并不发生明显的材料熔化现象，其是先将均匀混合的金属粉料压制成型，借助于粉末原子间吸引力与机械咬合作用，使制品结合为具有一定强度的整体，然后在高温下烧结。高温下原子活动能力增强，使粉末接触面积增多，同时通过原子扩散，进一步提高了粉末冶金制品的强度，并获得与一般合金相似的组织。

粉末冶金成型方法具有以下优点。

1）可制造互不熔合的金属与金属、金属与非金属等新型复合材料，便于利用每一种材料的特性。例如：电动机上所用的碳刷是由铜和石墨烧结而成，铜用于保证碳刷的高导电性，而石墨用于提高其润滑性；电器触点用钨与铜或银烧结而成，因电弧温度高，钨用于保证其抗熔性，而铜或银能够保证其导电性。

2）能制成一般熔炼和铸造方法很难生产的制品，许多难熔材料至今只能用粉末冶金方法来生产。例如，难熔合金（如钨钼合金）或难熔金属及其碳化物的粉末制品（如硬质合金），金属或非金属氧化物、氮化物、硼化物的粉末制品（如氧化铝陶瓷、氮化硅陶瓷、立方氮化硼等）。

3）粉末冶金工艺的材料利用率高，可以直接制出尺寸准确、表面光洁的零件，如液压泵齿轮等。制品可以达到或接近零件要求的形状、尺寸精度与表面粗糙度，不需要或仅需要少量的切削等后续机械加工，显著降低制造成本。例如，铸造工艺的材料利用率为 90%，热锻成型的材料利用率为 75% ~ 80%，粉末冶金工艺的材料利用率可达 95% ~ 99%。以齿轮为例，采用粉末冶金方法批量化生产齿轮，生产率高，经济性更好。再如，与常规生产方法相比，汽车手动变速器同步器环，如果采用粉末冶金方法制造可降低成本 38%。

4）能够有效控制制品的孔隙率，可直接制出质量均匀的多孔性制品，如含油轴承、过滤元件等。

5）粉末冶金工艺过程可以有效避免因为材料熔化而导致的杂质混入现象，适用于制备高纯度的材料。

然而，粉末冶金成型工艺也存在一些不足之处。首先，由于粉末冶金制品内部会存在少量孔隙，因此制品的力学性能较差，如强度方面较相应的锻件或铸件低 20% ~ 30%。其次，粉末冶金制品的尺寸有限制，且因粉末的流动性差，难以成型复杂结构制品。此外，该成型方法的模具设备费用高，单件、小批量生产时成本较高，只适用于大批量生产零件。

5.4.2 粉末冶金生产工艺过程

粉末冶金生产工艺过程包括制粉、混配料、压制、烧结等工序，以及整形、浸渗和表面处理等后续工序。

1. 制粉与混配料

粉末是粉末冶金工艺的原材料，粉末的质量显著影响后续的成型和烧结过程以及制品的最终性能。粉末冶金成型所用粉末是由大量固体粒子组成的集合体，其既不同于气体、液体，也不完全同于固体，它表示物质的一种存在状态。粉末与固体之间最直观的区别在于：当我们用手轻轻触及粉末时，会表现出固体所不具备的流动性和变形，粉末颗粒之间的接触是很小的，存在大量的孔隙。材料在烧结过程中形成的显微结构，在很大程度上由原材料的粉末性能所决定。

（1）粉末的工艺要求　粉末粒度，即粉末的粗细，是指粉末颗粒的大小，是粉末的主要性能之一。颗粒的形状是指粉末颗粒的几何形状。常用的粉末颗粒形状有球形、片形、针形、柱形等。对于非球形的颗粒，一般用等效半径来表示颗粒的粒度，把不规则的颗粒换算成与之同体积的球体，以球体的等效直径作为颗粒的粒度。实际生产中所制备的粉末粒度并非完全相同，呈现出一个分布范围。粉末的粒度分布越窄，说明颗粒的分散程度越小，颗粒的大小和形状越均匀。目前，筛分法、显微法、沉降法等均可以用来测定粉末的粒度，其中以筛分法最为常用。该方法以"目"来表示粉末的粒度，通过各种标准尺寸的筛网确定粉末的粒度。例如，石墨粉的粒度为200目，即是要求粉末能够通过每英寸（$1\text{in} = 25.4\text{mm}$）筛网长度上有200孔的筛子。粉末的粒度越大，颗粒越细。一般来说，粉料越细、粒度组成范围越广、形状越近似球形，则粉料流动性越好，自由松装时单位容积的质量越高，所得制品性能越好。

（2）金属粉末的制备方法　金属粉末的制备方法通常可分为机械粉碎法和物理化学法两大类。机械粉碎法是通过粉碎粗粒的原材料而获得细粉，在粉碎过程中基本不发生化学反应。然而，在机械粉碎过程中容易混入杂质，且较难获得粒径在$1\mu\text{m}$以下的微细颗粒。球磨法和雾化法是最常用的两种机械粉碎方法。物理化学法是通过物理或化学作用，改变材料的化学成分或聚集状态而获取粉末。该类方法所制备的粉末纯度和粒度可控，均匀性好，颗粒微细，并且可以实现粉末颗粒在分子级水平上的复合和均匀化。还原法是其中的一种粉末制备方法，也是最常用的金属粉末生产方法之一。

1）球磨法。该方法的制备过程是将物料和磨球一起放入球磨筒内，通过滚筒的滚动、转动以及振动等运动使磨球与物料之间产生强烈的摩擦和撞击，从而获得所需的金属粉末。球磨法适合制备脆性金属粉末（如铁合金粉末）或经过脆化处理的金属粉末（如经氢化处理变脆的钛粉），产量大、成本低，在工程中具有较广泛的应用。对于粉末冶金的制粉而言，常选用金属或硬质合金为磨球。

2）雾化法。该方法是利用高压气体或高压液体对由坩埚嘴流出的金属液体进行喷射，通过机械力和激冷作用使熔融的金属液体破碎成微小的液滴，液滴冷却后凝固成细小的金属粉末颗粒，从而获得粒径大小不同的金属粉末。图5-45所示为气体雾化制粉示意图。雾化法是在液态下生产粉末，为材料的选择和合金化提供了很大的灵活性，因此既可以制备纯金属粉末也可以制备合金粉末，粉末粒度一般小于$150\mu\text{m}$。雾化法因工艺简单，适于大量生产，广泛应用于生产铁、铜、铅、锌、铝青铜、黄铜等金属粉末。

3）还原法。该方法是用还原剂还原金属氧化物及盐类，从而获得金属或合金粉末。例如，铁粉、铜粉、镍粉、钨粉等粉末通常采用还原法制造，有些企业利用轧钢厂的氧化皮（铁鳞）在隧道窑中采用固体碳还原剂将氧化铁还原成铁粉。还原法简单、生产成本低，是工程中应用最广泛的金属粉末生产方法。

（3）混配料　该方法包括配料与混合两个阶段，是根据配料计算并按规定的粒度分布把各种金属粉末与适量的成型剂进行充分混合的过程。混合的目的是使性能不同的组元形成均匀的混合物，以利于压制和烧结时状态均匀一致。混合时，除基本原料粉末外，还有以下三类添加组元：①合金组元，如铁基中加入碳、铜、铝、锰、硅等粉末；②游离组元，如摩擦材料中加入的二氧化硅、氧化铝及石棉粉等粉末；③工艺性组元，如作为润滑剂的石蜡，作为增塑剂的硬脂酸锌等，作为黏结剂的汽油橡胶溶液、树脂等以及造孔用的氧化铵等。

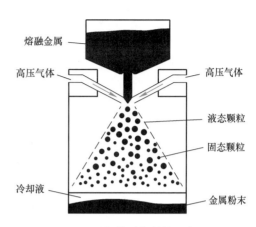

图 5-45 气体雾化制粉示意图

2. 压制

压制是将松散的金属粉末置于封闭的模具型腔内加压，使粉末微粒密集在一起而发生塑性变形，从而形成具有一定形状、尺寸、密度与强度的压坯，以便进行下一步的烧结。压实后的压坯密度通常为固体材料的 80% 左右。

压制过程不仅能够使粉末成型，而且还决定了制品的密度及其均匀性，进而对其最终性能起决定性的影响。压坯密度越大，粉末冶金制品的强度越高。金属粉末的压制可在普通机械式压力机或油压机上进行，压力机的吨位一般为 50 ~ 500t，压制过程中的压力一般为 150 ~ 600MPa。国外生产的 3000t 高速机械压力机每分钟可生产 8 ~ 14kg 的零件 20 件。

在金属粉末压制成型过程中，粉末的流动性较差，其与金属模具之间存在一定的摩擦，使得某些形状的制品或者制品的一些特殊部位在模具内不容易成型，成型的压坯会存在密度分布不均匀的现象，影响烧结成品的质量。例如，薄壁、细长形以及沿压制方向有变截面形状的制品。因此，在采用压制方法成型时，应考虑制品的结构工艺性。粉末压制成型制品的工艺性应考虑如下几个方面。

1）尽量采用简单、均匀的形状，避免制品在形状上的突变。对于复杂形状结构的制品，压制过程很难保证压坯密度的均匀一致。图 5-46a 所示的阶梯回转体零件含有多级直径，很难压实和取模，此时可以考虑设计成如图 5-46b 所示的少阶梯结构方式，后期再通过机械加工的方式加工出所需要的阶梯。此外，压制成型制品沿压制方向的横截面积还需要均匀变化，以利于压坯的压实。

a) 不合理

b) 合理

图 5-46 避免复杂形状

2）制品的壁厚不能过薄。薄壁结构不利于装粉压实，易出现裂纹，难以制造。如图5-47所示，一般薄壁应大于2mm。在制品设计中，还应避免细长型结构，避免出现大长径比和大长厚比结构。

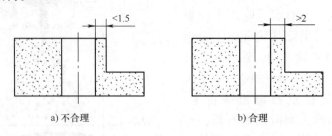

a) 不合理   b) 合理

图5-47   避免局部薄壁

3）设计制品时应避免与压制方向垂直或斜交的沟槽、孔腔，以利于压实和减少余块，如图5-48所示。制品如需要螺纹以及侧壁上的径向孔和槽等结构，可以通过后续的机械加工方法获得。

4）制品各壁面交界处宜采用圆角、倒角或平台。避免模具上出现尖锐刃边，以利于粉末流动、坯体压实，防止模具或压坯发生应力集中而造成损坏。

5）与压制方向一致的内孔、外凸台等结构，需要有一定的锥度，以利于脱模，如图5-49所示。

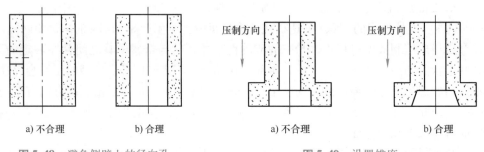

a) 不合理   b) 合理   a) 不合理   b) 合理

图5-48   避免侧壁上的径向孔   图5-49   设置锥度

3. 烧结

烧结是粉末冶金生产中的重要工序，能够使坯体强化而得到成品，对制品的性能起决定性作用。与铸造和锻压不同，粉末冶金烧结过程中所产生的废品是难以挽救的，也不宜再次作为制品的原材料。在烧结过程中，将坯体按照一定的规范加热到规定温度并保温一段时间，此时坯体内产生一系列的物理和化学变化，包括水分或有机物的蒸发或挥发、吸附气体的排除、内部应力的消除以及粉末颗粒表面氧化物的还原等。随着体系温度的升高，粉末颗粒表层原子间开始发生相互扩散和塑性流动，颗粒间接触面积同时逐渐增大，材料在烧结过程中还会出现固相的熔化和重结晶现象。

在烧结过程中，影响制品性能的主要因素包括烧结温度、保温时间、升温和降温速度、烧结气氛等。其中，烧结温度在烧结工艺中起决定性作用，一般由制品的组分而定。一般情况下，烧结温度一般为基体金属熔点的70%～80%，某些耐火材料的烧结温度达到其熔点的90%。保温时间为坯体保持烧结温度的时间，保温时间根据坯体的成分、尺寸、壁厚、密度以及烧结数量而确定。此外，还要严格控制烧结过程中的升温和降温速度。通常情况下温度过高、加热时间过长，会使坯体歪曲变形、产品内部晶粒粗大，产生"过烧"废品；而温度过低、加热时间过短，会降低坯体的结合强度，产生"欠烧"废品；升温过快，坯体会出现裂纹，产品内氧化物还原不完全；而降温速度不同，会使产品内部产生不同的显微组织，影响产品强度和硬度等性能。例如，铜的烧结温度范围为 760~1000℃，烧结时间为 10~45min；碳化钨硬质合金的烧结温度范围为 1430~1500℃，烧结时间为 20~30min。为保证烧结制品的性能和品质，烧结过程应在还原性气氛或真空的连续式烧结炉内进行，以避免坯体的氧化和脱碳。工业中常用的烧结气氛有纯氢、分解氨气、煤气、真空以及惰性气体等。例如，制备铁、铜、铝、轴承钢、不锈钢等材料制品时，需要在分解氨气环境下完成烧结工艺。

4. 后处理

粉末冶金制品在烧结中通常产生收缩、变形以及一些表面缺陷，烧结后制品的表面粗糙度值大，一般情况下不能作为最终产品直接使用，需要对烧结制品进行后续工序处理。常见的烧结后处理工序如下。

(1) 整形 为获得所需的尺寸精度、表面粗糙度或进一步提高制品的力学性能，常将烧结后的坯体置于模具中，再次施加压力，使之发生塑性变形和挤压，改善产品品质。整形后的制品尺寸公差等级可以提高至 IT6~IT7，表面粗糙度 Ra 值可达 $0.63~1.25\mu m$。

(2) 浸渗 浸渗是利用烧结件多孔性的毛细现象，浸入各种液体。例如：各种自润滑轴承浸渗润滑剂（主要是油）；某些耐压或气密件需要浸塑料，有些零件为了表面保护浸树脂或清漆等。制备致密产品时，可将低熔点金属或合金渗入到多孔压制件的孔隙中，渗透所用的材料可以固态形式加到压制件的上部（在烧结温度下熔化），也可以液态形式加入。

(3) 表面处理 为提高烧结制品表面质量，常对粉末冶金制品进行蒸汽、电镀等方式处理。蒸汽处理是制品在 500~560℃ 的热蒸汽中加热并保持一定时间，使其表面及孔隙形成一层致密氧化膜的表面处理工艺，常用于防锈、耐磨或防高压渗透的铁基材料。

(4) 机械后加工 对于一些压制工艺过程中无法成型的结构，如内、外螺纹，与压制方向垂直的孔、凹槽及一些需要精加工的部位，需要借助于切削或磨削等机械后加工方式成型。对于粉末冶金制品，一般用硬质合金刀具进行切削，采用氧化铝砂轮或金刚石砂轮进行磨削。此外，粉末冶金制品也可用焊接方法进行连接而得到复杂形状。

5.4.3 粉末冶金成型工艺的应用

粉末冶金产品在国民经济的各产业部门中得到日益广泛的应用。按照用途可以分为以下三类：

(1) 机械零件 粉末冶金可直接制成多种机械零件。例如：用锡青铜石墨粉末或铁石墨粉末经油浸处理后，可制成铜基或铁基的含油轴承，具有良好地自润滑作用，广泛用于汽车、食品及医疗器械中；用钢或铁作为基体，加上石棉粉、二氧化硅、石墨、二硫化钠等制成的粉末合金摩擦系数很大，可用于制造摩擦离合器的摩擦片、制动片等；用铁基粉末结构合金（以铁粉和石墨粉为主要原料烧结而成）可制造各种齿轮、凸轮、滚轮、链轮、轴套、花键套、连杆、过滤器、拨叉、活塞环等零件，这些零件还可以进行热处理。

(2) 各种工具 例如：用碳化钨与钴烧结制成的硬质合金刀具、冷挤与拉拔模具和量具；用氧化铝、氮化硼、氮化硅等与合金粉末制成的金属陶瓷刀具；用人造金刚石与合金粉末制成的金刚石工具等。

（3）特殊用途的材料或元件　例如：制造用作磁心、磁铁的强磁性铁镍合金、铁氧体；用于接触器或继电器上的铜钨、银钨触点；用于原子能工业的核燃料元件和屏蔽材料以及一些耐极高温的火箭与宇航零件等。

工程实例——铜基含油轴承的制造

含油轴承（Oil - Impregnated Bearing）又称为含油衬套，属于滑动轴承，这种轴承材料包含有众多相互连通的孔，在轴承材料的孔隙中储有润滑油。将含多孔材料的轴承浸入润滑油中，在毛细现象作用下，轴承吸附并储存一定量的润滑油，体积含油率可达 $10\% \sim 40\%$ 。含油轴承的润滑作用源于两个方面。一方面，当轴承开始旋转工作时，轴颈与轴瓦之间摩擦生热，导致轴承温度上升，不仅使润滑油的黏度降低，流动性增加，而且润滑油受热膨胀，从轴瓦的孔隙中渗出，在轴颈与轴瓦之间形成油膜，形成了轴承的润滑。当轴承停止工作时，轴承的温度逐渐下降，润滑油又渗入轴瓦的孔隙中。另一方面，当轴承运转时产生一种类似于"泵"的作用，轴的旋转使含油轴瓦与轴颈间不同部位的油膜压力不同，油会从一个方向打入含油轴瓦的微孔，从另一方向渗出轴瓦的工作面，润滑油处于一种动态的流动状态。因此，含油轴承具有自动润滑的作用。含油轴承一般用作中速、轻载荷的轴承，特别适于不便于经常加油的轴承，如运输机械、家用电器、办公机械、照相机及计量仪表等。含油轴承是一种常用的粉末冶金减摩材料，按基体材料进行划分主要分为铁基和铜基两大类别，铁基含油轴承占比约为 65% ，铜基含油轴承占比约为 35% 。青铜含油轴承是最早出现的粉末冶金制品之一，图 5-50 所示为铜基含油轴承实物照片。1910 年德国提出了粉末冶金烧结青铜轴承的专利，1916 年通用电气公司用粉末冶金法生产出青铜含油轴承，用于汽车发动机。1953 年，我国的上海纺织机械厂首先研制成功 6 - 6 - 3 青铜含油轴承，并应用在电风扇上，获得了良好效果。6 - 6 - 3 青铜是国内常用的轴承材料，其材质组成为 Cu - SnZn - Pb，化学成分为 Sn（质量分数为 $5\% \sim 7\%$ ），Zn（质量分数为 $5\% \sim 7\%$ ），Pb（质量分数为 $2\% \sim 4\%$ ）。石墨（质量分数为 $0.5\% \sim 2.0\%$ ）。

图 5-50　铜基含油轴承实物照片

铜基含油轴承的生产工艺流程如图 5-51 所示。

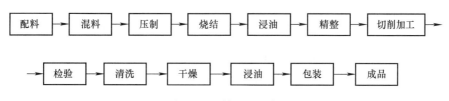

图 5-51　铜基含油轴承的生产工艺流程

1. 配料

生产铜基含油轴承的原料主要有铜合金粉末和润滑剂。工业生产中铜合金粉末是制造铜基含油轴承的基体原料，除了铜元素外，还添加锡、铅、锌等元素。锡粉、铅粉、锌粉在烧结过程中熔化形成液相，受毛细管力的影响，液相会渗透到铜粉颗粒之间的间隙中，形成孔隙，有助于形成含油轴承的通孔。铅具有熔点低、价格低、硬度低、塑性好等特点，在锡青铜粉末冶金材料中加入铅元素，可以提高轴承的减摩效果。铅在初期的铜基含油轴承中得到了广泛应用。但是，因为铅有毒性，当今产品的无铅化呼声越来越高。润滑剂主要为硬脂酸锌、硬脂酸钙等，一般添加量为 0.2% ~ 1%，添加润滑剂可以改善金属粉末的压制性能和提高模具寿命。石墨具有良好的润滑与减摩性能，还具有较强的吸油和降噪能力，因此，石墨可以作为固体润滑剂，降低含油轴承的摩擦系数，添加量一般为 0.5% ~ 2%，但过多的石墨添加会降低轴承的强度。

2. 混料

混料工艺影响粉料的均匀程度，混料机一般为双圆锥形混料机和 V 形混料机，转速为 20 ~ 30r/min，混料时间为 10 ~ 30min，为防止合金成分偏析，可采取湿法混合。

3. 压制

压制前先称取一定量的粉料，为了保证压坯的尺寸和密度，加入模具的粉料量要合适，在自动化生产中一般选用容量称料法。压制设备一般采用液压机，为提高生产率和保证密度一致，常采用自动压制。成型方法采用双向压制或浮动压制以提高产品密度的均匀性。压制模具材料采用铬钢、高速钢以及硬质合金，模具的工作表面硬度为 62 ~ 64HRC，表面粗糙度值 Ra 不大于 0.63μm。压制之前，在型腔内壁涂抹一层硬脂酸锌酒精溶液，以减小压制时粉末、冲模与模壁之间的摩擦力，起到防止模具损坏和易脱模的作用。压制成型的压力范围一般选择 150 ~ 300MPa。为保证烧结尺寸稳定和减少烧结变形量，必须严格控制压坯的密度差和壁厚差，密度差控制在 0.3g/cm³ 以内。为保证含油轴承的含油率和强度，需要严格控制压坯的密度。例如：混合粉的压坯密度要控制在 6.0 ~ 6.4g/cm³，合金粉的压坯密度要控制在 6.5 ~ 7.2g/cm³，一般不超过 7.6g/cm³。压制后，将压坯从模具中顶出，在自动化生产中，多采用上顶出法。

4. 烧结

烧结设备一般采用网带传送式烧结炉。粉末压坯装盒后，先在网带传送式烧结炉的前半部分进行预热，以除去压坯中的润滑剂、水分以及碳酸气，便于粉末颗粒之间的合金化。焙烘的温度为 360 ~ 400℃，时间为 20 ~ 30min。然后进入烧结带进行烧结，为使铜与锡合金化，达到所要求的制品强度，设定烧结温度范围为 750 ~ 850℃，保温时间为 10 ~ 30min，烧结气氛为氨分解气体或者氮气。为了降低砂漏、变形以及不圆度，需要调整好合理的网带速度与温度，使铜与锡有足够的合金化时间，同时控制烧结产品的工艺尺寸。烧结件从烧结段进入冷却段的过程一般有一个缓冷段。青铜合金粉的烧结收缩率一般控制在 1% ~2% 。

5. 精整

烧结后的制品会发生轻微变形，表面较粗糙，需要精整。精整设备为机械压力机和其他专用设备，一般采用自动精整。通过精整使制品产生一定塑性变形，如倒角、去锐边以及二次压坯。精整可以改变轴承的内外径尺寸，提高内外径精度及降低表面粗糙度值，从而保证制品的尺寸精度和良好的工作表面状态。模具精度必须高于制品精度，精整模具的工作表面需要精研，表面粗糙度 Ra 值不大于 $0.2\mu m$。为提高制品质量和模具的使用寿命，模具材料常用硬质合金，并在精整前将制品浸渍防锈油。为保证轴承的良好工作表面，必须严格控制精整量，径向精整量范围为 $0.05 ~0.20\mu m$。同时，精整工具的合理设计对产品质量也有很大影响。为提高产品的尺寸精度和使孔隙分布均匀，常采用沿高度方向复压后再精整，也有在精整模中沿内外径与高度方向同时精整的，称为全精整。

6. 切削加工

切削加工主要完成钻孔、切槽以及倒角等工作。因为铜塑性大，如果切削加工工艺选择不合理，会堵塞轴承孔表面的孔隙。加工铜基含油轴承的刀具材料，一般选用钨钴类硬质合金刀具，切削刃用金刚石砂轮刃磨后，还需用油石研磨。切削加工后，可以采用砂纸打磨的方法，改善切削加工引起的轴承孔表面的孔隙堵塞现象。

7. 清洗

含油轴承浸油之前需要清洗，去除烧结时产生的灰尘和精整、切削过程中产生的切屑。一般选用超声波清洗，并在清洗槽中添加清洗液。

8. 浸油

根据产品的用途和性能，选择合适的润滑油进行浸渍，使轴承孔隙充分含油，同时提高产品的抗腐蚀能力。含油轴承浸渍润滑油常用真空浸油装置，真空度不大于 $1mmHg$，保持 $10 ~15min$，使轴承孔隙中的空气尽量排出，这时由于压差作用，油被吸入轴承的孔隙中。为有利于轴承孔隙中空气的排出，在抽真空时需对轴承进行加热，温度一般为 $80 ~120\,\text{℃}$。为防止油的氧化，油温不宜过高。目前常用的浸渍润滑油是 20 号或 30 号机油。当轴承的转速和载荷以及使用温度不同时，对油品的黏度、黏度指数及凝固点等均需进行合理选择。对于低噪声含油轴承更需要严格选择润滑油，常推荐采用油膜强度好、抗氧化性能好以及黏度指数高的合成油。选用合适的润滑油将会明显改善轴承的性能，提高轴承寿命。浸油后的含油轴承还需要在甩干机内慢速甩 3 次，每次 $10 ~20min$。

9. 检验

检验轴承的质量是很重要的工序，主要检验项目有表观质量、尺寸精度、密度、含油率、压溃强度及表面多孔性等。

拓展资料——塑料的诞生以及粉末冶金的发展历史

1. 塑料的诞生

1845 年，德国化学家 C. F. 舍恩拜将棉花浸于硝酸和硫酸混合液中，然后洗掉多余的酸液，从而发明出硝化纤维并发现硝化纤维的可塑性，而且用它制造出来的东西还不透水。在

19世纪50年代，帕克斯试着把胶棉与樟脑混合，使他惊奇的是，混合后产生了一种可弯曲的硬材料。帕克斯称该物质为"帕克辛"（Parkesine），那便是最早的塑料。帕克斯用"帕克辛"制作出了各类物品：梳子、笔、纽扣和珠宝印饰品。然而，帕克斯不大有商业意识，并且还在自己的商业冒险上赔了钱。20世纪时，人们开始挖掘塑料的新用途。几乎家庭里的所有用品都可以由某种塑料制造出来。

约翰·韦斯利·海亚特（John Wesley Hyatt）这个来自纽约的印刷工在1868年看到了这个机会，当时一家制造台球的公司抱怨象牙短缺。海亚特改进了制造工序，并且给"帕克辛"起了一个新名称——"赛璐珞"（Celluloid）。他从台球制造商那里得到了一个现成的市场，并且不久后就用塑料制作出各种各样的产品。早期的塑料容易着火，这就限制了用它制造产品的范围。第一个成功地发明了耐高温的塑料（即酚醛塑料 Bakelite）的是美籍比利时人贝克兰（Baekeland）。贝克兰在1909年获得了该项专利。

酚醛塑料是真正意义上的人工合成塑料（热固性塑料）。它廉价、强度好、耐用、容易成型、具有很高的实用价值。酚醛塑料一经问世，人们发现它不但可以制造多种电绝缘品，而且还能制造日用品，当时人们把贝克兰的发明誉为20世纪的"炼金术"。1924年，美国《时代》周刊的封面故事写到：数年后它将出现在现代文明的每一种机械设备里。1940年5月20日的《时代》周刊则将贝克兰称为"塑料之父"。1999年3月29日，《时代》周刊评出了20名在20世纪最具影响力的科学家和思想家，贝克兰名列其中。由于第二次世界大战中石油化学工业的发展，塑料的原料以石油取代了煤炭，塑料制造业也得到飞速发展。1946年，美国人亨德利（Hendry）制造了第一台螺杆式注射机，可以实现注射速度和制品质量的精确控制。在20世纪70年代，亨德利还开发了气辅注射技术，用于复杂和中空塑件的成型。

2. 粉末冶金的发展历史

人类应用粉末冶金技术的历史可以追溯到铁器时代，公元前3000年前，人类已经开始使用铁制品，粉末冶金方法被认为是制造铁器的最早方法。在早期的冶炼过程中，人类还没有掌握使铁熔化的高温技术，人们在原始炉子里用焦炭还原铁矿石得到海绵铁（Sponge Iron），然后对海绵铁进行高温锻造使其致密，并锤打成各种形状的铁制品，武器是当时的典型制品。3世纪，印度的铁匠用还原铁粉制造了纯度达98.72%的德里铁柱，如图5-52所示。德里铁柱的不生锈现象，至今仍然令人啧啧称奇。

19世纪初，俄罗斯的索鲍列夫斯基和英国的沃拉斯顿分别进行了铂制品的粉末冶金实验，人们开始用粉末冶金方法制取铂币和一些铂器皿。由于氢氧火焰的应用，铂粉的粉末冶金方法开始被熔炼法所取代，到1860

图 5-52 德里铁柱

年，熔炼法几乎完全取代了粉末冶金方法。现代粉末冶金兴起于 20 世纪初，其发展有三个重要的标志。

1）粉末冶金解决了难熔金属的熔铸问题。1909 年制造电灯钨丝的方法，奠定了现代粉末冶金工业的基础。1923 年德国的施勒特尔（Schroter）首先提出了用粉末冶金制造硬质合金的方法，在碳化钨粉末中加进 10% ~ 20% 的钴作为黏结剂，然后压制成型，在 1300℃ 温度下于氢气中烧结出硬质合金。硬质合金的发明引起了切削和冶金工业的革命，不仅极大促进了切削刀具的发展，同时也进一步推动了粉末冶金工业的发展。

2）多孔含油轴承的发明。20 世纪 30 年代，用粉末冶金方法研制出多孔含油轴承，在汽车、纺织工业中得到了广泛应用。随后，开发出具有复杂形状的铁基粉末冶金制品，充分发挥了粉末冶金制品少切屑以及无切屑的优点。

3）粉末冶金新工艺和粉末冶金新材料。新工艺、新技术不断涌现，不仅显著提升了粉末冶金制品的优良性能，也积极推动了粉末冶金新材料的发明。例如：20 世纪 40 年代，出现了金属陶瓷、弥散强化材料；20 世纪 60 年代末至 70 年代初，粉末冶金高速钢、粉末冶金高温合金相继出现。

本 章 小 结

1）聚合物的聚集态可划分为三种基本力学状态，即玻璃态、高弹态和黏流态。根据聚合物的特征、成型性能和材料行为，可以确定和选择适宜的成型方法。

2）生胶是制造橡胶制品的基本原料。橡胶制品的制造过程主要包括塑炼、混炼、成型等工艺。橡胶制品分为模制品和非模制品两类。常用的成型方法有压延成型、模压成型、注射成型等。橡胶成型设备包括炼胶机、密炼机、成型机和硫化设备等。

3）粉末冶金和陶瓷制品以粉末为原材料，制品的制备过程包括三个主要工艺过程，即粉末制备、成型和烧结。应用粉末冶金法可以制造具有特殊成分或具有特殊性能的制品。先进陶瓷材料是采用人工合成的化合物为原料制备而成的。

4）通过一定的方法，将粉末原料制成具有一定形状、尺寸、密度和强度坯体的过程称为成型。成型后的坯体还需要经过烧结工艺，才能获得成品。烧结是将成型的坯体在低于其主要成分的熔点温度下加热，粉末相互结合发生收缩与致密化，形成具有一定强度和其他性能固体材料的过程。烧结后的制品一般还需要后处理，以获得所需要的性能和质量。

5）复合材料的两种组分材料通常为增强纤维和基体。常用的增强纤维有玻璃纤维、芳纶纤维和碳纤维，可以是连续形式，也可以是非连续形式；基体材料可以是聚合物、金属或陶瓷，其中聚合物基复合材料是应用最广、用量最大的复合材料类型。

习 题

5.1 试述注射成型、挤出成型、模压成型原理及主要技术参数的正确选用。

5.2 塑料成型特性的内容及应用有哪些？

5.3 热塑性塑料注射模的基本组成有哪些？

5.4 何谓分型面？正确选择分型面对制品品质有哪些影响？

5.5 橡胶制品的成型特性包括哪些内容？

5.6 什么是粉末的粒径？

5.7 试说明为什么一般结晶性塑料不透明，而无定形塑料透明？

5.8 列举出树脂基复合材料的几种成型方法。

第6章

材料成形方法的选择

6

章前导读

　　好的制品应具有物美价廉的特征，只有这样才会具有市场竞争力。工程设计人员应根据制品的使用要求、性能要求、经济指标（如生产条件、生产批量、造价等）等方面进行结构设计，选用材料，选择成形方法，确定工艺路线。因此必须注意不同的制品结构与材料的适应性和不同成形方法对材料性能与零件质量的影响。材料成形方法的选择还与零件的生产周期和成本、生产条件和批量等因素密切相关。制品的结构设计、材料选用、成形方法、经济性相互影响，它们之间既可协调统一，也可相互矛盾。因此，设计时应根据它们之间的相互作用及其相对重要性进行分析比较，确定最佳方案。制造一个质量好的成形件一般有好几种成形方法：有的可用先进的近净形加工新方法直接从原材料制成成品；也有的用普通的铸造、锻造、冲压、焊接等成形方法制成毛坯件，再经切削加工制成。如何选择材料的成形方法，不仅涉及产品的质量，还涉及产品的使用性能、制造成本等因素。又由于机械零件成形的材料、形状、尺寸、结构和生产批量各不相同，故其成形方法也不尽相同。因此，正确选择材料成形方法是从事机械产品设计与制造的工程技术人员必须具备的基本技能。

6.1　材料成形方法选择的原则

　　材料成形方法的选择是零件设计的重要内容，也是零件制造工艺人员所关心的重要问题。金属材料的成形方法包含铸造成形、压力加工成形、焊接和机加工，而高分子材料的成型方法以注射成型、挤出成型和吹塑成型等较为常见。对于不同结构与材料的零件需采用不同的成形方法。不同成形方法对材料的性能与零件质量会产生不同的影响。各种成形方法对不同零件的结构与材料有着不同的适应性。此外，成形方法与零件的生产周期、成本、生产条件与批量等都有密切关系。

　　选择成形方法时，应考虑零件的使用性、成形工艺性、生产经济性和环保性，通过技术方案中各种影响因素的综合分析比较，确定出合理的成形方法。

　　成形方法选择的总体目标是"技术可行、经济合理"，具体为"形状精、性能好、用料少、能耗低、无公害"。

6.1.1　使用性原则

使用性原则是指采用成形方法制造出的零件必须满足其使用要求，实现其应有的功能。零件的使用性能包括力学性能、物理性能、化学性能等。材料的强度（如屈服强度、抗拉强度）、硬度、塑性、韧性（冲击韧度、疲劳韧性）等力学性能指标是保证加工成形零件满足其功能要求的基础。因此，使用性原则是成形工艺选择的首要条件。

在毛坯成形方案选择中，根据零件的工作要求、结构形状和外形尺寸，选择适应的材料成形方案。例如，机床的主轴和手柄同属轴杆类零件，但其使用要求不同。主轴是机床的关键传动零件，在弯曲、扭转、冲击等复杂载荷下工作，故一般要求主轴强度、硬度较高，兼具良好的刚度、韧性以及好的抗疲劳能力。因此，主轴通常选用综合力学性能好的中碳45钢或40Cr，通过锻造成形，得到组织致密、流线分布合理的毛坯，再经切削加工和热处理制成。机床手柄受力小，性能要求低，可采用低碳钢圆棒或普通灰铸铁毛坯，切削加工而成，不需要热处理。

6.1.2　工艺性原则

工艺性原则是指所采用的成形方法应该与零件的结构和材料的工艺性能相适应。工艺性能是指制造过程中材料适应加工的性能。材料成形工艺性能包括铸造性能、锻造性能、焊接性能和切削加工性能等。各种成形方法因成形原理的差异，对于制造相同结构、形状的零件，其加工难易程度、生产率、加工质量、生产成本均存在显著差别，即成形加工工艺性能不同。因此，在保证零件使用性能的前提下，从制造工艺性视角，通过多因素综合分析，选择较为适应的成形方法，是工艺性原则的核心内容。

选择成形方法时须注意零件结构和材料所能适应的成形加工工艺性。对形状复杂的金属零件，如机床床身、轴承座，可采用灰铸铁铸造成形工艺，减振性和耐磨性更好，适应一定批量的生产。对尺寸较大的复杂结构，如钢结构支架，可采用型材下料焊接得到的单体构件装配而成。结构复杂的塑料件可采用注射成型，结构简单的塑料件宜采用吹塑成型。

对重要的传动零件，如主轴、发动机曲轴，采用锻造工艺进行毛坯成形，使内部塑性流线分布合理，最终力学性能优于铸造成形。形状简单，但性能要求高的零件，可采用自由锻工艺。对性能要求高、尺寸适中且需要稳定、批量较大的零件，采用模锻成形，可以提高产品质量和生产率。

零件的生产批量也是选择成形工艺时应考虑的重要因素之一。一般来说，单件、小批量生产，宜选择精度和生产率较低的成形工艺，使用通用设备和工具，例如，手工砂型铸造、自由锻以及焊条电弧焊等，因工艺适应度较高，节省生产准备时间和工艺装备的设计制造费用，故零件生产交货周期短，总成本较低。当大批量生产时，应优先选择以机械化操作为主，使用专用设备和工装，较高精度和生产率的成形方法，如机器造型砂型铸造、压力铸造、模锻、板料冲压、自动焊接等。尽管专用工艺装备（专用设备和模具）的费用较大，但生产速度快、产品质量高，加工余量较小，因此原材料总消耗量和加工工时大幅下降，生产总成本也降低。

在选择材料成形方法时，应充分考虑企业现有生产条件，即设备状况、实际工艺技术水平，尽量利用现有生产条件完成毛坯成形制造。若现有生产条件难以满足要求，则应考虑改变材料和（或）成形方法，也可通过外协或外购解决。

当今世界，市场需求多样化，产品迭代速度加快，产品的小批量定制化成为常态。伴随着新材料、新技术、新工艺不断涌现及推广应用，常规工艺不断优化，成形工艺的备选方案更加多种多样，成形工艺设计问题的挑战度进一步提升。材料成形工艺趋向高效化、精密化、自动化、智能化和清洁化。在满足使用性能的前提下，工艺性原则的重要作用不可忽视。

6.1.3 经济性原则

经济性原则是指选择成形方法时应致力于生产综合成本的降低，以获取较大的经济效益，提高产品的市场竞争能力。在满足零件使用功能要求的基础上，以全局观念，把握产品质量、加工工艺与成本之间的辩证关系。既不能因为片面追求经济性，降低制造成本，忽视产品质量，生产出低质量、不耐用的零件；也不能不顾经济成本，只强调产品质量，必须平衡质量与成本的关系。

成形方法的选择必须考虑生产过程的总成本。材料成形的工艺成本，就是与相应工艺有关的费用，可分为固定费用和可变费用两部分。固定费用（如厂房和设备折旧、工艺装备及工具费用等）和产品的产量无关；可变费用（如原材料费用、能源消耗、员工工资等）随产量的增大而增加。

材料成形的经济性与成形工艺、生产批量等因素密切相关。大批量生产选择精度、生产率较高的成形工艺。专用工装费用被加工的零件数分摊，平均单件加工成本较低。单件、小批量生产适宜选用精度、生产率较低的成形工艺，因工装简单、通用性强，零件的成形加工成本较低。

6.1.4 环保性原则

环保性原则是指选择成形方法时应考虑生产过程对环境的影响，力求做到清洁生产，环境友好。环境保护是我国的基本国策，至今已制定和颁布了一系列的环境管理法规，包括《环境保护法》《大气污染防治法》《水污染防治法》等。著名的 ISO14000 系列环境管理国际标准规定了环境管理体系的结构和运行模式。节能降耗、预防污染保护环境，实现绿色制造和可持续发展，是环保性原则的核心内涵。

随着工业发展和经济繁荣，人们期望借助高性能的各种产品和装备，提高生活品质及生产率，因而对工程材料和能耗的需求大幅增加。与此同时，成形加工等活动排放 CO_2 气体，产生噪声、粉尘和加工废弃物，对环境造成不利影响。在环境恶化和能源枯竭问题日益严峻的形势下，在发展工业生产的同时，必须应对环保和节能方面的挑战。在工艺设计中更加重视环保性原则，坚持可持续发展战略，保护我们的生存环境。选用低能耗成形工艺并减少材料用量，遵循近净成形的制造理念，合理制备设计工艺，尽量采用少无屑加工的新工艺，减少能源消耗和材料资源消耗。例如，麻花钻零件采用轧制成形工艺，与传统切削制造工艺相比，其生产率数倍增加、节省金属材料约 20%。采用可回收利用的材料，减少加工废弃物，不使用对环境有害的材料。采用环保措施，对粉尘、废气、噪声等对环境有害物质进行无害化处理，实现"绿色"制造。加强碳排放控制意识，少用或不用煤、石油等直接作为加热燃料，优选电阻炉或感应加热取代燃煤炉或燃油炉，减少 CO_2 排放。从能量利用和碳排放角度，提高能源利用率，降低成形工艺的环境影响。

6.2　常用成形件的成形特点

由于金属材料依然是主要的机械工程材料，所以常用机械零件成形方法多为金属成形加工法，如铸造、锻造、冲压、焊接等。材料成形件有的可以直接作为机械零件使用，而大多数还是作为毛坯，需要进行机械加工后才能作为零件使用。本节主要介绍了金属铸造成形件、金属塑性成形件、金属焊接成形件和一些其他成形件的特点。

6.2.1　金属铸造成形件

铸造成形是借助液态金属的良好流动性，充填铸型，得到铸件的成形工艺方法。常用的铸造工艺包括砂型铸造和特种铸造（金属型铸造、压力铸造、熔模铸造、低压铸造、离心铸造、实体铸造等）。

铸铁、铸钢、铸造铝合金和铜合金等工程材料在铸造成形中尤为多见。液态流动性好，且收缩率小的材料，铸造性能更佳，如灰铸铁件的铸造性能优于铸钢件。铸铁件可用在受力不大、承压为主的场合，或要求减振、耐磨性能的零件。铸钢件用于形状复杂且承受重载的零件。有色金属铸件用于受力不大、要求质量轻的零件。

在铸件组织和性能方面，砂型铸造的显微组织比较粗大且不够致密，内部常存在缩孔、缩松、气孔等铸造缺陷。灰铸铁件力学性能差，球墨铸铁、可锻铸铁及铸钢件较好，但铸件的力学性能通常低于锻件。

铸造因成形能力强，材料利用率高，适用于制造各种尺寸和批量、形状复杂，尤其具有内腔的毛坯或零件，如支座、壳体、箱体、机床床身等。

在造型实践中，手工砂型铸造是单件、小批生产铸件的常用方法；大批量生产常采用机器造型，以提高效率、缩短工时。特种铸造常用于生产特殊要求或有色金属铸件。

铸造具有材料制备、成形一体化的优势，便于调控铸件的性能。铸造成形工艺在现代材料科学和研究领域依然极具实际价值。

6.2.2　金属塑性成形件

锻件用于承受重载及动载荷的重要零件。冲压件用于薄板成形的各种零件。

锻造是固体金属在压力下发生塑性变形的成形方法。对塑性较好、变形抗力小的金属材料，其锻造性能较好，如低、中碳钢和合金结构钢。

锻件组织致密、质量均匀，力学性能优于相同成分的铸件，故锻件适用于制造要求强度高、耐冲击、抗疲劳的重要零件，如转轴、齿轮、曲轴、叉杆、锻模和冲模等零件。

自由锻锻造工装简单，适合形状简单、单件生产的产品，大型锻件也采用自由锻成形。胎模锻是将胎模放置在自由锻设备上进行锻造的方法，可锻造较为复杂、中小批量的中小型锻件。模锻锻件的形状可较复杂，材料利用率和生产率远高于自由锻，但因锻造设备和模具的投资大，模锻适用于批量较大的中、小型锻件成形。

冲压是借助冲模使金属产生变形或分离的成形方法。塑性好、变形抗力小的低碳钢薄板、有色合金薄板，适合采用冲压成形。冲压材料利用率和生产率高，易于自动化。冲压件为薄壁结构（壁厚小于8mm），其形状可较为复杂，广泛用于汽车、仪表和轻工行业。对大批量制造重量轻、刚度好的零件和形状复杂的壳体类零件，如汽车车身覆盖件、仪器仪表的外壳和支架，冲压是首选的成形工艺。

轧制件的力学性能与锻件相同。轧制适合于形状简单、断面尺寸变化小的零件成形。光轴、丝杠、螺栓等零件采用轧制成形，虽加工材料利用率中等，但生产周期短，市场响应快。

6.2.3 金属焊接成形件

焊接是一种不可拆卸的连接方式，属于冶金连接。焊接时，通过加热和（或）加压使被焊材料产生共同熔池、塑性变形或原子扩散而实现连接的。焊接件结构重量轻、节省材料，经济效益好，如点焊代替铆接加工的飞行器重量明显减轻，运载能力提高，能耗降低。焊接的连接性好，焊缝具有良好的力学性能（接头与母材同等强度），刚度好，耐压，具有良好的密封性、耐蚀性。焊接工序简单，工艺准备和生产周期短。

焊接件的材料宜选用低碳钢、低合金钢、不锈钢和有色金属。对焊接性好的材料，焊缝冷却结晶的淬硬倾向以及产生裂纹和气孔等缺陷的倾向较小。

焊接可以小拼大，获得各种尺寸且形状较复杂的零件，材料利用率高；采用自动化焊接可达到很高的生产率，适用于形状复杂或大型构件的连接成形，也可用于异类材料的连接和零件的修补。典型的焊接成形件包括锅炉、压力容器、化工容器管道、厂房构架、桥梁、车身、船体、飞机构件、重型机械的机架、立柱、工作台等金属构件和组合件。

焊接结构设计灵活多样，可按结构受力情况优化配置材料，按工况的需要，在不同部位选用不同强度，不同耐磨性和耐蚀性等的材料。例如，防腐容器的双金属筒体焊接，钻头工作部分与柄的焊接，水轮机叶片耐磨表面堆焊等。

6.2.4 其他成形件

塑料成型加工是指树脂与各种添加剂的混合料，在一定温度和压力下，通过注射、充模、保压、固化定型，制成一定形状制品的工艺过程。塑料常用的成型方法有注射成型、挤出成型、压制成型、吹塑成型等。注射成型适用于热塑性塑料和部分热固性塑料的成型，其产品形状由模具控制；具有生产率高、制品尺寸精确、易于实现自动化的优点，可以生产形状复杂、薄壁和带有金属嵌件的塑料制品。挤出成型可以生产各种型材如塑料管、棒、条、带、板及异形断面型材，也可制作电线电缆的包覆物等。挤出成型适用于（除氟塑料外）热塑性塑料和部分热固性塑料，其生产过程连续、效率高，操作简单，产品质量稳定。压制成型发展历史较长，目前主要用于热固性塑料和流动性差的热塑性塑料制品的成型，制品尺寸精确。吹塑成型是将挤出或注射成型的空心塑料坯料，在半熔融状态时，吹入压缩空气，使坯料涨大并紧贴模具型腔内壁，获得空心塑料制品，如塑料瓶、各种包装容器和薄膜制品。塑料成型可制造性能要求不高的一般结构零件、一般耐磨传动零件、减摩自润滑零件、耐蚀零件等，如化工管道、仪表罩壳。

常用金属材料成形方法的比较，见表6-1。

表 6-1　常用金属材料成形方法的比较

项　目	铸　造	锻　造	冲　压	焊　接
成形特点	液态成形	塑性变形	塑性变形	冶金连接
对原材料工艺性要求	流动性好、断面收缩率低	塑性好、变形抗力小	塑性好、变形抗力小	强度高、塑性好、液态化学稳定性好
常用材料	铸铁、铸钢、有色金属	低、中碳钢及合金结构钢	低碳钢薄板、有色合金薄板	低碳钢、低合金钢、不锈钢、有色合金
适宜成形的形状	一般不受限制，可相当复杂，有内腔	自由锻件形状简单；模锻件形状可较复杂，有一定限制	形状可较复杂，有一定限制	形状一般不受限制
适宜成形的尺寸与重量	砂型铸造不受限制，特种铸造受限制	自由锻不受限制；模锻受限制，一般小于150kg	薄壁件，结构轻巧，最大板厚8~10mm	尺寸一般不受限制，结构较铸件轻便
材料利用率	高	自由锻低，模锻较高	较高	较高
生产批量	砂型铸造不受限制	自由锻单件小批，模锻成批、大量	大批量	单件、小批、成批
生产周期	砂型铸造较短	自由锻短，模锻长	长	短
生产率	砂型铸造效率低	自由锻低，模锻较高	高	中、低
应用举例	机架、床身、底座、工作台、导轨、变速箱、泵体、阀体、带轮、轴承座、曲轴、齿轮等形状复杂的零件	机床主轴、传动轴、齿轮、连杆、凸轮、螺栓、弹簧、曲轴、锻模、冲模等对力学性能要求较高的零件	汽车车身覆盖件、仪器仪表外壳件、油箱、水箱等薄板成形件	锅炉、压力容器、化工容器管道、厂房构架、桥梁、车身、船体、飞机构件、重型机械的机架、立柱、工作台等金属构件、组合件

6.3　常用机械零件的成形方法

常用机械零件按其结构特征可分为轴杆类、盘套类、机架和箱体类零件。本节分别介绍一些常用机械零件的成形方法。

6.3.1 轴杆类零件

轴杆类零件的结构特点是其轴向尺寸远大于径向尺寸，如图 6-1 所示。在机械装置中，该类零件主要用来支承传动零件和传递转矩，同时还承受一定的交变、弯曲应力，大多数还承受一定的过载或冲击载荷。

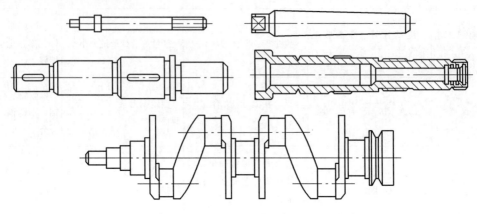

图 6-1　轴杆类零件

轴杆类零件大多要求具有高的力学性能，除光滑轴、直径变化较小的轴、力学性能要求不高的轴杆类零件，其毛坯一般采用轧制圆钢经切削加工制造外，几乎都采用锻件作为毛坯。各台阶直径相差越大，采用锻件越有利，且单件、小批量采用自由锻，成批大量生产采用模锻。对于某些大型、结构复杂、受力不大的轴（异型断面或弯曲轴线的轴），如凸轮轴、曲轴等，在满足使用要求的前提下采用球墨铸铁的铸造毛坯，可降低制造成本。某些情况下，可选用铸 – 焊或锻 – 焊结合方式制造轴杆类毛坯，如汽车的排气阀（图 6-2），将锻造的耐热合金钢阀帽与轧制的碳素结构钢阀杆焊成一体，节约了合金钢材料。图 6-3 所示的 120000kN 水压机支柱，长 18m，净重 80t，采用整体铸造或整体锻造都

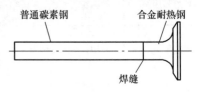

图 6-2　锻 – 焊结构

不易实现，采用 ZG270 – 500 分 6 段铸造，粗加工后采用电渣焊拼焊成整体毛坯。

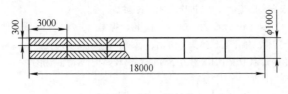

图 6-3　铸 – 焊结构

6.3.2 盘套类零件

盘套类零件的轴向尺寸可大于或小于径向尺寸外，盘类零件的轴向尺寸一般小于径向尺寸，或两个方向上的尺寸相差不大。属于这一类零件的有各类齿轮、带轮、飞轮、模具中的凸模和凹模、套环、轴承环、垫圈、螺母等，如图 6-4 所示。

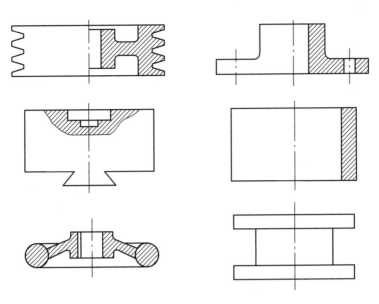

图6-4　盘套类零件

此类零件在工作条件和使用要求上差异较大，因此所用材料和成形方法也较为多样化。

在盘类零件中，受力较大且受力情况复杂的重要零件（如重要的传动齿轮、模具、锤头等）一般选择锻件毛坯。例如，齿轮在工作时齿面承受很大的接触应力和摩擦力，齿根承受较大的弯曲应力，有时还要承受冲击力，因此对力学性能要求较高。中、小型齿轮通常采用低碳或中碳钢锻造成形，大量生产时可采用热轧或精密模锻，直径在100mm以下的小齿轮也可用圆钢轧材为坯料。模具的材料通常是碳素工具钢或合金工具钢，一般均采用锻造毛坯。

对于受力不大或以承受压应力为主的盘类零件（如带轮、飞轮、手轮和垫块等）以及结构复杂的该类零件，一般采用铸铁件毛坯，单件生产时也可采用焊接件毛坯。低速轻载的开式传动齿轮，可采用铸铁件；受力小的仪表齿轮在大量生产时，可用压力铸造或冲压成形。结构复杂的大型齿轮可用铸钢或球墨铸铁件为毛坯，铸造齿轮一般以辐条结构代替锻造齿轮的辐板结构；大型齿轮的单件、小批量生产，也可采用焊接结构。

套类零件如法兰、垫圈、套环、衬套、螺母等，根据其形状、尺寸和受力状况等不同，可分别采用铸铁件、锻钢件或圆钢下料作为毛坯。厚度较小的套类零件在单件小批量生产时，也可直接钢板切割下料作为毛坯。轴向尺寸较大的套类零件可采用无缝钢管下料。垫圈一般为板料冲压成形。

6.3.3　机架和箱体类零件

该类零件包括各种机械的机身、底座、支架、横梁、工作台以及齿轮箱、轴承座、阀体等，如图6-5所示。它的特点是结构通常比较复杂，有不规则的外形和内腔，壁厚不均匀，质量从几千克直至数十吨，工作条件相差很大。一般的基础零件，如机身、底座等，主要起支承和连接作用，属于非运动的零件，以承受压应力和弯曲力为主，为保证工作的稳定性，应有较好的刚度和减振性；有些机身、支架、横梁同时受压、拉和弯曲应力的联合作用，其至有冲击载荷；工作台和导轨等零件，要求硬度均匀，有较好的耐磨性；齿轮箱、阀体等箱体类零件一般受力不大，要求有较大的刚度和密封性。

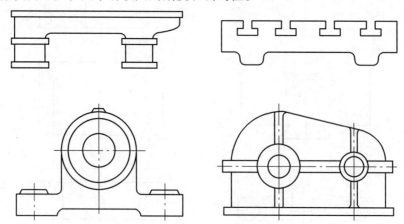

图 6-5 机架和箱体类零件

根据这类零件的结构特点和使用要求，通常都以铸件为毛坯，成形工艺采用砂型铸造且以铸造性能良好，价格便宜，并有良好耐压、减摩、减振性能的灰铸铁为主；少数受力复杂或受较大冲击载荷的机架类零件，如轧钢机、大型锻压机等重型机械的机架，可选用铸钢件毛坯；不易整体成形的特大型机架可采用铸钢－焊接联合结构。对于要求减轻自重的箱体类零件，如航空发动机中的箱体零件，通常采用铝合金铸件。单件、小批量生产时，可采用各种钢材焊接而成，以降低生产成本、缩短生产周期，但焊接件的减振性、耐磨性和刚度都不如铸件。

6.4　材料成形工艺方案的技术经济分析

材料成形工艺方案的技术经济分析一般是指成形工艺成本经济比较和功能价值衡量。当今在崇尚绿色制造的氛围下，材料成形工艺的决策不仅要考虑降低制造成本、提高产品质量和市场响应速度，而且要减少资源（材料和能源）消耗和环境影响，降低碳排放，进行有害废物集中处理。关于材料成形加工成本的定量分析，以下简要介绍工艺成本分析和质量成本分析两种方法。

1）工艺成本分析。材料成形工艺成本是指与相应工艺有关的固定成本和可变成本。固定成本和生产产品数量无关，包括设备折旧费、工艺装备及工具费用等；可变成本是随产量的增大而增加的费用。产品的工艺成本可用下式表示，即

$$C = VN + A$$

式中　C——工艺成本；

　　　V——单位产品可变成本；

　　　N——产品年产量；

　　　A——固定成本。

由此可见，生产单件产品的工艺成本可表示为

$$C_{\mathrm{d}} = V + \frac{A}{N}$$

如果现有 X_1、X_2 两种工艺方案，两者工艺成本与产品数量的关系如图 6-6 所示。固定成本方面，X_1 工艺方案的固定成本大于 X_2 方案的固定成本，但 X_1 方案的单位产品可变成本小于 X_2 方案相应值。产品数量较小时，采用固定成本小的 X_2 方案，工艺成本较低。大批量生产时，选用固定成本较高、但单位产品可变成本较低的 X_1 方案更为合理。对于中小型零件的大批量生产，采用少、无屑的精密成形（如精密铸造、精密锻造等）制造。因工艺技术先进、生产率高，提高材料的利用率，节省加工工时，使零件制造的总成本降低。

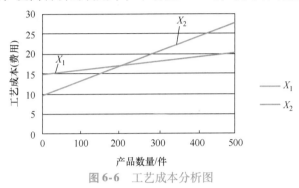

图 6-6　工艺成本分析图

2）质量成本分析。质量成本又称为质量费用，是指将产品质量保持在规定的质量水平上所需要的有关费用之和，包括预防成本和损失成本两部分。产品检验费用、人员培训费用、改进质量技术措施费等保证产品质量、减少质量事故付出的费用属于预防成本。由于出现不合格产品的工时费、材料费、能源消耗，以及保修、退换货、用户损失赔偿费用等均属于损失成本。预防成本越高，则产品质量越好，损失成本越低。若预防成本过低，即保证质量的技术和经费投入不足，造成废品率高，损失成本大，综合成本高。因此，质量成本最低的区域是质量成本优化的适宜区。

工程实例——毛坯成形方法选择

1. 承压油缸

承压油缸的形状及尺寸如图 6-7 所示，材料为 45 钢，年产量 200 件。技术要求为工作

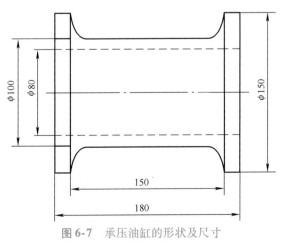

图 6-7　承压油缸的形状及尺寸

压力 1.5MPa，进行水压试验的压力 3MPa。图样规定内孔及两端法兰接合面要加工，不允许有任何缺陷，其余外圆部分不加工。表 6-2 列出了承压油缸成形方案分析比较。

表 6-2　承压油缸成形方案分析比较

方案	成形方案		优　点	缺　点
1	用 φ150mm 圆钢直接加工		全部通过水压试验	切削加工费高，材料利用率低
2	砂型铸造	平浇：两法兰顶部安置冒口	工艺简单，内孔铸出，加工量小	法兰与缸壁交接处补缩不好，水压试验合格率低，内孔质量不好，冒口费钢液
		立浇：上法兰用冒口，下法兰用冷铁	缩松问题有改善，内孔质量较好	仍不能全部通过水压试验
3	平锻机模锻		全部通过水压试验，锻件精度高，加工余量小	设备、模具昂贵，工艺准备时间长
4	锤上模锻	工件立放	能通过水压试验，内孔锻出	设备昂贵、模具费用高，不能锻出法兰，外圆加工量大
		工件卧放	能通过水压试验，法兰锻出	设备昂贵、模具费用高，锻不出内孔，内孔加工量大
5	自由锻镦粗、冲孔、带芯轴拔长，再在胎模内锻出法兰		全部通过水压试验，加工余量小，设备与模具成本不高	生产率不够高
6	用无缝钢管，两端焊上法兰		通过水压试验，材料最省，工艺准备时间短，无须特殊设备	无缝钢管不易获得
结论			考虑批量与现实条件，第 5 方案不需要特殊设备，胎模成本低，产品质量好，且原材料供应有保证，最为合理	

2. 开关阀

图 6-8 所示的开关阀安装在管路系统中，用以控制管路的"通"或"不通"。当推杆 1 受外力作用向左移动时，钢珠 4 压缩弹簧 5，阀门被打开。卸除外力，钢珠 4 在弹簧 5 作用下，将阀门关闭。开关阀外形尺寸为 116mm×58mm×84mm，其零件的毛坯成形方法分析如下。

1）推杆（零件 1）　承受轴向压应力、摩擦力，要求耐磨性好，其形状简单，属于杆类零件，采用中碳钢（45 钢）圆钢棒直接截取。

2）塞子（零件 2）　起推杆的定位和导向作用，受力小，内孔要求具有一定的耐磨性，属于套类零件，采用中碳钢（35 钢）圆钢棒直接截取。

3）阀体（零件 3）　是开关阀的重要基础零件，起支承、定位作用，承受压应力，要求良好的刚度、减振性和密封性，其结构复杂、形状不规则，属于箱体类零件，宜采用灰铸铁（HT250）铸造成形。

4）钢珠（零件 4）　承受压应力和冲击力，要求较高的强度、耐磨性和一定的韧度，采用滚动轴承钢（GCr15 钢）螺旋斜轧成形，以标准件供应。

5）弹簧（零件 5）　起缓冲、吸振、储存能量的作用，承受循环载荷，要求具有较高疲劳强度，不能产生塑性变形，根据其尺寸（1mm×12mm×26mm），采用碳素弹簧钢（65Mn 钢）冷拉钢丝制造。

6) 管接头与旋塞。管接头（零件6）起定位作用，旋塞（零件7）起调整弹簧压力作用，均属于套类零件，受力小，采用中碳钢（35 钢）圆钢棒直接截取。

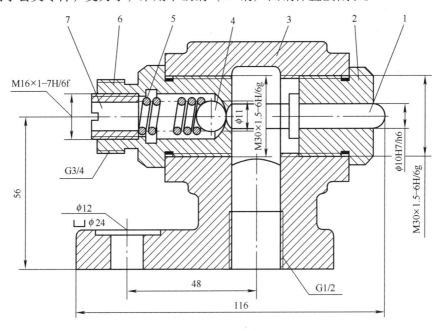

图 6-8 开关阀

1—推杆 2—塞子 3—阀体 4—钢珠 5—弹簧 6—管接头 7—旋塞

3. 汽车发动机曲柄连杆机构

曲柄连杆机构是汽车发动机实现工作循环、完成能量转换的主要运动部件。它由活塞承受燃气压力在气缸内做直线运动，通过连杆转换成曲轴的旋转运动，实现向外输出动力的功能。曲柄连杆机构由机体组、活塞连杆组和曲轴飞轮组等组成。机体组包括如图 6-9 所示的气缸体与气缸套、如图 6-10 所示的气缸盖、如图 6-11 所示的油底壳等主要零件；活塞连杆组包括活塞、连杆、活塞环、活塞销等主要零件，如图 6-12 所示；曲轴飞轮组包括曲轴、轴瓦、飞轮等主要零件，如图 6-13 所示。表 6-3 列出了曲柄连杆机构主要零件的毛坯成形方法。

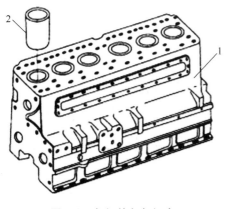

图 6-9 气缸体与气缸套

1—气缸体 2—气缸套

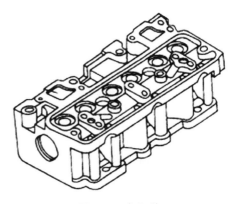

图 6-10 气缸盖

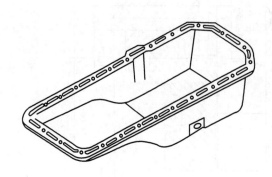

图 6-11 油底壳

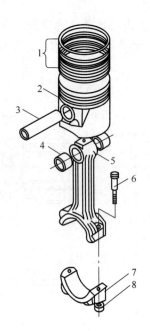

图 6-12 活塞连杆组
1—活塞环 2—活塞 3—活塞销 4—衬套 5—连杆
6—连杆螺栓 7—连杆轴瓦 8—连杆螺母

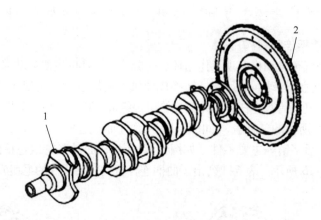

图 6-13 曲轴飞轮组
1—曲轴 2—飞轮

表 6-3 曲柄连杆机构主要零件的毛坯成形方法

组别	零件名称	受力状况和使用要求	材料及成形方法
机体组	气缸体	形状复杂，特别是内腔，并铸有冷却水套。发动机的所有部件都装于其上，应具有足够的刚度与抗压强度，有吸振性要求	HT250灰铸铁铸造成形（砂型、机器造型）
	气缸套	镶入气缸体内，是气缸的工作表面，与高温、高压的燃气接触，要求耐高温、耐腐蚀	合金铸铁铸造成形

（续）

组别	零件名称	受力状况和使用要求	材料及成形方法
机体组	气缸盖	主要功用是封闭气缸上部，并与活塞顶部和缸套内壁一起形成燃烧室。盖上铸有冷却水套、进出水孔、火花塞孔、进排气通道、进排气门座、气门导管孔、摇臂轴支架等，形状复杂	合金铸铁铸造成形
	油底壳	主要功用是贮存机油并封闭曲轴箱，成为曲轴箱的组成部分，故也称为下曲轴箱，其受力很小	薄钢板冲压成形
活塞连杆组	活塞	活塞形状较复杂，主要作用是承受气缸中的燃气压力，在气缸内做高速往复运动，并将力通过活塞销传给连杆以推动曲轴旋转。活塞顶部与气缸盖、气缸壁共同组成燃烧室。活塞顶部直接与高温燃气接触，并承受燃气带冲击性的高压力。活塞在气缸内做高速运动，惯性力大，导致活塞受力复杂，故要求活塞质量小，导热性好，热膨胀系数小，尺寸稳定性好并有较高强度等	铝硅合金，金属型铸造成形（也有用液态模锻成形）
	活塞环	包括气环和油环，安在活塞的活塞环槽内，与气缸壁直接接触。气环的主要作用是保证活塞与气缸壁间的密封；油环的主要作用是刮除气缸壁上多余的润滑机油。活塞环受燃气高温、高压作用，随活塞在气缸中做高速往复运动，磨损严重，要求减摩与自润滑性	合金铸铁铸造成形
	活塞销	功用是连接活塞和连杆小头，将活塞承受的气体作用力传给连杆。活塞销在高温下承受很大的周期性冲击载荷，润滑条件较差，要求足够的刚度和强度，表面耐磨，质量尽可能小，通常为空心圆柱体	低碳合金钢棒或管直接车削，外表面渗碳处理
	连杆	连杆小头与活塞销相连，连杆大头与曲轴的曲柄销相连，功用是将活塞承受的力传给曲轴，使活塞的往复运动转变为曲轴的旋转运动。连杆受到压缩、拉伸和弯曲等交变载荷，要求连杆在质量尽可能小的条件下有足够的刚度和强度	调质钢模锻或辊锻成形（也有用球墨铸铁铸造成形）
	衬套	装在连杆小头孔内，与活塞销配合，有相对转动，要求减摩性好	青铜铸造成形
	连杆螺栓、螺母	连接紧固连杆大头与连杆瓦盖，承受拉压交变载荷及很大冲击力，要求高屈服强度与韧度	合金调质钢锻造成形
曲轴飞轮组	曲轴	曲轴轴线弯曲，主要传动轴，承担功率输入与输出的传递任务，承受弯曲、扭转、一定冲击等复杂载荷，要求足够刚度、弯扭强度、疲劳强度和韧度，良好耐磨性（轴颈部）	球墨铸铁砂型铸造成形（也有用调质钢模锻成形）
	飞轮	装在曲轴上，其主要功能是将输入曲轴的一部分能量贮存起来，用于克服其他阻力，保证曲轴均匀旋转。要求足够大的转动惯量，故尺寸大	用灰铸铁（也有用球墨铸铁或铸钢）铸造成形

拓展资料——智能模具

智能制造装备是具有感知、分析、决策和控制功能的制造装备。智能模具也是具有感知、分析、决策和控制功能的。具有传感、温控功能的冲压模具、压铸模具，具有温控功能、注塑参数及模内流动状态等智能控制手段的注塑模具等都是智能模具。

随着我国低成本人力资源难以为继和科学技术水平不断发展，自动化和智能化制造必然要成为现代制造业的重要发展方向，智能模具也必将随之快速发展。用智能模具生产产品可使产品质量和生产率进一步提高，更加节材，实现自动化生产和绿色制造。

因此，智能模具虽然目前总量还不多，但却代表着模具技术新的发展方向，在行业产品结构调整和发展方式转变方面将会起到越来越重要的作用。智能模具是在现代科技力量的推动下产生的，是发展现代化制造的必要条件，因此智能模具的需求会随着行业的发展越来越大。市场决定生产，智能模具未来的需求会越来越大，当然也会成为模具行业的发展方向。

为新兴战略性产业服务的智能模具如下。

1. 为节能环保产业服务的节能环保型模具

1）为汽车节能减排轻量化服务的模具。

2）具有注塑参数及模内流动状态等智能控制手段的高光无痕及模内装配装饰模具。

3）叠层模具和旋转模具。

4）多色多料注塑模具。

5）多层共挤复合模具。

6）多功能复合高效模具。

7）LED新光源配套模具。

8）高效节能电动机硅钢片冲压模具等。

2. 为新一代信息技术产业服务的具有传感等功能的精密、超精密模具

1）大规模集成电路引线框架精密多工位级进模。

2）多腔多注射头引线框架精密橡塑封装模具。

3）电子元器件和接插件高精密高速多工位级进模。

4）新一代电子元器件高效多列精密多工位级进模和多功能复合高效成形模。

5）新一代电子产品塑料零件智能成形模具。

6）高精密多层导光板模具。

7）物联网传感器超精密模具等。

3. 为生物产业服务的医疗器械精密、超精密模具

1）具有注塑参数及模内流动状态等智能控制手段的精密、超精密医疗器械注塑模具。

2）生物及医疗产业尖端元件金属（不锈钢等）粉末注射模、生物芯片模具等。

4. 为高端装备制造产业服务的智能模具

1）为大型数控成形冲压设备配套的大型精密冲压模具。

2）为重型锻压设备配套的精密锻压模具。

3）为清洁高效铸造设备配套的大型温控精密铸造模具。

4）为非金属成形设备配套的大型精密塑料模具。

5）高等级子午线轮胎及巨型工程胎模具。

6）为大型数控折弯机和智能折弯机配套的大型精密数控可调试无压痕折弯模具和智能折弯模具。

7）用于航空航天及国防工业的特殊材料成形模具及快速模具。

8）用于航空航天及国防工业的特殊铸锻模具和特种有色金属冲压模具。

9）动车组齿轮箱模具和超高速（大于300km/h）精密轴承模具。

10）军工产品的光学非球面镜片和特种镜片成形模具。

11）塑料、金属等材料超薄超精和微特零件的成形模具。

12）为高端制造服务的金属和非金属材料快速高效智能成形模具等。

5. 为新能源产业服务的模具

兆瓦级风力发电机新型桨叶模具、主轴模具及电动机模具等。

6. 为新能源汽车产业服务的模具

1）新能源汽车电池模具。

2）新能源汽车变速装置模具。

3）新能源汽车以塑代钢和轻金属代钢模具。

4）节能型汽车混合动力装置模具。

5）汽车覆盖件热成形模具及多工位自动化冲压模具等。

本 章 小 结

1）材料成形方法选择是零件设计的重要内容。金属材料的成形方法包含铸造成形、压力加工成形、焊接和机械加工，而高分子材料的成型方法包含注射成型、挤出成型和吹塑成型等。对于不同结构与材料的零件需采用不同的成形方法。不同成形方法对材料的性能、零件质量会产生不同的影响。成形方法选择时，应考虑零件的使用性、成形工艺性、生产经济性和环保性，通过技术方案中各种影响因素的综合分析比较，确定出合理的成形方法。

2）铸造因成形能力强，材料利用率高，适用于制造各种尺寸和批量、形状复杂，尤其具有内腔的毛坯或零件。支座、壳体、箱体、机床床身等都是常见的铸件。

锻件组织致密、质量均匀，力学性能优于相同成分的铸件，故锻造适用于制造要求强度高、耐冲击、抗疲劳的重要零件，如转轴、齿轮、曲轴、叉杆、锻模和冲模等零件。冲压适用于制造大批量质量轻、刚度好的薄壁零件和形状复杂的壳体类，如汽车车身覆盖件、仪器仪表的外壳和支架。

焊接是一种不可拆卸的连接方式，属于冶金连接。焊接可以小拼大，获得各种尺寸且形状较复杂的零件，材料利用率高。典型的焊接件包括锅炉、压力容器、化工容器管道、厂房构架、桥梁、车身、船体、飞机构件、重型机械的机架、立柱、工作台等金属构件和组合件。

习　　题

6.1　选择材料成形方法的主要依据有哪些?

6.2　液态成形件和固态成形件各有何特点?

6.3　结合实际，根据不同生产条件（生产批量），确定某一齿轮（直径大于 500mm）的成形方法。

6.4　分析齿轮泵各组成零件的使用要求，选择齿轮、轴、泵体等零件的制造材料，确定上述典型零件毛坯的材料成形方法。

6.5　以齿轮减速器为例，说明其中各零件分别选用何种成形方法制造。

第7章

快速成形技术

章前导读

　　快速成形（Rapid Prototyping，RP）技术又称为快速原型制造技术，诞生于20世纪80年代后期。它集机械工程、CAD、逆向工程技术、分层制造技术、数控技术、材料科学、激光技术于一身，可以自动、直接、快速、精确地将设计思想转变为具有一定功能的原型或直接制造零件，从而为零件原型制作、新设计思想的校验等方面提供了一种高效低成本的实现手段。20世纪90年代以后，制造业外部环境发生了巨大变化。用户需求趋于个性化和多变性，迫使企业不得不逐步抛弃原来以"规模效益第一"为特点的少品种、大批量的生产方式，进而采取多品种、小批量、按订单组织生产的现代生产方式。同时，市场的全球化和一体化，更要求企业具有高度的灵敏性，面对瞬息万变的市场环境，不断地迅速开发新产品，变被动适应用户为主动引导市场，这样才能保证企业在竞争中立于不败之地。可见，在这种时代背景下，市场竞争的焦点就转移到速度上来，能够快速提供高性能/价格比产品的企业，将具有更强的综合竞争力。快速成形技术是先进制造技术的重要分支，无论在制造思想上还是实现方法上都有很大的突破。利用快速成形技术可对产品设计进行迅速评价、修改，并自动快速地将设计转化为具有相应结构和功能的原型产品或直接制造出零部件，从而大大缩短新产品的开发周期，降低产品的开发成本，使企业能够快速响应市场需求，提高产品的市场竞争力和企业的综合竞争能力。

　　快速成形技术的出现使得产品设计生产的周期大大缩短，降低了产品开发成本，提高了产品设计、制造的一次性成品率，使企业能够快速响应市场需求，提高产品的市场竞争力和企业的综合竞争能力。快速成形技术已经逐步得到全世界制造企业的普遍重视，在机械、汽车、国防、航空航天及医学领域得到了非常广泛的应用。

　　本章主要介绍几种常用的快速成形方法、设备和应用。

7.1　快速成形技术概述

　　20世纪70年代末，美国三维系统（3D Systems）公司的艾伦·赫伯特（Alan Herbert）

提出 RP 的思想。1980 年日本的小玉秀男，1982 年美国 UVP 公司的胡尔（Hull），1983 年日本的丸谷洋二，在不同的地点各自独立地提出了 RP 概念。1986 年，胡尔发明了用于直接制造三维零件的设备（美国专利号 4575330），这成为现在光固化成形（Stereo Lithography Apparatus，SLA）设备的雏形，也标志了快速成形技术从理论设想跨入实际应用，此后 20 余年间，快速成形技术迈入快速发展期。同年，胡尔和 UVP 公司的股东们一起建立了 3D Systems 公司，随后许多关于快速成形的概念和技术在 3D Systems 公司中发展成熟。与此同时，其他的成形原理及相应的成形机也相继开发成功。1984 年迈克尔·费金（Michael Feygin）提出了分层实体成形（Laminated Obiect Manufacturing，LOM）的方法，并于 1985 年组建赫利西斯（Helisys）公司，1990 年前后开发了第一台商业机型 LOM - 1015。1986 年，美国德克萨斯大学的研究生卡尔·德卡德（Carl Deckard）提出了选择性激光烧结成形（Selective Laser Sintering，SLS）的思想，稍后组建了桌面制造（DTM）股份有限公司，并于 1992 年开发了基于 SLS 的商业成形机（Sinterstation）。美国的斯科特·克伦普（Scott Crump）在 1988 年提出了熔丝沉积成形（Fused Deposition Modeling，FDM）的思想，1992 年开发了第一台商业机型 3D - Modeler。自从 20 世纪 80 年代中期 SLA 技术发展以来到 20 世纪 90 年代后期，出现了十几种不同的快速成形技术，除前述几种外，典型的还有 3DP、SDM、SGC 等，但是，SLA、LOM、SLS 和 FDM 四种技术，目前仍然是快速成形技术的主流。

7.1.1 快速成形技术的基本原理

快速成形技术是在现代 CAD/CAM 技术、激光技术、计算机数控技术、精密伺服驱动技术以及新材料技术的基础上集成发展起来的。不同种类的快速成形系统因所用成形材料不同，成形原理和系统特点也各有不同。但是，它的基本原理都是一样的，那就是"分层制造，逐层叠加"（图 7-1），即将计算机内的三维数据模型进行分层切片得到各层截面的轮廓

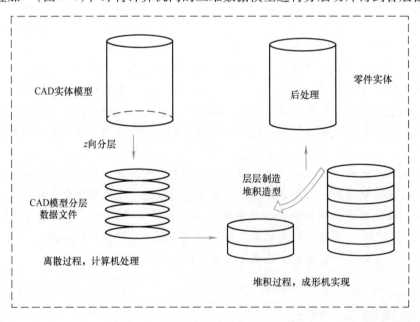

图 7-1　快速成形技术的基本原理

数据，计算机据此信息控制激光器（或喷嘴）有选择性地烧结一层又一层的粉末材料（或固化一层又一层的液态光敏树脂，或切割一层又一层的片状材料，或喷射一层又一层的热熔材料或黏合剂）形成一系列具有一个微小厚度的片状实体，再采用熔结、聚合、黏结等手段使其逐层堆积成一体，便可以制造出所设计的新产品样件、模型或模具。形象地讲，快速成形系统就像一台"立体打印机"。

7.1.2 快速成形技术的特点

1）成形速度快。从 CAD 设计到原型零件制成，一般只需要几个小时至几十个小时，成形速度比传统的成形方法快得多。快速成形技术尤其适合于新产品的开发与管理。

2）设计制造一体化。落后的 CAPP 一直是实现设计制造一体化较难克服的一个障碍，而对于快速成形来说，由于采用了离散堆积的加工工艺，CAPP 已不再是难点，CAD 和 CAM 能够很好地结合。

3）自由成形制造。自由的含义有两个：一是指可以根据零件的形状，无须专用工具的限制而自由地成形，可以大大缩短新产品的试制时间；二是指不受零件形状复杂程度限制。

4）高度柔性。仅需改变 CAD 模型，重新调整和设置参数即可生产出不同形状的零件模型。

5）材料的广泛性。快速成形技术可以制造树脂类、塑料原型，还可以制造出纸类、石蜡类、复合材料、金属材料和陶瓷的原型。

6）技术高度集成。快速成形技术是计算机、数据、激光、材料和机械的综合集成，只有在计算机技术、数控技术、激光器件和控制技术高度发展的今天才可能诞生快速成形技术，因此快速成形技术带有鲜明的时代特征。

7）零件的复杂程度和生产批量与制造成本基本无关。

快速成形技术的优点有很多：可以通过修改 CAD 模型成形任意结构复杂的零件，柔性强，特别适用于有复杂型腔、型面的零件；设计制造一体，且没有或很少有废弃物产生，绿色环保，占地面积小，工作环境好，便于操作；不需要传统加工工具，开发周期和开发成本都有所降低，几个小时到几十个小时就可以制造出零件。

7.2 快速成形技术的分类

快速成形技术根据成形方法主要分为两类，即基于激光（有光固化成形、分层实体成形和选择性激光烧结成形等）和其他光源的成形技术（主要有熔丝沉积、三维印刷、多相喷射沉积等）。

7.2.1 立体光固化成形

1. 立体光固化成形原理

利用光能的化学和热作用可使液态树脂材料产生变化的原理，对液态树脂进行有选择固化，就可以在不接触液态树脂材料的情况下制造所需的三维实体模型。利用这种光固化的技术进行逐层成形的方法，称为立体光固化成形法，国际上称为 Stereo Lithography，简称为 SL，又称为 SLA。

光固化树脂是一种透明、黏性的光敏液体。当光照射到该液体上时，被照射的部分由于发生聚合反应而固化，其原理如图 7-2 所示，液槽中盛满液态光固化树脂，氦－镉激光器（或氩激光器）发出的紫外激光束在控制系统的控制下按零件各分层截面信息在光固化树脂表面进行逐点扫描，使被扫描区域的树脂薄层产生光聚合反应而固化，形成零件的一个薄层。一层固化完毕后，工作台下移一个层厚的距离，以使在原先固化好的树脂表面再敷上一层新的液态树脂，刮板将黏度较大的树脂液面刮平，然后进行下一层的扫描加工，新固化的一层牢固地黏结在前一层上，如此重复直至整个零件制造完毕，得到一个三维实体原型。因为树脂材料的高黏性，在每层固化之后，液面很难在短时间内迅速流平，这将会影响零件的精度。采用刮板刮平后，所需数量的树脂便会被十分均匀地涂敷在上一叠层上，经过激光固化后可以得到较好的精度，使产品表面更加光滑和平整。

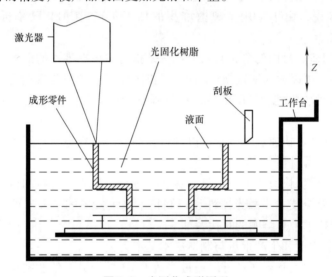

图 7-2　光固化成形原理

2. 立体光固化成形技术的发展

早在 1977 年，美国的 Swainson 就提出使用射线引发材料相变、制造三维物体的想法。随后，日本的 Kodama 提出通过使用遮罩以及在横截面内移动光纤，分层照射光敏聚合物来构建三维物体的方法。真正实现 SLA 技术商业化的是美国的 Charles Hull，他于 1986 年获得了美国专利，并推出世界上第一台基于 SLA 技术的商用 3D 打印机 SLAA－250，开创了 SLA 技术的新纪元。

美国 3D Systems 公司在如何提高成形精度及激光诱导光固化树脂聚合的化学、物理机理等方面进行了深入研究，并提出了一些有效的制造方法，其开发的 SLA 系统有多个商品系列。除了 3D Systems 公司的 Projet 系列和 iPro TM 系列外，许多国家的公司、大学也开发了 SLA 系统并商业化。例如：日本 CMET 公司的 SOUP 系列、D－MEC（JSR/Sony）公司的 SCS 系列和采用杜邦公司技术的 Teijin Seiki 公司的 Soliform 系列；在欧洲，有德国 EOS 公司的 STEREOS 系列、Fockele&Schwarze 公司的 LMS 系列以及法国 Laser 3D 公司的 SPL 系列。目前，3D Systems 公司的 SLA 技术在国际市场上占有比例较大。

我国是在 20 世纪 90 年代初开始 SLA 技术研究，经过 10 余年的发展，取得了快速发展。华中科技大学、西安交通大学等高校对 SLA 原理、工艺、应用等进行了深入研究。国内从事商品化 SLA 设备研制的单位有多家，基于 SLA 技术的 3D 打印机也不断增多，如西通的 CTC SLA 3D 打印机（图 7-3）、智垒的 SLA 3D 打印机、ATSmake 3D 打印机、威斯坦 SLA 3D 打印机（图 7-4）。目前国内研制的 SLA 设备在技术水平上与国外已相当接近，并且基于售后服务和价格的优势，国内企业在市场竞争中占据优势。

图 7-3 西通 CTC SLA 3D 打印机

图 7-4 威斯坦 SLA 3D 打印机

3. 立体光固化成形系统

通常立体光固化成形系统由激光器、扫描装置、液槽、控制软件和可升降工作台等部分组成，如图 7-5 所示。

（1）光学部分

1）激光器 因为仅需很低的激光能量密度就可以使树脂固化，所以多数激光器是紫外线式。一种是传统的氦－镉（He－Cd）激光器，输出功率为 15 ~ 50mW，输出波长为 325nm；另一种是氩（Ar）激光器，输出功率为 100 ~ 500mW，输出波长为 351 ~ 365nm。这两种激光器的输出是连续的，近年来开始研究半导体

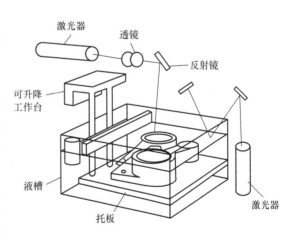

图 7-5 立体光固化成形系统

激光器，输出功率可达 500mW 或更高，寿命可达 5000h，且更换激光二极管的费用比更换气体激光管的费用要低得多。

2）激光束扫描装置。数控的激光束扫描装置有两种形式：一种是电流计驱动式的扫描镜方式，适合于制造尺寸较小的高精度原型件；另一种是 $x-y$ 绘图仪方式，主要适用于高精度、大尺寸的样件制造。

（2）树脂容器及材料和装置

1）树脂容器及材料。盛装液态树脂的容器由不锈钢制成。液态树脂是能够在光能作用下发生液固转变的树脂材料，如丙烯酸树脂和环氧树脂。在光固化树脂中掺入陶瓷粉末或金属粉末，可以形成复合材料光固化成形技术。光固化树脂必须具备以下性质：可见光下不发生反应，性能稳定；黏度低，流动性好，易于铺展；光敏性好，固化速度快；固化后收缩率小，固化过程中不变形、膨胀、产生气泡等；毒性小，绿色环保。

2）可升降工作台。可升降工作台由步进电动机驱动，沿高度方向做往复运动，最小步距可达 0.2mm 以下，在 225mm 的工作范围内位置精度为 0.05mm。

3）重涂层装置。使液态光固化树脂能迅速、均匀地覆盖在已固化层上，保持每一层厚度的一致性，从而提高原型的制造精度。

（3）数控系统和控制软件　数控系统和控制软件主要由数据处理计算机、控制计算机以及 CAD 接口软件和控制软件组成。数据处理计算机主要是对 CAD 模型进行面化处理使之变成适合于光固化成形的文件格式，然后对模型定向切片。控制计算机主要用于 $x-y$ 扫描系统、z 方向工作平台上下运动和重涂层装置的控制。CAD 接口软件的功能包括确定 CAD 数据模型的通信格式、接受 CAD 文件的曲面表示、设定过程参数等。控制软件用于对激光器、反射镜、扫描驱动器、$x-y$ 扫描系统、升降工作台和重涂层装置等的控制。

4. 立体光固化成形的应用

在当前应用较多的几种快速成形工艺方法中，光固化成形由于具有成形过程自动化程度高、制作原型表面质量好、尺寸精度高以及能够实现比较精细的尺寸成形等特点，使之得到最为广泛应用。在概念设计的交流、单件小批量精密铸造、产品模型、快速工模具及直接面向产品的模具等诸多方面广泛应用于航空航天、汽车、电器、消费品以及医疗等行业。

（1）在航空航天领域的应用　在航空航天领域，SLA 模型可直接用于风洞试验，进行可制造性、可装配性检验。航空航天零件往往是在有限空间内运行，在采用光固化成形技术以后，不但可以基于 SLA 原型进行装配干涉检查，还可以进行可制造性讨论评估，确定最佳的合理制造工艺。通过快速熔模铸造、快速翻砂铸造等辅助技术进行特殊复杂零件（如涡轮、叶片、叶轮等）的单件、小批量生产，并进行发动机等部件的试制和试验。

航空领域中发动机上许多零件都是经过精密铸造来制造的，对于高精度的母模制作，传统工艺成本极高且制作时间也很长。采用 SLA 工艺，可以直接由 CAD 数字模型制作熔模铸造的母模，时间和成本可以得到显著降低。数小时之内，就可以由 CAD 数字模型得到成本较低、结构又十分复杂的用于熔模铸造的 SLA 快速原型母模。

利用光固化成形技术可以制作出多种弹体外壳，装上传感器后便可直接进行风洞试验。通过这样的方法避免了制作复杂曲面模的成本和时间，从而可以更快地从多种设计方案中筛选出最优的整流方案，在整个开发过程中大大缩短了验证周期和开发成本。此外，利用光固化成形技术制作的导弹全尺寸模型，在模型表面进行相应喷涂后，清晰展示了导弹外观、结构和战斗原理，其展示和讲解效果远远超出了单纯的计算机图样模拟方式，可在未正式量产之前对其可制造性和可装配性进行检验。

（2）在其他制造领域的应用　光固化成形技术除了在航空航天领域有较为重要的应用之外，在其他制造领域的应用也非常重要且广泛，如在汽车、模具制造、电器和铸造领域等。下面就光固化成形技术在汽车领域和铸造领域的应用做简要介绍。

现代汽车生产的特点就是产品的多型号、短周期。为了满足不同的生产需求，就需要不断地改型。虽然现代计算机模拟技术不断完善，可以完成各种动力、强度、刚度分析，但研究开发中仍需要做成实物以验证其外观形象、工装可安装性和可拆卸性。对于形状、结构十分复杂的零件，可以用光固化成形技术制作零件原型，以验证设计人员的设计思想，并利用零件原型做功能性和装配性检验。

光固化成形还可以在发动机的试验研究中用于流动分析。流动分析技术是用来在复杂零件内确定液体或气体的流动模式。将透明的模型安装在一简单的试验台上，中间循环某种液体，在液体内加一些细小粒子或细气泡，以显示液体在流道内的流动情况。该技术已成功地用于发动机冷却系统（气缸盖、机体水箱）、进排气管等的研究。问题的关键是透明模型的制造，用传统方法时间长、花费大且不精确，而用 SLA 技术结合 CAD 造型仅仅需要 4~5 周的时间，且花费只为之前的 1/3，制作出的透明模型能完全符合机体水箱和气缸盖的 CAD 数据要求，模型的表面质量也能满足要求。

光固化成形在汽车领域除了上述用途外，还可以与逆向工程技术、快速模具制造技术相结合，用于汽车车身设计、前后保险杠总成试制、内饰门板等结构样件/功能样件试制、赛车零件制作等。

在铸造生产中，模板、芯盒、压蜡型、压铸型等的制造往往是采用机加工方法，有时还需要钳工进行修整，费时耗资，而且精度不高。特别是对于一些形状复杂的铸件（如飞机发动机的叶片、船用螺旋桨、汽车和拖拉机的缸体、缸盖等），模具的制造更是一个巨大的难题。虽然一些大型企业的铸造厂也备有一些数控机床、仿型铣等高级设备，但除了设备价格昂贵外，模具加工的周期也很长，而且由于没有很好的软件系统支持，机床的编程也很困难。光固化成形技术的出现，为铸造生产提供了速度更快、精度更高、结构更复杂的保障。

光固化成形技术的应用如图 7-6 ~ 图 7-8 所示。

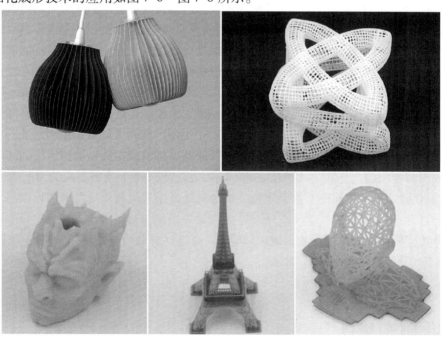

图 7-6 艺术品模型

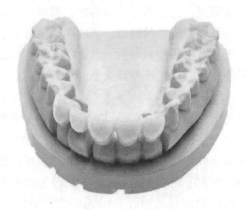

图7-7　牙齿模型

图7-8　叶片模型

5. 存在问题

光固化成形法是最早出现的快速原型制造工艺，经过长期的工业化应用，已经有较高的成熟度。光固化成形法加工速度快，产品生产周期短，无须切削工具与模具，可以加工结构外形复杂或使用传统手段难以成形的原型和模具。但是，它也存在一些问题，阻碍了光固化成形技术的应用推广。

1）材料方面的问题。光固化树脂种类和性能的多样化是研究的重要课题。大部分树脂从液态变成固态时产生收缩，由此引起内部残余应力并发生变形，且由于光固化树脂的表面张力，薄层树脂的涂覆是一个比较困难的问题，表现为大平面涂不满、涂层不均匀和产生气泡。另一方面，光固化树脂硬化后的力学性能较差，材料性脆，易断裂，不便进行切削加工，还有导电性、易燃性、抗化学腐蚀的能力等都是需要考虑的问题。而且光固化树脂种类少，价格高。因此，还需研制适用于快速成形技术的性能较好、价格便宜的新材料。

2）成形机理不明确。目前树脂硬化的机理尚不十分清楚，还有材料的其他特性如光学特性、化学特性和力学特性相互作用，过程现象复杂，还需要进一步研究这些问题。

3）价格和使用成本方面的问题。这也是光固化成形工艺最大的问题。它的研究和开发费用高昂，严重阻碍了该技术的推广和工业应用。不仅是机器的价格贵，运行成本以及材料成本也很高。因此，价格问题显得非常突出，一旦加工成本远远高于零件本身，那光固化成形技术用于小批量生产的理由就变得非常不充分，因为人们可以继续用传统加工方式去加工。所以降低光固化成形系统的整机售价、运行成本、材料成本等是亟待解决的问题。

4）成形精度问题。光固化成形精度的影响因素主要来源于分层制造的台阶效应和光固化树脂的固化收缩等。其他还有数字建模、成形材料、成形工艺、后处理过程中都会有精度损失。

5）环境问题。光固化树脂粉末对人体有害，如吸入未固化的光固化树脂粉末就会产生中毒。

7.2.2　分层实体成形

1. 分层实体成形原理

分层实体成形又称为层叠成形法（Laminated Object Manufacturing，LOM）。分层实体成形技术采用箔材或纸等作为原材料，由计算机存储零件的三维模型信息，由 CAD 或 CAM 软件驱动分层，再将片层逐层黏结在一起完成三维实体造型，其成形原理如图7-9所示。分层实体成形采用薄片材料，如纸、塑料薄膜等。薄片材料表面事先涂覆上一层热熔胶，加工时，压辊热压薄片材料，使之与下面已成形的工件黏结；用 CO_2 激光器在刚黏结的新层上切割出工件截面轮廓和工件外框，并在截面轮廓与外框之间多余的区域内切割出上下对齐的网格；激光切割完成后，工作台带动已成形的工件下降，与带状薄片材料（料带）分离；供料机构转动收料轴和供料轴，带动料带移动，使新层移到加工区域；工作台上升到加工平面；压辊热压，工件的层数增加一层，高度增加一个料厚；再在新层上切割截面轮廓。如此反复直至工件的所有截面黏结、切割完，得到分层制造的实体零件。分层实体成形的优点是支撑性能好、成本低、效率高；缺点是前后处理烦琐，而且无法制造中间空心的结构件。

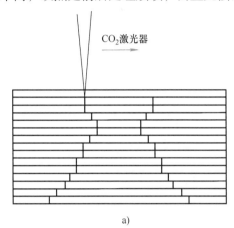

a)

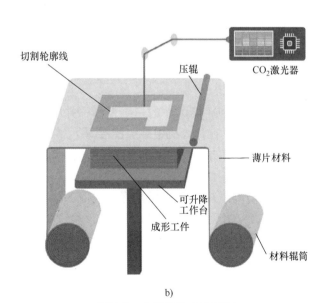

b)

图 7-9 分层实体成形原理

2. 分层实体成形技术的发展

1986 年美国 Helisys 公司研制成功 LOM 工艺。日本 Kira 公司的 KSC – 50 成形机以及美国 Helisys 公司的 LOM – 2030 和 LOM – 1050 成形机在这方面是比较成熟的。我国很多专家学者也致力于研究、生产和改进 LOM 系统。清华大学推出了 SSM 系列成形机及成形材料。华中科技大学推出了 HRP 系列成形机和成形材料。此外，西安交通大学的余国兴、李涤尘等人对 LOM 系统进行了改进，提出用经济适用的刀切法代替激光切割法；中北大学的郭平英提出了一种基于大厚度切片的金属功能零件的 LOM 技术。LOM 技术已经在很多方面得到了广泛应用，如汽车、航空航天、电器、医学、机械、玩具、建筑等领域对这项技术有着较为深入的应用。之所以 LOM 技术能够如此快速地被推广，在很大程度上取决于这种技术采用了相对成本较低的原材料（如纸、复合材料或塑胶等比较经济及常见的一些材料）。

3. 分层实体成形系统

分层实体成形系统主要由计算机、激光切割系统、箔带供给系统、压实系统、可升降工作台、数控系统、模型取出装置和机架组成，如图 7-10 所示。

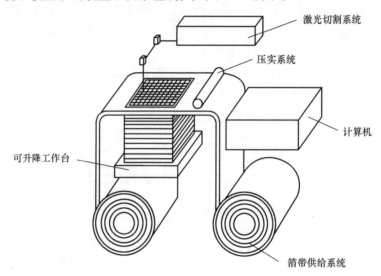

图 7-10　分层实体成形系统

（1）计算机　计算机用于接受和存储工件的三维模型，并沿模型的高度方向提取一系列的横截面轮廓线，发出控制指令。在计算机中一般配有 STI_格式文件的纠错和修补软件、三维模型的切片软件、激光切割速度与切割功率的自动匹配软件和激光光束宽度的自动补偿软件。

（2）激光切割系统　激光切割系统主要按照计算机提取的横截面轮廓线，逐一在工作台上方的材料上切割出轮廓线，并将无轮廓的区域切割成网格，为了方便成形后剔除废料。网格越小，越容易剔除废料，但花费时间较长。

（3）箔带供给系统、压实系统和可升降工作台　箔带供给系统是将原材料按每层所需材料的送进量逐步送至工作台的上方，并保证材料处于张紧状态；压实系统是将一层层材料黏合在一起；可升降工作台由伺服电动机经精密滚珠丝杠驱动，用精密直线滚珠导轨导向，从而可以往复运动，并且支撑正在成形的工件，在每层成形后降低一个材料厚度，以便送进、黏合和切割新一层的材料。

（4）数控系统　数控系统主要执行计算机发出的指令，使一段段的材料逐步送至工作台的上方，然后黏合、切割，最终形成三维工件。

（5）模型取出装置和机架 模型取出装置用于方便地卸下已成形的模具；机架是整个机器的支撑，由方管焊接而成，安装台板固定在其中部，压实系统、激光器和可升降工作台都是以该台板为基准进行安装的。

4. 分层实体成形技术的应用

分层实体成形是较早出现的快速成形方法之一。与其他快速成形方式相比，分层实体成形技术具有成形厚壁零件速度较快、易于制造大型零件、制造精度高、成本低、成形效率高、工艺简单等优点。由于成形材料为纸张、塑料等材料，自身强度低，所以分层实体成形技术一般被广泛应用于汽车、铸造等领域，用来制造功能原型或母模。分层实体成形技术的应用主要有以下几个方面。

（1）产品概念设计可视化和造型设计评估 产品开发与创新是把握企业生存命脉的重要经营环节，过去所沿用的产品开发模式是产品开发→生产→市场开拓，三者逐一开展，主要问题是将设计缺陷直接带入生产，并最终影响到产品的市场推广及销售。分层实体成形技术可以解决这一问题，也就是将产品概念设计转化为实体，为设计开发提供了充分的感性参考。大体说来，可以发挥以下作用：为产品外形的调整和检验产品各项性能指标是否达到预想效果提供依据；检验产品结构的合理性，提高新产品开发的可靠性；用样品面对市场，调整开发思路，保证产品适销对路，使产品开发和市场开发同步进行，缩短新产品投放市场的时间。

（2）产品装配检验 当产品各部件之间有装配关系时，就需要进行装配检验，而图样上所反映的装配关系不直接，很难把握。LOM 技术可以将图样变为实体，其装配关系显而易见。

（3）熔模铸造型芯 LOM 实体可在精密铸造中用作可废弃的模型，也就是说可以作为熔模铸造的型芯。由于在燃烧时 LOM 实体不膨胀，也不会破坏壳体，因此在传统的壳体铸造中，可以采用此种技术。

（4）砂型铸造木模 传统砂型铸造中的木模主要是由木工手工制作的，其精度不高，而且对于形状复杂的薄壁件根本无法实现。LOM 技术则可以很轻松地制作任何复杂的实体形状，而且完全可以达到高精度要求。

（5）快速制模的母模 LOM 技术可以为快速翻制模具提供母模原型，已开发出多种多样的快速模具制造工艺方法。模具按材料和生产成本可分为软质模具（或简易模具）和钢质模具两大类，其中软质模具主要用于小批量零件生产或用于产品的试生产。此类模具，一般先用 LOM 等技术制作零件原型，然后根据原型翻制成硅橡胶模、金属树脂模和石膏模等，再利用上述的软质模具制作产品。

（6）直接制模 用 LOM 技术直接制成的模具坚如硬木，并可耐 200℃的高温，可用作低熔点合金的模具或试制用注塑模以及精密铸造用的蜡芯模等。

应用 LOM 技术的案例，如图 7-11 ～图 7-14 所示。

5. 存在的问题

目前，分层实体成形技术存在的问题有以下几个方面。

1）材料浪费问题。由于分层实体成形的特点之一就是成形后的零件完全埋在废料中，需要用激光将废料划分成网格碎块才能与零件分离。所以分层实体成形技术对材料浪费严

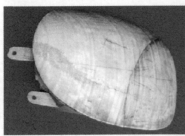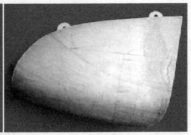

图7-11　轿车前照灯

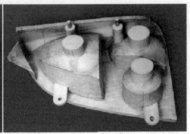

图7-12　轿车后组合灯

a）CAD模型　　　　　　　　　　b）LOM原型

图7-13　某机床操作手柄

重，每一层中根据成形件的分层图像，一般只有50%以内的材料可以得到利用，其余用作边框被切为方块，无法重新利用。这是由分层实体成形技术本身的工艺所决定的。网格的划分直接影响零件的加工效率和废料的可剥离性。网格过密虽然废料剥离容易，但加工时间过长，而稀疏的网格会导致废料难剥离，甚至损坏零件的细节部分。

2）成本问题。因为CO_2激光系统价格较贵，所以增加了设备成本和运行成本。在成本价格上分层实体成形无法与基于喷射技术的快速成形工艺竞争。

3）金属板材的连接问题。分层实体成形技术的主要材料是纸、塑料等，但这些材料自身强度低，使得制作成的零件应用范围受到很大限制。用金属板材作为造型材料可以显示出广阔的应用前景，但是需要解决的首要问题就是金属层片的有效连接。现在有低熔点合金黏接法、螺栓紧固加电弧焊法等工艺，但是这些连接工艺均未获得满意的效果。

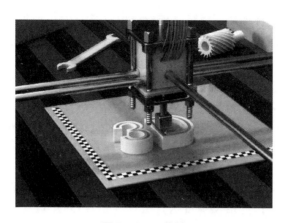

图7-14 工艺品

4）分层材料的变形和精度问题。在分层实体成形过程中的热压和冷却以及最终冷却到室温的过程中，成形材料会发生体积收缩，导致零件内部形成复杂的内应力，使零件产生不可恢复的翘曲变形和开裂。成形件尺寸越大，内应力和翘曲变形就越大。另外，分层板厚度越薄，成形精度越高。但是现有的 LOM 技术一般以纸、塑料为材料，分层板厚度为 0.05～0.1mm，而用金属板材作为材料时，分层板厚度为 0.2～0.5mm。商品化运行稳定的 LOM 设备精度均为 0.15～0.25mm，远达不到光固化工艺的水平，且零件表面有台阶纹，高度等于材料的厚度（0.1mm 左右），因此表面质量较差，需要进行表面打磨。

5）工作稳定性问题。LOM 系统复杂，稳定性也比不上其他基于喷射技术的 RP 技术，直接制作塑料零件较为困难，所用成形工艺的抗拉强度和弹性不够好。

7.2.3 熔丝沉积成形

1. 熔丝沉积成形原理

熔丝沉积成形（Fused Deposition Modeling，FDM）工艺的基本特征是将丝状热塑性成形材料连续地送入挤出头并在其中加热熔融后挤出，靠材料自身黏性逐层堆积成形。如图7-15 所示，熔丝沉积成形系统一般采用双挤出头结构，分别加热实体丝材和支撑丝材至熔融态。成形过程中，挤出头在 X、Y 轴运动系统的带动下进行二维的扫描填充运动，当材料挤出和扫描填充运动同步进行时，由挤出头挤出的丝材按照填充路径铺开，并与相邻材料在其成形温度下固化黏结，通过路径的控制形成一个层面的由线到面的积聚成形。堆积完一层后，挤出头上升一个层厚的高度，进行下一层的堆积，新的一层与前一层黏结并固化，如此反复进行，完成一个

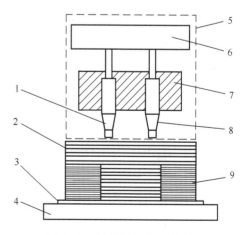

图7-15 熔丝沉积成形原理图

1—实体丝材挤出头 2—模型 3—基底支撑
4—工作台 5—挤出机构 6—送丝机构
7—加热腔 8—支撑丝材挤出头 9—支撑

实体的由线到面、由面到体的成形过程。熔丝沉积成形工艺过程决定了它在制造悬臂件时需要添加辅助工艺支撑，所以快速成形系统一般都采用双挤出头独立加热，一个用来喷模型材料制造制件，另一个用来喷支撑材料做支撑，两种材料的特性不同，以便于制作完毕后方便支撑的去除。

2. 熔丝沉积成形技术的发展

1988 年，Scott Crump 发明了熔丝沉积成形技术，随后 Stratasys 公司研发出首台商用FDM 打印机。Stratasys 公司于 1993 年研发出第一台 FDM – 1650 机型后，先后推出了 FDM – 2000、FDM – 3000 和 FDM – 5000 机型。1998 年 Stratasys 公司推出的 FDM – Quantum 机型，最大造型尺寸为 600mm×500mm×600mm。由于采用了挤出头磁浮定位系统，其可在同一时间独立控制两个挤出头，因此造型速度为过去的 5 倍。1999 年 Stratasys 公司开发出水溶性支撑材料，有效地解决了复杂、小型孔洞中的支撑材料难以去除或无法去除的难题，并在FDM – 3000 上得到应用，另外从 FDM – 2000 开始的快速成形机上，采用了两个挤出头，其中一个挤出头用于涂覆成形材料，另一个挤出头用于涂覆支撑材料，加快了造型速度。1998年，Stratasys 公司与 MedModeler 公司合作研发出专用于医院和医学研究单位的 MedModeler机型，并于 1999 年推出可使用聚酯热塑性塑料的 Genisys 型改进机型 Genisys Xs。在国内，上海富力奇公司的 TSJ 系列快速成形机采用了螺杆式单挤出头，清华大学的 MEM – 250 型快速成形机采用了螺杆式挤出头，华中科技大学和四川大学正在研究开发以粒料、粉料为原料的螺杆式双挤出头。其中，北京殷华公司通过对熔融挤压挤出头进行改进，提高了挤出头可靠性并在此基础上新推出了 MEM200 小型设备、MEM350 型工业设备。图 7-16 所示为广州市文搏智能科技有限公司生产的 FDM – 小藏龙 3 3D 打印机。

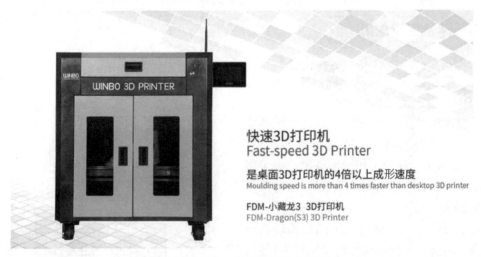

图 7-16　FDM – 小藏龙 3 3D 打印机

3. 熔丝沉积成形系统

以清华大学推出的 MEM – 250 为例说明。该制造系统主要包括硬件系统、软件系统、供料系统。硬件系统分为两个部分，一部分以机械运动承载、加工为主，另一部分以电气运动控制和温度控制为主。

（1）机械系统　MEM – 250 机械系统包括驱动组、挤出头、成形室、材料室、控制室和电源室等单元。采用模块化设计，各个单元相互独立。

该系统关键部件是挤出头。挤出头内的螺杆与送丝机构用可沿 R 方向旋转的同一步进电动机驱动。当外部计算机发出指令后，步进电动机驱动螺杆，同时又通过同步带传动与送料辊将丝料送入挤出头。在挤出头中，由于电热棒的作用，丝料呈熔融状态，并在螺杆的推挤下，通过铜质喷嘴涂覆在工作台上，如图 7-17 所示。

（2）软件系统　软件系统包括几何建模和信息处理两部分。

（3）供料系统　MEM - 250 制造系统要求成形材料及支撑材料为直径 2mm 的丝材，并且具有低的凝固收缩率、陡的黏度 - 温度曲线和一定的强度、硬度、柔韧性。一般的塑料、蜡等热塑性材料经适当改性后

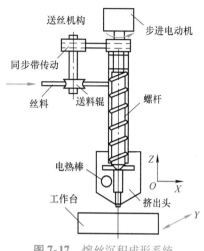

图 7-17　熔丝沉积成形系统

都可以便用。目前已成功开发了多种颜色的精密铸造用蜡丝、ABS 材料丝。

4. 熔丝沉积成形的应用

FDM 快速成形技术已被广泛应用于汽车、机械、航空航天、家电、通信、电子、建筑、医学、玩具等产品的设计开发过程，如产品外观评估、方案选择、装配检查、功能测试、用户看样订货、塑料件开模前校验设计以及少量产品制造等。

丰田公司采用 FDM 工艺制作右侧镜支架和四个门把手的母模，通过快速模具技术制作产品而取代传统的 CNC 制模方式，使得 2000 Avalon 车型的制造成本显著降低，右侧镜支架模具成本降低 20 万美元，四个门把手模具成本降低 30 万美元。FDM 工艺已经为丰田公司在轿车制造方面节省了 200 万美元。

从事模型制造的美国 Rapid Model&Prototypes 公司采用 FDM 工艺为 Laramie Toys 制作了玩具水枪模型。借助 FDM 制作该玩具水枪模型，通过将多个零件一体制作，减少了传统制作方式制作模型的部件数量，避免了焊接与螺纹联接等组装环节，显著提高了模型制作的效率。实际上，FDM 工艺的应用范围是十分广泛的，如图 7-18 和图 7-19 所示。

图 7-18　FDM 制作的工艺品

图 7-19 FDM 制作的工业模型

7.2.4 选择性激光烧结成形

1. 选择性激光烧结成形原理

选择性激光烧结成形（Selective Laser Sintering，SLS）技术主要是利用粉末材料在激光照射下高温烧结的基本原理，通过计算机控制光源定位装置实现精确定位，然后逐层烧结堆积成形。SLS 的工作过程是基于粉床进行的，通过红外波段激光源有选择性地对固体粉末材料分层烧结或熔化。如图 7-20 所示，成形过程为：送粉活塞首先上升，在工作平台上用滚

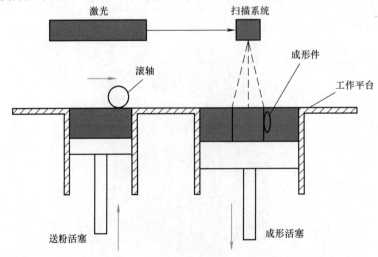

图 7-20 选择性激光烧结成形原理

轴均匀铺上一薄层粉末材料，为减少薄层粉末热变形，且有利于与前一层面结合，将其加热至略低于粉末材料熔点的某一温度；后续激光束在计算机控制光路系统精确引导下，按成形件分层轮廓有选择性地对固体粉末材料分层烧结或熔化，使粉末材料烧结或熔化后凝固成产品的一个二维层面，激光束未烧结位置仍保持粉末状态，并作为成形件微结构下一层烧结的支撑；这一层烧结完成后，工作台下移一个截面层厚，送粉系统重新铺粉，激光束再次扫描进行下一层烧结；如此循环，层层叠加，直至完成整个三维成形件制造，取出成形件，再对成形件进行填充、修补、打磨、烘干等后处理工艺，最终获得理想成形件。

2. 选择性激光烧结成形技术的发展

选择性激光烧结成形工艺最早是由美国德克萨斯大学奥斯汀分校的 C. Dechard 于 1989 年在其硕士论文中提出的，随后 C. Dechard 创立了 DTM 公司并于 1992 年发布了基于 SLS 技术的工业级商用 3D 打印机 Sinterstation。奥斯汀分校和 DTM 公司在 SLS 工艺领域投入了大量的研究工作，在设备研制和工艺、材料开发上都取得了丰硕的成果。德国的 EOS 公司针对 SLS 工艺也进行了大量的研究工作并且已开发出一系列的工业级 SLS 快速成形设备，在 2012 年的欧洲模具展上 EOS 公司研发的 3D 打印设备大放异彩。在国内也有许多科研单位和企业开展了对 SLS 工艺的研究，如南京航空航天大学、中北大学、华中科技大学、武汉滨湖机电技术产业有限公司、北京隆源自动成型系统有限公司、湖南华曙高科技有限公司等。

3. 选择性激光烧结成形系统

选择性激光烧结成形系统一般由主机、计算机控制系统和冷却器组成。

(1) 主机　主机主要由成形工作缸、铺粉筒、供粉筒、废料桶、激光器、光学扫描系统和加热装置等组成。

1) 成形工作缸。在缸中完成零件的加工，工作缸每次下降的距离即为层厚。零件加工完成后缸升起，以便取出零件和为下一次加工做准备。工作缸的升降由电动机通过滚珠丝杠驱动。

2) 铺粉筒、供粉筒、废料桶。铺粉筒包括铺粉辊及其驱动系统。供粉筒提供烧结所需的粉末材料，将其均匀地铺在工作缸上。废料桶则是回收铺粉时溢出的粉末材料。

3) 激光器。目前用于激光烧结的激光器主要有 CO_2 和 YAG 两种，提供烧结粉末材料所需的能源。激光器类型选择主要取决于粉末材料对激光的吸收情况。CO_2 激光器的波长为 $10.6\mu m$，所以适用于高分子材料如聚碳酸酯，因为聚碳酸酯在 $5.0 \sim 10.0\mu m$ 波长内具有很高的吸收率；而 YAG 激光器的波长为 $1.06\mu m$，适用于金属粉末和陶瓷粉末。

4) 光学扫描系统。它用于实现激光束的扫描。SLS 的光学扫描系统采用振镜式动态聚焦扫描方式，具有高速、高效的特点。扫描头上的两片很小的反射镜片在高速往复伺服电动机的控制下，把激光束反射到工作面预定的坐标点。动态聚能系统通过伺服电动机调节 Z 方向的焦距，使反射到坐标点上的激光束始终聚焦在同一平面上。

5) 加热装置。加热装置给送料装置和工作缸中的粉末提供预加热，以减少激光能量的消耗和零件烧结过程中的翘曲变形。

(2) 计算机控制系统　它主要由计算机、应用软件、传感检测单元和驱动单元组成。主机完成 CAD 数据处理和总体控制任务，子机进行成形运动控制，即机电一体运动控制。它按照预定的顺序与主机相互触发，接受控制命令和运动参数等数控代码，对运动状态进行控制。传感检测单元包括温度、氮气浓度和工作缸升降位移传感器。驱动单元主要控制各种电动机完成铺粉辊的平移和自转、工作缸的上下升降和光学扫描系统的驱动。

（3）冷却器　它由可调恒温水冷却器及外管路组成，用于冷却激光器，以提高激光能量的稳定性。

4. 选择性激光烧结成形的应用

选择性激光烧结成形技术的迅速发展，正受到越来越多的重视。它的应用已从单一的模型制造向快速模具制造（Rapid Tooling，RT）及快速铸造（Quick Casting，QC）等多用途方向发展，其应用领域涉及航空航天、机械、汽车、电子、建筑、医疗及美术等行业。目前，SLS 技术的应用主要包括以下几个方面。

（1）快速原型制造　利用快速成形方法可以方便、快捷地制造出所需要的原型，主要是塑料（PS、PA、ABS 等）原型。它在新产品的开发中具有十分重要的作用。通过原型，设计者可以很快地评估设计的合理性、可行性，并充分表达其构想，使设计的评估及修改在极短的时间内完成。因此，可以显著缩短产品开发周期，降低开发成本。

（2）快速模具制造　利用 SLS 技术制造模具有直接法和间接法两种。直接制模是用 SLS 工艺方法直接制造出树脂模、陶瓷模和金属模；间接制模则是用快速成形件做母模或过渡模具，再通过传统的模具制造方法来制造模具。

（3）快速铸造　铸造是制造业中常用的方法。在铸造生产中，模板、芯盒、蜡模、压模等一般都是机械加工和手工完成的，不仅加工周期长、费用高，而且精度不易保证。对于一些形状复杂的铸件，模具的制造一直是个难题，快速成形技术为实现铸造的短周期、多品种、低费用、高精度提供了一条捷径。

SLS 技术的应用案例，如图 7-21～图 7-24 所示。

图 7-21　SLS 技术制造的合金零件

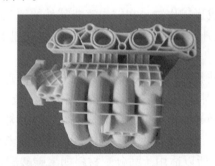
图 7-22　SLS 技术制造的尼龙零件

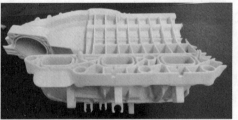
图 7-23　SLS 技术制造的大型尼龙零件

图 7-24 SLS 技术制造的自行车

7.2.5 三维喷涂黏结成形

1. 三维喷涂黏结成形原理

粉末材料三维喷涂黏结（3DP 或 3DPG – Three Dimensional Printing Gluing）成形工艺是由美国麻省理工学院开发成功的。它的工作过程类似于喷墨打印机。目前使用的材料多为粉末材料（如陶瓷粉末、金属粉末、塑料粉末等），其工艺过程与 SLS 工艺类似，所不同的是材料粉末不是通过激光烧结连接起来的，而是通过喷头喷涂黏结剂（如硅胶）将零件的截面"印刷"在材料粉末上面。用黏结剂黏结的零件强度较低，还需要后处理。后处理过程主要是先烧掉黏结剂，然后在高温下渗入金属，使零件致密化以提高强度。以粉末作为成形材料的 3DP 的工艺原理，如图 7-25 所示。首先按照设定的层厚进行铺粉，随后根据当前叠层的截面信息，利用喷嘴按指定路径将液态黏结剂喷在预先铺好的粉层特定区域，之后工作台下降一个层厚的距离，继续进行下一叠层的铺粉，逐层黏结后去除多余底料便得到所需形状制件。

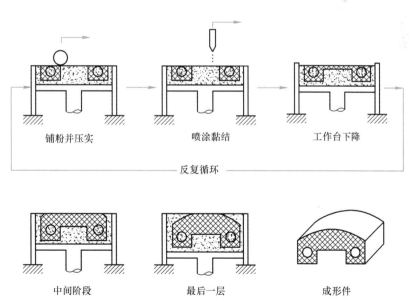

铺粉并压实　　　　喷涂黏结　　　　工作台下降

反复循环

中间阶段　　　　最后一层　　　　成形件

图 7-25 三维喷涂黏结工艺原理

2. 三维喷涂黏结成形的特点

三维喷涂黏结成形技术在将固态粉末生成三维零件的过程中与传统方法相比具有很多优点：①成本低；②材料广泛；③成形速度快；④安全性较好；⑤应用范围广。

三维喷涂黏结成形技术在制造模型时也存在许多缺点，如果使用粉状材料，其模型精度和表面粗糙度比较差，零件易变形甚至出现裂纹等，模型强度较低，这些都是该技术目前需要解决的问题。

3. 三维喷涂黏结成形的工艺过程

三维喷涂黏结成形技术制作模型的过程与 SLS 工艺过程类似，下面以三维喷涂黏结成形工艺在陶瓷制品中的应用为例，介绍其工艺过程。

1）利用三维 CAD 系统完成所需生产零件的模型设计。

2）设计完成后，在计算机中将模型生成 STL 文件，并利用专用软件将其切成薄片。每层的厚度由操作者决定，在需要高精度的区域通常切得很薄。

3）计算机将每一层分成矢量数据，用以控制黏结剂喷头移动的方向和速度。

4）用专用铺粉装置将陶瓷粉末铺在活塞台面上。

5）用校平鼓将粉末滚平，粉末的厚度应等于计算机切片处理中片层的厚度。

6）计算机控制的喷头按步骤3）的要求进行扫描喷涂黏结，有黏结剂的部位使陶瓷粉末黏结成实体的陶瓷体，周围无黏结剂的粉末则起支撑黏结层的作用。

7）计算机控制活塞使之下降一定高度（等于片层厚度）。

8）重复步骤4）~7），一层层地将整个零件坯制作出来。

9）取出零件坯，去除未黏结的粉末，并将这些粉末回收。

10）对零件坯进行后处理，在温控炉中进行焙烧，焙烧温度按要求随时间变化。后处理的目的是保证零件有足够的机械强度及耐热强度。

7.2.6　其他快速成形技术

1. 三维印刷成形

三维印刷成形（Three Dimensional Printing，3DP）也称为黏合喷射（Binder Jetting）、喷墨粉末打印（Inkjet Powder Printing）。3DP 技术使用的原材料主要是粉末材料，如陶瓷、金属、石膏、塑料粉末等。利用黏合剂将每一层粉末黏合到一起，通过层层叠加而成形。与普通的平面喷墨打印机类似，在黏合粉末材料的同时，加上有颜色的颜料，就可以打印出彩色的东西了。3DP 技术是目前比较成熟的彩色 3D 打印技术，其他技术一般难以做到彩色打印。和许多激光烧结技术类似，3DP 也使用粉床（Powder Bed）作为基础，但不同的是，3DP 使用喷墨打印头将黏合剂喷到粉末里，而不是利用高能量激光来熔化烧结。3DP 工作原理如图 7-26 所示，喷粉装置在平台上均匀地铺一层粉末，打印头负责 X 轴和 Y 轴的运动，按照模

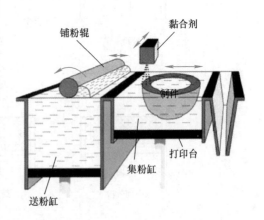

图 7-26　3DP 工作原理

型切片得到的截面数据进行运动，有选择地进行黏合剂喷射，最终构成平面图案。在完成单个截面图案之后，打印台下降一个层厚单位的高度，同时铺粉辊进行铺粉操作，接着再次进行下一截面的打印操作。如此周而复始地送粉、铺粉和喷射黏合剂，最终完成三维成形件。

2. 聚合物喷射技术

聚合物喷射（PolyJet）技术是以色列 Objet 公司于 2000 年初推出的专利技术。PolyJet 技术也是当前最为先进的 3D 打印技术之一，其成型原理与 3DP 有点类似，不过喷射的不是黏合剂而是聚合成型材料。图 7-27 所示为聚合物喷射系统的结构。喷头沿 X 轴方向来回运动，工作原理与喷墨打印机十分类似，不同的是喷头喷射的不是墨水而是光敏聚合材料。当光敏聚合材料被喷射到工作台上后，UV 紫外光灯将沿着喷头工作的方向发射出 UV 紫外光对光敏聚合材料进行固化。完成一层的喷射打印和固化后，设备内置的工作台会极其精准地下降一个成型层厚，喷头继续喷射光敏聚合材料进行下一层的打印和固化。就这样一层接一层，直到整个零件打印制作完成。

零件成型的过程中将使用两种不同类型的光敏树脂材料：一种是用来生成实际模型的树脂材料，另一种是类似胶状的用来作为支撑的树脂材料。这种支撑材料由过程控制被精确添加到复杂成型结构模型所需位置，如悬空、凹槽、复杂细节和薄壁等结构。当完成整个成型过程后，只需要使用水枪就可以十分容易地把这些支撑材料去除，而最后留下的是拥有整洁光滑表面的成型件。使用聚合物喷射技术成型的零件精度非常高，最薄层厚度能达到 16μm。设备提供封闭的成型工作环境，适合于普通的办公室环境。此外，聚合物喷射技术还支持多种不同性质的材料同时成型，能够制作非常复杂的模型。

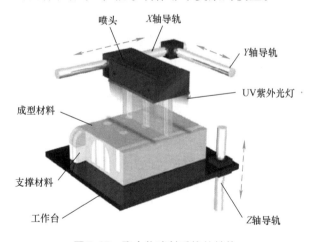

图 7-27　聚合物喷射系统的结构

3. 直接金属激光烧结

直接金属激光烧结（Direct Metal Laser – Sintering，DMLS）是一种用于批量生产注塑件模具和制造金属产品的工艺，也可用于如挤出或吹塑成型与其他塑料加工工艺的技术。DMLS 是通过使用高能量的激光束再由三维模型数据控制来局部熔化金属基体，同时烧结固化粉末金属材料并自动地层层堆叠，以生成致密几何形状的实体零件。DMLS 是金属粉体成形，有同轴送粉和辊筒送粉两类。同轴送粉的技术适合制造分层厚度在 1mm 以上的物件、大型的金属件，目前我国最大工件是四川制造的核电部件，一些航空部件在西北工业大学和北京理工大学已经开始产业化。辊筒送粉的产品精细度高，适合制造小型部件，因为制造过程部件很容易热变形。制造空间超过计算机机箱大小都是很困难的。DMLS 成形原理如图 7-28 所示。

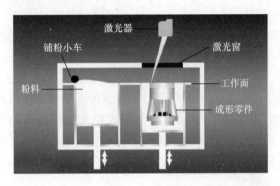

图 7-28　DMLS 成形原理

早些年只有相对软的材料适用这种技术，而随着技术的不断进步，适用领域也扩展到了塑料、金属压铸和冲压等各种量产模具。应用这项技术的优点不仅是周期短，而且使模具设计师能够把心思集中于建构最佳的几何造型，而不用考虑加工的可行性。结合 CAD 和 CAE 技术可以制造出任意冷却水路的模具结构。

DMLS 技术由德国 EOS 公司开发，与 SLS 和 SLM 技术原理非常类似。EOS 公司出品的 EOSINT M 系列机型能打印铝合金、钴铬合金、钛合金、镍合金和钢。

4. 电子束自由成形

电子束自由成形（Electron Beam Freeform Fabrication，EBF）是一种采用电子束作为热源，利用离轴金属丝制造零件的工艺。采用该工艺制造的近净成形零件需要通过减材工艺进行后续的精加工。在真空环境中，高能量密度的电子束轰击金属表面形成熔池，金属丝通过送丝装置送入熔池并熔化，同时熔池按照预先规划的路径运动，金属丝逐层凝固堆积，形成致密的冶金结合，直至制造出金属零件或毛坯。该工艺最初为美国 NASA 兰利研究中心开发，主要用于航空航天领域。EBF 工艺可替代锻造技术，大幅降低成本和缩短交付周期。它不仅能用于低成本制造和飞机结构件设计，也为宇航员在国际空间站或月球表面加工备用结构件和新型工具提供了一种便捷的途径。EBF 技术可以直接成形铝、镍、钛或不锈钢等金属材料，而且可将两种材料混合在一起，或将一种材料嵌入另一种，如将一部分光纤玻璃嵌入铝制件中，从而使传感器的区域安装成为可能。

5. 电子束熔化成形

电子束熔化（Electron Beam Melting，EBM）技术是快速成形技术的主要方向之一。目前世界上仅有瑞典的 Arcam AB 公司可提供商业化设备。电子束熔化成形原理如图 7-29 所示，主要是利用金属粉末在电子束轰击下熔化的原理，先在铺粉平面上铺展一层粉末并压实，然后电子束在计算机的控制下按照轮廓截面信息进行有选择的烧结，金属粉末在电子束的轰击下烧结在一起，并与下面已成形的部分黏结，层层堆积，直至整个零件全部烧结完成，最后去除多余粉末便得到想要的零件。EBM 技术采用金属粉末为原材料，其应用范围相当广泛，尤其在难熔、难加工材料方面有突出用途，包括钛合金、钛基金属间化合物、不锈钢、钴铬合金、镍合金等，其制品能实现高度复杂性并达到较高的力学性能。此技术可用于航空飞行器及发动机多联叶片、机匣、散热器、支座、吊耳等结构的制造。

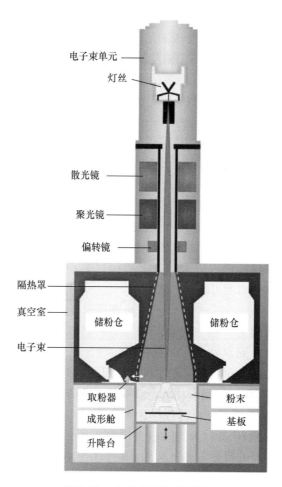

电子束单元

灯丝

散光镜

聚光镜

偏转镜

隔热罩

真空室

储粉仓   储粉仓

电子束

取粉器   粉末

成形舱   基板

升降台

图7-29 电子束熔化成形原理

7.3 快速成形技术的应用及展望

快速成形技术正是伴随着它的实际应用而逐步发展起来的，目前已经广泛应用于汽车、机械、航空航天、家电、通信、电子、建筑、医疗、珠宝、鞋类、玩具等产品的设计开发过程中，也在模具制造、工程施工、食品制造、地理信息系统等许多其他领域得到应用。快速成形技术最突出的优点在于无须机械加工或任何模具，就能够直接把设计好的计算机图形数据生成和打印出单个物体，尤其可以打印出传统生产技术难以制造的具有极其复杂外形和结构的物体，颠覆了传统的模型制作方式，既快速又廉价。特别在产品外观评估、方案选择、装配检查、功能测试、用户看样订货、塑料件开模前校验设计以及少量产品制造等方面，可以大大缩短设计周期，提高生产率，降低生产成本，给企业带来了较大的经济效益。

7.3.1 快速成形技术的应用

1. 在建筑领域的应用

建筑模型的传统制作方式，渐渐无法满足高端设计项目的要求。现如今众多设计机构的大型设施或场馆都利用 3D 打印技术先期构建精确建筑模型来进行效果展示与相关测试，3D 打印技术所具有的优势和无可比拟的逼真效果被设计师所认同。工程师和设计师使用 3D 打印机打印建筑模型，不仅成本低、环保，而且制作精美，完全合乎设计者的要求。盈创科技公司的大型 3D 打印机已经能打印出整栋的房屋。

BIM（建筑信息模型）作为一种在建筑工程项目中使用的信息化管理技术，以建筑工程项目的海量信息为基础，在整个工程的设计阶段建立起三维建筑模型，给项目决策者、建造施工者等一个直观的感受，是贯穿于整个建筑工程项目全生命周期的信息集合。BIM 能够提高管理效率，涉及建筑工程项目从规划、设计到施工、维护的一系列创新和变革，是建筑业信息化发展的趋势。BIM（建筑信息模型）是对建筑物实体与功能特性的数字表达形式，它通过数字信息仿真模拟建筑物所具有的真实信息。建筑工程项目的各参与方可以通过模型在项目全生命周期中获取各自所需的管理信息并且可以更新、插入、提取、共享项目各项数据，从而实现协同管理，提高项目管理的效率。

从理论上讲，3D 打印机能够完整打印出一整套房屋以及各种立体的物品。在设计阶段，排水系统模型、给水系统模型、消火栓系统模型等各种模型都能够通过 3D 打印机打印出来，方便对实体模型进行研究以及学习。在施工阶段，3D 打印的使用能够缩短建设周期、减少建筑成本以及建筑垃圾。而对于后期的维护，3D 打印的建筑设计模型能够更好地服务于维护人员。BIM 技术与 3D 打印技术相结合能够扩展业务范围，如虎添翼。

3D 打印可以打印出各类建筑的设计模型，帮助建设人员提前进行规划整改以及从整体视角对建筑进行观察。图 7-30 所示为厦门地铁模型。此模型是厦门市政府进行地铁建设的重要参照依据。在地铁建设的设计阶段，运用 3D 打印技术将地铁模型打印出来，可以供建设人员在建造前进行更好地计划以及便于各部门进行信息交流。

图 7-30　厦门地铁模型

北京通州一厂房内诞生的 3D 打印别墅是世界上第一幢由 3D 打印机现场打印的房屋，如图 7-31 所示。它真正的施工时间为 45 天。这一幢 $400m^2$ 的别墅据检测能够抵抗八级以上的地震。

图 7-32 所示为迪拜第一个耗时 17 天的全功能 3D 打印建筑。这座建筑的外形采用阿联

图 7-31　3D 打印别墅

酋大厦设计风格，其建筑占地 $2000ft^2$（$1ft^2 = 0.0929030m^2$），有足够的工作或者召开国际性会议的空间，并且水、电、通信设施、制冷系统等供应非常完善。

超 5 亿美元的未来博物馆，将在迪拜 3D 建造，如图 7-33 所示。这座博物馆为了能与它馆藏的未来科技和发明相媲美，将使用 3D 打印来建造。

图 7-32　迪拜第一个耗时 17 天的 3D 打印建筑

图 7-33　未来博物馆蓝图

2. 在航空航天领域的应用

航空航天制造领域集成了一个国家所有的高精尖技术。金属 3D 打印技术作为一项全新的制造技术，在航空航天领域的应用具有相当突出的优势，服务效益明显，主要体现在以下几个方面。

1）缩短新型航空航天装备的研发周期。

2）提高材料的利用率，节约昂贵的战略材料，降低制造成本。

3）优化零件结构，减轻重量，减少应力集中，增加使用寿命。

4）零件的修复成形。

5）与传统制造技术相配合，互通互补。

航空航天作为 3D 打印技术的首要应用领域，其技术优势明显，但是这绝不是意味着金属 3D 打印是无所不能的，在实际生产中，其技术应用还有很多呕待解决的问题。例如，目前 3D 打印还无法适应大规模生产，满足不了高精度需求，无法实现高效率制造等。而且，制约 3D 打印发展的一个关键因素就是其设备成本的居高不下，大多数民用领域还无法承担起如此高昂的设备制造成本。但是随着材料技术、计算机技术以及激光技术的不断发展，制造成本将会不断降低，满足制造业对生产成本的承受能力，届时，3D 打印将会在制造领域绽放属于它的光芒。虽然还有很多技术亟待解决，但是 3D 打印在航空航天制造领域上的应用已经逐渐进行。

波音公司的 737 MAX 上面安装了一对 CFM 公司的 LEAP－1B 发动机，这款发动机上使用了 19 个 3D 打印的燃料喷嘴。这种 3D 打印的燃料喷嘴只有用 3D 打印技术才能够制造出来，如图 7-34 所示。这种 3D 打印的新型燃料喷嘴重量更轻，比传统的燃料喷嘴轻了 25%。以前制造这种燃料喷嘴需要 18 个部件，而现在只需要 1 个。除此之外，还具备冷却通路和支持索带更加复杂等优势。这些新特性使得 3D 打印燃料喷嘴的耐久性比常规制造的增加了 5 倍。

美国航空航天制造商洛克希德·马丁公司首个用在弹道导弹上面的 3D 打印部件是一个连接器后壳，如图 7-35 所示。它主要装在电缆连接器上面以保护它们免受伤害或者意外断开。

图 7-34　3D 打印的飞机燃料喷嘴

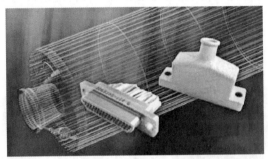

图 7-35　连接器后壳

这件仅有 1in（2.5cm）宽的连接器后壳在 3D 打印时，先由 3D 打印机在打印床上铺设一层薄薄的铝合金粉末，然后高温的激光或电子束在计算机的引导下熔化指定区域的粉末，接着机器又铺上了另外一层粉末，这个过程不断重复，直至 3D 对象被打印完成为止。打印完成后吹去多余的粉末，并进行平滑处理和抛光。使用 3D 打印技术可以减少材料浪费，而且生产周期与常规方法相比被缩减了一半。

3. 在汽车制造领域的应用

经过多年的发展，3D 打印技术已经成为汽车制造中不可或缺的一部分，这一点在福特公司身上体现得尤为突出。

使用传统的成形技术生产原型的一部分零件，不仅在技术人员和工具上有特定的要求，而且生产周期往往需要数周甚至数月，而 3D 打印技术的速度、效率和成本控制相比于传统技术都有明显优势。福特公司使用 3D 打印技术使得等待原型的时间大大减少，从几周到几小时不定。3D 打印技术不仅节约了公司的时间，还大大降低了原型制作的成本，而且该技术允许工程师随时进行测试和优化。

2017 版的福特 GT 这一款车的设计上利用 3D 打印技术进行了一系列的原型细化和完善，最终这款车被设计成了 F1 式的方形方向盘（图 7-36）。该方向盘集合了变速控制和驱动控制的功能。另外，这款车的上翻车门由于经过多次原型设计和修改，重量大大降低。

福特公司推出的高端汽车蒙迪欧 Vignale 中网上独特的六边形是利用 3D 打印技术制作而成的。同时，设计师还通过原型设计打造出了 19in（1in＝2.5cm）的镍合金轮毂和双层镀铬的排气管。另外，在一些外观装饰的细节上也不同程度地利用了 3D 打印技术，如图 7-37 所示。

无论是福特的杜顿技术中心，还是其设在德国的福特欧洲总部都已经将 3D 打印原型融合到其经典设计流程中。设计师参考一系列设计草图和

图 7-36　3D 打印方向盘

二维图样，通过三维建模软件做成 CAD 模型，同时进行全尺寸黏土模型的制作。两者同时进行，使福特公司评估首次设计的时间大大缩短。全尺寸的黏土模型能够方便设计团队评估车型和车身的整体线条以及设计，而 3D 打印的模型能够提供一些细节部位的参考。

图 7-37　拥有 3D 打印部件的蒙迪欧 Vignale

4. 在医疗领域的应用

3D 打印模型可以让医生提前进行练习，使手术变得更为安全，有助于减少手术步骤，从而减少病人在手术台上的时间。南方医科大学珠江医院的方驰华教授利用 3D 打印的肝脏模型指导完成复杂肝脏肿瘤切除手术，这也是我国首例肝脏手术的应用；外科医生可以用 3D 打印的骨骼替代品进行骨骼损伤修复，帮助骨质疏松症患者恢复健康。

生物 3D 打印是基于"增材制造"的原理，以特制生物"打印机"为手段，以加工活性材料包括细胞、生长因子、生物材料等为主要内容，以重建人体组织和器官为目标的跨学科跨领域的新型再生医学工程技术。它代表了目前 3D 打印技术的最高水平之一。

3D 打印牙齿、骨骼修复技术已经非常成熟，并在各大骨科医院、口腔医院快速普及，而 3D 打印细胞、软组织、器官等方面的技术可能还需要 5～10 年才能成熟。

先天性心脏缺陷是出生缺陷中最常见的类型，每年有近 1% 的新生婴儿有此类问题。对婴幼儿进行心脏手术要求医生在一个还没有完全长成的小而精致的器官内部操作，难度非常高。在美国肯塔基州路易维尔的儿童医院，心脏外科医生在对一个患有心脏病的幼儿进行复杂的手术之前，用 3D 打印的模型进行规划和实验，保障了手术的成功完成。3D 打印心脏模型如图 7-38 所示。

图 7-39 所示为一种新型的牙科部件，称为 Dental SG。借助这款新部件，医生在牙科植

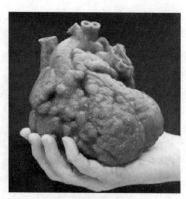

图 7-38　3D 打印心脏模型

入手术当中能够针对牙钻的位置做出精准的决策。这款新部件使用挠性树脂，通过 3D 打印技术制作，能够完美地嵌合于患者的牙齿 3D 打印模型之上。这种方法既能够提高手术精准度和效率，又可以加快患者的恢复期，可谓两全其美。

图 7-39　牙科部件 Dental SG

　　通过 3D 打印，医生能够通过分析患者独特的 MRI 和 CT 扫描图来打印骨骼的三维模型。一般的桌面级 3D 打印机就能够在几小时内完成模型的制作。这些骨骼模型一般都是通过一种生物可降解材料 PLA 来进行打印，如图 7-40 所示。

　　西安交大一附院完成了国内首例 3D 打印颈内静脉 – 锁骨下静脉 – 上腔静脉梗阻血管再造手术。3D 打印患者病变静脉系统及周围结构，再根据打印自制牛心包管道与打印结果进行契合，与梗阻静脉吻合的手术方式，对于此类疾病的治疗具有开拓意义，也为此类病例的解决提供了新的思路。

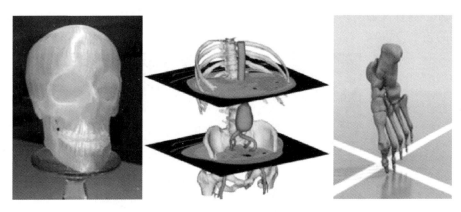

图 7-40　3D 打印骨骼模型

5. 在文化创意领域的应用

文化创意是以文化为元素、融合多文化、整理相关科学、利用不同载体而构建的再造与创新的文化现象。文化创意产业是指依靠创意人的智慧、技能和天赋，借助于高科技对文化资源进行创造与提升，通过知识产权的开发和运用，产生出高附加值产品，具有创造财富和就业潜力的产业。

我国对文化创意产业的形态和业态进行了界定，明确提出了国家发展文化创意产业的主要任务，标志着国家已经将文化创意产业放在文化创新的高度进行了整体布局。2016 年 11 月，由国务院印发的《"十三五"国家战略性新兴产业发展规划》公布，数字创意产业首次被纳入国家战略性新兴产业发展规划，成为与新一代信息技术、生物、高端制造、绿色低碳产业并列的五大新支柱。2017 年 4 月，文化部推出了《关于推动数字文化产业创新发展的指导意见》，提出了推动包括 3D 打印在内的前沿技术和装备在数字文化产业领域的应用，以技术创新推动产品创新、模式创新和业态创新，更好地满足智能化、个性化、时尚化消费需求。

3D 打印在文化创意领域有着广阔的应用空间，如应用于艺术品的个性化定制、珠宝首饰的生产制造、文物等古代高端艺术品的再现和衍生品制作。专家总结了 3D 打印技术在文化创意产业的应用价值如下：

1）能够为独一无二的文物和艺术品建立起准确、完整的三维数字档案库，以便随时可以高保真地将文物和艺术品实物模型给予再现。

2）取代了传统的手工制模工艺，在作品精细度、制作效率方面带来了极大的改善和提高。对于有实物样板的作品，通过数字模型数据可以非常容易地进行编辑、缩放、复制等精确操作，借助 3D 打印机这种数字制造工具，高效实现小批量生产，促进文化的传播和交流。

3）带来了大量的跨界整合和创造的机会，为艺术家提供了极其广阔的创作空间，尤其在文物和高端艺术品的复制、修复、衍生品开发方面的作用非常明显。

3D 打印技术给了人们无限的想象，其最大的优势在于能够弥补传统制作难以做出的一些设计，使得设计师可以将所有的精力放在设计上，而不需要过多地去迁就制作方式。

陕西博物馆为了更好地保护文物而利用 3D 打印技术仿制的西汉匈奴鹿型金怪兽，如

图7-41所示。这件文物制作工艺精湛，说明当时匈奴在银器制作方面水平之高，是匈奴最具代表性的艺术珍品。

图7-41 西汉匈奴鹿型金怪兽

3D打印使得珠宝定制不再是少部分人的专属。借助于计算机辅助设计技术（CAD），设计师可以设计出任何我们想象得到的珠宝样式。虽然传统由精湛手工艺制作而成的珠宝的人文价值是3D打印珠宝所无法比拟的，但是在珠宝设计的复杂性以及时间成本上，3D打印却是拥有绝对优势的，如图7-42所示。

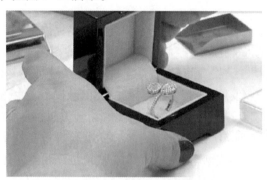

图7-42 3D打印戒指

电影道具在当今时代有着举足轻重的地位，在影视制作中巧妙运用道具能够恰当地体现场景环境气氛、地区和时代特色。

美国德雷塞尔大学的研究人员通过对化石进行3D扫描，利用3D打印技术做出了适合研究的3D模型，不但保留了原化石所有的外在特征，同时还做了比例缩减，更适合研究。博物馆里常常会用很多复杂的复制品来保护原始作品不受环境或意外事件的伤害，同时复制品也能将艺术或文物的影响传递给更多的人。

此外，Autodesk组建鞋业集团，力推数字化制鞋解决方案，实现个性化定制，包括鞋子和配饰的设计、制造并达到合脚、舒适。

7.3.2 快速成形技术的展望

1. 新产品的开发

RP技术最重要的应用就是开发新产品。在新产品开发过程中，原型的用途主要包括以下几方面。

（1）外形设计 很多产品特别是家电、汽车等对外形的美观和新颖性要求极高。一般检验外形的方法是将产品图形显示于计算机终端，但经常发生"画出来好看而做出来不好看"的现象。采用 RP 技术可以很快做出原型，供设计人员和用户审查，使得外形设计及检验更直观、有效、快捷。

（2）检查设计质量 以模具制造为例，传统的方法是根据几何造型在数控机床上开模，这对于一个价值数十万乃至数百万元的复杂模具来说风险太大，设计上任何不慎出现的错误，反映到模具上就是不可挽回的损失。RP 技术可在开模前真实而准确地制造出原型，设计上的各种细微问题和错误就能在模型上一目了然地显示出来，大大减少了开模风险。

（3）功能检测 设计者可以利用原型快速进行功能测试以判明是否能满足设计要求，从而优化产品设计。例如，风扇、风鼓等的设计，可获得最佳的扇叶曲面、最低噪声的结构等。

（4）手感 通过原型，人们能触摸和感受实体，这对照相机、手握电动工具等的外形设计极为重要，在人机工程应用方面具有广泛的意义。

（5）装配干涉检验 在有限空间内的复杂系统，对其进行装配干涉检验是极为重要的。例如，汽车发动机上的排气管，由于安装关系极其复杂，通过原型装配模拟可以一次成功地完成设计。

（6）试验分析模型 RP 技术还可以应用在计算分析与试验模型上。例如，对有限元分析的结果可以做出实物模型，从而帮助了解分析对象的实际变形情况。另外，凡是涉及空气动力学或流体力学试验的各种流线型设计均需要做风洞试验，如飞行器、船舶、高速车辆的设计等，采用 RP 技术可严格地按照原设计将模型迅速地制造出来进行测试。

2. 快速模具制造

应用 RP 方法快速制作工具或模具的技术一般称为快速工/模具（Rapid Tooling，RT）技术。

RP 工艺制作的零件原型，可以与熔模铸造、喷涂法、研磨法、电铸法等转换技术相结合来制造金属模具或金属零件。有些工艺，如 PCM、SLS、3DP 等，可以直接制造铸型，浇注金属后就可以得到模具或零件。常用的基于 RP 原型的快速模具制造有以下几种。

（1）硅橡胶模 这是最常见的间接模具快速制造技术，一般采用室温固化硅橡胶作为模具材料，以 RP 原型为母模，浇注硅橡胶得到硅橡胶模。硅橡胶模具有很好的弹性、复印性和一定的强度，便于脱模，可用于试制及小批量生产用注塑模、精铸蜡模和其他间接模具快速制造技术的中间过渡模，用于注塑模时其寿命一般为 10~100 件。它在航空航天、家用电器、体育用品、玩具和装饰品等很多领域中应用广泛。

（2）铝基环氧树脂模 采用环氧树脂作为模具主要材料，以 RP 原型为母模，在 RP 原型表面涂一层环氧树脂，再在后面填充混有铝粒的环氧树脂作为背衬，脱模得到铝基环氧树脂模。它主要用作注塑模，其寿命一般为 500~2000 件。

（3）精密铸造模具 根据实物的 RP 原型（正型）可翻制成硅胶型腔（负型），再翻制成陶瓷型或石膏型（正型）；利用正型可精铸出一个金属（如锌铝合金、铍铜）型腔（负型），用以注塑成形。

（4）熔模铸造 RP 技术的最大优势在于它能迅速制造出形状复杂的原型，而熔模铸造的优点是有了原型可以制造复杂的零件，两者结合在一起，可快速制造出各种零件。这一方法已实用化，产生了巨大的经济效益。

（5）喷涂法　采用喷枪将金属喷涂到 RP 原型上形成一个金属硬壳层，将其分离下来，用填充铝粉的环氧树脂或硅橡胶作为背衬，即可制成注塑模具的型腔。这一方法省略了传统加工工艺中的详细画图、数控加工和热处理三个耗时费钱的过程，因而成本只有传统方法的几分之一。生产周期也从 3 ~ 6 周减少到 1 周，模具寿命可达 10000 次。

3. 快速成形技术的发展趋势

近年来，快速成形技术正朝着快速制造和快速制造概念模型两个方向发展。

（1）快速制造　RP 技术不仅应用于设计过程，而且也延伸到制造领域。在制造业中，限制产品推向市场的主要因素是模具及模型的设计时间，RP 是快速设计的辅助手段，而很多厂家希望直接从 CAD 数据制成产品，所以快速制造技术就更令人关注。有关专家预测未来零件的快速制造将越来越广泛，也就是说快速制造将很可能逐渐占据主导，使设计和制造更紧密地连接在一起。RP 出现的新工艺大部分都与直接制造金属型有关，如三维焊接成形（Three Dimensional Welding Shaping）、选择性激光沉积（Selective Area Laser Deposition）、激光工程化净成形（Laser Engineering Net Shaping）、液态金属微滴喷射和沉积技术（Liquid Metal Droplet Ejection and Deposition Techniques）和热化学反应的液相沉积（Thermo Chemical Liguid Deposition）等。

（2）快速制造概念模型　用于概念设计的原型对精度和物理化学特性要求不高，主要要求成形速度快，设备小巧，运行可靠、清洁、无噪声，操作简便，使设计反馈的周期更短。概念模型主要的应用包括造型设计、设计结构检查、装配干涉检验、静动力学试验和人机工程等，范围广泛，占 RP 应用的一半以上，有非常良好的前景。

教学实例——动手打印 3D 实验

1. 实验目的

1）理解快速成形制造工艺原理和特点。

2）了解快速成形制造过程与传统的材料去除加工工艺过程的区别。

3）推广该项技术。

2. 实验要求

1）利用计算机对原型件进行切片，生成 STL 文件，并将 STL 文件送入 FDM 快速成形系统；对模型制作分层切片；生成数据文件。

2）快速成形机按计算机提供的数据逐层堆积，直至原型件制造完成。

3）观察快速成形机的工作过程，分析产生加工误差的原因。

3. 实验主要仪器设备

FDM 快速成形机。

4. 实验原理、主要技术指标、基本工作过程和特点

（1）实验原理　以 ABS 材料为原材料，在其熔融温度下靠自身的黏接性逐层堆积成形。在该工艺中，材料连续地从挤出头挤出，零件是由丝状材料的受控积累逐渐堆积成形。这样就可以将一个物理实体复杂的三维加工转变为一系列二维层片的加工，因此大大降低了加工难度。由于不需要专用的刀具和夹具，使得成形过程的难度与待成形物理实体的复杂程度无关，而且越复杂的零件越能体现此工艺的优势。

（2）主要技术指标

最大成品尺寸：254mm×254mm×406mm。

精确度：±0.127mm。

原料：ABS。

宽度：0.254~2.54mm。

厚度：0.05~0.762mm。

（3）快速成形技术的基本工作过程　快速成形技术是由 CAD 模型直接驱动的快速制造复杂形状三维物理实体技术的总称，其基本过程是：

1）首先设计出所需零件的计算机三维模型，并按照通用的格式存储（STL 文件）。

2）根据工艺要求选择成形方向（Z 轴方向），然后按照一定的规则将该模型离散为一系列有序的单元，通常将其按一定厚度进行离散（习惯称为分层），把原来的三维 CAD 模型变成一系列的层片（CLI 文件）。

3）再根据每个层片的轮廓信息，输入加工参数，自动生成控制代码。

4）最后由成形机成形一系列层片并自动将它们连接起来，得到一个三维物理实体。

5）小心取出原型，去除支撑，避免破坏零件。用砂纸打磨台阶效应比较明显处。如需要可进行原型表面上光。

（4）快速成形技术的特点

1）由 CAD 模型直接驱动。

2）可以制造具有复杂形状的三维实体。

3）成形设备是无须专用夹具或工具的成形机。

4）成形过程中无人干预或较少干预。

5）精度较低。分层制造必然产生台阶误差，堆积成形的相变和凝固过程产生的内应力也会引起翘曲变形，这从根本上决定了原型的精度。

6）设备刚性好，运行平稳，可靠性高。

7）系统软件可以对 STL 格式原文件实现自动检验、修补功能。

5. 实验方法和步骤

（1）数据准备

1）使用 Pro/E、UG、SolidWorks、AutoCAD 等软件设计三维实体 CAD 造型，并生成 STL 文件。

2）选择成形方向。

3）参数设置。

4）对 STL 文件进行分层处理，启动 Insight 软件，按成形机要求设置相关硬件参数，打开需选择的 STL 文件进行分层、做支撑物、喷料路径等编辑操作，储存为 ∗.Job 文件。

（2）制造原型

1）成形准备工作。开启成形机，设置 Model Suppod Envelope 工作温度分别为 270℃、235℃、69℃。

送原型材料、支撑材料至挤出头。通过查看材料的出料情况，判断是否进入挤出头装置。原型材料温度到达 270℃ 和支撑材料到达 235℃ 后，将挤出头中老化的丝材吐完，直至 ABS 丝光滑。

启动 FOMSTATUS 软件，做支撑材料 X、Y 及 Z 轴方向吐料标定调校。

2）造型。启动 FDMSTATUS 软件，添加 ∗.Job 文件联机，计算机自动将文件指令传输给机器。输入起始层和结束层的层数。单击"Start"按钮，系统开始估算造型时间。接着系统开始扫描成形原型。

3）后处理。

① 设备降温。原型制作完毕后，如不继续造型，即可将系统关闭，为使系统充分冷却，至少于 30min 后再关闭散热按钮和总开关按钮。

② 零件保温。零件加工完毕，下降工作台，将原型留在成形室内，薄壁零件保温 15～20min，大型零件保温 20～30min，过早取出零件会出现应力变形。

③ 原型后处理。小心取出原型，去除支撑，避免破坏零件。成形后的零件需经超声清洗器清洗，去除支撑材料。

（3）实验注意事项

1）储存文件之前选好成形方向，一般按照"底大上小"的方向选取，以减小支撑量，缩短数据处理和成形时间。

2）受实验成本和成形时间限制，零件的大小控制在 30mm×30mm×20mm 以内。

3）尽量避免设计过于细小的结构，如直径小于 5mm 的球壳、锥体等。

4）尤其注意挤出头部位未达到规定温度时不能打开挤出头。

6. 实验报告

实验报告内容应包括：

1）根据所做原型件分析成形工艺的优缺点。

2）根据所给三维图（图7-43），任选其一进行成形工艺分析（定义成形方向，指出支撑材料添加区域和成形过程中精度易受影响的区域）。

3）根据实验过程总结成形过程中影响精度的因素（包括数据处理和加工过程）。

以上报告内容字数不限，但请如实填写你的真实看法。

a）零件一　　　　　　　　b）零件二

图 7-43　三维图

7. 思考题

1）快速成形制造过程中滚珠丝杠螺母之间的间隙会对造型产生怎样的影响？

2）造型精度会影响零件精度吗？

3）切片间距的大小对原型件的精度和生产率会产生怎样的影响？

4）快速成形制造方法使用的场合有哪些？

工程实例——威斯坦（Vistar）3D 打印（智能遥控机器人实例分析）

机器人模型制作往往需要花大量时间和人力去制作组装各个零件，3D 打印提供了一种新模式，打开了机器人模型制作的新方式。一些国外创客喜欢利用 3D 打印技术制作机器人，因为这可以使其大大降低制作成本。本部分为大家分享的是威斯坦公司制作的机器人和手持机模型（图 7-44 和图 7-45），炫不炫酷，咱们一起来看看吧！

模型名称：智能遥控机器人。

制作材料：光敏树脂。

制作工艺：SLA 激光固化工艺。

3D 打印机类型：ProtoFab SLA600 DLC 3D 打印机。

制造商：威斯坦 3D 打印。

交工周期：3 天。

用户需求：3D 打印 + 后处理。

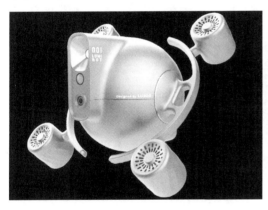
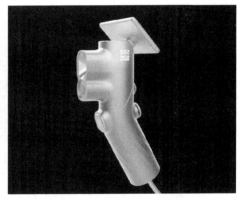

图 7-44　机器人效果图　　　　　　图 7-45　手持机效果图

在了解用户需求后，威斯坦的设计师对用户提供的 STL 3D 数据模型进行了修改，并调整成了符合 3D 打印的结构，再进行切片处理与 3D 打印。

制作流程：

1）由于该模型构造复杂，整个机器人和手持机模型被拆分成若干个 3D 打印零件，通过软件的帮助，专业的分析员可以整体优化图样的装配并检验图样可行性。分析完成后将文件导入 Magics 进行切片处理。

2）3D 打印。通过使用威斯坦自主研发的工业级 SLA3D 打印设备（SLA600 DLC）和高性能光敏树脂材料，并配合技术娴熟的工程师团队，被拆分的几个 3D 打印零件被完美复制出来（图 7-46），打印速度快、精度高、表面光洁。相比传统的 CNC 加工方式，3D 打印在时间与耗材上具有明显优势。

3）TPM 自动清洗去除支撑。打印完成后将零件放入威斯坦自主研发的自动清洗机（图 7-47）进行 TPM 自动清洗。这款设备方便、快捷、安全、环保，目前欧美国家已全部要求使用这类设备和清洗方式。

图 7-46　机器人零件 3D 打印

图 7-47　威斯坦自动清洗机

4）粗装配。拥有丰富模型制作经验的组装师傅对打印好的零件进行粗装配（图 7-48），打印出的零件尺寸精度很高，在拼接的贴合度上都相当完美。

5）精细的后处理。打磨喷漆工序繁复，需交替进行，对操作人员的技术娴熟度要求极高。必须经过砂纸由粗到细（400～1200）逐级打磨，直到表面光滑平顺，如图 7-49 所示。

图 7-48　粗装配

图 7-49　打磨

6）喷漆。根据用户的后处理要求，喷涂师认真比对色块，为模型打印出的各零件喷上用户指定的相应漆色（图 7-50），喷漆上色后的模型色泽鲜明、线条流畅，如图 7-51 所示。

图 7-50　喷漆

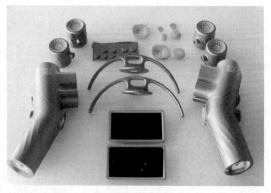

图 7-51　喷漆后效果

7）后处理工艺之丝印。威斯坦提供丰富的后处理工艺，可以对产品的外观进行表面处理，包括打磨、喷砂、喷漆、抛光、丝印、电镀、真空镀、植绒、阳极处理、镭雕、水转印等。该模型就进行了丝印，丝印了文字后整个模型外观更加酷炫、更具特色，如图7-52所示。

8）组装。

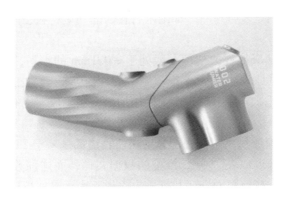

图 7-52　丝印

拓展资料——快速成形的发展方向和面临的问题

1. 快速成形的发展方向

从快速成形技术的研究和应用现状来看，其进一步研究和开发工作主要有以下几个方面。

1）开发性能好的快速成形材料，如成本低、易成形、变形小、强度高及无污染的成形材料。

2）提高快速成形系统的加工速度和开拓并行制造的工艺方法。

3）改善快速成形系统的可靠性，提高其生产率和制作大件能力，优化设备结构，尤其是提高成形件的精度、表面质量、力学和物理性能，为进一步进行模具加工和功能实验提供基础。

4）开发快速成形的高性能 RPM 软件，提高数据处理速度和精度，研究开发利用 CAD 原始数据直接切片的方法，减少由 STL 格式转换和切片处理过程所产生的精度损失。

5）开发新的成形能源。

6）快速成形方法和工艺的改进和创新。直接金属成形技术将会成为今后研究与应用的又一个热点。

7）进行快速成形技术与 CAD、CAE、RT、CAPP、CAM 以及高精度自动测量、逆向工程的集成研究。

8）提高网络化服务的研究力度，实现远程控制。

2. 快速成形面临的问题

（1）工艺问题　快速成形的基础是分层叠加原理，然而，用什么材料进行分层叠加以及如何进行分层叠加却大有研究价值。因此，除了上述常见的分层叠加成形法之外，正在研究、开发一些新的分层叠加成形法，以便进一步改善制件的性能，提高成形精度和成形效率。

（2）材料问题　成形材料研究一直都是一个热点问题。快速成形材料性能要满足以下条件：①有利于快速精确加工出成形；②用于快速成形系统直接制造功能件的材料要接近零件最终用途对强度、刚度、耐潮、热稳定性等要求；③有利于快速制模的后续处理。发展全新的快速成形材料，特别是复合材料，如纳米材料、非均质材料、其他方法难以制作的材料等仍是努力的方向。

（3）精度问题　快速成形件的精度一般处于 ±0.1mm 的水平，高度方向的精度更是如此。快速成形技术的基本原理决定了该工艺难以达到与传统机械加工所具有的表面质量和精度指标，把快速成形的基本成形思想与传统机械加工方法集成，优势互补，是改善快速成形精度的重要方法之一。

（4）软件问题　快速成形系统使用的分层切片算法都是基于 STL 文件格式进行转换的，就是用一系列三角网格来近似表示 CAD 模型的数据文件，而这种数据表示方法存在不少缺陷，如三角网格会出现一些空隙而造成数据丢失，还有由于平面分层所造成的台阶效应，也降低了零件表面质量和成形精度，应着力开发新的模型切片方法，如基于特征的模型直接切片法、曲面分层法，即不进行 STL 格式文件转换，直接对 CAD 模型进行切片处理，得到模型的各个截面轮廓，或利用反求工程得到的逐层切片数据直接驱动快速成形系统，从而减少三角面近似产生的误差，提高成形精度和速度。

（5）能源问题　快速成形技术所采用的能源有光能、热能、化学能、机械能等。在能源密度、能源控制的精细性、成形加工质量等方面均需进一步提高。

（6）应用领域问题　快速成形现有技术的应用领域主要在于新产品开发，主要作用是缩短开发周期，尽快取得市场反馈的效果。

由于快速成形技术的巨大吸引力，不仅工业界对其十分重视，而且许多其他行业都纷纷致力于它的应用和推广，在其技术向更高精度与更优的材质性能方向取得进展后，可以考虑在生物医学、考古、文物、艺术设计、建筑等多个领域的应用，形成高效率、高质量、高精度的复制工艺体系。

本 章 小 结

本章主要介绍了快速成形技术的基本原理和特点、快速成形技术的分类、在生活中的一些应用。在学习过程中要学习和掌握以下几个方面。

1）了解快速成形技术的基本原理和特点，与传统加工的区别。

2）清楚快速成形技术的分类以及每种成形方式所对应的实例。

3）了解快速成形技术集成的先进制造技术。

4）了解快速成形技术在机械制造工程上主要应用领域。

5）了解工程实例中教学型 3D 打印机。

习　题

7.1　快速成形技术的基本原理和特点是什么?

7.2　试简述五种典型的快速成形工艺。

7.3　快速成形的主要发展方向是什么?

7.4　试述快速成形的定义及基本过程。

7.5　快速成形整体上分为哪三个步骤?

7.6　快速成形技术未来的发展趋势是什么?

7.7　光固化快速成形工艺中,前处理施加支撑工艺需要添加支撑结构,支撑结构的主要作用是什么?

7.8　快速成形精度包括哪几部分?

7.9　选择激光烧结成形工艺,工艺参数包括哪几部分?

7.10　简述快速成形技术的应用领域。

参 考 文 献

[1] 于爱兵. 材料成形技术基础 [M]. 2 版. 北京：清华大学出版社，2020.

[2] 沈其文. 材料成形工艺基础 [M]. 武汉：华中科技大学出版社，2001.

[3] 汤酞则. 材料成形工艺基础 [M]. 长沙：中南大学出版社，2004.

[4] 童幸生. 材料成形工艺基础 [M]. 武汉：华中科技大学出版社，2010.

[5] 李弘英，赵成志. 铸造工艺设计 [M]. 北京：机械工业出版社，2005.

[6] 叶荣茂. 铸造工艺设计简明手册 [M]. 北京：机械工业出版社，1999.

[7] 李传栻. 造型材料新论 [M]. 北京：机械工业出版社，1992.

[8] 樊自田，等. 先进材料成形技术与理论 [M]. 北京：化学工业出版社，2006.

[9] 李远才. 铸造手册：第 4 卷 造型材料 [M]. 4 版. 北京：机械工业出版社，2021.

[10] 苏仕方. 铸造手册：第 5 卷 铸造工艺 [M]. 4 版. 北京：机械工业出版社，2021.

[11] 吕志刚. 铸造手册：第 6 卷 特种铸造 [M]. 4 版. 北京：机械工业出版社，2021.

[12] 余欢. 铸造工艺学 [M]. 北京：机械工业出版社，2019.

[13] 徐春杰. 砂型铸造工艺及工装课程与生产设计教程 [M]. 北京：机械工业出版社，2020.

[14] 陈维平，李元元. 特种铸造 [M]. 北京：机械工业出版社，2018.

[15] 陆文华，李隆盛，黄良余. 铸造合金及其熔炼 [M]. 北京：机械工业出版社，2010.

[16] 安勇良，宋良. 特种铸造 [M]. 哈尔滨：哈尔滨工业大学出版社，2019.

[17] 陈宗民，于文强. 铸造金属凝固原理 [M]. 北京：北京工业大学出版社，2013.

[18] 宋仁伯. 材料成形工艺学 [M]. 北京：冶金工业出版社，2019.

[19] 吴树森，柳玉起. 材料成形原理 [M]. 北京：机械工业出版社，2017.

[20] 祖方遒. 材料成形基本原理 [M]. 北京：机械工业出版社，2016.

[21] 卢志文，赵亚忠. 工程材料及成形工艺 [M]. 2 版. 北京：机械工业出版社，2019.

[22] 孙玉福，张春香. 金属材料成形工艺及控制 [M]. 北京：北京大学出版社，2010.

[23] 王立军，胡满红. 航空工程材料与成形工艺基础 [M]. 北京：北京航空航天大学出版社，2010.

[24] 侯英玮. 材料成型工艺 [M]. 北京：中国铁道出版社，2002.

[25] 刘建华. 材料成型工艺基础 [M]. 西安：西安电子科技大学出版社，2016.

[26] 翟封祥. 材料成型工艺基础 [M]. 哈尔滨：哈尔滨工业大学出版社，2018.

[27] 沈世瑶. 焊接方法及设备：第三分册 [M]. 北京：机械工业出版社，1982.

[28] 王爱珍. 工程材料及成形工艺 [M]. 北京：机械工业出版社，2010.

[29] 王宗杰. 熔焊方法及设备 [M]. 2 版. 北京：机械工业出版社，2016.

[30] 王运炎，朱莉. 机械工程材料 [M]. 3 版. 北京：机械工业出版社，2011.

[31] 齐晓杰. 塑料成型工艺与模具设计 [M]. 北京：机械工业出版社，2012.

[32] 刘瑛，阎昱. 材料成型及控制工程专业英语 [M]. 北京：机械工业出版社，2019.

[33] 王卫卫. 材料成形设备 [M]. 2 版. 北京：机械工业出版社，2011.

[34] 方洪渊. 焊接结构学 [M]. 北京：机械工业出版社，2008.

[35] 卢本. 现代埋弧焊机、焊管机原理与操作 [M]. 北京：机械工业出版社，2015.

[36] 丛树毅，陈美婷. 熔焊基础与金属材料焊接 [M]. 北京：北京理工大学出版社，2016.

[37] 陆亚珍. 焊接结构分析与制造 [M]. 北京：中国水利水电出版社，2010.

[38] 胡绳荪. 现代弧焊电源及其控制 [M]. 北京：机械工业出版社，2007.

[39] 童幸生. 材料成形工艺基础 [M]. 2 版. 湖北：华中科技大学出版社，2019.

[40] 张广成，史学涛. 塑料成型加工技术 [M]. 西安：西北工业大学出版社，2016.

[41] OSSWALD T A, et al. Polymer Processing：Modeling and Simulation [M]. Liberty Twp，Ohio：Hanser

Publications，2006.

［42］马铁成．陶瓷工艺学［M］．北京：中国轻工业出版社，2018.

［43］焦宝祥，管浩．陶瓷工艺学［M］．北京：化学工业出版社，2019.

［44］坎贝尔．先进复合材料的制造工艺［M］．戴棣，朱月琴，译．上海：上海交通大学出版社，2016.

［45］刘伟军，等．快速成型技术及应用［M］．北京：机械工业出版社，2005.

［46］刘万辉．材料成形工艺［M］．北京：化学工业出版社，2014.

［47］韩蕾蕾，黄克灿．材料成形工艺基础［M］．合肥：合肥工业大学出版社，2018.

［48］王运赣．快速成形技术［M］．武汉：华中理工大学出版社，1999.

［49］杨继全，徐国财．快速成形技术［M］．北京：化学工业出版社，2006.

［50］史玉升，刘锦辉，闫春泽，等．粉末材料选择性激光快速成形技术及应用［M］．北京：科学出版社，2012.

［51］范才河．快速凝固与喷射成形技术［M］．北京：机械工业出版社，2019.

［52］范春华，赵剑峰，董丽华．快速成形技术及其应用［M］．北京：电子工业出版社，2009.

［53］金杰，张安阳．快速成型技术及其应用［J］．浙江工业大学学报，2005，33（5）：592 - 604.